HUOZAI HOU KONGJIAN

WANGGE JIEGOU

XINGNENG PINGGU

火灾后空间网格结构与
性能评估

刘红波　著

天津大学出版社
TIANJIN UNIVERSITY PRESS

图书在版编目(CIP)数据

火灾后空间网格结构性能评估 / 刘红波著. -- 天津：
天津大学出版社，2021.5
ISBN 978-7-5618-6907-9

Ⅰ.①火…　Ⅱ.①刘…　Ⅲ.①空间结构－网络结构－
耐火性－评估－研究　Ⅳ.①TU399

中国版本图书馆CIP数据核字(2021)第076267号

出版发行	天津大学出版社
地　　址	天津市卫津路92号天津大学内（邮编:300072）
电　　话	发行部:022-27403647
网　　址	www.tjupress.com.cn
印　　刷	廊坊市海涛印刷有限公司
经　　销	全国各地新华书店
开　　本	185mm×260mm
印　　张	26.5
字　　数	662千
版　　次	2021年5月第1版
印　　次	2021年5月第1次
定　　价	92.00元

前　言

空间网格结构作为一种典型、成熟的大跨度建筑结构形式,具有自重轻、用材省、造型美观、空间刚度大、施工便捷等优点,被广泛应用于体育场馆、会展中心、机场航站楼、火车站房等大型基础设施和民生工程。火灾是建筑领域最常见的灾害之一,尤其对钢结构有着更为不利的影响。然而,由于空间网格结构超静定次数高,杆件空间协同受力显著,安全冗余度较高,火灾后空间网格结构整体坍塌的事故并不多见,多数结构在经历火灾后仍具有显著的承载力,若拆除重建会造成较大的经济浪费;但是,若在对结构力学性能缺乏全面把握的情况下将过火结构直接投入使用又容易造成一定的安全隐患。因此,研究火灾后空间网格结构的力学性能,为其灾后损伤评估与修复加固提供指导建议,对于火灾后尽快恢复结构使用功能、降低火灾造成的经济损失和社会负面影响具有重要意义。

本书从"材料-连接-节点-构件-整体结构"等层面对空间网格结构火灾后的力学性能进行了系统研究,试图为火灾后空间网格结构安全性能评估提供技术支撑。全书共九章,第1章讲述了空间网格结构的发展历程以及火灾安全性能研究的现状;第2章讲述了高温后空间网格结构常用国产材料的力学性能;第3章讲述了高温后预应力拉索的力学性能;第4章介绍了高温后往复荷载下结构钢材的滞回性能;第5章论述了高温后焊缝及螺栓连接的力学性能;第6章介绍了高温后螺栓球节点的力学性能的研究成果;第7章论述了高温后焊接空心球节点的力学性能;第8章论述了火灾高温后钢管构件的力学性能;第9章介绍了火灾后空间网格结构力学性能和安全评估方法。

本书的研究工作得到了国家自然科学基金(51678404)和高等院校霍英东青年教师基金(151072)以及企业委托课题等项目资助,特此向支持和关心作者研究工作的所有单位和个人表示衷心感谢。书中部分内容参考了同行专家的论著和研究成果,均已在参考文献中列出,在此一并感谢。研究生卢杰、马睿、廖祥伟、刘东宇、冯涛、周元、赵昱、谭志伦等参与了相关研究工作和书稿撰写,在此向他们致以诚挚的谢意。

本书仅结合作者所熟悉的领域和取得的阶段性研究结果进行论述,书中难免存在不足之处,希望读者发现后能够及时告知,以便今后改进。

作者
2021 年 3 月

目　　录

第 1 章 绪论

1.1 空间网格结构火灾危害

在各种灾害中,火灾是威胁人类安全和社会发展的主要灾害之一。近年来,随着我国经济社会的快速发展,生产建设活动越发密集,火灾发生的频率越来越高,造成的损失亦逐年增长。据应急管理部消防救援局的数据统计,2007—2016 年我国共发生火灾 228.14 万起,死亡人数为 15 124 人,受伤人数为 9 561 人,造成直接财产损失 283.92 亿元。其中,建筑火灾造成的经济损失最为严重,仅 2016 年一年,住宅、厂房和仓储场所火灾造成的直接经济损失就高达 20.5 亿元,同时也造成了严重的社会负面影响。

空间网格结构具有自重轻、用材省、造型美观、空间刚度大、施工安装便利等诸多优点,被广泛应用于体育场馆、会展中心、机场航站楼、火车站房、工业建筑等大型基础设施和民生工程。而这类大型建筑常被当作所在城市的标志性建筑而成为亮丽的风景线。但与此同时,这类建筑结构的火灾安全也面临着严峻的挑战。一方面,空间网格结构通常采用结构钢材建造,钢材耐火性能差,在高温下很快会失去大部分的刚度和强度;另一方面,空间网格结构通常用于高大空间建筑,难以像常规的住宅、办公楼宇一样设置防火分区,且普通火灾探测技术及常用喷淋装置很难有效工作。这类建筑结构一旦发生火灾事故,将严重威胁人民生命财产安全,并造成巨大的社会负面影响。因此,近年来针对空间网格结构的火灾安全性能的研究越来越受到重视。

空间网格结构的火灾安全性能包括其在火灾高温下的性能和经历火灾高温后的性能,目前的研究主要关注前者,对后者涉及较少。通过对大量火灾事故的总结和分析,发现相当比例的空间网格结构遭遇火灾后,虽然受到了严重的局部损伤,但是很少会发生结构的整体垮塌破坏。如 1976 年,加拿大世博会的美国馆遭遇大火,围护材料全部烧毁,而主体结构未发生严重破坏,经妥善修复后于 1995 年再次投入使用,如图 1-1 所示;2007 年,秦皇岛港某网壳结构仓库发生火灾,虽然局部杆件和节点损伤严重,但并未发生整体垮塌事故,经合理处置后正常投入使用,如图 1-2 所示;2008 年,济南奥体中心体育馆施工过程中先后于 7 月和 11 月两度发生火灾,但结构未发生破坏,经评估后继续施工并投入使用,如图 1-3 所示。

由此可见,如果结构在火灾过程中并未发生整体倒塌破坏,则在火灾后随着钢材的强度得到不同程度的恢复,结构仍具有相当的承载能力,若一律拆除重建会造成较大的经济浪费,但若在对结构力学性能缺乏全面把握的情况下直接将过火结构投入使用又容易造成安全隐患。因此研究火灾后空间网格结构的力学性能,为其灾后损伤评估与修复加固提供指导建议,对于尽快恢复结构的使用功能、降低火灾的经济损失和社会负面影响具有重要的现实意义。

(a)火灾中

(b)修复后

图1-1　加拿大世博会的美国馆火灾

(a)火灾后

(b)修复后

图1-2　秦皇岛港某网壳结构仓库火灾

(a)火灾中

(b)修复后

图1-3　济南奥体中心体育馆火灾

　　但是,目前关于火灾后空间网格结构力学性能的研究仍十分匮乏,也无相关设计规范给出针对性的合理建议,而常用的修复措施仍停留在由工程技术人员凭借自身经验和现场调查检测结果对结构明显损伤部位进行加固补强的阶段,而忽略了火灾高温后结构材料和关键节点力学性能的退化,也未考虑火灾全过程中结构内力重分布和残余变形的影响,很可能导致一些薄弱区域疏于加固而埋下安全隐患。本书正是基于这样的背景,开展了包括材料、连接、节点、构件以及整体结构在内的火灾后空间网格结构的力学性能的系统研究。

1.2　本书主要内容

近年来,围绕空间网格结构的常用材料、连接、节点、构件和结构形式,作者及所在团队采用试验研究、数值模拟和理论分析相结合的方法,系统地研究了空间网格结构火灾高温后的力学性能。本书对火灾高温后空间网格结构力学性能的研究成果进行了总结,具体内容包括以下几个方面。

1) 高温后空间网格结构常用国产材料的力学性能试验和预测模型研究

开展热轧钢、冷弯型钢、高强钢拉杆、铸钢、低松弛预应力热镀锌高强钢丝以及结构铝合金等六种空间网格结构常用材料的高温后力学性能试验,考虑过火温度、冷却方式、材料强度等级以及反复升温—冷却过程等因素的影响,获得并分析高温后各种材料的破坏模式、应力-应变关系曲线、弹性模量、屈服强度、极限强度以及延性水平等相关力学性能指标及其随过火温度的变化规律;在试验研究的基础上,提出各种材料的高温后弹性模量、屈服强度和极限强度退化系数的拟合计算公式,进而建立相应的高温后应力-应变关系模型。

2) 高温下及高温后预应力拉索的力学性能研究

开展热镀锌钢绞线的零载高温后、负载高温后及负载高温下力学性能试验及高钒索的零载高温后力学性能试验,考虑构件的冷却方式、过火时长及负载应力比等因素的影响,获得高温作用对两种拉索的破坏模式、荷载-位移曲线、弹性模量、屈服荷载和极限荷载等相关力学性能指标随过火温度的变化规律;在试验研究的基础上,提出拉索构件的弹性模量、极限承载力及初始刚度退化系数的拟合计算公式。

3) 高温后往复荷载下典型钢材的滞回性能研究

开展结构钢和奥氏体不锈钢的高温后低周往复加载试验,考虑过火温度、冷却方式以及材料强度等级的影响,得到材料的破坏模式、应力-应变曲线、弹性模量、屈服强度和极限强度等静力拉伸性能以及滞回性能的变化规律;在试验研究的基础上,采用兰贝格-奥斯古德(Ramberg-Osgood)模型对四种钢材的骨架曲线进行拟合,得到钢材在循环荷载下的一维应力-应变关系曲线。

4) 高温后钢结构焊缝与螺栓连接的力学性能研究

开展常用的 Q235-E4303 焊条对接焊缝、Q345-E5016 焊条对接焊缝以及 8.8S 和 10.9S 高强螺栓的高温后抗拉性能试验研究,考虑过火温度对两种对接焊缝和两种高强螺栓抗拉强度和破坏位置的影响,根据试验结果给出不同过火温度对应的对接焊缝的屈服强度,以及极限强度、高强螺栓的抗滑承载力、抗滑系数和抗剪承载力的计算公式。

5) 高温后螺栓球节点的力学性能研究

开展钢螺栓球节点和铝合金螺栓球节点高温后力学性能试验,包括螺栓球节点静力拉伸试验和螺栓抗拔试验,考虑过火温度、冷却方式、螺栓直径、螺栓旋入深度等因素的影响,获得并分析高温后两种螺栓球节点的抗拉承载力、荷载-位移曲线等力学性能指标的变化规律;结合试验结果和有限元分析结果,给出高温后螺栓球节点抗拉承载力的计算方法。

6）火灾高温后焊接空心球节点的力学性能研究

开展零负载和负载高温后焊接空心球节点力学性能试验，考虑均匀升温—降温和 Fire-resistance tests—Elements of building construction—Part 1: General requirements（ISO 834-1: 1999）标准升温—降温火灾工况、过火温度（或最高火灾温度）、冷却方式、钢材强度等级、荷载偏心以及残余变形等因素的影响，获得并分析高温后焊接空心球节点的破坏模式、火灾升温—降温全过程节点表面温度分布、荷载-位移关系曲线、屈服荷载、极限承载力、初始轴向刚度、延性水平以及应变分布等相关力学性能指标及其变化规律；建立火灾后焊接空心球节点力学性能的有限元分析模型，参数化分析影响节点极限承载力和初始轴向刚度的主要因素和影响规律，建立零负载和负载高温后焊接空心球节点的设计计算方法。

7）火灾高温后钢管构件的力学性能研究

开展弹性约束圆钢管受火屈曲过程试验研究，揭示高温后轴心受压和偏心受压圆钢管构件残余变形的产生机理，通过理论推导并结合数值分析结果，给出高温后轴心受压和偏心受压圆钢管残余变形的计算公式；开展高温后轴心受压圆钢管力学性能试验，考虑过火温度、残余变形、钢材强度等级、构件截面尺寸和长细比等因素的影响，获得并分析火灾高温后轴心受压圆钢管构件的破坏模式、荷载-位移关系曲线、稳定承载力、应变分布等相关力学性能指标及其变化规律；建立火灾高温后圆钢管的有限元分析模型，通过参数化分析找到影响火灾高温后轴心受压和偏心受压圆钢管稳定承载力的主要因素，提出火灾高温后钢管构件承载力的计算方法。

8）基于全过程分析的火灾后空间网格结构力学性能和安全评估方法研究

建立基于 ABAQUS 软件的空间网格结构火灾全过程力学性能分析方法，并对焊接空心球节点单层网壳结构进行火灾全过程数值模拟，获得并分析火灾全过程中结构的温度分布、力学响应以及火灾后结构的残余变形和残余应力分布特征；参数化分析最高火灾温度、温度不均匀分布、支座刚度、焊接空心球节点刚度、荷载比、结构矢跨比、结构跨度等因素对网壳弹塑性稳定承载力的影响规律，建立火灾后单层网壳弹塑性稳定承载力的简化计算方法。最后，针对现有评估方法的不足，提出一种调查检测与全过程分析相结合的火灾后空间网格结构安全性能评估方法。

第 2 章 高温后空间网格结构材料的力学性能试验和预测模型

2.1 引言

采用准确的高温后材料力学模型是开展火灾后结构力学性能分析和安全评估的基础和前提,因此开展常用结构材料的高温后力学性能试验研究,并建立相应的高温后应力-应变关系模型具有重要的现实意义。

鉴于高温后材料力学性能研究的重要性和我国现有研究的不足,本章对空间网格结构常用国产材料的高温后力学性能开展系统性的试验和预测模型研究。研究对象包括热轧钢(Q235、Q345 和 Q420)、冷弯型钢(Q235)、高强钢拉杆(GLG460、GLG550、GLG650 和 GLG835)、铸钢(G20Mn5N 和 G20Mn5QT)、低松弛预应力热镀锌高强钢丝(1670 级、1770 级、1860 级和 1960 级)以及结构用铝合金(6061-T6 和 7075-T73),试件总数超过 1 000 件,全面考虑不同过火温度、不同冷却方式、不同强度等级、不同负载以及反复升温—冷却过程等因素对材料力学性能的影响,以期得到高温后材料的应力-应变曲线、弹性模量、屈服强度、极限强度以及延性水平等相关力学性能指标及其随过火温度的变化规律。在试验研究的基础上,提出各种材料高温后弹性模量、屈服强度和极限强度退化系数的拟合计算公式,进而建立相应的高温后应力-应变关系模型。

2.2 零载高温后结构钢材的力学性能试验和预测模型

2.2.1 试验概况

2.2.1.1 试验方案

对热轧钢、冷弯型钢、高强钢拉杆、铸钢、低松弛预应力热镀锌高强钢丝以及结构用铝合金共 6 种空间网格结构常用材料开展试验,其中前 5 种均为钢母材结构材料。研究不同强度等级、不同过火温度、不同冷却方式以及反复升温—冷却对材料高温后力学性能的影响。具体的试验方案见表 2-1。表中,"空冷"表示空气自然冷却,"水冷"表示消防喷水冷却(其余图表中沿用)。

表 2-1　高温后材料力学性能试验方案

材料类别	强度等级	过火温度(℃)	冷却方式	反复升温—冷却
热轧钢	Q235、Q345、Q420	100、200、300、400、500、600、700、800、900、1 000	空冷、水冷	√
冷弯型钢	Q235	300、500、700、800	空冷、水冷	
高强钢拉杆	GLG460、GLG550、GLG650、GLG835	100、200、300、400、500、600、650、700、750、800、850、900、1 000	空冷、水冷	√
铸钢	G20Mn5N、G20Mn5QT	100、200、300、400、500、600、650、700、750、800、850、900、1 000	空冷、水冷	√
低松弛预应力热镀锌高强钢丝	1670级、1770级、1860级、1960级	100、200、300、400、500、600、650、700、750、800、850、900、1 000	空冷、水冷	√
结构用铝合金	6061-T6、7075-T73	100、200、250、300、350、400、450、500	空冷、水冷	√

2.2.1.2　试验材料及试件设计

1. 热轧钢和冷弯型钢

试验中采用的 Q235、Q345、Q420 热轧钢试件分别从 Q235、Q345、Q420 热轧钢板上冷切割并机械加工而成。其中，Q235 属于低碳结构钢,其制作工艺符合《碳素结构钢》(GB/T 700—2006)的要求，Q345 和 Q420 属于低合金高强度结构钢,其制作工艺符合《低合金高强度结构钢》(GB/T 1591—2018)的要求；Q235 冷弯型钢试件分别从截面尺寸为 800 mm × 800 mm × 20 mm 的冷弯空心方钢管的平面部位(标记为 CFS-F)和转角部位(标记为 CFS-C)沿纵向(管长方向)切割加工而成,以考虑不同冷弯程度的影响。所采用的冷弯空心方钢管的制作工艺符合《冷弯型钢通用技术要求》(GB/T 6725—2017)的要求。显然，CFS-C 试件比 CFS-F 试件具有更高的冷弯程度。

热轧钢试件的形状和几何参数分别如图 2-1 和表 2-2 所示,冷弯型钢试件的取样位置和几何参数如图 2-2 所示,均符合《金属材料 拉伸试验 第 1 部分:室温试验方法》(GB/T 228.1—2010)的要求。

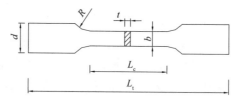

图 2-1　Q235、Q345 和 Q420 热轧钢试件的形状

表 2-2　热轧钢试件的几何参数

试件类别	几何参数（mm）					
	t	b	d	R	L_c	L_t
Q235/Q345	7.5	15	30	15	80	220
Q420	7.0	20	30	15	80	200

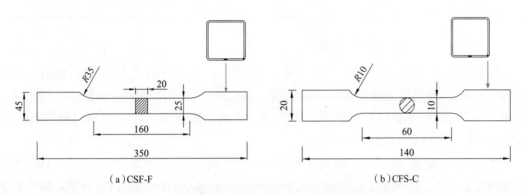

（a）CSF-F　　　　　　　　（b）CFS-C

图 2-2　冷弯型钢试件的取样位置和几何参数（单位：mm）

2. 高强钢拉杆

高强钢拉杆（以下简称钢拉杆），因其轻质高强和韧性优良的特点而被越来越广泛地作为受力构件用于大型体育场馆、机场航站楼和会展中心等大跨度钢结构之中。例如，国家会展中心（上海）的屋面支撑结构中使用了 GLG345、GLG460、GLG650 和 GLG835 级钢拉杆，昆明长水国际机场的屋面下弦受拉构件采用了 GLG460 级钢拉杆。本书选取强度等级为 GLG460、GLG550、GLG650 和 GLG835 的 4 种应用最为广泛的钢拉杆进行研究。

试验采用的试件分别从直径为 25 mm 的 GLG460、GLG550、GLG650 和 GLG835 这 4 种强度等级的钢拉杆成品构件上冷切割并机械加工而成，试件的实物照片和尺寸如图 2-3 所示，均符合《金属材料 拉伸试验 第 1 部分：室温试验方法》（GB/T 228.1—2010）的要求。钢拉杆产品的制作工艺和力学性能满足《钢拉杆》（GB/T 20934—2016）的要求，见表 2-3。其中，GLG 是钢拉杆汉语拼音首字母的缩写；460、550、650 和 835 分别表示钢拉杆的名义屈服强度分为 460 MPa、550 MPa、650 MPa 和 835 MPa。

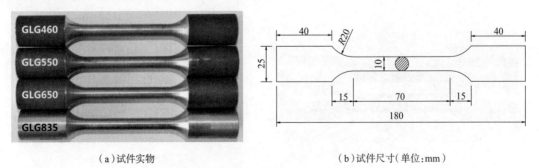

（a）试件实物　　　　　　　　（b）试件尺寸（单位：mm）

图 2-3　钢拉杆试件的实物照片和尺寸

表 2-3 GB/T 228.1—2010 中对各强度等级高强钢拉杆力学性能的要求

强度等级	力学性能指标		
	屈服强度（MPa）	极限强度（MPa）	断后伸长率（%）
GLG460	≥ 460	≥ 610	≥ 19
GLG550	≥ 550	≥ 750	≥ 17
GLG650	≥ 650	≥ 850	≥ 15
GLG835	≥ 835	≥ 1 030	≥ 13

3. 铸钢

铸钢材料在空间结构中被广泛用于制作复杂节点。相比于传统焊接节点,铸钢节点的优势十分突出,如具有流线外形可以最大限度地减小应力集中、没有焊接残余应力和变形、疲劳寿命长、造型美观以及设计自由度大等。本书选取我国广泛使用的两种铸钢材料 G20Mn5N 和 G20Mn5QT 进行研究。

试验采用的试件分别从 G20Mn5N 和 G20Mn5QT 铸钢件上冷切割并机械加工而成,铸钢件的制造工艺符合德国规范 Steel castings for general engineering uses(DIN EN 10293:2005),该规范被公认为是对铸钢件要求最高的规范,因此被众多国家采用。G20Mn5N 和 G20Mn5QT 两种铸钢材料的化学成分差异极小,但因热处理方式不同而具有不同的力学性能。其中,G20Mn5N 为正火热处理铸钢,而 G20Mn5QT 为调质热处理铸钢。相比于 G20Mn5N,G20Mn5QT 铸钢的强度更高,制造工艺更复杂且制造成本更高。因此,G20Mn5N 广泛用于大体积、大厚度的铸钢件,而 G20Mn5QT 多用于对力学性能要求较高的铸钢件。

试验所用铸钢试件的化学组成见表 2-4。铸钢试件的实物照片和尺寸如图 2-4 所示,均符合《金属材料 拉伸试验 第 1 部分:室温试验方法》(GB/T 228.1—2010)的要求。

表 2-4 G20Mn5N 和 G20Mn5QT 铸钢试件的化学组成

试件类别	化学元素					
	C	Si	Mn	P	S	Fe
G20Mn5N	0.196%	0.29%	1.23%	0.016%	0.014%	98.254%
G20Mn5QT	0.193%	0.28%	1.23%	0.017%	0.013%	98.267%

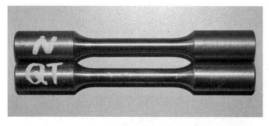

（a）试件实物　　　　　　　　　　（b）试件尺寸（单位:mm）

图 2-4 铸钢试件的实物照片和尺寸

4. 低松弛预应力热镀锌高强钢丝

低松弛预应力热镀锌高强钢丝（以下简称高强钢丝）具有高强度（特征强度值通常不低于 1 670 MPa）、低松弛以及良好的耐腐蚀性等优点，因而被广泛用于制作高强拉索构件，如钢绞线、钢丝绳、半平行或平行钢丝束等。而高强拉索构件作为主要受力构件已经越来越多地被用于各类大跨度预应力钢结构，如大跨度预应力空间网格结构、索结构、悬索桥等。本书选取 1670 级、1770 级、1860 级、1960 级这 4 种不同强度等级的高强钢丝进行研究。

试验采用的高强钢丝试件分别从公称直径为 5 mm、长度为 12 m 的 1670 级、1770 级、1860 级和 1960 级低松弛预应力热镀锌或锌铝合金高强钢丝产品上冷切割截取得到，其力学性能符合《桥梁缆索用热镀锌或锌铝合金钢丝》（GB/T 17101—2019）的要求。这 4 种强度等级的高强钢丝均由 82MnA 热轧盘条经不同的冷拔和热处理过程得到，本书试件所采用的 82MnA 热轧盘条的化学组成见表 2-5，符合《预应力钢丝及钢绞线用热轧盘条》（GB/T 24238—2017）的规定。

表 2-5　82MnA 热轧盘条的化学组成

化学元素	C	Si	Mn	P	S	Cr	Ni	Cu	Fe
含量	0.82%	0.25%	0.74%	0.016%	0.005%	0.18%	0.015%	0.11%	97.864%

5. 结构用铝合金

相比于钢材，铝合金具有质量轻、比强度高、耐腐蚀和易加工等优点，因此越来越多地作为受力构件被应用于建筑、桥梁以及海上石油平台等工程结构领域中，尤其是在大跨度空间网格结构中的应用最为广泛。例如，英国的探索穹顶（Dome of Discovery）、美国加州的长滩穹顶（Long Beach Dome）、上海国际体育馆以及上海科技博物馆等均由铝合金材料建造而成。本书选取 6061-T6 和 7075-T73 两种在工程结构领域广泛使用的结构铝合金材料进行研究。其中，6061-T6 铝合金被广泛用于结构的受力构件；而 7075-T73 铝合金相比于 6061-T6 铝合金具有更高的强度、更好的可焊性以及更优良的耐腐蚀性，但是相应的生产成本也更高，因此被广泛用于制作铝合金结构的紧固连接件。

试验采用的铝合金试件分别从厚度为 6 mm 的 6061-T6 和 7075-T73 铝合金板材上冷切割并机械加工得到。两种材料的化学组成见表 2-6，均符合《变形铝及铝合金化学成分》（GB/T 3190—2020）的要求。试件的实物照片和尺寸如图 2-5 所示，符合《金属材料 拉伸试验 第 1 部分：室温试验方法》（GB/T 228.1—2010）的要求。

表 2-6　6061-T6 和 7075-T73 铝合金的化学组成

试件类别	化学元素									
	Si	Fe	Cu	Mn	Mg	Cr	Zn	Ti	Zr	Al
6061-T6	0.52%	0.25%	0.25%	0.012%	0.96%	0.26%	0.021%	0.012%	—	97.715%
7075-T73	0.085%	0.176%	1.554%	0.068%	2.611%	0.200%	5.788%	0.044%	0.012%	89.462%

火灾后空间网格结构性能评估

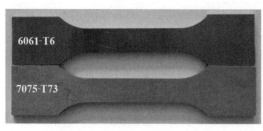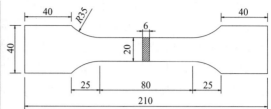

（a）试件实物　　　　　　　　　　　　（b）试件尺寸（单位:mm）

图 2-5　铝合金试件的实物照片和尺寸

2.2.1.3　试验过程与设备

　　试验分为升温—冷却试验和力学性能试验两部分。第 1 步,将试件加热至预设火灾温度后冷却至室温(20 ℃,下同);第 2 步,在室温下对试件进行静力拉伸试验。采用如图 2-6 所示的自动控温电阻炉对试件进行加热。在升温过程中,电阻炉的炉内温度首先以 10 ℃ /min 的速率升高到低于目标温度 50 ℃的温度并保持 10 min,之后再以 10 ℃ /min 的速率升高至目标温度并保持 20 min。采用这样的升温过程可以使炉内试件温度均匀分布且保证试件温度不超过目标温度。在升温过程完成后,将试件从电阻炉内取出并通过空气自然冷却和消防喷水冷却两种方式冷却至室温。当采用空气自然冷却方式时,将试件置于空气中任由其自然冷却,以模拟火灾自然熄灭的情景;当采用消防喷水冷却方式时,采用可控制流量的喷水壶对试件进行喷水冷却,以模拟消防水枪灭火的情景。整个升温—降温过程的温度历程如图 2-7 所示。消防喷水冷却过程的喷水量的确定原则:试件表面单位面积上的喷水量等于实际消防灭火时消防水枪覆盖范围内单位面积上的喷水量。在已知实际消防喷水参数和喷水壶流量的情况下,试验中的喷水时间可以由下式计算:

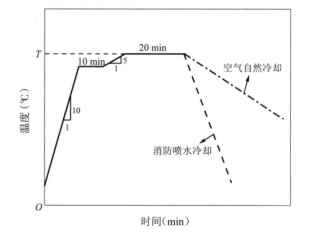

图 2-6　自动控温电阻炉　　　　　　　　**图 2-7　升温—降温过程的温度历程**

$$t_2 = \frac{Q_1 t_1 A}{Q_2 \pi R^2} \tag{2-1}$$

其中，t_2 为试验中喷水冷却时间（s）；Q_1 为实际火灾灭火时的水流量（m³/s）；t_1 为实际火灾的灭火时间（s）；A 为试件的表面积（m²）；Q_2 为试验中采用的喷水壶的流量（m³/s），本试验中恒定为 2×10^{-5} m³/s；R 为水龙带的覆盖范围（m）。式（2-1）中的消防参数采用《高层民用建筑设计防火规范（2005 版）》（GB 50045—1995）中的建议值，即 $t_1 = 7\,200$ s, $Q_1 = 15 \times 10^{-2}$ m³/s，$R = 15$ m。

　　静力拉伸试验采用如图 2-8 所示的 1 000 kN 级电液伺服万能材料试验机进行，其加载速率可实现应力、应变和位移的三重闭环控制。试验时，试件的上下端被夹紧于试验机的加载端，其中下端固定，而上端可以移动施加拉力。采用电子引伸计精确测量试验全过程中试件的应变大小。加载速率按照《金属材料 拉伸试验 第 1 部分：室温试验方法》（GB/T 228.1—2010）的规定施加，即对于有明显屈服平台的材料（如热轧钢、冷弯型钢和铸钢），在弹性阶段加载速率采用应力控制，取 10 MPa/s；在屈服阶段加载速率采用应变控制，取 0.001/s；在强化阶段直至断裂过程，加载速率采用位移控制，取 10 mm/min；对于无明显屈服平台的材料（如高强钢拉杆、高强钢丝和结构用铝合金），加载速率统一采用应变控制，取 0.003/min。试验过程中的各项试验数据，如拉力值、位移值、应力值、应变值以及应力-应变曲线等均由与电液伺服万能材料试验机相配套的计算机记录并保存。作为对比，对每种材料未经历升温—降温过程的试件亦进行拉伸试验。为减小试验的偶然误差，对每个预定温度、每种冷却方式均取 3 个试件为一组，取每组 3 个试件试验结果的平均值作为最终结果。

图 2-8　1 000 kN 级电液伺服万能材料试验机

　　此外，考虑到一些结构可能经历多次火灾（如 1.1 节所述的济南奥体中心体育馆）以及实际建筑火灾中可能的复燃情况，有必要探究反复升温—冷却过程对于结构材料力学性能的影响，因此本章还开展了反复升温—冷却后的力学性能试验。试验中，各试件被反复加热到预定温度并冷却至室温，这一过程循环 1~3 次后进行静力拉伸试验，得到相应的力学性能，进而分析反复升温—降温过程对于材料力学性能的影响，具体的试件信息见表 2-7。

表 2-7　反复升温—降温试验的试件信息

材料种类	强度等级	预定温度（℃）	反复升温—降温次数	冷却方式
热轧钢	Q345	400、600、800	1、2、3	空冷

续表

材料种类	强度等级	预定温度(℃)	反复升温—降温次数	冷却方式
高强钢拉杆	GLG460、GLG835	300、600、900	1、2、3	空冷
铸钢	G20Mn5N、G20Mn5QT	300、600、900	1、2、3	空冷
高强钢丝	1670级、1960级	300、600、900	1、2、3	空冷
结构用铝合金	6061-T6、7075-T73	200、350、500	1、2、3	空冷、水冷

2.2.2 试验结果分析

2.2.2.1 热致变色现象

高温过火后,钢拉杆、铸钢和高强钢丝等钢母材结构材料显示出明显的热致变色现象,如图 2-9 所示(限于篇幅,每种材料只列举了一种强度等级的试件)。

图 2-9 中各试件上的数字表示其经历的过火温度(从左至右依次升高),A 表示空气自然冷却,W 表示消防喷水冷却,而未过火试件采用 20 进行标记。当过火温度达到 300 ℃ 时,钢拉杆和铸钢的表面颜色由银白色转变为黄色;随着过火温度的升高,试件表面颜色逐渐加深而呈灰黑色;当过火温度超过 750 ℃ 时,试件表面出现氧化层剥落现象,同时试件表面颜色逐渐变浅,到 1 000 ℃ 时呈浅灰色。此外,当过火温度超过 750 ℃ 时,钢拉杆表面出现明显的锈迹,且经消防喷水冷却的试件表面的锈迹比经空气自然冷却的试件多。

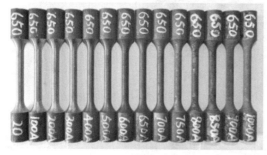

(a)GLG650 钢拉杆(空冷)

(b)GLG650 钢拉杆(水冷)

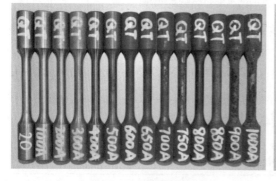

(c)G20Mn5QT 铸钢(空冷)

(d)G20Mn5QT 铸钢(水冷)

图 2-9　高温后钢母材结构材料试件的热致变色现象

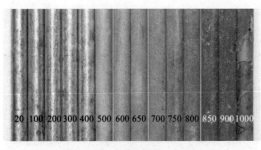

（e）1670 级高强钢丝（空冷）　　　　　　　　　　（f）1670 级高强钢丝（水冷）

图 2-9　高温后钢母材结构材料试件的热致变色现象（续）

高强钢丝材料由于表面具有热镀锌层而表现出不同的热致变色现象。当过火温度超过 400 ℃时，高强钢丝表面开始失去金属光泽，其表面颜色从银白色逐渐向黄色转变。随着过火温度继续升高，高强钢丝表面颜色逐渐加深，在 800~850 ℃时呈现红棕色。此外，当过火温度超过 800 ℃时，高强钢丝表面开始出现明显的锌镀层氧化物的剥落，而当过火温度超过 900 ℃时，钢丝表面的锌镀层氧化物几乎完全剥落，钢丝表面呈现深灰色。

此外，不同冷却方式下试件的热致变色现象基本相同，表明其主要随过火温度升高而变化，与冷却方式无关。图 2-9 可为估计火灾后钢母材结构材料经历的最高过火温度提供参考。

与钢母材结构材料不同的是，铝合金材料的热致变色现象并不显著。

2.2.2.2　破坏模式

高温过火后各种材料试件的典型破坏模式如图 2-10 所示（限于篇幅，每种材料只列举了一种强度等级的试件）。可以看到，不同冷却方式对钢母材结构材料的破坏模式影响显著。在空气自然冷却条件下，热轧钢、冷弯型钢、钢拉杆、铸钢和高强钢丝等钢母材结构材料试件的断口均有显著的颈缩现象，呈典型的塑性破坏特征，与是否过火、过火温度的高低以及材料强度等级均无关。而在消防喷水冷却条件下，当过火温度较高时（一般为超过 700 ℃），钢拉杆和高强钢丝等高碳钢材料的断面光滑整齐且无颈缩现象，呈典型的脆性破坏特征。由后文分析可知，此时钢母材发生了显著的淬火效应甚至脆化效应，在晶体结构内析出了强度高、硬度高而塑性变形能力很差的马氏体组织（或渗碳体相）。

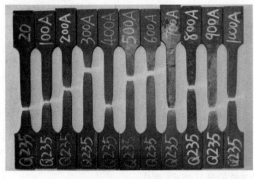
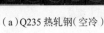
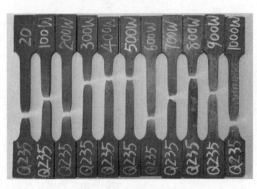

（a）Q235 热轧钢（空冷）　　　　　　　　　　（b）Q235 热轧钢（水冷）

图 2-10　高温后各种材料试件的破坏模式

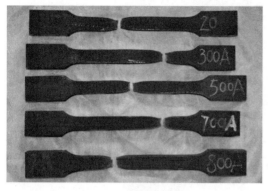

(c)CFS-F 冷弯型钢(空冷)

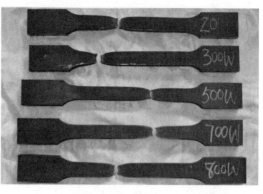

(d)CFS-F 冷弯型钢(水冷)

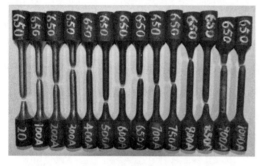

(e)GLG650 钢拉杆(空冷)

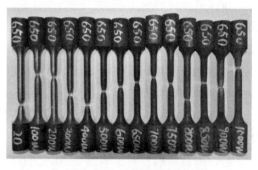

(f)GLG650 钢拉杆(水冷)

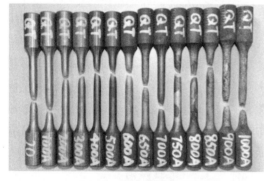

(g)G20Mn5QT 铸钢(空冷)

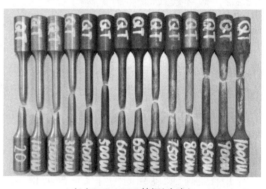

(h)G20Mn5QT 铸钢(水冷)

(i)1670 级高强钢丝(空冷)

(j)1670 级高强钢丝(水冷)

图 2-10　高温后各种材料试件的破坏模式(续)

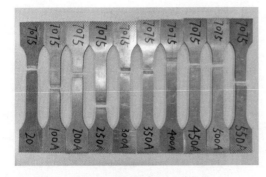 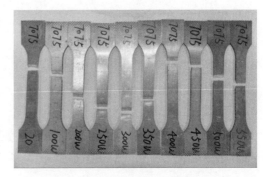

（k）7075-T73 铝合金（空冷）　　　　　　　　（l）7075-T73 铝合金（水冷）

图 2-10　高温后各种材料试件的破坏模式（续）

与钢母材结构材料不同,铝合金材料过火后的破坏模式受冷却方式的影响很小。整体而言,常温下和高温过火后铝合金试件破坏时的整体颈缩现象均不明显,表现出更多的脆性破坏特征。

2.2.2.3　应力-应变关系曲线

不同过火温度和不同冷却方式下各种材料的应力-应变关系曲线如图 2-11 至图 2-15 所示(为便于观察,仅列出相同过火温度、相同冷却方式的同组 3 条曲线中具有代表性的一条)。

如图 2-11 所示,热轧钢的应力-应变关系曲线在过火温度不超过 700 ℃时与常温下未过火时非常接近,而当过火温度超过 700 ℃后开始发生显著变化。相比而言,Q235 冷弯型钢 CFS-F 和 CFS-C 对过火温度更为敏感,当过火温度超过 300 ℃时,其应力-应变关系曲线就开始发生明显变化。此外,随着过火温度的升高,CFS-F 和 CFS-C 的屈服平台逐渐增长,曲线最大应力点所对应的应变值也逐渐增大,表明其塑性变形能力随过火温度的升高逐渐增大。此外,不同冷却方式对各种材料试件的应力-应变关系曲线的影响亦十分显著,当过火温度超过 800 ℃后,经消防喷水冷却的试件明显比空气自然冷却的试件表现出更高的屈服强度和极限强度。

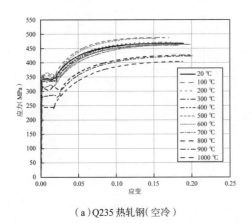 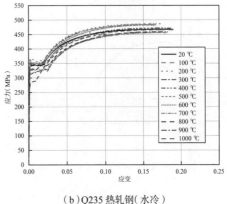

（a）Q235 热轧钢（空冷）　　　　　　　　　（b）Q235 热轧钢（水冷）

图 2-11　高温后热轧钢和冷弯型钢的应力-应变关系曲线

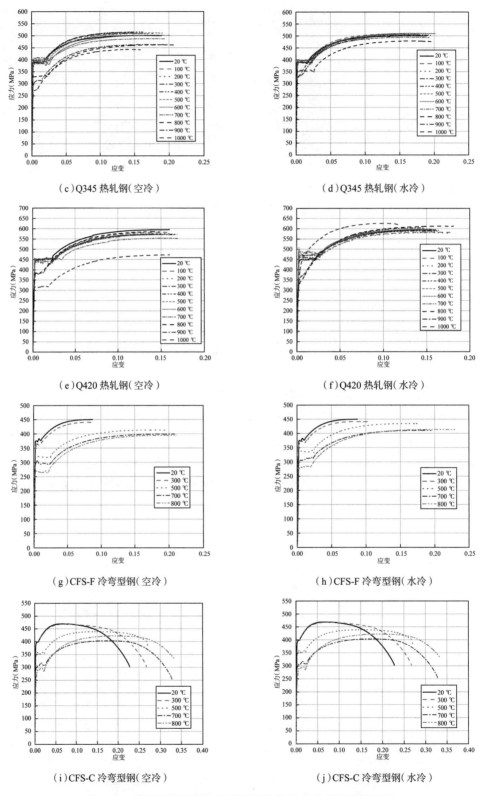

（c）Q345 热轧钢（空冷）　　　　　　　（d）Q345 热轧钢（水冷）

（e）Q420 热轧钢（空冷）　　　　　　　（f）Q420 热轧钢（水冷）

（g）CFS-F 冷弯型钢（空冷）　　　　　　（h）CFS-F 冷弯型钢（水冷）

（i）CFS-C 冷弯型钢（空冷）　　　　　　（j）CFS-C 冷弯型钢（水冷）

图 2-11　高温后热轧钢和冷弯型钢的应力-应变关系曲线（续）

　　如图 2-12 所示，GLG460 和 GLG550 钢拉杆的应力-应变关系曲线在过火温度不超过 800 ℃时均呈现明显的屈服平台，而更高强度等级的 GLG650 和 GLG835 钢拉杆只在过火温度为 700~800 ℃时存在屈服平台。当过火温度超过 650 ℃时，GLG460、GLG550、GLG650 钢拉杆的延性水平均开始发生显著变化。而对于 GLG835 钢拉杆，其力学性能变化的起始过火温度为 500 ℃，表明 GLG835 钢拉杆对过火温度更为敏感。同样，当火温度超过 800 ℃时，采用消防喷水冷却的试件表现出比空气自然冷却的试件更高的强度，但是延性有所降低。

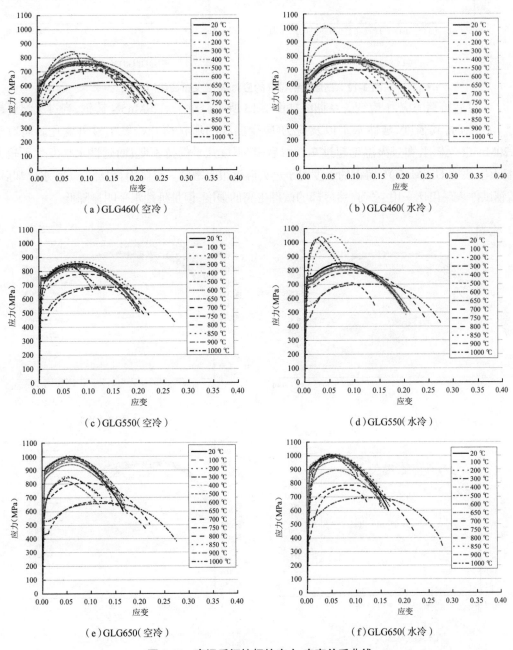

（a）GLG460（空冷）　　　（b）GLG460（水冷）

（c）GLG550（空冷）　　　（d）GLG550（水冷）

（e）GLG650（空冷）　　　（f）GLG650（水冷）

图 2-12　高温后钢拉杆的应力-应变关系曲线

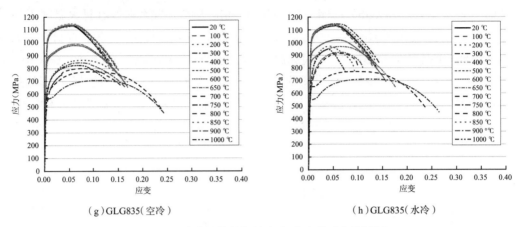

（g）GLG835（空冷）　　　　　　　　（h）GLG835（水冷）

图 2-12　高温后钢拉杆的应力-应变关系曲线（续）

高温后铸钢的应力-应变关系曲线如图 2-13 所示。对于 G20Mn5N 铸钢,当过火温度超过 700 ℃时,其强度、延性水平以及应力-应变曲线的形状均开始发生显著变化。而对于 G20Mn5QT 铸钢,在过火温度超过 700 ℃后,其强度几乎保持不变,而延性水平发生了较大的变化,表明 G20Mn5QT 铸钢的强度对于过火温度很不敏感。整体而言,经消防喷水冷却后,铸钢试件表现出比采用空气自然冷却的试件更高的强度,但是延性水平明显降低。

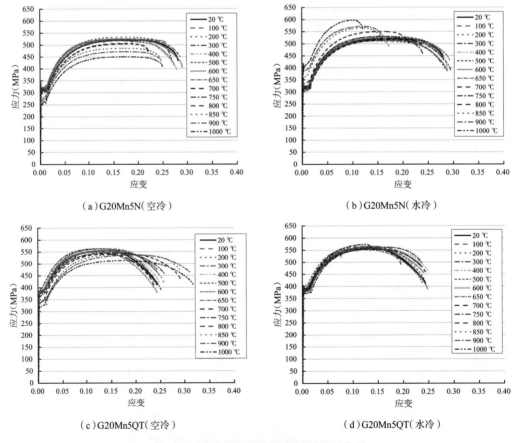

（a）G20Mn5N（空冷）　　　　　　　　（b）G20Mn5N（水冷）

（c）G20Mn5QT（空冷）　　　　　　　　（d）G20Mn5QT（水冷）

图 2-13　高温后铸钢的应力-应变关系曲线

　　如图 2-14 所示,高强钢丝的力学性能对过火温度非常敏感,当过火温度超过 400 ℃时,其强度、延性水平以及应力-应变关系曲线的形状就开始发生显著变化,且不同等级的高强钢丝的变化规律基本一致。此外,不同冷却方式对于高温后高强钢丝的力学性能的影响十分显著。在消防喷水冷却条件下,当过火温度达到 750 ℃时,尽管高强钢丝仍然具有较高的极限强度(大于 700 MPa),但是其破坏模式表现为在线弹性阶段发生的突然脆性断裂,无任何塑性变形发生。随着过火温度的进一步升高,所有经消防喷水冷却的高强钢丝均发生了完全脆化,表现出极低的强度(极限强度低于 100 MPa)和完全的脆性破坏特征。因此,这些试件的应力-应变关系曲线没有包含在图 2-14 中。高强钢丝在消防喷水冷却条件下的脆化现象也与图 2-10 所示的其破坏模式相一致。因此,火灾后结构安全评估中应格外重视可能由消防喷水冷却导致的高强钢丝构件的脆化。

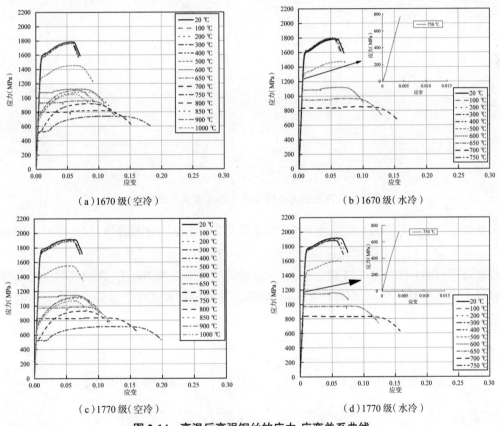

图 2-14　高温后高强钢丝的应力-应变关系曲线

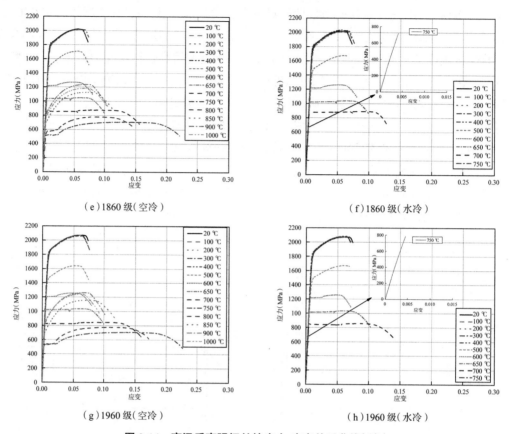

（e）1860 级（空冷）　　　　　　　　（f）1860 级（水冷）

（g）1960 级（空冷）　　　　　　　　（h）1960 级（水冷）

图 2-14　高温后高强钢丝的应力-应变关系曲线（续）

如图 2-15 所示,高温后铝合金的应力-应变关系曲线因铝合金牌号、过火温度不同而呈现出显著差异。当过火温度超过 300 ℃时，6061-T6 铝合金的强度和延性水平均开始发生大幅度降低；而对于 7075-T73 铝合金,这一对应的变化温度为 200 ℃,表明其对过火温度更为敏感。需要注意的是,与钢母材结构材料不同,不同冷却方式对高温后铝合金材料的力学性能影响不大。

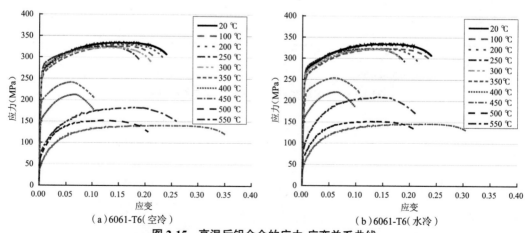

（a）6061-T6（空冷）　　　　　　　　（b）6061-T6（水冷）

图 2-15　高温后铝合金的应力-应变关系曲线

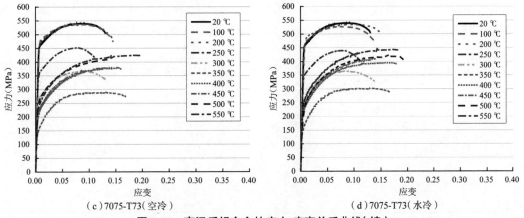

（c）7075-T73（空冷）   （d）7075-T73（水冷）

图 2-15 高温后铝合金的应力-应变关系曲线（续）

  综上所述,高温后钢母材结构材料的应力-应变关系曲线因过火温度、冷却方式和强度等级的不同而呈现出显著差异;而铝合金材料的高温后力学性能主要因材料牌号和过火温度而异,与冷却方式关系不大。

2.2.2.4 主要力学性能指标

1. 弹性模量

  金属材料的弹性模量定义为其应力-应变关系曲线的初始斜率,如图 2-16 所示。试件应力-应变关系曲线的初始斜率采用《金属材料 弹性模量和泊松比试验方法》（GB/T 22315—2008）规定的方法进行计算。为了描述高温后材料弹性模量的退化程度,定义弹性模量退化系数为高温后材料弹性模量 E_{PT} 与常温下未过火时弹性模量 E 的比值,即 E_{PT}/E。

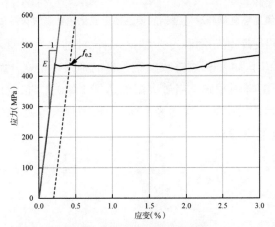

图 2-16 试件弹性模量的确定

  热轧钢和冷弯型钢的弹性模量退化系数随过火温度变化的规律如图 2-17 所示（图中每一个数据均为同组 3 个试件试验结果的平均值,后同）。当过火温度不超过 800 ℃时,强度等级较低的 Q235 和 Q345 热轧钢的高温后弹性模量与常温未过火时基本相同,随着过火温度继续升高,其高温后弹性模量开始逐渐降低;而强度等级较高的 Q420 热轧钢在过火温度超过 700 ℃时弹性模量开始降低。但整体而言,热轧钢在经历不超过 1 000 ℃的温度时能保留至少

85%的初始弹性模量。对于 Q235 冷弯型钢 CFS-F 和 CFS-C 而言,其弹性模量在过火温度不超过 800 ℃时基本保持不变。此外,不同冷却方式对于高温后各类钢材的弹性模量影响很小。

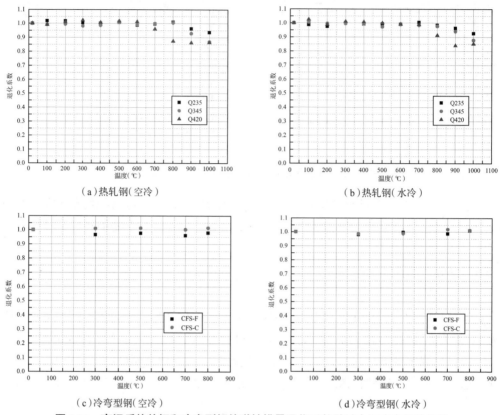

（a）热轧钢（空冷）　　　　　　　　（b）热轧钢（水冷）

（c）冷弯型钢（空冷）　　　　　　　　（d）冷弯型钢（水冷）

图 2-17　高温后热轧钢和冷弯型钢的弹性模量退化系数随过火温度变化的规律

如图 2-18 所示,相比于热轧钢和冷弯型钢,钢拉杆的弹性模量对过火温度更为敏感。当过火温度超过 600 ℃时, 4 种强度等级的钢拉杆的弹性模量就开始呈不同程度的降低趋势,且不同冷却方式下的降幅相同。当过火温度达到 1 000 ℃时,较低强度等级的 GLG460 与 GLG550 钢拉杆的弹性模量的降幅约为 20%,而较高强度等级的 GLG650 与 GLG835 钢拉杆的弹性模量的降幅约为 25%。

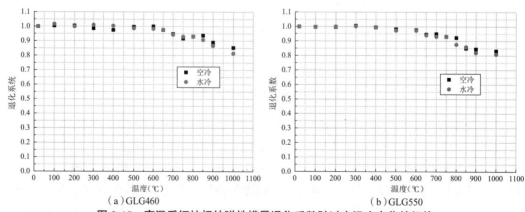

（a）GLG460　　　　　　　　　　（b）GLG550

图 2-18　高温后钢拉杆的弹性模量退化系数随过火温度变化的规律

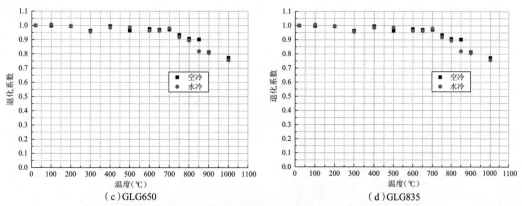

（c）GLG650　　　　　　　　　　（d）GLG835

图 2-18　高温后钢拉杆的弹性模量退化系数随过火温度变化的规律（续）

高温后铸钢、高强钢丝和铝合金的弹性模量退化系数随过火温度变化的趋势分别如图 2-19、图 2-20 和图 2-21 所示。与结构钢和钢拉杆材料不同，三者的弹性模量在经历升温—冷却过程后基本保持不变，在过火温度不超过 1 000 ℃ 的区间内，皆只有不超过 4% 的微小波动，表明其弹性模量具有较高的温度稳定性，高温过火后可以恢复到初始水平。此外，不同冷却方式对于铸钢、高强钢丝和铝合金材料的弹性模量均影响很小。

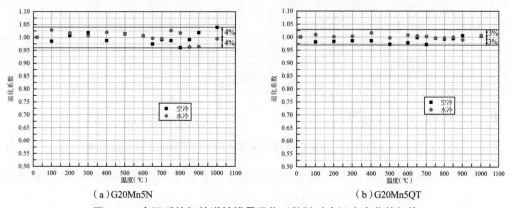

（a）G20Mn5N　　　　　　　　　　（b）G20Mn5QT

图 2-19　高温后铸钢的弹性模量退化系数随过火温度变化的规律

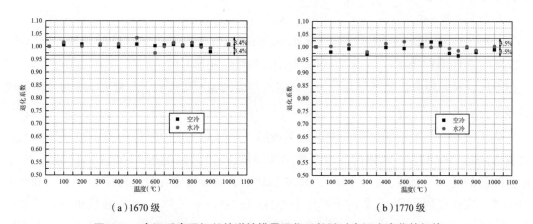

（a）1670 级　　　　　　　　　　（b）1770 级

图 2-20　高温后高强钢丝的弹性模量退化系数随过火温度变化的规律

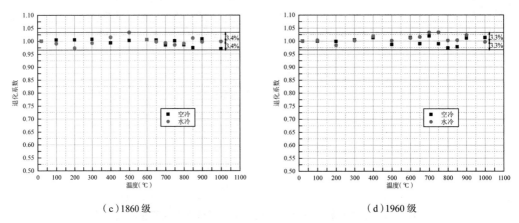

（c）1860级 （d）1960级

图 2-20 高温后高强钢丝的弹性模量退化系数随过火温度变化的规律（续）

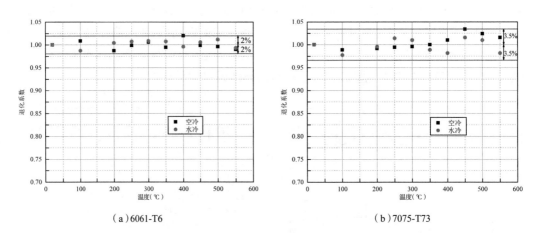

（a）6061-T6 （b）7075-T73

图 2-21 高温后铝合金的弹性模量退化系数随过火温度变化的规律

综上,结构钢和钢拉杆的弹性模量随过火温度的升高呈降低趋势,而铸钢、高强钢丝以及结构用铝合金的弹性模量则在高温后基本保持不变,且不同冷却方式对上述材料的高温后弹性模量影响很小。

2. 屈服强度

为便于比较,统一采用 0.2%规定塑性延伸强度 $f_{0.2}$ 作为各材料试件的条件屈服强度。0.2%规定塑性延伸强度 $f_{0.2}$ 定义为试件产生 0.2%残余变形时的应力值,如图 2-16 所示。定义高温后材料的屈服强度退化系数为其高温冷却后的屈服强度 $f_{y,PT}$ 与常温下未过火时的屈服强度 f_y 之比,即 $f_{y,PT}/f_y$。

热轧钢和冷弯型钢的屈服强度退化系数随过火温度变化的趋势如图 2-22 所示。当过火温度超过 700 ℃后热轧钢的屈服强度迅速降低,当过火温度达 1 000 ℃时降幅达 30%。值得注意的是,采用消防喷水冷却的 Q420 热轧钢的屈服强度在过火温度为 800～1 000 ℃时出现一定程度的回升,这是由于相比于 Q235 和 Q345 热轧钢, Q420 热轧钢的含碳量较高,其晶体结构在超过临界温度（对于钢材通常为 727 ℃）的情况下因较为快速的冷却而形成了强度和硬度很高,但塑性变形能力很差的马氏体组织,从而导致材料的强度增大而延性降低,即发生淬火效应。钢母材含碳量越高、冷却速度越快,淬火效应越显著。

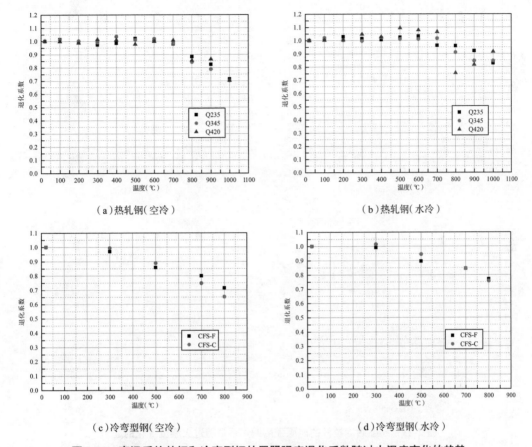

（a）热轧钢（空冷）　　　　　　　　　　　（b）热轧钢（水冷）

（c）冷弯型钢（空冷）　　　　　　　　　　　（d）冷弯型钢（水冷）

图 2-22　高温后热轧钢和冷弯型钢的屈服强度退化系数随过火温度变化的趋势

相比于热轧钢，Q235 冷弯型钢对过火温度更为敏感，当过火温度超过 300 ℃时该钢材的屈服强度就开始降低；当过火温度达 800 ℃时，CFS-F 和 CFS-C 试件的屈服强度降幅分别达 35%和 30%。

此外，不同冷却方式对高温后钢材的屈服强度有显著影响。通过消防喷水冷却的热轧钢和冷弯型钢试件比通过空气自然冷却的试件表现出更高的屈服强度，这是由于消防喷水冷却的降温速率更高，此时钢材由于更为显著的淬火效应而在晶体结构中形成了比空气自然冷却条件下更多的马氏体组织。

如图 2-23 所示，高温后钢拉杆的屈服强度退化系数随过火温度的变化趋势与试件强度等级、过火温度以及冷却方式密切相关。当过火温度超过 650 ℃时，GLG460、GLG550 和 GLG650 钢拉杆的屈服强度开始迅速降低，在 750～800 ℃时达到最小值，降幅分别约为 30%、40%和 55%，表明强度等级越高，其屈服强度降幅越大。而最高强度等级的 GLG835 钢拉杆则对过火温度更为敏感，其屈服强度在过火温度超过 500 ℃后便开始降低，在 750～800 ℃时达到最小值，降幅约为 50%。值得注意的是，当过火温度超过 800 ℃时，所有

4 种强度等级钢拉杆的屈服强度均因淬火效应而发生不同程度的恢复。

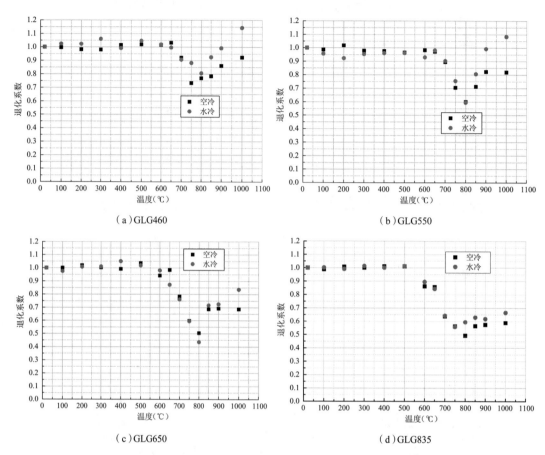

（a）GLG460　　　　　　　　　　　　　　（b）GLG550

（c）GLG650　　　　　　　　　　　　　　（d）GLG835

图 2-23　高温后钢拉杆的屈服强度退化系数随过火温度变化的趋势

同样,在过火温度超过 800 ℃后,消防喷水冷却的钢拉杆试件由于更为显著的淬火效应而表现出比经空气自然冷却试件更高的屈服强度。

高温后铸钢的屈服强度退化系数随过火温度变化的趋势如图 2-24 所示。可以看到,G20Mn5N 和 G20Mn5QT 的屈服强度随过火温度的升高变化规律不尽相同,而且不同冷却方式的影响十分显著。对于 G20Mn5N 铸钢,当过火温度从 700 ℃升高至 1 000 ℃时,经空气自然冷却的试件的屈服强度减小了 20.0%,而经消防喷水冷却的试件的屈服强度则增大了 28.6%。相比而言,G20Mn5QT 试件的屈服强度对过火温度表现出更高的稳定性。在空气自然冷却条件下,其屈服强度在 1 000 ℃的过火温度下降低了 16.8%,而在消防喷水冷却条件下,其屈服强度在任何过火温度下均与常温未过火时几乎相同。正如预期的一样,消防喷水冷却条件下铸钢材料由于发生了更为显著的淬火效应,因而表现出比经空气自然冷却后更高的屈服强度。

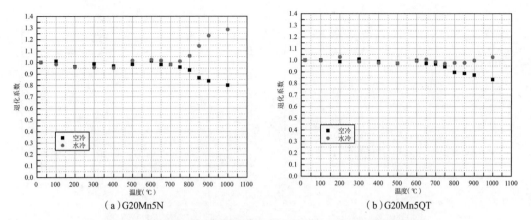

（a）G20Mn5N　　　　　　　　　　　（b）G20Mn5QT

图 2-24　高温后铸钢的屈服强度退化系数随过火温度变化的趋势

　　高温后高强钢丝的屈服强度退化系数随过火温度变化的趋势如图 2-25 所示。可以看到,不同强度等级高强钢丝的高温后屈服强度随过火温度的升高呈现相似的变化规律,而不同冷却方式的影响非常显著。在空气自然冷却条件下,高强钢丝的屈服强度在过火温度超过 400 ℃时开始迅速降低,在 750 ℃时降低至最小值,1670、1770、1860 和 1960 级高强钢丝的降幅分别为 67.5%、69.9%、70.6%和 71.7%。而当过火温度超过 750 ℃后,又因发生淬火效应而呈现出一定程度的回升。而在消防喷水冷却条件下,高强钢丝的屈服强度在 400～700 ℃的过火温度范围内呈现出与空气自然冷却时相同的降低趋势。然而,当过火温度继续升高时,各强度等级高强钢丝均发生了显著的脆化。此时,高强钢丝表现为在线弹性阶段的突然脆性破坏,而无任何塑性变形发生,因此试验中没有得到该条件下高强钢丝试件的屈服强度。消防喷水冷却条件下高强钢丝的"脆化效应"主要由两方面原因造成。一方面,由于高强钢丝的母材 82MnA 钢的含碳量很高,因此当其从超过临界温度的高温急速降温时,其晶体结构内析出了大量渗碳体相,从而形成了脆性的微观组织;另一方面,由于温度骤降,82MnA 钢的晶体结构内形成了大量针状马氏体组织,从而在材料微观结构内造成了大量内应力和微裂缝,这二者共同导致了高强钢丝的脆化和强度的丧失。

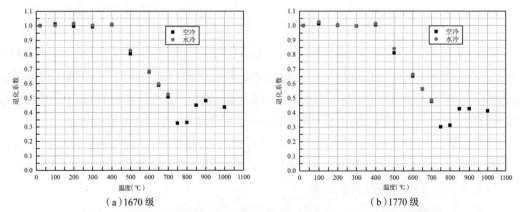

（a）1670 级　　　　　　　　　　　（b）1770 级

图 2-25　高温后高强钢丝的屈服强度退化系数随过火温度变化的趋势

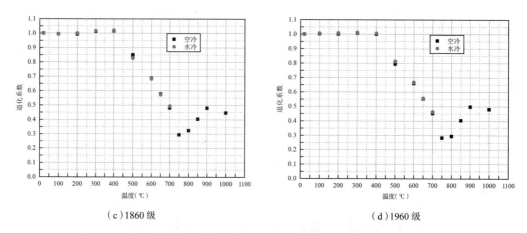

（c）1860 级　　　　　　　　　　　　（d）1960 级

图 2-25　高温后高强钢丝的屈服强度退化系数随过火温度变化的趋势（续）

高温后铝合金的屈服强度退化系数随过火温度的变化趋势如图 2-26 所示。对于 6061-T6 铝合金，当过火温度超过 300 ℃时，其屈服强度开始迅速降低，并在 450 ℃时达到最小值，两种冷却方式下的降幅均超过 80%；相比之下，7075-T73 铝合金对温度更为敏感，当过火温度超过 200 ℃时，其屈服强度就开始大幅降低，在 350 ℃时降至最低值，两种冷却方式下的降幅均超过 70%。与前述钢母材结构材料不同，高温后铝合金的屈服强度受不同冷却方式的影响很小，两种冷却条件下试件的屈服强度退化系数基本相同。

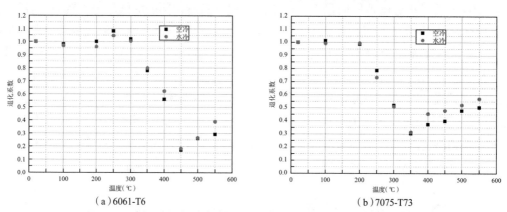

（a）6061-T6　　　　　　　　　　　　（b）7075-T73

图 2-26　高温后铝合金的屈服强度退化系数随过火温度变化的趋势

综上所述，各结构材料的屈服强度整体上均随过火温度的升高而显著降低，而降低的开始温度和降低幅度（即对过火温度的敏感性）因材料种类而异。整体而言，冷加工的冷弯型钢比热轧钢对过火温度敏感；高碳钢材料（高强钢丝、钢拉杆）比低碳钢材料（热轧钢、冷弯型钢和铸钢）对过火温度敏感；而同种材料中，强度等级越高，对过火温度越敏感。

不同冷却方式对于高温后钢母材结构材料的屈服强度的影响非常显著，而对铝合金材料影响很小。在消防喷水冷却条件下，钢母材结构材料由于更显著的淬火效应而表现出比空气自然冷却条件下更高的屈服强度。

3. 极限强度

定义高温后材料的极限强度退化系数为高温后的极限强度 $f_{u,PT}$ 与常温下未过火时的极

限强度 f_u 的比值,即 $f_{u,PT}/f_u$。各结构材料的极限强度退化系数随过火温度变化的规律如图 2-27 至图 2-31 所示。可以看到,高温后各材料的极限强度呈现出与屈服强度相似的变化规律(包括升高和降低趋势以及变化起始过火温度),只是变化幅度更小。此外,不同冷却方式的影响也与其对屈服强度的影响规律相似,即对钢母材结构材料影响显著,而对铝合金材料影响很小。在小于或等于 1 000 ℃的过火温度范围内(对于冷弯型钢为 800 ℃),各结构材料的极限强度变化幅度如下。

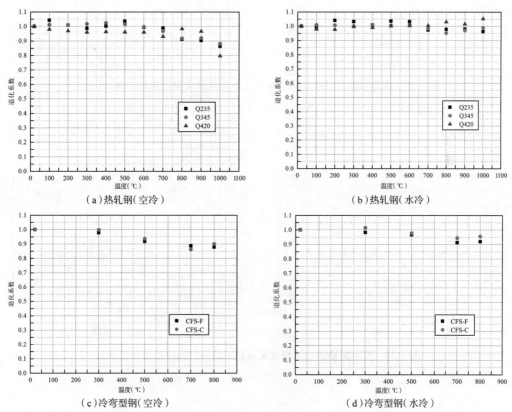

（a）热轧钢（空冷）　　　　　　　　　（b）热轧钢（水冷）

（c）冷弯型钢（空冷）　　　　　　　　　（d）冷弯型钢（水冷）

图 2-27　高温后热轧钢和冷弯型钢的极限强度退化系数随过火温度变化的规律

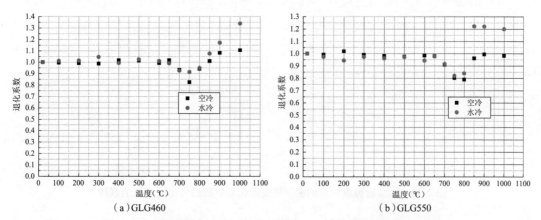

（a）GLG460　　　　　　　　　　（b）GLG550

图 2-28　高温后钢拉杆的极限强度退化系数随过火温度变化的规律

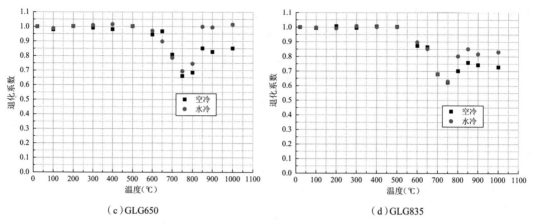

（c）GLG650　　　　　　　　　（d）GLG835

图 2-28　高温后钢拉杆的极限强度退化系数随过火温度变化的规律（续）

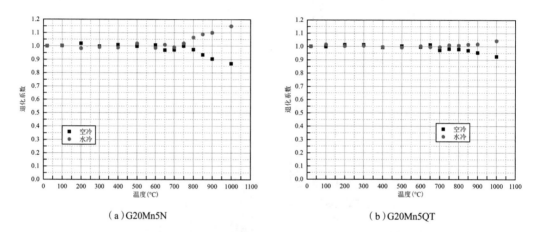

（a）G20Mn5N　　　　　　　　　（b）G20Mn5QT

图 2-29　高温后铸钢的极限强度退化系数随过火温度变化的规律

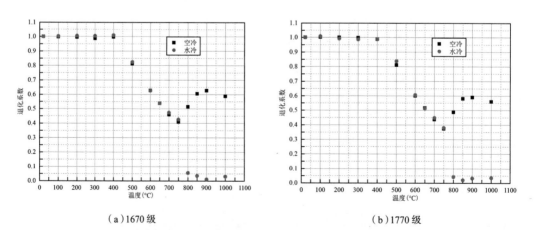

（a）1670 级　　　　　　　　　（b）1770 级

图 2-30　高温后高强钢丝的极限强度退化系数随过火温度变化的规律

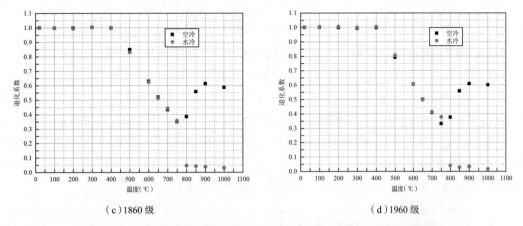

（c）1860 级　　　　　　　　　　　　（d）1960 级

图 2-30　高温后高强钢丝的极限强度退化系数随过火温度变化的规律（续）

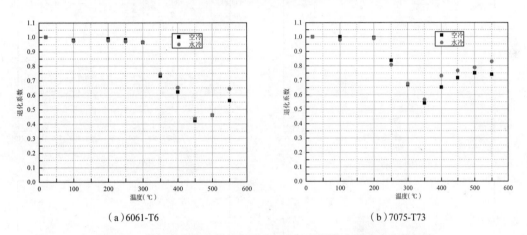

（a）6061-T6　　　　　　　　　　　　（b）7075-T73

图 2-31　高温后铝合金的极限强度退化系数随过火温度变化的规律

　　对于热轧钢，其在空气自然冷却条件下的极限强度最大降幅为 20%，而在消防喷水冷却条件下无明显下降；冷弯型钢在空气自然冷却和消防喷水冷却条件下的极限强度最大降幅分别为 14% 和 8%；对于钢拉杆材料，其强度等级越高，极限强度的降幅越大，在空气自然冷却和消防喷水冷却条件下最大降幅大致相等，约为 40%；对于铸钢材料，G20Mn5N 铸钢试件的极限强度在空气自然冷却和消防喷水冷却条件下的最大降幅和最大增幅均约为 15%，而 G20Mn5QT 铸钢试件相应的降低幅度和增高幅度分别为 7.6% 和 4.1%；四种高强钢丝在空气冷却条件下的极限强度最大降幅均约为 60%，而在消防喷水冷却条件下当过火温度超过 750 ℃时，由于严重的脆化效应而彻底失效；对于铝合金材料，6061-T6 铝合金在两种冷却方式下的极限强度最大降幅相似，约为 55%，而 7075-T73 铝合金的极限强度最大降幅约为 45%。

4. 延性水平

　　材料的延性水平是反映其塑性变形能力的指标，本试验以试件断裂时标距范围内的伸长率来反映材料的延性水平。定义高温后延性退化系数为经高温冷却后的断裂伸长率 $\delta_{u,PT}$ 与室温下未过火时的断裂伸长率 δ_u 的比值，即 $\delta_{u,PT}/\delta_u$。

热轧钢和冷弯型钢的高温后延性退化系数随过火温度变化的趋势如图 2-32 所示。热轧钢的延性与冷却方式密切相关,在空气自然冷却条件下,Q235 与 Q345 热轧钢的延性水平随过火温度的升高略有升高,而 Q420 热轧钢的延性水平基本保持不变;在消防喷水冷却条件下,在过火温度超过 800 ℃后,由于淬火效应,Q235、Q345 及 Q420 热轧钢的延性水平均发生了相当程度的降低。而对于 Q235 冷弯型钢,其延性水平随过火温度升高而单调升高,且与采用的冷却方式无关。当过火温度为 800 ℃时,CFS-F 和 CFS-C 试件的延性分别比常温下未过火时提高了 60%和 45%。分析其原因可能是升温—冷却过程释放了冷弯型钢内原有的残余应力并且恢复了在冷成型过程中错位的晶格结构,从而增大了材料的塑性变形能力,且这一增大效应超过了淬火所导致的延性降低效应。

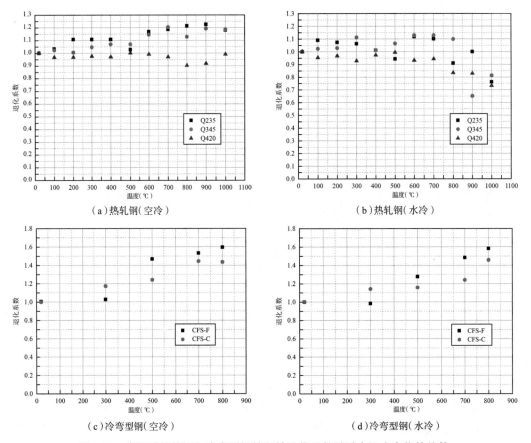

图 2-32 高温后热轧钢和冷弯型钢的延性退化系数随过火温度变化的趋势

高温后钢拉杆的延性退化系数随过火温度变化的趋势如图 2-33 所示。可以看到,各强度等级钢拉杆的延性退化系数随过火温度的升高呈现相似的变化规律。当 GLG460、GLG550、GLG650 的过火温度超过 650 ℃,而 GLG835 的过火温度超过 500 ℃时,其延性水平随着过火温度升高首先呈现升高趋势,而当过火温度超过 750 ℃后,因为淬火效应高碳钢母材的延性水平又迅速降低。此外,冷却方式对于高温后钢拉杆的延性水平影响显著,消防喷水冷却的钢拉杆试件由于更为显著的淬火效应而导致其延性水平低于空气自然冷却试件。

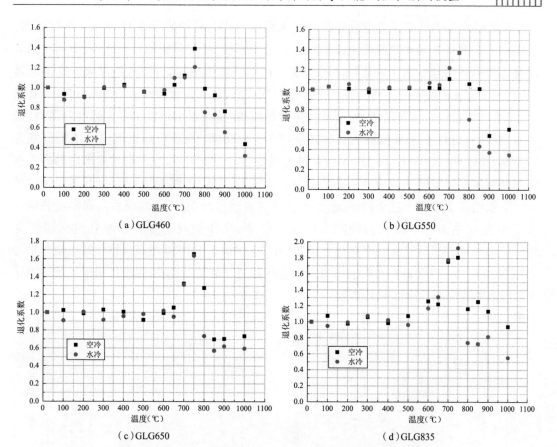

（a）GLG460　　　　　　　　　（b）GLG550

（c）GLG650　　　　　　　　　（d）GLG835

图 2-33　高温后钢拉杆的延性退化系数随过火温度变化的趋势

　　高温后铸钢材料的延性退化系数随过火温度变化的趋势如图 2-34 所示。相比于弹性模量、屈服强度和极限强度，其延性水平随过火温度的升高变化十分显著。对于 G20Mn5N 铸钢，当过火温度超过 600 ℃时，其延性水平呈降低趋势，在空气自然冷却和消防喷水冷却条件下的最大降幅分别为 28.8%和 56.9%。对于 G20Mn5QT 铸钢，当过火温度超过 700 ℃时，其延性水平在空气自然冷却条件下随过火温度的升高而升高，而在消防喷水冷却条件下随过火温度的升高而降低，当过火温度达到 1 000 ℃时，升高和降低幅度分别为 32.0%和 44.3%。

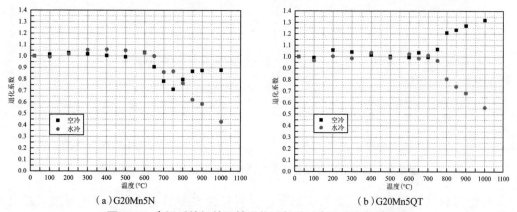

（a）G20Mn5N　　　　　　　　（b）G20Mn5QT

图 2-34　高温后铸钢的延性退化系数随过火温度变化的趋势

　　高温后高强钢丝的延性退化系数随过火温度变化的趋势如图 2-35 所示。可以看到,不同强度等级高强钢丝的变化规律基本相同,只是变化幅度有所差异。此外,不同冷却方式对高强钢丝的延性水平的影响十分显著。在空气自然冷却条件下,当过火温度不超过500 ℃时,高温后高强钢丝的延性水平保持不变;随着过火温度继续升高,在 500～750 ℃时,钢丝母材内铁素体含量增加,而珠光体含量减少,其高温后延性水平大幅度升高,且强度等级越高,延性水平增幅越大,1670、1770、1860 和 1960 级高强钢丝的增幅分别为137.0%、163.9%、205.0%和219.6%;在过火温度超过 750 ℃后,空气自然冷却后的高强钢丝的延性水平由于淬火效应而迅速降低,然而当过火温度达到 1 000 ℃时,其高温后的延性水平依然高于常温未过火的情况,表明在空气自然冷却条件下,高温后高强钢丝的延性水平不会发生退化。而在消防喷水冷却条件下,高强钢丝的延性水平在过火温度为500～700 ℃时亦呈现显著增大趋势,1670、1770、1860 和 1960 级高强钢丝的增幅分别为102.6%、109.7%、77.7%和95.4%。而在过火温度超过 700 ℃后,所有强度等级的钢丝均因脆化效应而失去全部的塑性变形能力。

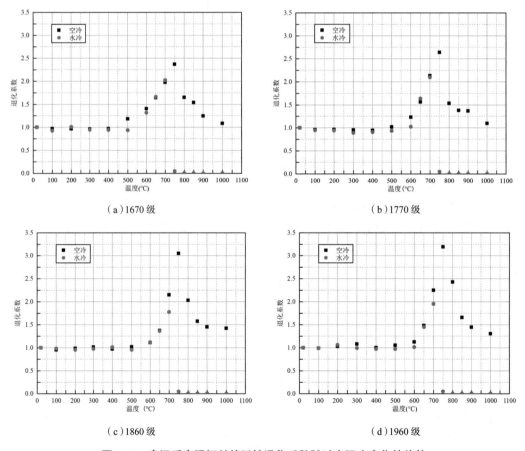

图 2-35　高温后高强钢丝的延性退化系数随过火温度变化的趋势

　　与钢母材结构材料不同,高温后铝合金材料延性水平的变化只与强度等级及过火温度有关,而受冷却方式影响很小。如图 2-36 所示,整体而言,低强度的 6061-T6 铝合金比高强度的 7075-T73 铝合金表现出更高的延性水平。对于 6061-T6 铝合金,其延性水平首先随过火温度的升高呈降低趋势,在 350～400 ℃时降幅达 60%,而后又有一定程度回升甚至超过原始水平。而 7075-T73 铝合金的延性水平随过火温度的升高整体呈升高的趋势。

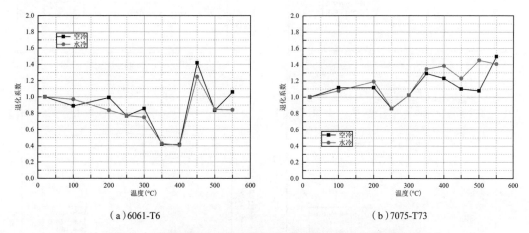

（a）6061-T6　　　　　　　　　　　（b）7075-T73

图 2-36　高温后铝合金的延性退化系数随过火温度变化的趋势

综上所述,钢母材结构材料的延性水平受不同冷却方式的影响显著。在消防喷水冷却条件下,其延性水平由于淬火效应而比空气自然冷却时更低,尤其是含碳量很高的高强钢丝材料在过火温度超过 700 ℃时会发生严重的脆化效应,致使材料失去几乎全部的强度和塑性变形能力。而铝合金材料的延性水平则与冷却方式无关。

2.2.2.5　反复升温—冷却过程的影响

除单次升温—冷却试验外,还对反复升温—冷却后材料的力学性能进行了试验研究。为考察反复升温—冷却过程对于材料力学性能的影响,定义反复过火影响系数为经历反复升温—冷却过程后材料的力学性能(E_{MPT}、$f_{y,MPT}$、$f_{u,MPT}$ 和 $\delta_{u,MPT}$)与经历单次升温—冷却过程后材料的力学性能(E_{PT}、$f_{y,PT}$、$f_{u,PT}$ 和 $\delta_{u,PT}$)的比值。试验得到了各材料经历反复升温—冷却过程后的力学性能指标和相应的反复过火影响系数。

1. 钢母材结构材料

以 Q345 热轧钢所代表的低碳钢与 1670 和 1960 级高强钢丝所代表的高碳钢为例,分别绘出其反复过火影响系数随升温—冷却循环次数变化的趋势如图 2-37 和图 2-38 所示。可以看到,在不同过火温度下,经反复升温—冷却过程后,钢母材结构材料的弹性模量、屈服强度、极限强度以及延性水平均与单次升温—冷却后基本相同。这表明反复升温—冷却过程对高温后钢母材结构材料的力学性能影响很小,几乎可以忽略不计。

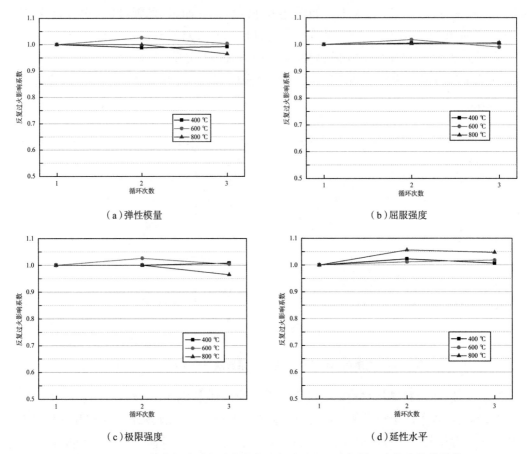

(a)弹性模量　　　　　　　　　　　　　(b)屈服强度

(c)极限强度　　　　　　　　　　　　　(d)延性水平

图 2-37　Q345 热轧钢的反复过火影响系数随升温—冷却循环次数变化的趋势

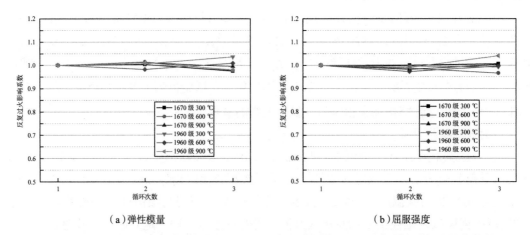

(a)弹性模量　　　　　　　　　　　　　(b)屈服强度

图 2-38　1670 和 1960 级高强钢丝的反复过火影响系数随升温—冷却循环次数变化的趋势

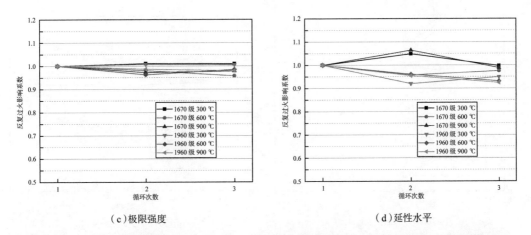

（c）极限强度　　　　　　　　　　　　　　（d）延性水平

图 2-38　1670 和 1960 级高强钢丝的反复过火影响系数随升温—冷却循环次数变化的趋势（续）

2. 结构用铝合金材料

与钢母材结构材料不同,试验中发现铝合金材料的高温后力学性能受反复升温—冷却过程的影响很大,故同时考虑了空气自然冷却和消防喷水冷却两种冷却方式,对其进行了较为详尽的试验研究。试验得到的铝合金材料各力学性能指标的反复过火影响系数随升温—冷却循环次数增长的变化规律如图 2-39 所示。

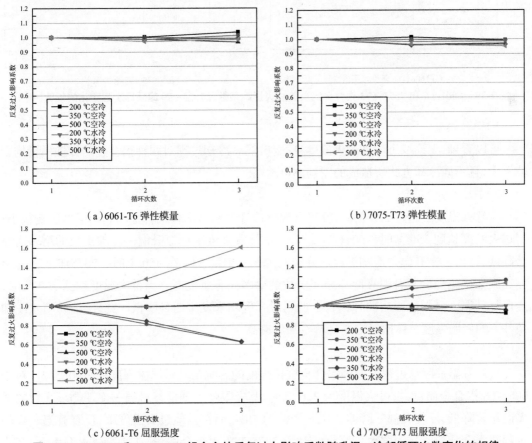

（a）6061-T6 弹性模量　　　　　　　　　　（b）7075-T73 弹性模量

（c）6061-T6 屈服强度　　　　　　　　　　（d）7075-T73 屈服强度

图 2-39　6061-T6 和 7075-T73 铝合金的反复过火影响系数随升温—冷却循环次数变化的规律

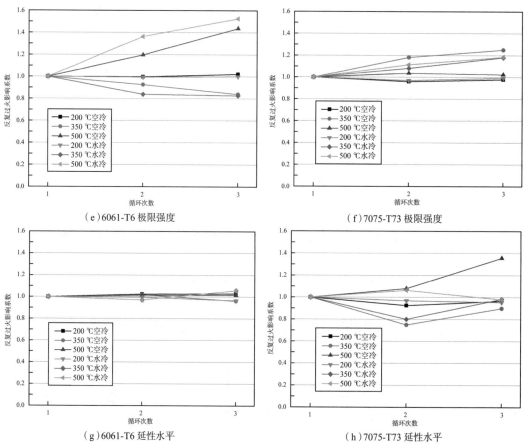

（e）6061-T6 极限强度　　　　　　　（f）7075-T73 极限强度

（g）6061-T6 延性水平　　　　　　　（h）7075-T73 延性水平

图 2-39　6061-T6 和 7075-T73 铝合金的反复过火影响系数随升温—冷却循环次数变化的规律（续）

1）弹性模量

可以看到，无论经历何种过火温度，反复升温—冷却过程对两种铝合金的弹性模量均影响不大，且不同冷却方式所造成的差别亦可忽略。

2）屈服强度

当过火温度不超过 200 ℃时，反复升温—冷却过程对两种铝合金的屈服强度影响很小；当过火温度达到 350 ℃时，6061-T6 铝合金的屈服强度随反复升温—冷却次数的增多而显著降低，经历 3 次升温—冷却过程后降幅约 40%；相比之下，在 350 ℃时，7075-T73 铝合金的屈服强度则随反复升温—冷却循环次数的增多而有所提高。当过火温度达到 500 ℃时，经反复升温—冷却过程后两种铝合金的屈服强度均未发生明显降低。此外，消防喷水冷却条件下的屈服强度总体比经空气自然冷却后略高。

3）极限强度

反复升温—冷却过程对两种铝合金抗拉强度的影响与其对屈服强度的影响类似。对于 6061-T6 铝合金而言，当过火温度为 350 ℃时，其极限强度随反复升温—冷却循环次数的增多而显著降低，反复升温—降温 3 次后降幅约 20%；而在其他过火温度下，反复升温—冷却过程并不会导致其极限强度的降低。对于 7075-T73 铝合金而言，在所有过火温度下，其极限强度均未因反复升温—冷却过程而降低。此外,不同冷却方式的影响并不显著。

4)延性水平

反复升温—冷却过程对两种铝合金延性水平的影响很小。除在过火温度为 350 ℃时 7075-T73 铝合金的断裂伸长率随反复升温—冷却循环次数的增多出现 20%降低外,两种铝合金的延性在各过火温度下均未因反复升温—冷却过程而显著降低。此外,与单次升温—冷却时相同,不同冷却方式对于反复过火后铝合金的延性水平影响很小。

2.2.2.6 冷成型过程的影响

本试验所采用的冷弯型钢 CFS-F 和 CFS-C 试件分别从截面尺寸为 800 mm × 800 mm × 20 mm 的 Q235 冷弯矩形方钢管构件(SHS)的平板部位和转角部位切割加工而成。在冷弯型钢构件的冷加工过程中,会在构件内产生不同程度的塑性变形,从而使得不同位置的钢材力学性能不同。整体而言,在常温下,冷成型过程会造成钢材内部晶面滑移、晶格错位,从而导致钢材的屈服强度增大、延性下降,并在构件内产生残余应力。为进一步研究不同冷加工程度对于钢材高温后力学性能的影响,将无冷加工的 Q235 热轧钢试件、CFS-F 试件和 CFS-C 试件的屈服强度和延性水平进行了对比,结果分别如图 2-40 和图 2-41 所示。

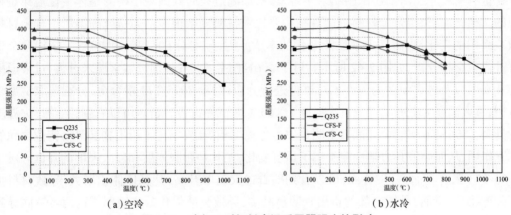

（a）空冷　　　　　　　　　（b）水冷

图 2-40　冷加工对钢材高温后屈服强度的影响

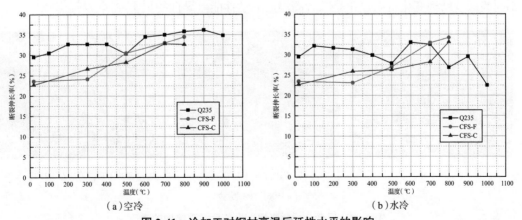

（a）空冷　　　　　　　　　（b）水冷

图 2-41　冷加工对钢材高温后延性水平的影响

由图 2-40 可知,常温下冷加工对钢材的屈服强度有明显的提高作用,且冷加工程度越高,提高作用越显著。和 Q235 热轧钢试件相比,CFS-F 和 CFS-C 试件的屈服强度分别提高了 9.7% 和 16.1%。然而,随着过火温度的提高,钢材内部的晶格错位逐渐恢复,冷加工对钢材屈服强度的提高作用逐渐减小。在空气自然冷却条件下,这种提高作用在过火温度达到 500 ℃时彻底消失,此时 CFS-F 和 CFS-C 试件表现出与热轧钢试件几乎相同的屈服强度;而在消防喷水冷却条件下,屈服强度的提高作用在过火温度达到 700 ℃ 时才彻底消失,表明消防喷水冷却有利于在火灾后保留冷成型过程对钢材屈服强度的提高作用。

由图 2-41 可知,常温下冷加工对钢材的延性有明显的降低作用。和 Q235 热轧钢试件相比,常温下 CFS-F 和 CFS-C 试件的断裂伸长率降低了约 20%。然而和屈服强度的提高作用一样,随着过火温度的升高,钢材内部的晶格错位逐渐恢复,冷加工对于钢材延性的降低作用逐渐减小。当过火温度达到 500 ℃时,两种冷却方式下 CFS-F 和 CFS-C 试件的断裂伸长率均达到甚至超过 Q235 热轧钢试件,表明此时冷加工对钢材延性的降低作用已完全消失。

2.2.2.7　结构用铝合金的金相分析

本试验所研究的结构钢、钢拉杆、铸钢和高强钢丝均为钢母材结构材料,只是各化学成分含量有所差异。由前述试验结果不难发现,高温过火后其微观结构的整体变化规律是相似的。相比而言,铝合金材料的微观结构要比钢材料复杂很多。为研究高温后铝合金材料微观结构的变化,理解其力学性能变化的本质原因,分别对 6061-T6 和 7075-T73 铝合金试件进行了金相分析,如图 2-42 所示。对于 6061-T6 铝合金,分别选取常温未过火、过火温度为 350 ℃以及过火温度为 500 ℃对试件进行分析;对于 7075-T73 铝合金,分别选取常温未过火、过火温度为 250 ℃以及过火温度为 400 ℃对试件进行分析。可以看到,随着过火温度的升高,6061-T6 铝合金在晶界上明显发生了第二相析出,弱化了析出物和晶格错位之间的相互作用,从而导致其力学性能发生了显著变化,尤其是屈服强度和极限强度的降低。对于 7075-T73 铝合金而言,一方面,可以看到随着过火温度升高,其晶体体积增大,导致材料强度降低;另一方面,晶体内部的析出物明显减少,导致弥散强化效应减弱。这两者共同导致 7075-T73 铝合金材料的高温后力学性能发生了明显变化。而 6061-T6 和 7075-T73 铝合金不同的微观结构变化机制也正是二者高温后力学性能差异性的根本原因。

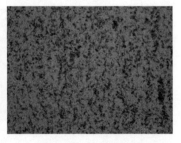

未过火(500×)　　　　　　过火温度 350 ℃(500×)　　　　　　过火温度 500 ℃(500×)

(a)6061-T6 铝合金

图 2-42　铝合金材料高温过火前后微观结构的对比

未过火（200×）　　　　过火温度 250 ℃（200×）　　　　过火温度 400 ℃（200×）

（b）7075-T73 铝合金

图 2-42　铝合金材料高温过火前后微观结构的对比（续）

2.2.3　高温后材料力学性能退化系数

为方便工程技术人员使用,根据上述各结构材料力学性能退化系数实测结果,给出高温后材料力学性能退化系数简表（表 2-8）。为保证安全,表中"退化起始过火温度"偏保守地取为该类材料各强度等级试件的退化起始温度的最小值,"超过起始过火温度后的退化系数"偏保守地取为该材料在退化起始过火温度至 1 000 ℃范围内（冷弯型钢为 800 ℃）退化系数的最小值,而"—"表示高温后材料的力学性能指标未发生退化,故相应的退化系数取为 1.0。此外,考虑到消防喷水冷却条件下,高强钢丝在高温过火后会发生严重的脆化效应而失去全部的强度和塑性变形能力,故认为其不适宜继续服役,取其屈服强度和极限强度退化系数为 0。这样,火灾后当难以推定材料精确过火温度或对结构进行精度要求不高的初步分析时,可直接按表 2-8 中给出的退化系数确定各结构材料的高温后力学性能的退化情况。

表 2-8　高温后材料力学性能退化系数简表

力学性能指标	材料种类	退化起始过火温度（℃）	超过起始过火温度后的退化系数	
			空冷	水冷
弹性模量	热轧钢	700	0.85	0.85
	冷弯型钢	—	1.0	1.0
	铸钢	—	1.0	1.0
	高强钢拉杆	600	0.75	0.75
	高强钢丝	—	1.0	1.0
	铝合金	—	1.0	1.0
屈服强度	热轧钢	600	0.70	0.75
	冷弯型钢	300	0.65	0.75
	铸钢	700	0.8	1.0
	高强钢拉杆	650	0.5	0.5
	高强钢丝	400	0.3	0
	铝合金	250	0.2	0.2

续表

力学性能指标	材料种类	退化起始过火温度（℃）	超过起始过火温度后的退化系数	
			空冷	水冷
极限强度	热轧钢	600	0.8	0.9
	冷弯型钢	300	0.85	0.9
	铸钢	700	0.85	1.0
	高强钢拉杆	650	0.6	0.6
	高强钢丝	400	0.35	0
	铝合金	250	0.45	0.45

2.2.4　高温后材料力学性能预测模型

由试验结果可知,结构材料的力学性能在经历高温过火后会发生显著变化，2.2.3 节给出的退化系数简表(表 2-8)只适用于火灾后材料力学性能退化的初步评估和判断,而进行详细的火灾后结构力学性能分析和安全性能评估则必须采用准确的材料模型以保证结果的可靠性。鉴于试验方法成本高、耗时长且操作烦琐,因此针对常用国产结构材料提出一套准确且易于被工程技术人员掌握的高温后力学性能预测模型具有较大的现实意义。然而,我国现行的设计规范中并没有相关的规定和建议,且相关研究还处于起步阶段,可以参考借鉴的研究资料十分有限。鉴于现有研究成果和规范建议的局限性和提出材料预测模型的必要性,本节在试验研究的基础上,分别针对各空间网格结构常用结构材料的高温后弹性模量、屈服强度和极限强度等主要力学性能指标提出拟合计算公式,并考虑不同冷却方式的影响,进而建立适用于每种材料的高温后应力-应变关系模型。最后,通过与试验结果对比,验证所提出的力学性能预测模型的准确性。

2.2.4.1　弹性模量

由试验结果可知,过火温度和冷却方式是高温后结构材料力学性能退化的主要影响因素,因此以过火温度 T 为自变量,采用最小二乘法拟合得到不同冷却方式下各材料力学性能指标退化系数的计算公式。

1. 钢母材结构材料

钢母材结构材料高温后弹性模量退化系数的拟合计算公式汇总见表 2-9。

表 2-9　钢母材结构材料高温后弹性模量退化系数的拟合计算公式

材料种类	强度等级	拟合计算公式	
热轧钢	Q235 Q345	空冷: $\frac{E_{PT}}{E}=\begin{cases}1 & 20\ ℃\leq T\leq 800\ ℃\\ 2.148-2.15\times10^{-3}T+9.02\times10^{-7}T^2 & 800\ ℃< T\leq1\ 000\ ℃\end{cases}$	
		水冷: $\frac{E_{PT}}{E}=\begin{cases}1 & 20\ ℃\leq T\leq 800\ ℃\\ 0.471+1.46\times10^{-3}T-1.03\times10^{-6}T^2 & 800\ ℃< T\leq1\ 000\ ℃\end{cases}$	
	Q420	空冷: $\frac{E_{PT}}{E}=\begin{cases}1 & 20\ ℃\leq T\leq 600\ ℃\\ 2.051-2.51\times10^{-3}T+1.32\times10^{-6}T^2 & 600\ ℃< T\leq1\ 000\ ℃\end{cases}$	
		水冷: $\frac{E_{PT}}{E}=\begin{cases}1 & 20\ ℃\leq T\leq 700\ ℃\\ 2.891-4.27\times10^{-3}T+2.23\times10^{-6}T^2 & 700\ ℃< T\leq1\ 000\ ℃\end{cases}$	

续表

材料种类	强度等级	拟合计算公式
冷弯型钢	CFS-F CFS-C	空冷和水冷：$\dfrac{E_{PT}}{E}=0.95$　　$20\ ^\circ C \leqslant T \leqslant 800\ ^\circ C$
钢拉杆	GLG460	空冷和水冷：$\dfrac{E_{PT}}{E}=\begin{cases}1.006-2.76\times10^{-5}T & 20\ ^\circ C\leqslant T\leqslant600\ ^\circ C \\ 1.050+2.39\times10^{-5}T-2.45\times10^{-7}T^2 & 600\ ^\circ C<T\leqslant1\,000\ ^\circ C\end{cases}$
	GLG550	空冷和水冷：$\dfrac{E_{PT}}{E}=\begin{cases}1.006-4.23\times10^{-5}T & 20\ ^\circ C\leqslant T\leqslant600\ ^\circ C \\ -0.445+6.16\times10^{-3}T-8.45\times10^{-6}T^2+3.54\times10^{-9}T^3 & 600\ ^\circ C<T\leqslant1\,000\ ^\circ C\end{cases}$
	GLG650	空冷和水冷：$\dfrac{E_{PT}}{E}=\begin{cases}1.000-4.67\times10^{-5}T & 20\ ^\circ C\leqslant T\leqslant700\ ^\circ C \\ 1.91-1.77\times10^{-3}T+6.23\times10^{-7}T^2 & 700\ ^\circ C<T\leqslant1\,000\ ^\circ C\end{cases}$
	GLG835	空冷和水冷：$\dfrac{E_{PT}}{E}=\begin{cases}0.994-1.47\times10^{-4}T+1.47\times10^{-7}T^2 & 20\ ^\circ C\leqslant T\leqslant650\ ^\circ C \\ 1.295-5.03\times10^{-4}T & 650\ ^\circ C<T\leqslant1\,000\ ^\circ C\end{cases}$
铸钢	G20Mn5N G20Mn5QT	空冷和水冷：$\dfrac{E_{PT}}{E}=0.95$　　$20\ ^\circ C\leqslant T\leqslant1\,000\ ^\circ C$

　　图 2-43 所示为热轧钢和冷弯型钢 E_{PT}/E 的拟合计算公式计算结果与试验结果的对比，可以看到二者吻合得很好。

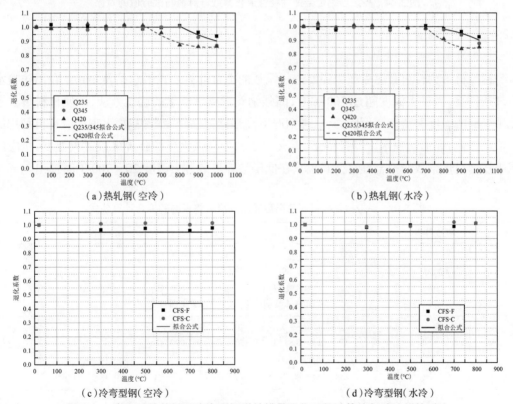

（a）热轧钢（空冷）　　　　　　　　　（b）热轧钢（水冷）

（c）冷弯型钢（空冷）　　　　　　　　（d）冷弯型钢（水冷）

图 2-43　高温后热轧钢和冷弯型钢弹性模量退化系数计算值与试验值的对比

2. 结构用铝合金材料

根据试验结果，高温过火后 6061-T6 和 7075-T73 铝合金的弹性模量基本保持不变，且受不同冷却方式以及反复升温—冷却过程的影响很小。因此，为便于实际运用，可统一偏保守地取常温下未过火时弹性模量的 95% 作为两种铝合金的高温后弹性模量，即

$$\frac{E_{PT}}{E} = \frac{E_{MPT}}{E} = 0.95 \tag{2-2}$$

其中，E_{PT}、E_{MPT} 为单次和多次过火后铝合金的弹性模量。图 2-44 所示为式（2-2）与试验结果的对比。

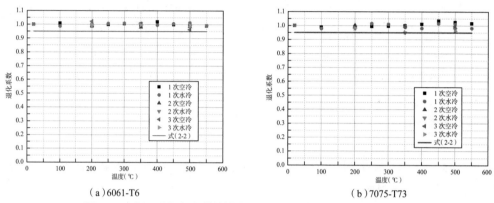

(a) 6061-T6　　　　　　　　　　　　(b) 7075-T73

图 2-44　高温后铝合金弹性模量退化系数计算值与试验值的对比

2.2.4.2　屈服强度

1. 钢母材结构材料

钢母材结构材料高温后屈服强度退化系数的拟合计算公式汇总见表 2-10。在消防喷水冷却条件下，当过火温度超过 700 ℃时，高强钢丝发生了严重的脆化效应，致使材料失去了几乎全部的强度和塑性变形能力，这种情况下高强钢丝已经完全失效，火灾后没有再利用的价值。因此，在消防喷水冷却条件下，定义 700 ℃为高强钢丝的临界失效过火温度，相应的屈服强度退化系数的拟合计算公式也只在低于临界失效过火温度 20～700 ℃时提出。

表 2-10　钢母材结构材料高温后屈服强度退化系数的拟合计算公式

材料种类	强度等级	拟合计算公式
热轧钢	Q235 Q345	空冷：$\dfrac{f_{y,PT}}{f_y} = \begin{cases} 1 & 20\ ℃ \leqslant T \leqslant 700\ ℃ \\ 1.6 - 8.88 \times 10^{-4} T & 700\ ℃ < T \leqslant 1\,000\ ℃ \end{cases}$ 水冷：$\dfrac{f_{y,PT}}{f_y} = \begin{cases} 1.007 + 2.17 \times 10^{-5} T & 20\ ℃ \leqslant T \leqslant 600\ ℃ \\ 1.313 - 4.75 \times 10^{-4} T & 600\ ℃ < T \leqslant 1\,000\ ℃ \end{cases}$
	Q420	空冷：$\dfrac{f_{y,PT}}{f_y} = \begin{cases} 1 & 20\ ℃ \leqslant T \leqslant 700\ ℃ \\ 1.6 - 8.88 \times 10^{-4} T & 700\ ℃ < T \leqslant 1\,000\ ℃ \end{cases}$ 水冷：$\dfrac{f_{y,PT}}{f_y} = \begin{cases} 0.998 + 9.60 \times 10^{-5} T & 20\ ℃ \leqslant T \leqslant 700\ ℃ \\ 41.658 - 0.137 T + 1.52 \times 10^{-4} T^2 - 5.57 \times 10^{-8} T^3 & 700\ ℃ < T \leqslant 1\,000\ ℃ \end{cases}$

材料种类	强度等级	拟合计算公式
冷弯型钢	CFS-F	空冷：$\dfrac{f_{y,PT}}{f_y}=1.004-5.76\times10^{-5}T-3.72\times10^{-7}T^2$ $20\ ℃\leqslant T\leqslant800\ ℃$ 水冷：$\dfrac{f_{y,PT}}{f_y}=0.999+1.40\times10^{-4}T-5.36\times10^{-7}T^2$ $20\ ℃\leqslant T\leqslant800\ ℃$
	CFS-C	空冷：$\dfrac{f_{y,PT}}{f_y}=0.999+1.90\times10^{-4}T-7.82\times10^{-7}T^2$ $20\ ℃\leqslant T\leqslant800\ ℃$ 水冷：$\dfrac{f_{y,PT}}{f_y}=0.999+1.40\times10^{-4}T-5.36\times10^{-7}T^2$ $20\ ℃\leqslant T\leqslant800\ ℃$
钢拉杆	GLG460	空冷：$\dfrac{f_{y,PT}}{f_y}=\begin{cases}0.999-7.71\times10^{-5}T+2.01\times10^{-7}T^2 & 20\ ℃\leqslant T\leqslant650\ ℃\\-4.457+1.83\times10^{-2}T-1.52\times10^{-5}T^2 & 650\ ℃<T\leqslant750\ ℃\\0.408+1.69\times10^{-4}T+3.49\times10^{-7}T^2 & 750\ ℃<T\leqslant1\,000\ ℃\end{cases}$ 水冷：$\dfrac{f_{y,PT}}{f_y}=\begin{cases}1.000+2.08\times10^{-4}T-3.12\times10^{-7}T^2 & 20\ ℃\leqslant T\leqslant650\ ℃\\2.446-3.10\times10^{-3}T+1.31\times10^{-6}T^2 & 650\ ℃<T\leqslant800\ ℃\\-2.520+6.20\times10^{-3}T-2.51\times10^{-6}T^2 & 800\ ℃<T\leqslant1\,000\ ℃\end{cases}$
	GLG550	空冷：$\dfrac{f_{y,PT}}{f_y}=\begin{cases}1.002-4.79\times10^{-5}T & 20\ ℃\leqslant T\leqslant650\ ℃\\1.229+1.43\times10^{-3}T-2.79\times10^{-6}T^2 & 650\ ℃<T\leqslant800\ ℃\\-8.610+1.98\times10^{-2}T-1.04\times10^{-5}T^2 & 800\ ℃<T\leqslant1\,000\ ℃\end{cases}$ 水冷：$\dfrac{f_{y,PT}}{f_y}=\begin{cases}1.007-3.79\times10^{-4}T+5.22\times10^{-7}T^2 & 20\ ℃\leqslant T\leqslant650\ ℃\\-1.528+9.13\times10^{-3}T-8.10\times10^{-6}T^2 & 650\ ℃<T\leqslant800\ ℃\\-12.869+2.83\times10^{-2}T-1.43\times10^{-5}T^2 & 800\ ℃<T\leqslant1\,000\ ℃\end{cases}$
	GLG650	空冷：$\dfrac{f_{y,PT}}{f_y}=\begin{cases}0.998+8.27\times10^{-5}T-1.61\times10^{-7}T^2 & 20\ ℃\leqslant T\leqslant650\ ℃\\8.623-1.87\times10^{-2}T+1.06\times10^{-5}T^2 & 650\ ℃<T\leqslant800\ ℃\\-9.787+2.25\times10^{-2}T-1.21\times10^{-5}T^2 & 800\ ℃<T\leqslant1\,000\ ℃\end{cases}$ 水冷：$\dfrac{f_{y,PT}}{f_y}=\begin{cases}0.996+2.00\times10^{-4}T-3.75\times10^{-7}T^2 & 20\ ℃\leqslant T\leqslant600\ ℃\\0.482+3.50\times10^{-3}T-4.46\times10^{-6}T^2 & 600\ ℃<T\leqslant800\ ℃\\-11.444+2.53\times10^{-2}T-1.30\times10^{-5}T^2 & 800\ ℃<T\leqslant1\,000\ ℃\end{cases}$
	GLG835	空冷：$\dfrac{f_{y,PT}}{f_y}=\begin{cases}0.994+3.43\times10^{-5}T & 20\ ℃\leqslant T\leqslant500\ ℃\\-5.918+0.034T-5.45\times10^{-5}T^2+2.70\times10^{-8}T^3 & 500\ ℃<T\leqslant800\ ℃\\-3.187+7.93\times10^{-3}T-4.15\times10^{-6}T^2 & 800\ ℃<T\leqslant1\,000\ ℃\end{cases}$ 水冷：$\dfrac{f_{y,PT}}{f_y}=\begin{cases}0.994+3.43\times10^{-5}T & 20\ ℃\leqslant T\leqslant500\ ℃\\0.059+4.45\times10^{-3}T-5.07\times10^{-6}T^2 & 500\ ℃<T\leqslant750\ ℃\\-0.348+1.83\times10^{-3}T-8.17\times10^{-7}T^2 & 750\ ℃<T\leqslant1\,000\ ℃\end{cases}$
铸钢	G20Mn5N	空冷：$\dfrac{f_{y,PT}}{f_y}=\begin{cases}1-2.74\times10^{-5}T & 20\ ℃\leqslant T\leqslant700\ ℃\\1.905-1.76\times10^{-3}T+6.50\times10^{-7}T^2 & 700\ ℃<T\leqslant1\,000\ ℃\end{cases}$ 水冷：$\dfrac{f_{y,PT}}{f_y}=\begin{cases}1-1.02\times10^{-5}T & 20\ ℃\leqslant T\leqslant700\ ℃\\19.264-0.068T+8.22\times10^{-5}T^2-3.24\times10^{-8}T^3 & 700\ ℃<T\leqslant1\,000\ ℃\end{cases}$
	G20Mn5QT	空冷：$\dfrac{f_{y,PT}}{f_y}=\begin{cases}1.003-4.20\times10^{-5}T & 20\ ℃\leqslant T\leqslant700\ ℃\\1.786-1.68\times10^{-3}T+7.28\times10^{-7}T^2 & 700\ ℃<T\leqslant1\,000\ ℃\end{cases}$ 水冷：$\dfrac{f_{y,PT}}{f_y}=\begin{cases}1.003-2.35\times10^{-5}T & 20\ ℃\leqslant T\leqslant700\ ℃\\1.66-1.76\times10^{-3}T+1.12\times10^{-6}T^2 & 700\ ℃<T\leqslant1\,000\ ℃\end{cases}$

续表

材料种类	强度等级	拟合计算公式
高强 钢丝	1670级 1770级 1860级 1960级	空冷：$\dfrac{f_{y,PT}}{f_y}=\begin{cases}1 & 20\ ℃\leqslant T\leqslant 400\ ℃\\1.221+1.39\times10^{-4}T-1.78\times10^{-6}T^2 & 400\ ℃<T\leqslant 750\ ℃\\-3.535+8.44\times10^{-3}T-4.43\times10^{-6}T^2 & 750\ ℃<T\leqslant 1\ 000\ ℃\end{cases}$ 水冷：$\dfrac{f_{y,PT}}{f_y}=\begin{cases}1 & 20\ ℃\leqslant T\leqslant 400\ ℃\\1.700-1.73\times10^{-3}T & 400\ ℃<T\leqslant 700\ ℃\end{cases}$

图 2-45 所示为热轧钢和冷弯型钢 $f_{y,PT}/f_y$ 的拟合计算公式计算结果与试验结果的对比，可以看到计算值和试验结果吻合得很好。

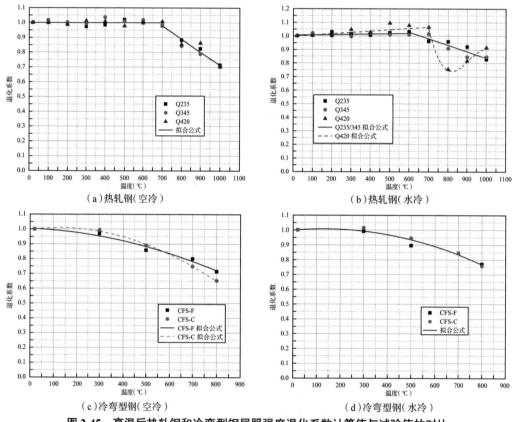

（a）热轧钢（空冷）　　　　　　　　　　（b）热轧钢（水冷）

（c）冷弯型钢（空冷）　　　　　　　　　　（d）冷弯型钢（水冷）

图 2-45　高温后热轧钢和冷弯型钢屈服强度退化系数计算值与试验值的对比

2. 结构用铝合金材料

由试验结果可知，反复升温—冷却过程对于钢母材结构材料的高温后力学性能影响很小，而对于铝合金材料的屈服强度和极限强度影响显著，需要在火灾后的材料力学性能评估中予以考虑。

1）单次过火后的屈服强度

随过火温度的升高，6061-T6 和 7075-T73 铝合金高温后屈服强度的变化均呈现明显的三个阶段,即基本保持不变阶段、下降阶段以及回升阶段。因此,相应地采用下述三段式来计算不同冷却方式下铝合金高温后屈服强度退化系数 $f_{y,PT}/f_y$,见表 2-11。

表 2-11 铝合金材料高温后(单次过火)屈服强度退化系数的拟合计算公式

材料种类	强度等级	拟合计算公式
铝合金	6061-T6	空冷: $\dfrac{f_{y,PT}}{f_y} = \begin{cases} 0.998 + 7.12 \times 10^{-5}T & 20\ ℃ \leqslant T \leqslant 300\ ℃ \\ 0.671 + 5.56 \times 10^{-3}T - 1.47 \times 10^{-5}T^2 & 300\ ℃ < T \leqslant 450\ ℃ \\ -3.261 + 1.29 \times 10^{-2}T - 1.17 \times 10^{-5}T^2 & 450\ ℃ < T \leqslant 550\ ℃ \end{cases}$ 水冷: $\dfrac{f_{y,PT}}{f_y} = \begin{cases} 1.013 - 7.16 \times 10^{-4}T + 2.28 \times 10^{-6}T^2 & 20\ ℃ \leqslant T \leqslant 300\ ℃ \\ -0.580 + 1.22 \times 10^{-2}T - 2.33 \times 10^{-5}T^2 & 300\ ℃ < T \leqslant 450\ ℃ \\ 1.37 - 6.50 \times 10^{-3}T + 8.56 \times 10^{-6}T^2 & 450\ ℃ < T \leqslant 550\ ℃ \end{cases}$
	7075-T73	空冷: $\dfrac{f_{y,PT}}{f_y} = \begin{cases} 1.008 - 7.83 \times 10^{-5}T & 20\ ℃ \leqslant T \leqslant 200\ ℃ \\ 1.923 - 4.63 \times 10^{-3}T & 200\ ℃ < T \leqslant 350\ ℃ \\ -0.041 + 1.01 \times 10^{-3}T & 350\ ℃ < T \leqslant 550\ ℃ \end{cases}$ 水冷: $\dfrac{f_{y,PT}}{f_y} = \begin{cases} 1.000 - 3.31 \times 10^{-5}T & 20\ ℃ \leqslant T \leqslant 200\ ℃ \\ 1.881 - 4.52 \times 10^{-3}T & 200\ ℃ < T \leqslant 350\ ℃ \\ -7.906 + 5.29 \times 10^{-2}T - 1.12 \times 10^{-4}T^2 + 7.93 \times 10^{-8}T^3 & 350\ ℃ < T \leqslant 550\ ℃ \end{cases}$

图 2-46 所示为拟合公式计算值与试验结果的对比,可以看到二者吻合良好。

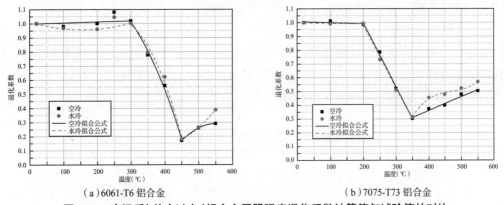

（a）6061-T6 铝合金   （b）7075-T73 铝合金

图 2-46 高温后(单次过火)铝合金屈服强度退化系数计算值与试验值的对比

2 ）反复过火后的屈服强度

如图 2-39(c)和(d)所示,在不同过火温度和不同冷却方式下,6061-T6 和 7075-T73 铝合金屈服强度反复过火影响系数 $f_{y,MPT}/f_{y,PT}$ 与反复过火次数 n($n=1, 2, 3$)之间无明显对应关系。为设计安全且便于应用,偏保守地不考虑反复升温—冷却过程对铝合金屈服强度的有利作用,取 6061-T6 和 7075-T73 铝合金的 $f_{y,MPT}/f_{y,PT}$ 试验值的下限作为其计算值,记为 η_y,如图 2-47 所示。η_y 的表达式如下。

对于 6061-T6 铝合金,有

$$\eta_y = 1.188 - 0.188n \quad 1 \leq n \leq 3 \qquad (2\text{-}3)$$

对于 7075-T73 铝合金,有

$$\eta_y = 1.040 - 0.041n \quad 1 \leq n \leq 3 \qquad (2\text{-}4)$$

既知 η_y,则反复过火后,6061-T6 和 7075-T73 铝合金的屈服强度计算式如下:

$$f_{y,MPT} = \eta_y f_{y,PT} \qquad (2\text{-}5)$$

其中,$f_{y,MPT}$ 为反复过火后铝合金的屈服强度;$f_{y,PT}$ 为单次过火后铝合金的屈服强度,可按表 2-11 计算出相应的屈服强度退化系数 $f_{y,PT}/f_y$ 后再乘以常温下未过火时的屈服强度 f_y 得到。

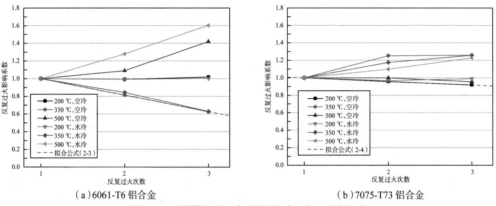

（a）6061-T6 铝合金　　　　　　　　（b）7075-T73 铝合金

图 2-47　屈服强度反复过火影响系数 η_y 的确定

2.2.4.3　极限强度

1. 钢母材结构材料

钢母材结构材料高温后极限强度退化系数 $f_{u,PT}/f_u$ 的拟合计算公式汇总见表 2-12。由于消防喷水冷却条件下高强钢丝的脆化效应,其极限强度退化系数的拟合计算公式也只在低于临界失效过火温度 20 ~ 700 ℃时提出。

表 2-12　钢母材结构材料高温后极限强度退化系数的拟合计算公式

材料种类	强度等级	拟合计算公式
热轧钢	Q235 Q345	空冷:$\dfrac{f_{u,PT}}{f_u} = 0.999 + 1.59 \times 10^{-4}T - 2.89 \times 10^{-7}T^2 \quad 20\ ℃ \leq T \leq 1\,000\ ℃$
		水冷:$\dfrac{f_{u,PT}}{f_u} = 0.990 + 2.57 \times 10^{-4}T - 5.91 \times 10^{-7}T^2 + 3.16 \times 10^{-10}T^3 \quad 20\ ℃ \leq T \leq 1\,000\ ℃$
	Q420	空冷:$\dfrac{f_{u,PT}}{f_u} = \begin{cases} 1.004 - 2.26 \times 10^{-4}T + 2.49 \times 10^{-7}T^2 & 20\ ℃ \leq T \leq 800\ ℃ \\ -4.344 + 1.27 \times 10^{-2}T - 7.57 \times 10^{-6}T^2 & 800\ ℃ < T \leq 1\,000\ ℃ \end{cases}$
		水冷:$\dfrac{f_{u,PT}}{f_u} = 0.991 - 3.59 \times 10^{-5}T + 8.97 \times 10^{-8}T^2 \quad 20\ ℃ \leq T \leq 1\,000\ ℃$
冷弯型钢	CFS-F CFS-C	空冷:$\dfrac{f_{u,PT}}{f_u} = 0.992 + 3.97 \times 10^{-4}T - 1.76 \times 10^{-6}T^2 + 1.37 \times 10^{-9}T^3 \quad 20\ ℃ \leq T \leq 800\ ℃$
		水冷:$\dfrac{f_{u,PT}}{f_u} = 0.995 + 2.55 \times 10^{-4}T - 9.89 \times 10^{-7}T^2 + 7.19 \times 10^{-10}T^3 \quad 20\ ℃ \leq T \leq 800\ ℃$

材料种类	强度等级	拟合计算公式		
钢拉杆	GLG460	空冷：$\dfrac{f_{u,PT}}{f_u}=\begin{cases}0.994+2.25\times10^{-5}T & 20\,°C\leqslant T\leqslant650\,°C\\ 36.957-0.132T+1.59\times10^{-4}T^2-6.26\times10^{-8}T^3 & 650\,°C<T\leqslant1\,000\,°C\end{cases}$		
		水冷：$\dfrac{f_{u,PT}}{f_u}=\begin{cases}0.997-1.74\times10^{-4}T-2.86\times10^{-7}T^2 & 20\,°C\leqslant T\leqslant650\,°C\\ 18.784-0.064T+7.52\times10^{-5}T^2-2.84\times10^{-8}T^3 & 650\,°C<T\leqslant1\,000\,°C\end{cases}$		
	GLG550	空冷：$\dfrac{f_{u,PT}}{f_u}=\begin{cases}1.004-3.92\times10^{-5}T & 20\,°C\leqslant T\leqslant650\,°C\\ 4.794-9.51\times10^{-3}T+5.63\times10^{-6}T^2 & 650\,°C<T\leqslant800\,°C\\ -9.777+2.31\times10^{-2}T-1.23\times10^{-5}T^2 & 800\,°C<T\leqslant1\,000\,°C\end{cases}$		
		水冷：$\dfrac{f_{u,PT}}{f_u}=\begin{cases}0.994-1.79\times10^{-4}T+2.19\times10^{-7}T^2 & 20\,°C\leqslant T\leqslant650\,°C\\ -93.748+0.40T-5.67\times10^{-4}T^2+2.65\times10^{-7}T^3 & 650\,°C<T\leqslant850\,°C\\ 0.421+1.85\times10^{-3}T-1.08\times10^{-6}T^2 & 850\,°C<T\leqslant1\,000\,°C\end{cases}$		
	GLG650	空冷：$\dfrac{f_{u,PT}}{f_u}=\begin{cases}1.002-5.12\times10^{-5}T & 20\,°C\leqslant T\leqslant650\,°C\\ -21.696+0.11T-1.72\times10^{-4}T^2+8.70\times10^{-8}T^3 & 650\,°C<T\leqslant850\,°C\\ 4.948-8.92\times10^{-3}T+4.82\times10^{-6}T^2 & 850\,°C<T\leqslant1\,000\,°C\end{cases}$		
		水冷：$\dfrac{f_{u,PT}}{f_u}=\begin{cases}0.997+1.34\times10^{-4}T-2.97\times10^{-7}T^2 & 20\,°C\leqslant T\leqslant600\,°C\\ -34.033+0.160T-2.38\times10^{-4}T^2+1.17\times10^{-7}T^3 & 600\,°C<T\leqslant850\,°C\\ 2.450-3.24\times10^{-3}T+1.81\times10^{-6}T^2 & 850\,°C<T\leqslant1\,000\,°C\end{cases}$		
	GLG835	空冷：$\dfrac{f_{u,PT}}{f_u}=\begin{cases}0.998+1.12\times10^{-5}T & 20\,°C\leqslant T\leqslant500\,°C\\ 0.556+2.53\times10^{-3}T-3.28\times10^{-6}T^2 & 500\,°C<T\leqslant750\,°C\\ -20.429+0.068T-7.31\times10^{-5}T^2+2.60\times10^{-8}T^3 & 750\,°C<T\leqslant1\,000\,°C\end{cases}$		
		水冷：$\dfrac{f_{u,PT}}{f_u}=\begin{cases}0.998+1.12\times10^{-5}T & 20\,°C\leqslant T\leqslant500\,°C\\ 0.556+2.53\times10^{-3}T-3.28\times10^{-6}T^2 & 500\,°C<T\leqslant750\,°C\\ -65.095-0.22T-2.46\times10^{-4}T^2+9.13\times10^{-8}T^3 & 750\,°C<T\leqslant1\,000\,°C\end{cases}$		
铸钢	G20Mn5N	空冷：$\dfrac{f_{u,PT}}{f_u}=\begin{cases}1 & 20\,°C\leqslant T\leqslant750\,°C\\ 2.126-2.21\times10^{-3}T+9.55\times10^{-7}T^2 & 750\,°C<T\leqslant1\,000\,°C\end{cases}$		
		水冷：$\dfrac{f_{u,PT}}{f_u}=\begin{cases}1 & 20\,°C\leqslant T\leqslant700\,°C\\ 0.119+1.75\times10^{-3}T-7.23\times10^{-7}T^2 & 700\,°C<T\leqslant1\,000\,°C\end{cases}$		
	G20Mn5QT	空冷：$\dfrac{f_{u,PT}}{f_u}=\begin{cases}1.007-1.80\times10^{-5}T & 20\,°C\leqslant T\leqslant700\,°C\\ 0.449+1.4\times10^{-3}T-9.25\times10^{-7}T^2 & 700\,°C<T\leqslant1\,000\,°C\end{cases}$		
		水冷：$\dfrac{f_{u,PT}}{f_u}=\begin{cases}1.007-1.80\times10^{-5}T & 20\,°C\leqslant T\leqslant700\,°C\\ 1.060-2.43\times10^{-4}T+2.23\times10^{-7}T^2 & 700\,°C<T\leqslant1\,000\,°C\end{cases}$		
高强钢丝	1670 级 1770 级 1860 级 1960 级	空冷：$\dfrac{f_{u,PT}}{f_u}=\begin{cases}1 & 20\,°C\leqslant T\leqslant400\,°C\\ 1.911-2.50\times10^{-3}T+5.78\times10^{-7}T^2 & 400\,°C<T\leqslant750\,°C\\ -5.950+1.40\times10^{-2}T-7.46\times10^{-6}T^2 & 750\,°C<T\leqslant1\,000\,°C\end{cases}$		
		水冷：$\dfrac{f_{u,PT}}{f_u}=\begin{cases}1 & 20\,°C\leqslant T\leqslant400\,°C\\ 1.764-1.90\times10^{-3}T & 400\,°C<T\leqslant700\,°C\end{cases}$		

图 2-48 所示为热轧钢和冷弯型钢 $f_{u,PT}/f_u$ 的拟合公式计算值与试验结果的对比，可以看到计算值和试验结果吻合得很好。

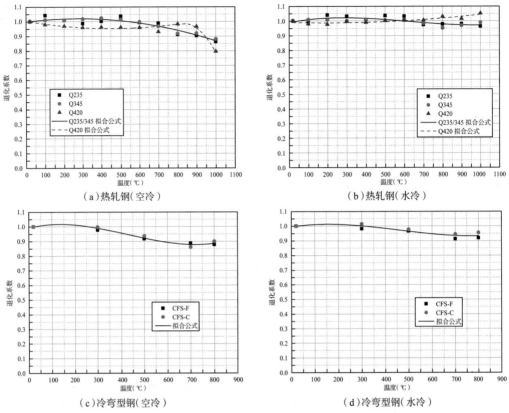

（a）热轧钢（空冷）　　　　　　　　　　（b）热轧钢（水冷）

（c）冷弯型钢（空冷）　　　　　　　　　　（d）冷弯型钢（水冷）

图 2-48　高温后热轧钢和冷弯型钢极限强度退化系数计算值与试验值的对比

2. 结构用铝合金材料

1）单次过火后的极限强度

与屈服强度相似，采用下列三段式计算不同冷却方式下 6061-T6 和 7075-T73 铝合金单次过火后的极限强度退化系数 $f_{u,PT}/f_u$，见表 2-13。

表 2-13　铝合金材料高温后（单次过火）极限强度退化系数的拟合计算公式

材料种类	强度等级	拟合计算公式		
铝合金	6061-T6	空冷：$\dfrac{f_{u,PT}}{f_u}=$	$\begin{cases} 0.998-9.06\times10^{-5}T \\ 1.985-3.47\times10^{-3}T \\ 3.072-1.18\times10^{-2}T+1.32\times10^{-5}T^2 \end{cases}$	$\begin{array}{l} 20\ ^\circ\text{C}\leqslant T\leqslant300\ ^\circ\text{C} \\ 300\ ^\circ\text{C}<T\leqslant450\ ^\circ\text{C} \\ 450\ ^\circ\text{C}<T\leqslant550\ ^\circ\text{C} \end{array}$
		水冷：$\dfrac{f_{u,PT}}{f_u}=$	$\begin{cases} 0.994-9.84\times10^{-5}T \\ 1.959-3.36\times10^{-3}T \\ 7.249-2.92\times10^{-2}T+3.12\times10^{-5}T^2 \end{cases}$	$\begin{array}{l} 20\ ^\circ\text{C}\leqslant T\leqslant300\ ^\circ\text{C} \\ 300\ ^\circ\text{C}<T\leqslant450\ ^\circ\text{C} \\ 450\ ^\circ\text{C}<T\leqslant550\ ^\circ\text{C} \end{array}$
	7075-T73	空冷：$\dfrac{f_{u,PT}}{f_u}=$	$\begin{cases} 1.002-3.19\times10^{-5}T \\ 1.601-3.06\times10^{-3}T \\ -1.304+8.00\times10^{-3}T-7.78\times10^{-6}T^2 \end{cases}$	$\begin{array}{l} 20\ ^\circ\text{C}\leqslant T\leqslant200\ ^\circ\text{C} \\ 200\ ^\circ\text{C}<T\leqslant350\ ^\circ\text{C} \\ 350\ ^\circ\text{C}<T\leqslant550\ ^\circ\text{C} \end{array}$
		水冷：$\dfrac{f_{u,PT}}{f_u}=$	$\begin{cases} 0.995-5.54\times10^{-5}T \\ 1.530-2.80\times10^{-3}T \\ -10.016+6.79\times10^{-2}T-1.42\times10^{-4}T^2+1.00\times10^{-7}T^3 \end{cases}$	$\begin{array}{l} 20\ ^\circ\text{C}\leqslant T\leqslant200\ ^\circ\text{C} \\ 200\ ^\circ\text{C}<T\leqslant350\ ^\circ\text{C} \\ 350\ ^\circ\text{C}<T\leqslant550\ ^\circ\text{C} \end{array}$

图 2-49 所示为铝合金材料高温后（单次过火）极限强度退火系数计算值与试验结果的对比，可以看到二者吻合良好。

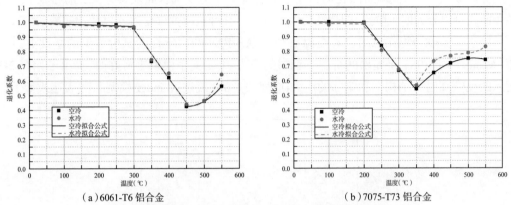

（a）6061-T6 铝合金　　　　　　（b）7075-T73 铝合金

图 2-49　高温后铝合金极限强度退化系数计算值与试验值的对比

2）反复过火后的极限强度

6061-T6 和 7075-T73 铝合金极限强度反复过火影响系数 $f_{u, \mathrm{MPT}}/f_{u, \mathrm{PT}}$ 随反复过火次数 n（$n=1, 2, 3$）的变化规律如图 2-39（e）和（f）所示。同样偏保守地取 $f_{u, \mathrm{MPT}}/f_{u, \mathrm{PT}}$ 试验值的下限作为其计算值，记为 η_u，如图 2-50 所示。η_u 的表达式如下。

对于 6061-T6 铝合金，有

$$\eta_u = 1.297 - 0.380n + 7.38\times10^{-2}n^2 \quad 1\leqslant n\leqslant 3 \tag{2-6}$$

对于 7075-T73 铝合金，有

$$\eta_u = 1.090 - 0.130n + 2.97\times10^{-2}n^2 \quad 1\leqslant n\leqslant 3 \tag{2-7}$$

既知 η_u，则反复过火后铝合金采用的极限强度计算式如下：

$$f_{u, \mathrm{MPT}} = \eta_u f_{u, \mathrm{PT}} \tag{2-8}$$

其中，$f_{u, \mathrm{MPT}}$、$f_{y, \mathrm{PT}}$ 分别为反复过火和单次过火后铝合金的屈服强度，可按表 2-13 计算出相应的极限强度退化系数 $f_{u, \mathrm{PT}}/f_u$ 后再乘以常温下未过火时的极限强度 f_u 得到。

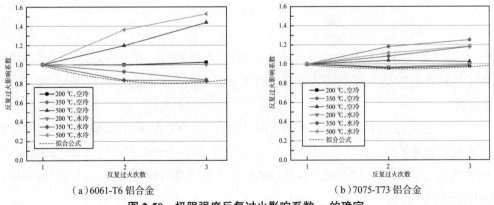

（a）6061-T6 铝合金　　　　　　（b）7075-T73 铝合金

图 2-50　极限强度反复过火影响系数 η_u 的确定

2.2.4.4 应力-应变关系模型

1. 热轧钢与冷弯型钢

如图 2-11 所示,高温后热轧钢和冷弯型钢的应力-应变关系曲线具有明显的屈服平台,其整个曲线可以分为四个阶段,即弹性阶段、屈服平台阶段、应变强化阶段以及颈缩失效阶段。

陶忠(Tao Z.)等在总结已有高温后结构钢和钢筋的力学性能试验数据的基础上,对曼德(Mander)于1983年提出的常温下钢材的应力-应变关系模型进行修改,提出了如图 2-51 所示的反映高温后结构钢和钢筋的应力-应变关系的"改进 Mander 模型",其表达式如下。

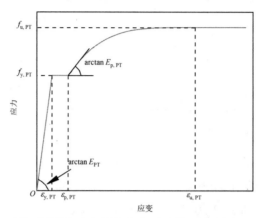

图 2-51　高温后结构钢和钢筋的应力-应变关系的"改进 Mander 模型"

$$\sigma = \begin{cases} E_{PT}\varepsilon & 0 \le \varepsilon < \varepsilon_{y,PT} \\ f_{y,PT} & \varepsilon_{y,PT} \le \varepsilon < \varepsilon_{p,PT} \\ f_{u,PT} - (f_{u,PT} - f_{y,PT}) \times \left(\dfrac{\varepsilon_{u,PT} - \varepsilon}{\varepsilon_{u,PT} - \varepsilon_{p,PT}} \right)^p & \varepsilon_{p,PT} \le \varepsilon < \varepsilon_{u,PT} \\ f_{u,PT} & \varepsilon > \varepsilon_{u,PT} \end{cases} \quad (2\text{-}9)$$

其中,E_{PT}、$f_{y,PT}$、$f_{u,PT}$ 分别为高温后结构钢的残余弹性模量、残余屈服强度和残余极限强度;$\varepsilon_{y,PT}$ 为屈服应变,$\varepsilon_{y,PT} = f_{y,PT}/E_{PT}$;$\varepsilon_{p,PT}$ 为应变强化段开始时的应变;$\varepsilon_{u,PT}$ 为极限强度对应的应变;p 为应变强化指数,可以通过下式计算:

$$p = E_{p,PT} \times \left(\dfrac{\varepsilon_{u,PT} - \varepsilon_{p,PT}}{f_{u,PT} - f_{y,PT}} \right) \quad (2\text{-}10)$$

其中,$E_{p,PT}$ 为应变强化段的初始强化模量。由式(2-10)可知,若想确定某一过火温度后钢材的应力-应变关系曲线,需要确定该过火温度下的 E_{PT}、$f_{y,PT}$、$f_{u,PT}$、$E_{p,PT}$、$\varepsilon_{p,PT}$ 和 $\varepsilon_{u,PT}$ 共计六个参数。

对于国产 Q235、Q345 和 Q420 热轧钢以及 Q235 冷弯型钢,其高温后的残余弹性模量 E_{PT}、残余屈服强度 $f_{y,PT}$ 和残余极限强度 $f_{u,PT}$ 可依据钢材的种类以及冷却方式,由表 2-9、表 2-10、表 2-12 中的拟合计算公式计算相应的退化系数并乘以钢材常温未过火时的力学性能指标 E、f_y 和 f_u 得到。

Tao Z. 等通过大量的统计分析发现,结构钢的 $E_{p,PT}$、$\varepsilon_{p,PT}$ 和 $\varepsilon_{u,PT}$ 三个参数与过火温度 T 之间没有明确的函数关系。根据本章得到的试验数据进行统计分析,发现对于所研究的热轧钢和冷弯型钢,$E_{p,PT}/E_{PT}$ 的值总在 $0.01 \sim 0.03$ 浮动,故取 $E_{p,PT}$ 的值为 E_{PT} 的 2%,即

$$E_{p,PT} = 0.02E_{PT} \tag{2-11}$$

此外,如图 2-52 所示,对试验得到的 $\varepsilon_{p,PT}/\varepsilon_{y,PT}$ 和 $\varepsilon_{u,PT}/\varepsilon_{y,PT}$ 的值进行统计分析,发现在不同过火温度、冷却方式以及钢材种类情况下,$\varepsilon_{p,PT}/\varepsilon_{y,PT}$ 和 $\varepsilon_{u,PT}/\varepsilon_{y,PT}$ 的值基本恒定,分别约等于 13 和 100,这也与 Tao Z. 等对大量结构钢和钢筋进行试验得到的统计结果十分接近。故 $\varepsilon_{p,PT}$ 和 $\varepsilon_{u,PT}$ 可分别计算如下:

$$\varepsilon_{p,PT} = 13\varepsilon_{y,PT} \tag{2-12}$$

$$\varepsilon_{u,PT} = 100\varepsilon_{y,PT} \tag{2-13}$$

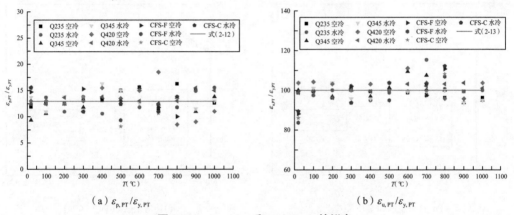

（a）$\varepsilon_{p,PT}/\varepsilon_{y,PT}$　　　　（b）$\varepsilon_{u,PT}/\varepsilon_{y,PT}$

图 2-52　$\varepsilon_{p,PT}/\varepsilon_{y,PT}$ 和 $\varepsilon_{u,PT}/\varepsilon_{y,PT}$ 的拟合

已确定以上六个参数,则只需要知道常温下未过火时钢材的 E、f_y 和 f_u,就可以采用式（2-9）来确定不同过火温度后和不同冷却方式下热轧钢和冷弯型钢的应力-应变关系。为了验证该模型的准确性,将采用预测模型得到的部分热轧钢和冷弯型钢的高温后应力-应变关系曲线与部分试验结果进行了对比,如图 2-53 所示。可以看到,预测模型与试验结果吻合得很好,表明提出的模型可以较为准确地预测高温后热轧钢和冷弯型钢的应力-应变关系。

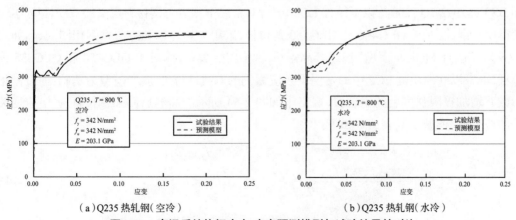

（a）Q235 热轧钢（空冷）　　　　（b）Q235 热轧钢（水冷）

图 2-53　高温后结构钢应力-应变预测模型与试验结果的对比

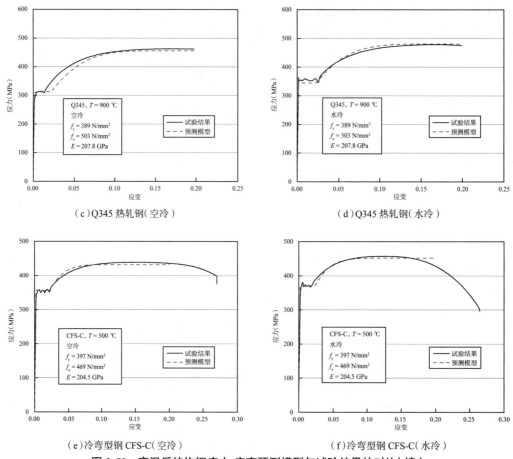

（c）Q345 热轧钢（空冷）　　　　　　　　　（d）Q345 热轧钢（水冷）

（e）冷弯型钢 CFS-C（空冷）　　　　　　　（f）冷弯型钢 CFS-C（水冷）

图 2-53　高温后结构钢应力-应变预测模型与试验结果的对比（续）

2. 高强钢拉杆

由图 2-12 可见，GLG460 和 GLG550 钢拉杆的高温后应力-应变关系曲线普遍具有明显的屈服平台，可以简化为图 2-51 所示的与结构钢相似的"改进 Mander 模型"；而对于更高强度等级的 GLG650 和 GLG835 钢拉杆，其常温下及高温后应力-应变关系曲线几乎没有明显的屈服平台，更接近于欧洲规范 Eurocode 2：Design of concrete structures 中的第一部分，即 BS EN 1992-1-1：2004（以下简称 EC2）中针对常温下预应力钢材料定义的双线性应力-应变模型。因此，对于 GLG460 和 GLG550 钢拉杆，采用与热轧钢和冷弯型钢相同的、形如式（2-9）的"改进 Mander 模型"描述其高温后应力-应变关系；而对于 GLG650 和 GLG835 钢拉杆，本书以欧洲规范 EC2 中的常温下预应力钢的双线性应力-应变模型为基础，通过修正参数并增加极限强度后的平台段，提出了如图 2-54 所示的高温后高强钢拉杆应力-应变关系的"三线性模型"，其表达式如下：

$$\sigma = \begin{cases} E_{PT}\varepsilon & 0 \leqslant \varepsilon < f_{y,PT}/E_{PT} \\ f_{u,PT} - \dfrac{(\varepsilon_{u,PT}-\varepsilon)(f_{u,PT}-f_{y,PT})}{\varepsilon_{u,PT}-f_{y,PT}/E_{PT}} & f_{y,PT}/E_{PT} \leqslant \varepsilon < \varepsilon_{u,PT} \\ f_{u,PT} & \varepsilon \geqslant \varepsilon_{u,PT} \end{cases} \quad (2\text{-}14)$$

其中，E_{PT}、$f_{y,PT}$、$f_{u,PT}$ 分别为高温后钢拉杆的残余弹性模量、残余屈服强度和残余极限强度，这里统一采用 0.2%规定塑性延伸强度 $f_{0.2}$ 作为钢拉杆的条件屈服强度；$\varepsilon_{u,PT}$ 为极限强度 $f_{u,PT}$ 对应的应变。

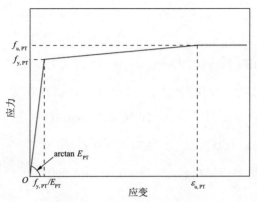

图 2-54 高温后钢拉杆应力-应变关系的"三线性模型"

1）GLG460 和 GLG550 钢拉杆

与热轧钢和冷弯型钢相同，为了确定形如式（2-9）的高温后高强钢拉杆的应力-应变关系曲线，需要确定各过火温度下的 E_{PT}、$f_{y,PT}$、$f_{u,PT}$、$E_{p,PT}$、$\varepsilon_{p,PT}$ 和 $\varepsilon_{u,PT}$ 共计六个参数。其中高温后的残余弹性模量 E_{PT}、残余屈服强度 $f_{y,PT}$ 和残余极限强度 $f_{u,PT}$ 可依据钢拉杆的强度等级和冷却方式，由表 2-9、表 2-10 和表 2-12 中的拟合计算公式计算相应的退化系数并乘以钢拉杆常温未过火时的力学性能指标 E、f_y 和 f_u 得到。

通过试验得到的 GLG460 和 GLG550 钢拉杆的 $E_{p,PT}/E_{PT}$ 与过火温度 T 的关系如图 2-55 所示。可以看到，两种不同强度等级钢拉杆的 $E_{p,PT}/E_{PT}$ 随过火温度的升高呈现相似的变化规律，且不同冷却方式的影响很小。故经线性回归分析，得到 $E_{p,PT}$ 的计算式如下：

$$E_{p,PT} = \begin{cases} 0.02E_{PT} & 20\ ℃ \leqslant T \leqslant 650\ ℃ \\ (-3.50\times10^{-3} + 3.62\times10^{-5}T)E_{PT} & 650\ ℃ < T \leqslant 1\ 000\ ℃ \end{cases} \quad (2\text{-}15)$$

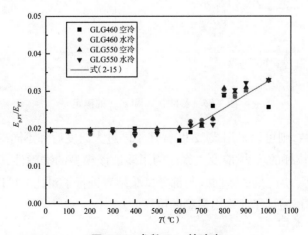

图 2-55 参数 $E_{p,PT}$ 的确定

试验得到的 $\varepsilon_{p,PT}/\varepsilon_{y,PT}$ 和 $\varepsilon_{u,PT}/\varepsilon_{y,PT}$ 与过火温度 T 的关系如图 2-56 所示。可以看到，不同强度等级钢拉杆的 $\varepsilon_{p,PT}/\varepsilon_{y,PT}$ 和 $\varepsilon_{u,PT}/\varepsilon_{y,PT}$ 差异较为明显，而不同冷却方式的影响较小。因此，经线性回归分析得到 $\varepsilon_{p,PT}$ 和 $\varepsilon_{u,PT}$ 的计算式分别如下。

对于 GLG460，有

$$\varepsilon_{p,PT} = \begin{cases} 3.37\varepsilon_{y,PT} & 20\ ^\circ\text{C} \leqslant T \leqslant 650\ ^\circ\text{C} \\ (-16.10 + 3.0 \times 10^{-2}T)\varepsilon_{y,PT} & 650\ ^\circ\text{C} < T \leqslant 750\ ^\circ\text{C} \\ (23.50 - 2.28 \times 10^{-2}T)\varepsilon_{y,PT} & 750\ ^\circ\text{C} < T \leqslant 1\,000\ ^\circ\text{C} \end{cases} \quad (2\text{-}16)$$

$$\varepsilon_{u,PT} = \begin{cases} 30\varepsilon_{y,PT} & 20\ ^\circ\text{C} \leqslant T \leqslant 650\ ^\circ\text{C} \\ (-90.51 + 0.185T)\varepsilon_{y,PT} & 650\ ^\circ\text{C} < T \leqslant 750\ ^\circ\text{C} \\ (150.30 - 0.136T)\varepsilon_{y,PT} & 750\ ^\circ\text{C} < T \leqslant 1\,000\ ^\circ\text{C} \end{cases} \quad (2\text{-}17)$$

对于 GLG550，有

$$\varepsilon_{p,PT} = \begin{cases} 4.65\varepsilon_{y,PT} & 20\ ^\circ\text{C} \leqslant T \leqslant 650\ ^\circ\text{C} \\ (-6.967 + 1.80 \times 10^{-2}T)\varepsilon_{y,PT} & 650\ ^\circ\text{C} < T \leqslant 750\ ^\circ\text{C} \\ (23.0 - 2.20 \times 10^{-2}T)\varepsilon_{y,PT} & 750\ ^\circ\text{C} < T \leqslant 1\,000\ ^\circ\text{C} \end{cases} \quad (2\text{-}18)$$

$$\varepsilon_{u,PT} = \begin{cases} 21.7\varepsilon_{y,PT} & 20\ ^\circ\text{C} \leqslant T \leqslant 650\ ^\circ\text{C} \\ (-108.0 + 0.20T)\varepsilon_{y,PT} & 650\ ^\circ\text{C} < T \leqslant 750\ ^\circ\text{C} \\ (160.06 - 0.156T)\varepsilon_{y,PT} & 750\ ^\circ\text{C} < T \leqslant 1\,000\ ^\circ\text{C} \end{cases} \quad (2\text{-}19)$$

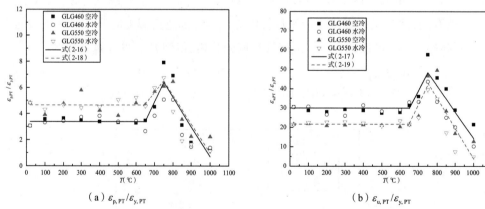

（a）$\varepsilon_{p,PT}/\varepsilon_{y,PT}$ （b）$\varepsilon_{u,PT}/\varepsilon_{y,PT}$

图 2-56 参数 $\varepsilon_{p,PT}$ 和 $\varepsilon_{u,PT}$ 的确定

已确定上述参数，则可以采用式（2-9）描述不同过火温度后和不同冷却方式下 GLG460 和 GLG550 高强钢拉杆的应力-应变关系。为了验证该模型的准确性，图 2-57 将采用预测模型得到的高温后应力-应变关系曲线与部分试验结果进行了对比。可以看到，预测模型与试验结果吻合得很好，验证了所提出模型的可靠性。

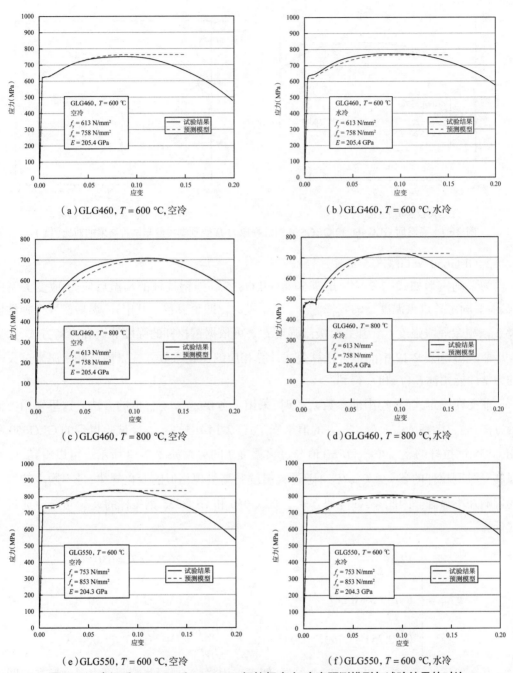

图 2-57　高温后 GLG460 和 GLG550 钢拉杆应力-应变预测模型与试验结果的对比

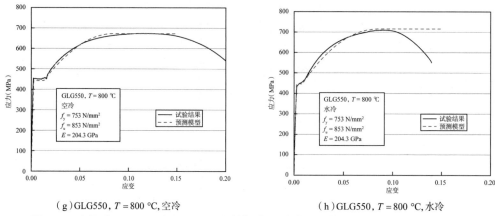

（g）GLG550，$T = 800$ ℃，空冷 　　　　　　　　　（h）GLG550，$T = 800$ ℃，水冷

图 2-57　高温后 GLG460 和 GLG550 钢拉杆应力-应变预测模型与试验结果的对比（续）

2 ）GLG650 和 GLG835 钢拉杆

为了确定形如式（2-9）的 GLG650 和 GLG835 高强钢拉杆的高温后应力-应变关系曲线，需要确定各过火温度下的 E_{PT}、$f_{y, PT}$、$f_{u, PT}$ 和 $\varepsilon_{u, PT}$ 四个参数。其中，高温后的残余弹性模量 E_{PT}、残余屈服强度 $f_{y, PT}$ 和残余极限强度 $f_{u, PT}$ 可依据钢拉杆的强度等级和冷却方式，由表 2-9、表 2-10 和表 2-12 中的拟合计算公式计算相应的退化系数并乘以钢拉杆常温未过火时的力学性能指标 E、f_y 和 f_u 得到。

前文在确定式（2-9）中的参数 $\varepsilon_{u, PT}$ 时，采用了考察 $\varepsilon_{u, PT}/\varepsilon_{y, PT}$ 值的方法。这里采用类似的方法，通过考察 $\varepsilon_{u, PT}/(f_{y, PT}/E_{PT})$ 的值来确定式（2-14）中的 $\varepsilon_{u, PT}$。试验得到的 GLG650 和 GLG835 钢拉杆的 $\varepsilon_{u, PT}/(f_{y, PT}/E_{PT})$ 值与过火温度 T 的关系如图 2-58 所示。可以看到，两种强度等级钢拉杆的 $\varepsilon_{u, PT}/(f_{y, PT}/E_{PT})$ 随过火温度升高呈现相似的变化规律，且不同冷却方式的影响并不显著。因此，两种冷却方式下 GLG650 和 GLG835 钢拉杆的 $\varepsilon_{u, PT}$ 可统一通过下式计算：

$$\varepsilon_{u, PT} = \begin{cases} 12.5 \dfrac{f_{y, PT}}{E_{PT}} & 20\ ℃ \leqslant T \leqslant 650\ ℃ \\[2mm] (-169.5 + 0.28T) \dfrac{f_{y, PT}}{E_{PT}} & 650\ ℃ < T \leqslant 750\ ℃ \\[2mm] (652.751 - 1.343T + 7.035 \times 10^{-4} T^2) \dfrac{f_{y, PT}}{E_{PT}} & 750\ ℃ < T \leqslant 1\ 000\ ℃ \end{cases} \qquad （2\text{-}20）$$

既知 E_{PT}、$f_{y, PT}$、$f_{u, PT}$ 和 $\varepsilon_{u, PT}$ 四个参数，便可采用式（2-9）预测不同过火温度后和不同冷却方式下 GLG650 和 GLG835 高强钢拉杆的应力-应变关系。图 2-59 将采用预测模型得到的高温后应力-应变关系曲线与部分试验结果进行了对比。可以看到，二者吻合得很好，从而验证了所提出模型的可靠性。

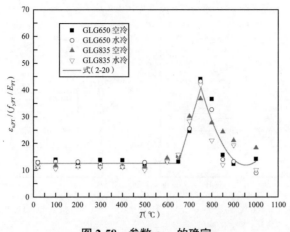

图 2-58　参数 $\varepsilon_{u, PT}$ 的确定

3. 铸钢

由图 2-13 可见,高温后铸钢材料的应力-应变关系曲线的形式与结构钢类似,均具有明显的屈服平台,且整个曲线同样可以清晰地划分为弹性阶段、屈服平台阶段、应变强化阶段以及颈缩失效阶段。因此,可以采用与结构钢相同的"改进 Mander"模型,即式(2-9)来描述其高温后的应力-应变关系。

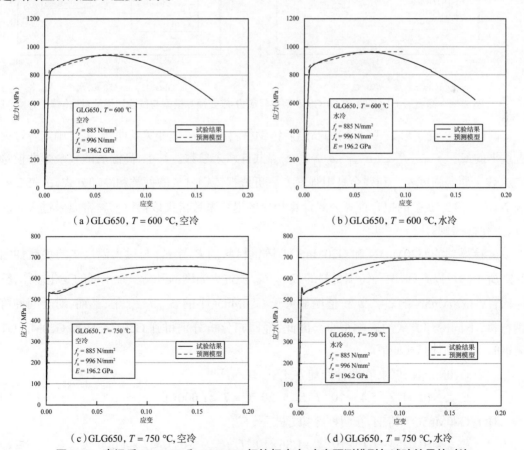

（a）GLG650, $T = 600$ ℃, 空冷　　　　　　　（b）GLG650, $T = 600$ ℃, 水冷

（c）GLG650, $T = 750$ ℃, 空冷　　　　　　　（d）GLG650, $T = 750$ ℃, 水冷

图 2-59　高温后 GLG650 和 GLG835 钢拉杆应力-应变预测模型与试验结果的对比

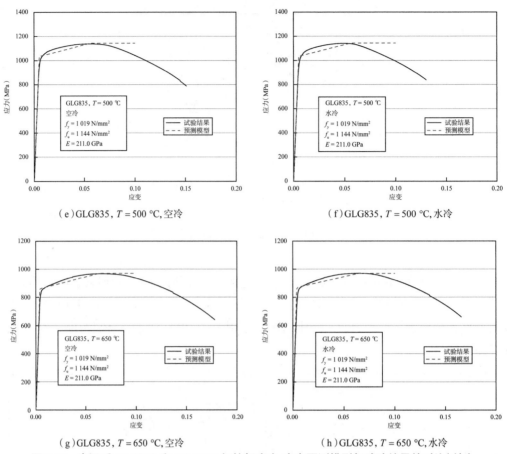

（e）GLG835，T = 500 ℃，空冷   （f）GLG835，T = 500 ℃，水冷

（g）GLG835，T = 650 ℃，空冷   （h）GLG835，T = 650 ℃，水冷

图 2-59　高温后 GLG650 和 GLG835 钢拉杆应力-应变预测模型与试验结果的对比（续）

同样，为了确定形如式（2-9）的高温后铸钢材料的应力-应变关系曲线，需要确定各过火温度下的 E_{PT}、$f_{y,PT}$、$f_{u,PT}$、$E_{p,PT}$、$\varepsilon_{p,PT}$ 和 $\varepsilon_{u,PT}$ 共计六个参数。其中，高温后的残余弹性模量 E_{PT}、残余屈服强度 $f_{y,PT}$ 和残余极限强度 $f_{u,PT}$ 可依据铸钢材料的种类和冷却方式，由表2-9、表2-10 和表2-12 中的拟合计算公式计算相应的退化系数再乘以铸钢材料常温未过火时的 E、f_y 和 f_u 得到。

试验得到的 G20Mn5N 和 G20Mn5QT 铸钢材料的 $E_{p,PT}/E_{PT}$ 与过火温度 T 的关系如图 2-60 所示。可以看到，两种铸钢材料的 $E_{p,PT}/E_{PT}$ 随过火温度的升高呈现不同的变化规律，整体而言，G20Mn5N 的 $\varepsilon_{p,PT}/\varepsilon_{y,PT}$ 值明显大于 G20Mn5QT 的 $\varepsilon_{p,PT}/\varepsilon_{y,PT}$ 值；然而，对于同种铸钢材料，不同冷却方式的影响很小。因此，经回归分析分别得到 G20Mn5N 和 G20Mn5QT 铸钢的 $E_{p,PT}$ 的计算式如下。

对于 G20Mn5N 铸钢，在两种冷却方式下，有

$$E_{p,PT} = (0.0472 - 5.45 \times 10^{-6} T) E_{PT} \quad 20\ ℃ \leqslant T \leqslant 1\ 000\ ℃ \qquad （2-21）$$

对于 G20Mn5QT 铸钢，在两种冷却方式下，有

$$E_{p,PT} = (0.0254 - 1.15 \times 10^{-5} T + 1.86 \times 10^{-8} T^2) E_{PT} \quad 20\ ℃ \leqslant T \leqslant 1\ 000\ ℃ \qquad （2-22）$$

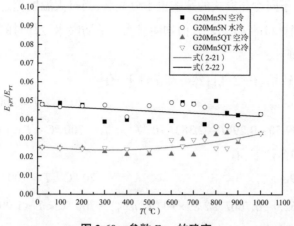

图 2-60　参数 $E_{p,PT}$ 的确定

试验得到的 $\varepsilon_{p,PT}/\varepsilon_{y,PT}$ 与过火温度 T 的关系如图 2-61 所示。可以看到,两种铸钢材料 $\varepsilon_{p,PT}/\varepsilon_{y,PT}$ 值的变化规律不同,整体而言,G20Mn5N 的 $\varepsilon_{p,PT}/\varepsilon_{y,PT}$ 值较大且随过火温度升高基本保持不变,而 G20Mn5QT 的 $\varepsilon_{p,PT}/\varepsilon_{y,PT}$ 值较小且随过火温度升高而呈现增大的趋势。此外,不同冷却方式的影响相较于不同铸钢种类的影响并不显著。回归分析得到两种铸钢材料的 $\varepsilon_{p,PT}$ 的计算式如下。

对于 G20Mn5N 铸钢,在两种冷却方式下,有

$$\varepsilon_{p,PT} = (9.197 + 1.08 \times 10^{-3}T - 7.19 \times 10^{-7}T^2)\varepsilon_{y,PT} \quad 20\ ℃ \leqslant T \leqslant 1\ 000\ ℃ \quad （2\text{-}23）$$

对于 G20Mn5QT 铸钢,在两种冷却方式下,有

$$\varepsilon_{p,PT} = (6.086 - 3.86 \times 10^{-4}T + 3.94 \times 10^{-6}T^2)\varepsilon_{y,PT} \quad 20\ ℃ \leqslant T \leqslant 1\ 000\ ℃ \quad （2\text{-}24）$$

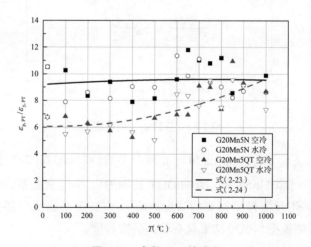

图 2-61　参数 $\varepsilon_{p,PT}$ 的确定

试验得到的 $\varepsilon_{u,PT}/\varepsilon_{y,PT}$ 与过火温度 T 的关系如图 2-62 所示。可以看到,不同种类铸钢的 $\varepsilon_{u,PT}/\varepsilon_{y,PT}$ 值差异较为明显,总体而言,G20Mn5N 的 $\varepsilon_{u,PT}/\varepsilon_{y,PT}$ 值明显大于 G20Mn5QT 的

$\varepsilon_{u,\,PT}/\varepsilon_{y,\,PT}$ 值。此外,不同冷却方式的影响也十分显著,当过火温度超过 700 ℃时,空气自然冷却条件下两种铸钢材料的 $\varepsilon_{u,\,PT}/\varepsilon_{y,\,PT}$ 值均明显大于消防喷水冷却时的值。通过回归分析,得到 $\varepsilon_{u,\,PT}$ 的计算式如下。

对于 G20Mn5N 铸钢,在空气自然冷却条件下,有

$$\varepsilon_{u,\,PT}=\begin{cases}109.4\varepsilon_{y,\,PT} & 20\ ^{\circ}\!C\leqslant T\leqslant 700\ ^{\circ}\!C\\ (199.50-0.294T+2.383\times10^{-4}T^2)\varepsilon_{y,\,PT} & 700\ ^{\circ}\!C< T\leqslant 1\ 000\ ^{\circ}\!C\end{cases}\qquad(2\text{-}25)$$

在消防喷水冷却条件下,有

$$\varepsilon_{u,\,PT}=\begin{cases}109.4\varepsilon_{y,\,PT} & 20\ ^{\circ}\!C\leqslant T\leqslant 700\ ^{\circ}\!C\\ (462.0-0.706T+2.89\times10^{-4}T^2)\varepsilon_{y,\,PT} & 700\ ^{\circ}\!C< T\leqslant 1\ 000\ ^{\circ}\!C\end{cases}\qquad(2\text{-}26)$$

对于 G20Mn5QT 铸钢,在空气自然冷却条件下,有

$$\varepsilon_{u,\,PT}=\begin{cases}71.3\varepsilon_{y,\,PT} & 20\ ^{\circ}\!C\leqslant T\leqslant 700\ ^{\circ}\!C\\ (-58.80+0.187T)\varepsilon_{y,\,PT} & 700\ ^{\circ}\!C< T\leqslant 1\ 000\ ^{\circ}\!C\end{cases}\qquad(2\text{-}27)$$

在消防喷水冷却条件下,有

$$\varepsilon_{u,\,PT}=71.3\varepsilon_{y,\,PT}\qquad 20\ ^{\circ}\!C\leqslant T\leqslant 1\ 000\ ^{\circ}\!C\qquad(2\text{-}28)$$

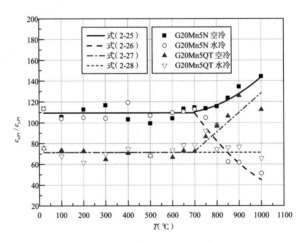

图 2-62　参数 $\varepsilon_{u,\,PT}$ 的确定

已知 E_{PT}、$f_{y,\,PT}$、$f_{u,\,PT}$、$E_{p,\,PT}$、$\varepsilon_{p,\,PT}$ 和 $\varepsilon_{u,\,PT}$ 六个参数,则可用式(2-9)预测不同过火温度后和不同冷却方式下 G20Mn5N 和 G20Mn5QT 铸钢的应力-应变关系。为了验证该模型的准确性,图 2-63 将采用预测模型得到的高温后应力-应变关系曲线与部分试验结果进行了对比。可以看到,预测模型与试验结果具有较高的吻合度。

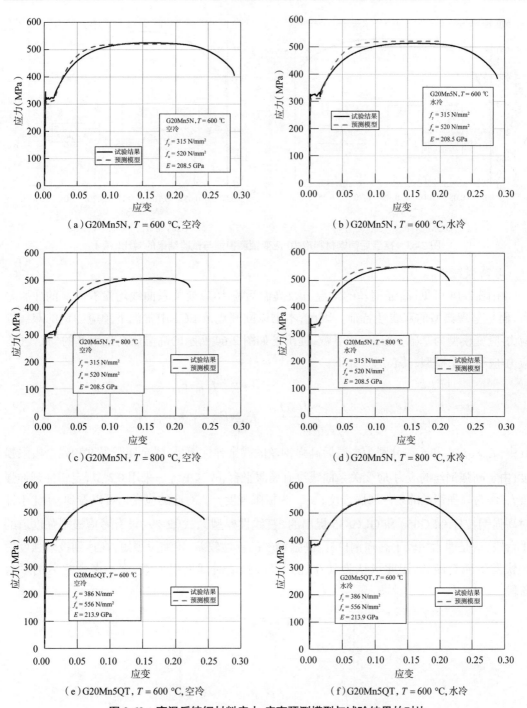

（a）G20Mn5N, $T = 600$ ℃,空冷

（b）G20Mn5N, $T = 600$ ℃,水冷

（c）G20Mn5N, $T = 800$ ℃,空冷

（d）G20Mn5N, $T = 800$ ℃,水冷

（e）G20Mn5QT, $T = 600$ ℃,空冷

（f）G20Mn5QT, $T = 600$ ℃,水冷

图 2-63　高温后铸钢材料应力-应变预测模型与试验结果的对比

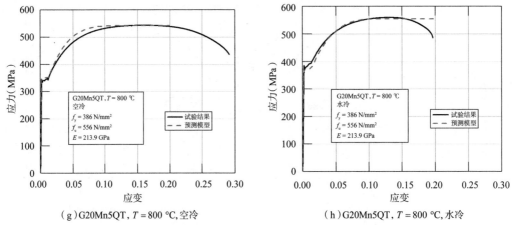

（g）G20Mn5QT，$T = 800\ ℃$，空冷   （h）G20Mn5QT，$T = 800\ ℃$，水冷

图 2-63 高温后铸钢材料应力-应变预测模型与试验结果的对比（续）

4. 高强钢丝

由图 2-14 可见，高强钢丝的常温下及高温后应力-应变关系曲线均没有明显的屈服平台，而是呈现典型的双线性特征。因此，本书以欧洲规范 EC2 中常温下预应力钢的双线性应力-应变模型为基础，通过修正参数，提出了如图 2-64 所示的高温后高强钢丝的"双线性"应力-应变关系模型，其表达式如下：

$$\sigma = \begin{cases} E_{\mathrm{PT}}\varepsilon & 0 \leqslant \varepsilon < f_{\mathrm{y,PT}}/E_{\mathrm{PT}} \\ f_{\mathrm{u,PT}} - \dfrac{(\varepsilon_{\mathrm{u,PT}} - \varepsilon)(f_{\mathrm{u,PT}} - f_{\mathrm{y,PT}})}{\varepsilon_{\mathrm{u,PT}} - f_{\mathrm{y,PT}}/E_{\mathrm{PT}}} & f_{\mathrm{y,PT}}/E_{\mathrm{PT}} \leqslant \varepsilon \leqslant \varepsilon_{\mathrm{u,PT}} \end{cases} \tag{2-29}$$

其中，E_{PT}、$f_{\mathrm{y,PT}}$ 和 $f_{\mathrm{u,PT}}$ 分别为高温后高强钢丝的残余弹性模量、残余屈服强度和残余极限强度，由于高强钢丝的应力-应变关系曲线没有屈服平台，故这里统一采用 0.2% 规定塑性延伸强度 $f_{0.2}$ 作为高强钢丝的条件屈服强度；$\varepsilon_{\mathrm{u,PT}}$ 为极限强度 $f_{\mathrm{u,PT}}$ 对应的应变。可以看到，相比于针对高强钢拉杆 GLG650 和 GLG835 提出的"三线性模型"，式（2-29）没有考虑极限强度后的平台段，这是因为相较于高强钢拉杆，高强钢丝的延性较差，颈缩段很短，在达到极限强度后很快发生断裂破坏，因此可认为其在达到极限强度时即发生失效，而不考虑之后的平台阶段。

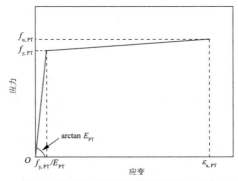

图 2-64 高温后高强钢丝的"双线性"应力-应变关系模型

为了确定形如式(2-29)的高强钢丝的高温后应力-应变关系曲线,需要确定各过火温度下的 E_{PT}、$f_{y,PT}$、$f_{u,PT}$ 和 $\varepsilon_{u,PT}$ 四个参数。其中,高温后的剩余弹性模量 E_{PT}、剩余屈服强度 $f_{y,PT}$ 和剩余极限强度 $f_{u,PT}$ 可依据所采用的冷却方式,由表 2-9、表 2-10 和表 2-12 中的拟合计算公式计算相应的退化系数并乘以高强钢丝常温下未过火时的力学性能指标 E、f_y 和 f_u 得到。

与确定 GLG650 和 GLG835 高强钢拉杆的应力-应变关系相同,通过考察 $\varepsilon_{u,PT}/(f_{y,PT}/E_{PT})$ 的值来确定 $\varepsilon_{u,PT}$。试验得到的高强钢丝 $\varepsilon_{u,PT}/(f_{y,PT}/E_{PT})$ 值与过火温度 T 的关系如图 2-65 所示(在消防喷水冷却条件下,只给出了不超过临界失效过火温度 700 ℃时的值)。可以看到,不同冷却方式对 $\varepsilon_{u,PT}/(f_{y,PT}/E_{PT})$ 的影响较为显著,而不同强度等级影响很小。因此,$\varepsilon_{u,PT}$ 的计算式只对不同冷却方式加以区分,而忽略钢丝强度等级的影响。经回归分析,不同冷却方式下高强钢丝的 $\varepsilon_{u,PT}$ 可分别计算如下。

在空气自然冷却条件下,有

$$\varepsilon_{u,PT}=\begin{cases}(6.902-6.87\times10^{-3}T+1.81\times10^{-5}T^2)\varepsilon_{y,PT} & 20\ ℃\leqslant T\leqslant600\ ℃ \\ (617.50-2.034T+1.70\times10^{-3}T^2)\varepsilon_{y,PT} & 600\ ℃<T\leqslant750\ ℃ \\ (3615.70-11.373T+1.187\times10^{-2}T^2-4.193\times10^{-6}T^3)\varepsilon_{y,PT} & 750\ ℃<T\leqslant1\ 000\ ℃\end{cases}$$

(2-30)

在消防喷水冷却条件下,有

$$\varepsilon_{u,PT}=\begin{cases}6.46\varepsilon_{y,PT} & 20\ ℃\leqslant T\leqslant400\ ℃ \\ (32.15-0.129T+1.62\times10^{-4}T^2)\varepsilon_{y,PT} & 400\ ℃<T\leqslant700\ ℃\end{cases}$$

(2-31)

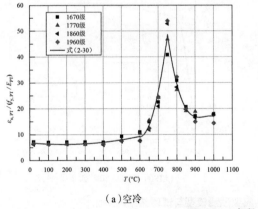
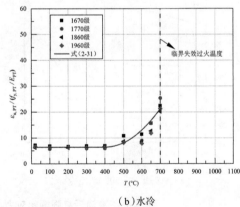

(a)空冷   (b)水冷

图 2-65 参数 $\varepsilon_{u,PT}$ 的确定

既知 E_{PT}、$f_{y,PT}$、$f_{u,PT}$ 和 $\varepsilon_{u,PT}$,则可用式(2-29)预测不同冷却方式下高强钢丝的高温后应力-应变关系。图 2-66 将采用预测模型得到的高温后应力-应变关系曲线与部分试验结果进行了对比。可以看到,二者吻合度很高,表明预测模型具有较高的可靠度。

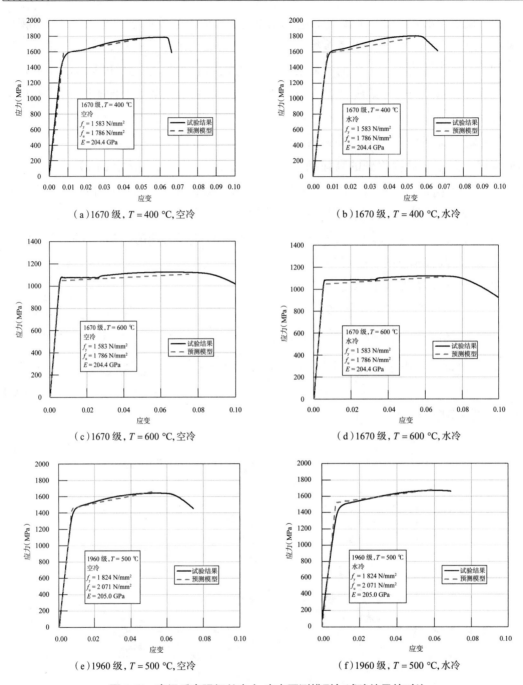

图 2-66　高温后高强钢丝应力-应变预测模型与试验结果的对比

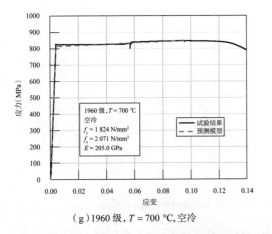

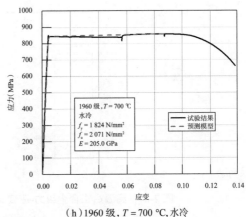

（g）1960 级，$T = 700\ ℃$，空冷　　　　　　　（h）1960 级，$T = 700\ ℃$，水冷

图 2-66　高温后高强钢丝应力-应变预测模型与试验结果的对比（续）

5. 结构用铝合金

兰贝格（Ramberg）和奥斯古德（Osgood）于 1943 年提出了采用三个参数描述材料应力-应变关系的 Ramberg-Osgood 模型，由于该模型与铝合金材料的应力-应变关系非常接近，因此被广泛用于描述铝合金材料的应力-应变关系。该模型的基本形式为

$$\varepsilon = \frac{\sigma}{E} + K\left(\frac{\sigma}{E}\right)^{n} \tag{2-32}$$

其中，ε 为总应变；σ 为应力；E 为弹性模量；n、K 为常数，通常根据具体材料由试验确定。将 2% 规定塑性延伸强度 $f_{0.2}$ 带入式（2-32），则有

$$0.002 = \varepsilon - \frac{f_{0.2}}{E} = K\left(\frac{f_{0.2}}{E}\right)^{n} \tag{2-33}$$

再将式（2-33）带入（2-32）消去 K，则式（2-32）又可以改写为由 E、$f_{0.2}$ 和 K 三个参数表达的形式，即

$$\varepsilon = \frac{\sigma}{E} + 0.002\left(\frac{\sigma}{f_{0.2}}\right)^{n} \tag{2-34}$$

式（2-34）被广泛用于描述常温未过火时铝合金材料的应力-应变关系。在此基础上，本书通过修改关键参数，提出了如图 2-67 所示的高温后铝合金材料应力-应变关系的"改进 Ramberg-Osgood 模型"，其表达式如下：

$$\varepsilon = \frac{\sigma}{E_{PT}} + 0.002\left(\frac{\sigma}{f_{0.2,PT}}\right)^{n_{PT}} \tag{2-35}$$

其中，ε 的取值范围是 $0 \sim 0.05$，这对于实际工程运用是足够的，因为一般铝合金结构设计规范不会允许铝合金材料达到如此大的应变值；E_{PT} 为高温后铝合金的弹性模量；$f_{0.2,PT}$ 为高温后铝合金的 2% 规定塑性延伸强度，即屈服强度 $f_{y,PT}$；n_{PT} 为与过火温度有关的参数，需要通过试验确定。

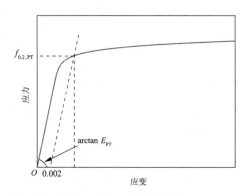

图 2-67　高温后铝合金应力-应变关系的"改进 Ramberg-Osgood 模型"

为了确定形如式（2-35）所示的高温后铝合金材料的应力-应变关系模型,需要确定 E_{PT}、$f_{0.2,PT}$（即 $f_{y,PT}$）和 n_{PT} 三个参数。其中,高温后的弹性模量 E_{PT} 和屈服强度 $f_{y,PT}$ 可以由式（2-2）和表 2-11 中的公式求得相应的退化系数,再乘以常温下未过火时铝合金的 E 和 f_y 得到。

n_{PT} 是与过火温度有关的参数,其值可以通过与试验得到的铝合金应力-应变关系曲线拟合而得。由试验数据反算得到的 6061-T6 和 7075-T73 铝合金在不同冷却方式和过火温度下的 n_{PT} 值见表 2-14。n_{PT} 与过火温度的关系如图 2-68 所示,可以看到,随着过火温度的升高,n_{PT} 明显呈现三个发展阶段,因此提出相应地三分段拟合计算式来描述其变化规律。

对于 6061-T6 铝合金,有

$$n_{PT} = \begin{cases} 17.596 - 1.20 \times 10^{-2} T + 1.46 \times 10^{-4} T^2 & 20\ ^\circ\text{C} \leqslant T \leqslant 250\ ^\circ\text{C} \\ 24.891 + 5.76 \times 10^{-2} T - 2.34 \times 10^{-4} T^2 & 250\ ^\circ\text{C} < T \leqslant 450\ ^\circ\text{C} \\ -51.5 + 0.212 T - 2 \times 10^{-4} T^2 & 450\ ^\circ\text{C} < T \leqslant 550\ ^\circ\text{C} \end{cases} \quad (2\text{-}36)$$

对于 7075-T73 铝合金,有

$$n_{PT} = \begin{cases} 22.139 + 0.10 T - 3.68 \times 10^{-4} T^2 & 20\ ^\circ\text{C} \leqslant T \leqslant 200\ ^\circ\text{C} \\ 113.278 - 0.593 T + 8.15 \times 10^{-4} T^2 & 200\ ^\circ\text{C} < T \leqslant 350\ ^\circ\text{C} \\ -16.554 + 9.47 \times 10^{-2} T - 9.29 \times 10^{-5} T^2 & 350\ ^\circ\text{C} < T \leqslant 550\ ^\circ\text{C} \end{cases} \quad (2\text{-}37)$$

表 2-14　试验得到的 6061-T6 和 7075-T73 铝合金 n_{PT} 值

过火温度(℃)	6061-T6		7075-T73	
	空冷	水冷	空冷	水冷
20	17	17	24	24
100	19	19	29	28
200	20	19	27	28
250	25	24	15	15
300	22	21	10	9
350	17	15	5.2	5.1

过火温度(℃)	6061-T6		7075-T73	
	空冷	水冷	空冷	水冷
400	11	10	6.7	6.7
450	3.3	3.5	6.2	7.5
500	4.5	4.5	8.5	7.2
550	4.7	4.5	7.0	7.7

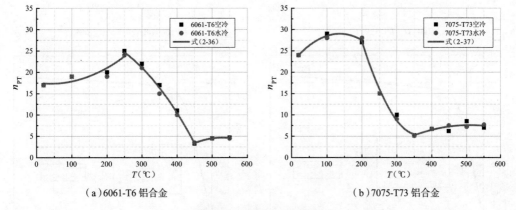

(a) 6061-T6 铝合金 (b) 7075-T73 铝合金

图 2-68 参数 n_{PT} 的确定

既知 E_{PT}、$f_{y,PT}$ 和 n_{PT} 三个参数,便可用式(2-35)描述高温后 6061-T6 和 7075-T73 铝合金的应力-应变关系。为了验证该模型的可靠性,图 2-69 将采用预测模型得到的高温后应力-应变关系曲线与部分试验结果进行了对比,可以看到二者具有较高的吻合度。

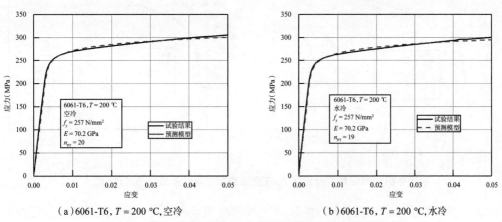

(a) 6061-T6, $T = 200$ ℃,空冷 (b) 6061-T6, $T = 200$ ℃,水冷

图 2-69 高温后铝合金应力-应变预测模型与试验结果的对比

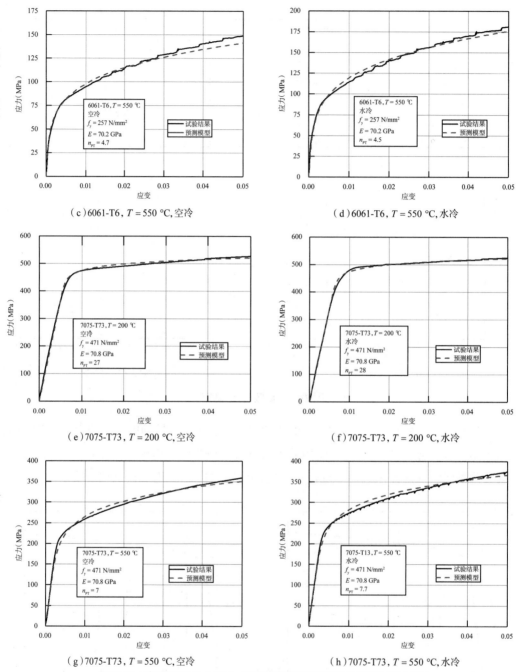

（c）6061-T6，$T = 550$ ℃，空冷

（d）6061-T6，$T = 550$ ℃，水冷

（e）7075-T73，$T = 200$ ℃，空冷

（f）7075-T73，$T = 200$ ℃，水冷

（g）7075-T73，$T = 550$ ℃，空冷

（h）7075-T73，$T = 550$ ℃，水冷

图 2-69　高温后铝合金应力-应变预测模型与试验结果的对比（续）

　　需要说明的是，以上所讨论的应力-应变预测模型的参数 n_{PT} 的计算式虽然是根据单次过火后的试验数据拟合得到的，但进一步分析发现反复过火次数对于 n_{PT} 的影响很小。因此，对于反复过火后铝合金材料同样可以采用式（2-35）描述其应力-应变关系，只需要将单次过火后铝合金的弹性模量 E_{PT} 和屈服强度 $f_{y,PT}$ 替换为反复过火后的弹性模量 E_{MPT} 和屈服强度 $f_{y,MPT}$ 即可。

2.3　负载高温后钢材力学性能试验

火灾高温下钢构件在荷载作用下可能产生一定塑性变形,高温后塑性变形不能完全恢复,会对钢材高温后力学性能造成一定影响。为研究负载高温后残余变形对高温后钢材力学性能的影响,本节进行了负载高温后钢材力学性能试验研究,试验包括高温下 Q345 钢材轴拉试验和负载高温后 Q345 钢材轴拉试验。

2.3.1　试验方案

2.3.1.1　试件设计

为配合高温炉及试验所使用的夹具尺寸,参考《金属材料 单轴拉伸蠕变试验方法》(GB/T 2039—2012)设计如图 2-70 所示试件,试件材料为 Q345 钢材,共加工试件 28 个。试件标距段与试件圆弧段交界处有 4 个突出尖角,尖角之间距离为试件标距,试件标距长100 mm。试验时采用两个夹具分别扣住试件两端尖角,试验时两端夹具的位移即为试件两端尖角位移,测量两个夹具间变形差即为试件标距段变形。试件两端夹持端各有一个圆孔,使用圆柱形销子穿过试件加持端的圆孔可以将试件与试验机两端夹具固定,如图 2-71 所示。

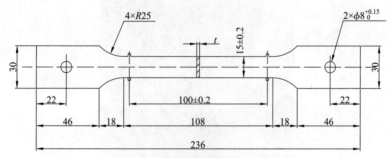

图 2-70　试件尺寸详图(单位:mm)

图 2-71　试件安装方式

2.3.1.2 试验装置

如图 2-72 所示为高温下及负载高温后钢材力学性能试验装置。试验在 30 t 万能试验机上进行,采用小型电加热高温炉对试件进行加热,夹具为专门设计的与小型电加热高温炉内腔尺寸匹配的夹具,上方夹具端部设有一块挡板,防止热空气向上逸出影响力传感器工作性能,甚至损坏 30 t 万能试验机。采用两个光栅位移计测量高温下的试件变形,试件变形取两个光栅位移计测量数据的平均值。采用两个光栅位移计在高温炉外测量试件变形,以解决普通高温引伸计滑移的问题,并避免试验机上下加载端不完全对中导致的测量误差。采用 3 个热电偶测量加热过程试件的温度,使用细铁丝将热电偶固定在试件上端、中部和下端 3 个位置,热电偶连接高温炉外温度采集仪,实时监控试件温度。试验开始前通过温度控制仪设定目标温度,温度控制仪可以控制高温炉电阻丝加热,当温度采集仪采集的温度数值达到设定值时高温炉即进入恒温状态。加热过程使用石棉将高温炉上下炉口堵住,保证高温炉正常加热,避免高温外泄损坏试验设备。

图 2-72　高温下及负载高温后钢材力学性能试验装置

2.3.1.3 试验方法

首先进行 Q345 钢材高温下轴拉试验,将试件升温至目标温度,目标温度分别为 20 ℃、200 ℃、300 ℃、400 ℃、500 ℃、600 ℃ 和 700 ℃,升温过程试件夹具一端用销轴与试验机加载端固定,另一端自由膨胀。采用 3 个热电偶分别测量试件上端、中部和下端温度。试件达到目标温度后恒温 30 min,移动一端夹具至合适位置,使用销轴将试件自由膨胀端与对应试验机加载端固定,之后采用位移加载方式将试件单轴拉伸至断裂,测得 Q345 钢材在各目标温度下的弹性模量、比例极限强度、屈服强度和极限强度。比例极限强度为试件弹性阶段最大应力。为给负载高温后钢材力学性能试验制定试件高温下负载的指标,定义 $f_{0.02}$ 为各目标温度下应力-应变曲线塑性应变为 0.02% 所对应的应力。通过对高温下钢材拉伸试验数据处理发现,不同高温 $0.5f_{0.02}$ 应力状态下试件仍处于弹性阶段,$1.2f_{0.02}$ 应力状态下试件产生一定塑性变形,但是此应力作用下试件尚有一定继续承载的能力,因此试验以 $0.5f_{0.02}$ 和 $1.2f_{0.02}$ 作为高温下试件的目标应力。

然后进行 Q345 钢材负载高温后力学性能试验,试验步骤为将试件升温至目标温度→给试件施加目标应力→保持恒温恒载→卸载→自然冷却至室温→采用位移控制方式将试件单轴拉伸至破坏。给试件施加目标应力后保持恒温恒载一定时间,多数试件保持恒温恒载 30 min,少数试件保持恒温恒载 3 h。升温过程试件一端固定,另一端自由膨胀。目标温度分别为 400 ℃、500 ℃、600 ℃和 700 ℃。各目标温度下目标应力为 $0.5f_{0.02}$ 和 $1.2f_{0.02}$。

2.3.2 试验结果分析

2.3.2.1 高温下钢材拉伸试验结果

图 2-73 为高温下 Q345 钢材单轴拉伸试验应力-应变曲线。由图 2-73 可知,200 ℃、300 ℃和 400 ℃高温下钢材进入塑性变形后仍有较好的继续承载能力,钢材本构关系模型可以考虑一定钢材强化,500～700 ℃高温下钢材名义屈服强度相比极限强度差距不十分明显,可以忽略钢材的强化阶段。

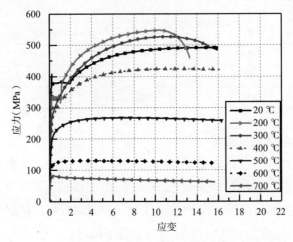

图 2-73 高温下 Q345 钢材单轴拉伸试验应力-应变曲线

表 2-15 为高温下 Q345 钢材比例极限强度、0.02%塑性应变对应的强度 $f_{0.02}$、屈服强度、2%应变对应的强度 f_2 和极限强度。比例极限强度指钢材弹性阶段的最大强度。若应力-应变曲线没有屈服平台,则以 0.2%塑性应变对应的强度为屈服强度。表 2-16 为高温下 Q345 钢材比例极限强度、屈服强度、2%应变对应的强度 f_2 和极限强度相比常温下该强度的退化系数。退化系数指某一温度下某种强度与常温下该强度的比值。参考欧洲规范 Eurocode 3: Design of steel structures—Part 1-2: General pules—Structural fire design(2005 年版)(以下简称 EC3),比例极限强度的退化系数为某一温度下比例极限强度与常温下屈服强度的比值,常温下钢材比例极限强度取为常温下屈服强度。

表 2-15　高温下 Q345 钢材各种强度

温度 （℃）	比例极限强度 （MPa）	$f_{0.02}$ （MPa）	屈服强度 （MPa）	f_2 （MPa）	极限强度 （MPa）
20	375.0	394.4	375.0	384.3	490.5
200	238.7	302.1	326.7	431.8	547.7
300	194.1	247.4	283.4	392.9	527.5
400	158.0	205.6	274.8	355.5	425.0
500	106.1	143.6	211.3	253.2	267.9
600	46.8	77.3	116.3	129.2	129.3
700	16.0	57.1	81.7	74.5	81.7

表 2-16　高温下 Q345 钢材各种强度退化系数

温度（℃）	比例极限强度	屈服强度	f_2	极限强度
20	1.000	1.000	1.000	1.000
200	0.637	0.871	1.124	1.117
300	0.518	0.756	1.022	1.076
400	0.421	0.733	0.925	0.867
500	0.283	0.563	0.659	0.546
600	0.125	0.310	0.336	0.264
700	0.043	0.218	0.194	0.167

2.3.2.2　高温后钢材拉伸试验结果

图 2-74 为负载高温后 Q345 钢材单轴拉伸试验应力-应变曲线。图 2-75 为试件 600 ℃-1.2$f_{0.02}$-3 h 高温后单轴拉伸应力-位移曲线，由于该试件高温下变形过大，超过前文所述变形测量装置最大测量范围，该试件变形采用试验机加载端位移记录。600 ℃-1.2$f_{0.02}$-3 h 中，600 ℃指最高过火温度为 600 ℃，1.2$f_{0.02}$指高温下试件目标应力大小为 1.2$f_{0.02}$，3 h 指高温下保持恒温恒载 3 h，其余试件编号方式相同。表 2-17 和表 2-18 为负载高温后 Q345 钢材屈服强度和极限强度及其退化系数。表中退化系数指负载高温后钢材屈服强度和极限强度分别与常温下屈服强度和极限强度的比值，并将试验得到的负载高温后钢材屈服强度和极限强度退化系数与 2.2 节零负载高温后钢材力学性能试验所得结果进行对比，存在一定差异，可能是钢材批次、试件厚度或高温下负载的影响。高温下恒温恒载过程中试件有一定程度的拉伸变形，试件 600 ℃-1.2$f_{0.02}$-3 h 恒温恒载过程中拉伸变长 28 mm 左右，试件 700 ℃-1.2$f_{0.02}$-1/6 h 高温过程中拉伸变长 10 mm 左右，试件 600 ℃-1.2$f_{0.02}$-0.5 h 恒温恒载过程中拉伸变长 1.60 mm，其余试件恒温恒载过程中拉伸变形小于 1 mm。表中屈服强度与极限强度为高温后屈服荷载、极限荷载与试件原始截面面积的比值。参考《金属材料 拉伸试验 第 1 部分：室温试验方法》（GB/T 228.1—2020）屈服强度和极限强度的测量方法，本节得到的是负载高温后钢材名义屈服强度和名义极限强度，即计算负载高温后屈服强度和极

限强度时未考虑试件负载高温后轴向伸长引起的横截面缩小。

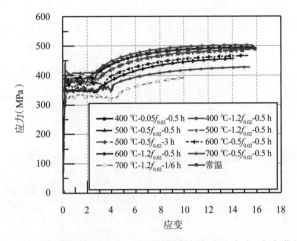

图 2-74　负载高温后 Q345 钢材单轴拉伸试验应力-应变曲线

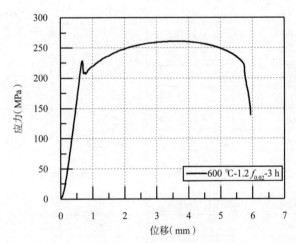

图 2-75　试件 600 ℃-1.2$f_{0.02}$-3 h 高温后单轴拉伸应力-位移曲线

由试验结果可知,过火温度超过 500 ℃时钢材屈服强度和极限强度相比常温有一定下降,而 2.2 节零负载高温后钢材力学性能试验结果表明过火温度超过 700 ℃后,钢材屈服强度和极限强度相比常温有一定下降,可能是由于钢材批次不同或高温下钢材产生残余变形造成的,出于安全考虑,建议过火温度超过 500 ℃时即考虑高温后钢材力学性能的折减。过火温度低于 500 ℃时,高温下负载 1.2$f_{0.02}$ 相比 0.5$f_{0.02}$ 对钢材高温后强度几乎无影响,说明过火温度低于 500 ℃时较小的塑性变形对负载高温后钢材力学性能几乎无影响;过火温度为 600 ℃时,高温下负载 1.2$f_{0.02}$ 相比 0.5$f_{0.02}$ 对钢材高温后强度有微弱降低,屈服强度约下降 3.8%,极限强度约下降 2.6%;过火温度为 700 ℃时,虽然 1.2$f_{0.02}$ 并未超过试件极限荷载甚至未超过试件屈服强度,但是试件已不能较长时间承受该荷载,恒温恒载过程试件伸长较快,并发生明显颈缩。目前,对钢结构抗火性能研究未考虑高温下钢材塑性变形对钢结构抗火性能的降低,建议进行钢结构抗火性能分析时,600 ℃以上高温下钢材本构关系模型中最大应力较保守地输入为比例极限强度,而不输入屈服强度。对钢结构进行抗火性能研究时,当过火温度超过 600 ℃时建议考虑钢材塑性变形对钢结构抗火性能的降低。试件 600 ℃-1.2$f_{0.02}$-3 h 和试件 700 ℃-1.2$f_{0.02}$-1/6 h 恒温恒载过程中塑性变形较大,高温后试件屈服强度和极限强度下降较大,试件高温后单轴拉伸应力-应变曲线依然有屈服平台,但是试件 600 ℃-1.2$f_{0.02}$-3 h 由于负载高温后塑性变形过大,高温后单轴拉伸应力-应变曲线屈服平台很短。

表 2-17   负载高温后 Q345 钢材屈服强度及其退化系数

试件编号	屈服强度 (MPa)	屈服强度的 平均值(MPa)	退化系数	零载高温后 退化系数
常温-1	374	375.0	1.000	1.000
常温-2	376			
400 ℃-0.5$f_{0.02}$-0.5 h-1	386	379.7	1.013	1.036
400 ℃-0.5$f_{0.02}$-0.5 h-2	369			
400 ℃-0.5$f_{0.02}$-0.5 h-3	384			
400 ℃-1.2$f_{0.02}$-0.5 h-1	395	393.0	1.048	1.036
400 ℃-1.2$f_{0.02}$-0.5 h-2	398			
400 ℃-1.2$f_{0.02}$-0.5 h-3	386			
500 ℃-0.5$f_{0.02}$-0.5 h-1	371	381.7	1.018	1.010
500 ℃-0.5$f_{0.02}$-0.5 h-2	403			
500 ℃-0.5$f_{0.02}$-0.5 h-3	371			
500 ℃-1.2$f_{0.02}$-0.5 h-1	380	381.5	1.017	1.010
500 ℃-1.2$f_{0.02}$-0.5 h-2	383			
500 ℃-0.5$f_{0.02}$-3 h-1	370	370.0	0.987	1.010
600 ℃-0.5$f_{0.02}$-0.5 h-1	359	353.5	0.943	1.018
600 ℃-0.5$f_{0.02}$-0.5 h-2	348			
600 ℃-1.2$f_{0.02}$-0.5 h-1	342	340.0	0.907	1.018
600 ℃-1.2$f_{0.02}$-0.5 h-2	338			
600 ℃-1.2$f_{0.02}$-3 h-1	207	207.0	0.552	1.018
700 ℃-0.5$f_{0.02}$-0.5 h-1	341	339.5	0.905	0.985
700 ℃-0.5$f_{0.02}$-0.5 h-2	338			
700 ℃-1.2$f_{0.02}$-1/6 h-1	313	313.0	0.835	0.985

表 2-18　负载高温后 Q345 钢材极限强度及其退化系数

试件编号	极限强度 （MPa）	极限强度的平均值 （MPa）	退化系数	零负载高温后 退化系数
常温-1	491	490.5	1.000	1.000
常温-2	490			
400 ℃-0.5$f_{0.02}$-0.5 h-1	497	490.3	0.999	1.024
400 ℃-0.5$f_{0.02}$-0.5 h-2	493			
400 ℃-0.5$f_{0.02}$-0.5 h-3	481			
400 ℃-1.2$f_{0.02}$-0.5 h-1	493	491.3	1.001	1.024
400 ℃-1.2$f_{0.02}$-0.5 h-2	501			
400 ℃-1.2$f_{0.02}$-0.5 h-3	480			
500 ℃-0.5$f_{0.02}$-0.5 h-1	483	488.7	0.996	1.016
500 ℃-0.5$f_{0.02}$-0.5 h-2	504			
500 ℃-0.5$f_{0.02}$-0.5 h-3	479			
500 ℃-1.2$f_{0.02}$-0.5 h-1	484	486.5	0.992	1.016
500 ℃-1.2$f_{0.02}$-0.5 h-2	489			
500 ℃-0.5$f_{0.02}$-3 h-1	487	487.0	0.993	1.016
600 ℃-0.5$f_{0.02}$-0.5 h-1	468	467.0	0.952	0.998
600 ℃-0.5$f_{0.02}$-0.5 h-2	466			
600 ℃-1.2$f_{0.02}$-0.5 h-1	460	455.0	0.928	0.998
600 ℃-1.2$f_{0.02}$-0.5 h-2	450			
600 ℃-1.2$f_{0.02}$-3 h-1	261	261.0	0.532	0.998
700 ℃-0.5$f_{0.02}$-0.5 h-1	429	430.0	0.877	0.968
700 ℃-0.5$f_{0.02}$-0.5 h-2	431			
700 ℃-1.2$f_{0.02}$-1/6 h-1	390	390.0	0.795	0.968

2.4　本章小结

　　本章对空间结构常用的热轧钢、冷弯型钢、高强钢拉杆、铸钢、低松弛预应力高强钢丝以及结构用铝合金材料的高温后力学性能进行了系统的试验研究。全面考虑了过火温度、冷却方式、强度等级、反复升温—冷却过程、负载状态等因素对材料力学性能的影响，得到并分析了高温后各结构材料的破坏模式、应力-应变关系和各主要力学性能指标及其随过火温度变化的规律。在试验研究的基础上，提出了各材料高温后弹性模量、屈服强度和极限强度退化系数的拟合计算公式，进而建立了相应的高温后应力-应变关系模型。

第 3 章　高温下及高温后预应力拉索的力学性能

3.1　引言

预应力空间网格结构及构件一般由不同种类的钢材制成,耐火性能差。同时,预应力钢结构中拉索构件内力远高于其他普通构件,高温作用下预应力损失较为严重,拉索构件一旦失效,极易引起结构连续性倒塌,造成严重的人员伤亡和经济损失。因此,拉索构件是预应力钢结构的关键构件,也是进行火灾中或火灾后力学性能分析的难点。本章选取 1670 级 1×7Φ5 钢绞线和 1670 级高钒索,进行高温下和高温后静力拉伸试验,获得高温对拉索力学性能的影响规律。通过公式拟合的方法,给出拉索高温后力学性能退化系数的拟合公式,并给出适用于工程实践的退化系数的推荐值,为预应力空间网格结构抗火设计以及火灾后性能评估提供科学依据。

3.2　零载高温后钢绞线的力学性能

3.2.1　试验方案

3.2.1.1　试件设计

针对不同温度下包括钢丝及钢绞线在内的 64 根构件进行持温冷却后的拉伸试验。持温温度为 100~1 000 ℃,温度间隔为 100 ℃,持温时间分别为 0.5 h 和 3 h 两种工况,冷却方式包括空气自然冷却和消防喷水冷却两种方式,其中 100~400 ℃各工况包括 1 个试件,500~1 000 ℃各工况包括 2 个试件。表 3-1 为各工况试件数量。本试验中试件较多,各工况下的试件按"热处理温度-热处理时长-冷却方式"的规则编号,如 700-0.5-a1 表示在 700 ℃高温下受热 0.5 h 后空气自然冷却的第一根试件,而 1 000-3-w2 则表示 1 000 ℃高温下受热 3 h 后消防喷水冷却的第二根试件。

表 3-1　零载高温后拉索试验工况及试件数量

温度(℃)	持温 0.5 h		持温 3 h	
	空冷	水冷	空冷	水冷
100	1	1	1	1
200	1	1	1	1

温度（℃）	持温 0.5 h		持温 3 h	
	空冷	水冷	空冷	水冷
300	1	1	1	1
400	1	1	1	1
500	2	2	2	2
600	2	2	2	2
700	2	2	2	2
800	2	2	2	2
900	2	2	2	2
1 000	2	2	2	2

3.2.1.2　热处理方案

本试验试件的热处理设备为电热高温炉,如图 3-1 所示。由于炉内空间有限,本试验的钢绞线试件长度设计为 370 mm。进行热处理时,首先将试件放入炉中,随后启动高温炉平稳升温至指定温度,持温规定时间后将试件取出,分别进行空气自然冷却和消防喷水冷却。

3.2.1.3　静力拉伸试验方案

参考《金属材料 拉伸试验 第 1 部分:室温试验方法》(GB/T 228.1—2002),采用万能拉伸试验机(图 3-2),对经过热处理后的钢绞线试件进行拉伸试验,步骤如下。

图 3-1　电热高温炉

图 3-2　万能拉伸试验机

（1）将试件安装到力学试验机上,保证试件中心与试验机中心严格对中。

（2）进行预加载,使各部件接触良好,并检查各种仪器仪表,取试件常温下破坏荷载的10%进行预加载,持荷 2 min,确认无异常后卸掉预载。

（3）平稳加载,直至试件破坏,测量拉力-变形关系曲线。加载采用位移控制,屈服前加载速率为 5 mm/min，屈服后加载速率平滑提升至 30 mm/min。根据荷载曲线确定试件的极限强度、弹性模量等力学指标。

（4）取下试件。

本节试验还增加两组钢绞线的边丝与中丝的对比试验，在经历零载高温处理后的钢绞线试件中随机选取两根，抽取其中丝及边丝各一根进行拉伸试验，对比其力学性能。由于边丝在经历加工时的绕捻工序后呈螺旋状，在开始拉伸试验前先放在试验机上不断调整夹持位置并反复施加较小的纵向拉伸荷载，使其逐渐被调直。之后的试验步骤与本节内的拉伸试验相同。

3.2.2 试验结果

3.2.2.1 热变色

由于冷却方式对高温后试件的热变色影响不大，因此本节只选取空气自然冷却下的钢绞线试件进行对比，图 3-3 为高温后拉伸试验的试件。从图 3-3 中可以看出，历经 300 ℃高温的钢绞线试件呈蓝黑色，历经 500 ℃高温的钢绞线试件出现碳化，历经 700 ℃高温的钢绞线试件表面的碳化层开始剥落，历经 800 ℃高温的钢绞线试件表面已经严重碳化。

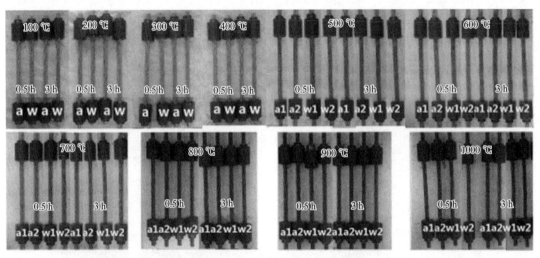

图 3-3　高温后拉伸试验的试件

3.2.2.2 应力-应变曲线

通过对高温处理后的钢绞线进行拉伸试验，获得不同工况下钢绞线的荷载-位移曲线如图 3-4 所示。试验结果表明，零载条件下试件在高温作用后的力学性能变化存在一定规律性。400 ℃以下时，受热温度、受热时间及冷却方式对极限强度的影响不大。500 ℃以上时，试件的强度开始有明显下降，到 700 ℃时试件残余强度仅剩 30%左右，且受热 3 h 的试件比 0.5 h 的试件强度低 10%左右，而冷却方式对强度的影响不大。之后随温度升高，试件强度有所回升，900 ℃的试件强度能达到常温的 50%左右，但试验结果开始表现出一定的离散性。

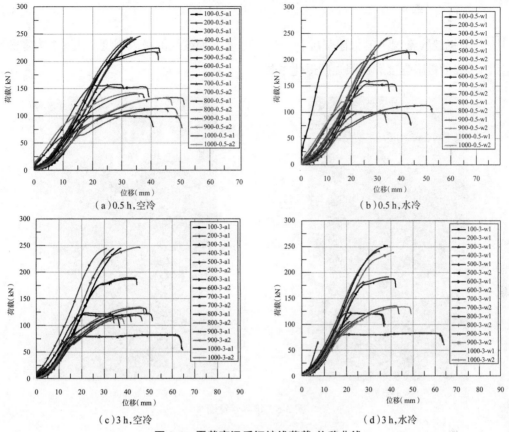

（a）0.5 h,空冷　　　　　　（b）0.5 h,水冷

（c）3 h,空冷　　　　　　（d）3 h,水冷

图 3-4　零载高温后钢绞线荷载-位移曲线

钢绞线的荷载-位移曲线在加载初期会出现一段斜率较小的"平缓段"。这主要是由于在本试验中,钢绞线两端采用锚具进行锚固,锚具在荷载增大的过程中会逐渐揳入锚杯中,如图 3-5 所示,锚具呈现"越拉越紧"的特点,而试验机采集的位移数据也将锚具的额外位移计入总位移中;在锚具被拉紧后,便基本不会再产生明显的滑移,故荷载增大后荷载-位移曲线的斜率有明显提高。另一个原因则是钢绞线的各条钢丝间存在微小空隙,在加载初期,呈空间螺旋状的边丝在荷载作用下会向螺旋中心"收紧",此阶段钢绞线的变形模量较小,在边丝收紧后,钢绞线的变形模量恢复正常水平,此过程中荷载-位移曲线的斜率逐渐增大。各条钢丝间存在的空隙是在试验前的热处理过程中产生的。钢绞线在加工时会在工厂的机器中进行绕捻,此时各条钢丝间接触紧密,随后在放入高温炉热处理时会受热膨胀,各条钢丝在膨胀后达到新的紧密接触状态,边丝的旋绕半径会略微增大,在热处理结束后的冷却过程中,各条钢丝均向各自的中心收缩,使钢丝间产生微小的空隙,整根钢绞线与热处理前相比显得"松散",如图 3-6 所示。

3.2.2.3　承载力

为了进一步研究高温作用对钢绞线力学性能的影响,定义极限强度的退化系数 η_{f_u} 如下式所示:

$$\eta_{f_u} = \frac{f_{u,T}}{f_u} \tag{3-1}$$

其中，f_u为钢绞线常温下的极限强度；$f_{u,T}$为T温度下钢绞线的极限强度。表3-2为零载高温后钢绞线的极限强度和极限强度退化系数。

（a）试验前   （b）试验后

图 3-5　锚具示意图

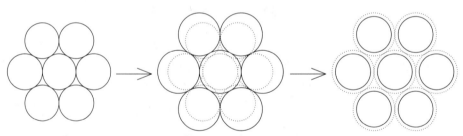

图 3-6　钢绞线出厂—受热—冷却钢丝变化示意图

表 3-2　零载高温后钢绞线极限强度与极限强度退化系数

温度（℃）	0.5 h 空冷		0.5 h 水冷		3 h 空冷		3 h 水冷	
	数值	系数	数值	系数	数值	系数	数值	系数
20	1 762.01	1.000	1 762.01	1.000	1 762.01	1.000	1 762.01	1.000
100	1 740.65	0.988	1 702.59	0.966	1 762.81	1.000	1 815.32	1.030
200	1 769.42	1.004	1 644.32	0.933	1 758.56	0.998	1 739.42	0.987
300	1 730.50	0.982	1 740.07	0.988	1 753.81	0.995	1 725.90	0.980
400	1 746.83	0.991	1 746.04	0.991	1 774.89	1.007	1 721.01	0.977
500	1 564.03	0.888	1 561.22	0.886	1 361.37	0.773	1 377.63	0.782
	1 613.24	0.916	1 548.06	0.879	1 343.74	0.763	1 350.29	0.766

续表

温度(℃)	0.5 h 空冷		0.5 h 水冷		3 h 空冷		3 h 水冷	
	数值	系数	数值	系数	数值	系数	数值	系数
600	1 132.59	0.643	1 154.03	0.655	868.63	0.493	879.14	0.499
	1 104.39	0.627	1 106.62	0.628	886.47	0.503	876.04	0.497
700	722.52	0.410	727.99	0.413	594.24	0.337	597.27	0.339
	726.62	0.412	739.35	0.420	586.26	0.333	591.73	0.336
800	812.16	0.461	812.23	0.461	878.49	0.499	759.50	0.431
	816.91	0.464	718.35	0.408	851.08	0.483	765.04	0.434
900	957.77	0.544	727.12	0.413	949.28	0.539	973.31	0.552
	951.29	0.540	127.19	0.072	959.57	0.545	960.43	0.545
1 000	1 009.64	0.573	989.06	0.561	858.71	0.487	476.69	0.271
	1 023.24	0.581	862.66	0.490	812.16	0.461	716.98	0.407

图 3-7 和图 3-8 分别对比了不同冷却方式及不同受热时长所对应的钢绞线极限强度退化系数。由图可知,当受热温度低于 400 ℃时,钢绞线的极限强度损失较小,基本控制在 10%以内。随着温度的升高,极限强度明显下降,700 ℃时,钢绞线的极限强度降至未处理试件极限强度的 30%~40%。随着温度的继续升高,钢绞线的极限强度有所回升,900 ℃时试件极限强度能达到未处理试件的 50%左右。

由图 3-7 可知,空气自然冷却和消防喷水冷却两种方式对钢绞线的极限强度影响较小。由图 3-8 可知,受热时长对高强钢丝和钢绞线的极限强度有一定影响。对于钢绞线构件,当受热温度低于 400 ℃时,受热时长对极限强度影响较小,当受热温度为 500~700 ℃时,受热时长对极限强度的影响较大。当受热温度小于 400 ℃时,钢绞线极限强度损失较小,在 5%以内;当受热温度大于 400 ℃时,钢绞线的退化系数随受热温度的增大迅速下降,当受热温度大于 700 ℃时,退化系数有所回升。

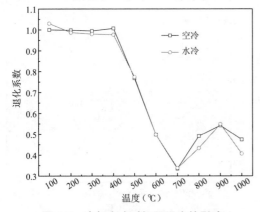

图 3-7 冷却方式对极限强度的影响

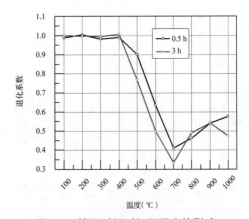

图 3-8 持温时间对极限强度的影响

3.2.3　零载高温后钢绞线力学性能预测公式

采用分段函数拟合高温后钢绞线极限强度退化系数,拟合公式如下:

$$
\eta_{f_u} = \begin{cases} 1 & 20\text{℃} \le T < 400\text{℃} \\ 1 - A(T - B) & 400\text{℃} \le T < 700\text{℃} \\ \eta_{f_{u0}} + C\exp\left(-\exp\left(-\dfrac{T - T_C}{w}\right) - \dfrac{T - T_C}{w} + 1\right) & 700\text{℃} \le T \le 1\,000\text{℃} \end{cases} \tag{3-2}
$$

其中,B 为极限强度开始下降的温度;A 为温度每升高 1 ℃时极限强度退化系数的变化量;T_C 为极限强度回升后达到最大值的温度;w 为温度调整系数;当 $T = T_C$ 时,$\eta_{f_u} = \eta_{f_{u0}} + C$ 为极限强度回升到最大值时的退化系数(C 为拟合系数)。

经历 100~400 ℃高温后,试件极限强度基本无变化,故退化系数取 1;经历 400~700 ℃高温后,试件极限强度退化系数与温度基本呈线性变化,故采用线性函数拟合;经历 700~1 000 ℃高温后,试件的强度有所回升,且在 1 000 ℃热处理 3 h 后的试件极限强度有所下降,故推测在经历高于 1 000 ℃高温后,材料的极限强度会继续降低,该温度段退化系数采用 Extreme 峰值函数进行拟合。

经历的最高温度和高温持续时间是影响高温后拉索构件极限强度的主要因素,因此本书拟合了不同高温持续时间下钢绞线零载高温后极限强度退化系数,拟合公式系数见表 3-3,拟合数据与试验数据吻合较好,如图 3-9 所示。实际工程中,建筑火灾基本能在 3 h 时内得到控制,故结构构件的受热时间通常小于 3 h。评估火灾后拉索残余性能时,可根据实际火灾持续时间,按线性插值法确定任意火灾持续时间后构件的极限强度退化系数。

表 3-3　零载高温后极限强度退化系数拟合

项目		A	B	C	$\eta_{f_{u0}}$	T_C	w
钢绞线	0.5 h	0.002 44	457.500	0.167	0.412	994.600	156.443
	3 h	0.002 23	394.500	0.274	0.268	880.500	136.614

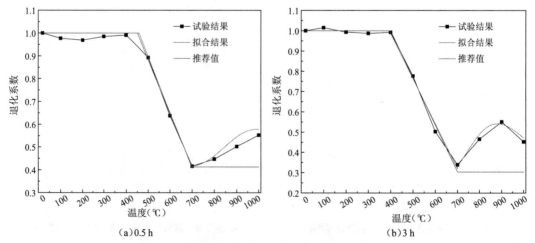

（a）0.5 h　　　　　　　　　（b）3 h

图 3-9　试验结果、拟合结果、推荐值曲线图对比

为提高拟合公式的工程实用性,将公式系数尽量取整。对于经历 800 ℃ 及以上高温后的钢绞线,由于试验结果存在离散性,且破坏形式呈现脆断,故为偏安全考虑,在工程中不考虑其极限强度回升,极限强度退化系数仍按 700 ℃ 时的退化系数取用。工程中建议采用的高温后钢绞线极限强度退化系数见表 3-4。

表 3-4　工程中建议采用的高温后钢绞线极限强度退化系数 η_{f_u} ($\eta_{f_u} \leqslant 1$)取值

项目		温度 T(℃)		
		$100 \sim 400$	$400 \sim 700$	$700 \sim 1\,000$
钢绞线	0.5 h	1	$1 - 0.002\,35\,(T - 450)$	0.413
	3 h		$1 - 0.002\,32\,(T - 400)$	0.304

3.3　负载高温后钢绞线的力学性能

3.3.1　试验方案

3.3.1.1　试件设计

针对不同温度、不同应力比处理后的钢绞线进行负载持温冷却后的拉伸试验。负载试件包括 0.2、0.4、0.6 及 0.8 四种应力比,持温为 $100 \sim 500$ ℃,温度间隔为 100 ℃,各工况包括 1 个试件,各工况下的试件按“热处理温度-应力比”的规则编号,如 200-0.6 表示经过 200 ℃ 高温应力比为 0.6 处理工况的试件。负载高温后钢绞线拉伸试验工况及试件数量见表 3-5。

表 3-5　负载高温后钢绞线拉伸试验工况及试件数量

名义应力比	钢绞线				
	100 ℃	200 ℃	300 ℃	400 ℃	500 ℃
0.2	1	1	1	1	1
0.4	1	1	1	1	—
0.6	1	1	1	—	—
0.8	1	1	—	—	—

3.3.1.2　热处理方案

负载高温后试验,首先对拉伸试验试件进行负载高温处理。负载高温处理由拉伸试验机与如图 3-1 所示高温炉的组合装置完成,得到荷载与温度不同组合工况处理后的试件。由于高温炉中的均温带为 300 mm 长,考虑到高温后试件材料性能下降,试验机夹持端的夹头可能会使试件产生局部损伤,影响试验结果。为减小试验误差,仅截取试件中间 500 mm 长的部分,在试件处于均温带中的部分两端留出 100 mm 用于夹持。负载高温处理的主要流程如下:

（1）将试件安装就位；

（2）将温度升温至设计温度,且保持温度恒定 0.5 h；

（3）将荷载缓慢增加至设计荷载；

（4）保持荷载不变,测试试件的变形,测试时长为 3 h；

（5）保持荷载不变,将温度自然冷却至室温；

（6）卸载。

3.3.1.3　静力拉伸试验方案

对经过负载热处理后的试件进行拉伸试验,试验步骤同 3.3.1.3 节。

3.3.2　试验结果

负载高温后高强钢丝和钢绞线的应力-应变曲线、荷载-位移曲线如图 3-10 所示,力学性能指标和退化系数见表 3-6。由于钢绞线拉伸过程中无明显屈服平台且延性差,在试验中测量变形的引伸计需要提前摘除防止破坏,应力-应变曲线仅能评价试件弹性阶段的性能,而荷载-位移曲线虽然在钢绞线加载初期由于钢丝解旋和拉紧等原因与理想曲线有所差异,但在荷载逐渐增大后尤其是进入塑性阶段后能较好地描述其性能,故需要结合两种曲线综合分析试件的力学性能。

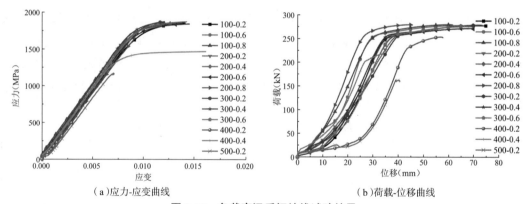

（a）应力-应变曲线　　　　　　　（b）荷载-位移曲线

图 3-10　负载高温后钢绞线试验结果

表 3-6　负载高温后钢绞线力学指标与退化系数

试件编号	弹性模量		屈服强度		极限强度	
	数值（GPa）	系数	数值（MPa）	系数	数值（MPa）	系数
常温零载	183.98	1.000	1 846.19	1.000	1 972.88	1.000
100-0.2	178.04	0.968	1 823.18	0.988	1 996.75	1.012
100-0.6	190.00	1.033	1 841.28	0.997	1 999.21	1.013
100-0.8	191.65	1.042	1 820.49	0.986	2 011.87	1.020
200-0.2	197.82	1.075	1 834.08	0.993	2 001.57	1.015
200-0.4	195.56	1.063	—	—	1 984.31	1.006

试件编号	弹性模量		屈服强度		极限强度	
	数值（GPa）	系数	数值（MPa）	系数	数值（MPa）	系数
200-0.6	184.47	1.003	1 811.35	0.981	1 954.38	0.991
200-0.8	178.82	0.972	—	—	2 010.04	1.019
300-0.2	190.71	1.037	1 868.60	1.012	2 006.13	1.017
300-0.4	195.13	1.061	1 855.06	1.005	1 895.68	0.961
300-0.6	189.82	1.032			1 985.18	1.006
400-0.2	195.45	1.062	—	—	1 824.13	0.925
400-0.4	189.21	1.028	1 434.32	0.777	1 568.06	0.795
500-0.2	181.46	0.986	脆断	—	1 171.12	0.594

由于本节试件是在高温下进行 3 h 的蠕变试验后进行拉伸，为负载 3 h 高温后的工况，可以与 3.2 节中零载 3 h 高温后的试验结果进行对比。在负载条件下，热处理温度小于 300 ℃时，试件的力学性能基本无变化。400 ℃低负载下，试件极限强度约有 10%的下降，而高负载下，钢绞线强度约为常温下的 80%。当热处理温度为 500 ℃时，钢绞线加载时在上升段就发生脆断，最大荷载仅为常温的 60%，与零载条件相比差异很大。从本节的负载高温后试验结果可以看出，对于 300 ℃及以下的试件，无论在高温下是否负载，其极限承载力基本无变化。取 400 ℃及 500 ℃下几种工况的试验结果进行对比，见表 3-7。

表 3-7　钢绞线极限强度退化系数对比

试件	名义应力比		
	0	0.2	0.4
400 ℃	1.00	0.92	0.79
500 ℃	0.77	0.59	—

从表 3-6 中可以看出在较高温度下，随着负载的增大，结构在冷却后的强度会有明显的降低。由于负载高温过程中，试件应力较大，已经发生了较大的蠕变变形，尤其是 500 ℃的试件，在蠕变试验开始后不久便进入第三蠕变阶段，应变迅速增大，材料本身在高温状态下已经累积了大量塑性变形，在冷却后的常温拉伸中，材料很快到达极限应变而发生脆断。从微观来看，在蠕变试验中，试件处于较大应力条件下，材料内部的晶界滑动和晶界扩散充分，促进了空洞、裂纹沿晶界的形成和发展；在宏观上表现为较明显的蠕变变形，材料已处于较大的损伤状态，故在随后的常温拉伸中，材料已无法承受无负载条件下的极限荷载，内部损伤不断扩大，材料很快发生破坏。

由图 3-11 可知，负载温度较低时，负载高温过程对钢绞线极限强度影响较小，极限强度在 5%以内上下浮动，钢绞线的极限强度值更为稳定，由此可见负载温度处理对钢绞线影响较小。随着温度的升高，负载高温下拉索发生蠕变变形或者已经进入加速蠕变阶段，晶体发生变形，导致极限强度开始发生弱化。当高温处理温度为 400 ℃时，极限强度值开始减小，随着应力比增大,极限强度快速下降。

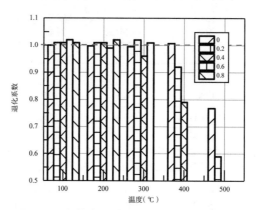

图 3-11　负载高温后试验极限强度退化系数

3.4　负载高温下钢绞线的力学性能

3.4.1　试验方案

根据试验设备性能与工程应用,本节选用 1×7Φ5 钢绞线作为研究对象,材料的强度等级为 1670 级。钢绞线的直径为 15.24 mm(有效截面面积为 139 mm²),高强钢丝的直径为 5 mm(有效截面面积为 19.625 mm²)。

高温静力拉伸性能试验采用图 3-12 所示的万能试验机与高温炉的组合装置完成,测定钢绞线与高强钢丝在常温、100 ℃、200 ℃、300 ℃、400 ℃、500 ℃、600 ℃、700 ℃等 8 种温度下的应力-应变曲线,确定各种温度下材料的弹性模量、名义屈服强度、极限强度等力学指标。

图 3-12　万能试验机与高温炉

采用"炉外夹持"的方法解决高温下夹持端与试验机无法可靠连接的问题。将夹持处设置在高温炉外,同时加长试件的长度,保证炉外部分的钢绞线能与空气有足够的接触面积而充分冷却,在夹持处已降低至合理的温度,保证夹持的可靠性。高温炉全高为 470 mm,架设在试件的中间位置,试验中采用 500 mm 的引伸计,试验时架设在高温炉的上下两端,测量试件的高温应变。试件总长为 1300 mm,在架设高温炉后,每侧留有 400 mm 用于在空气中冷却以保证夹持效果,试验过程表明夹持效果良好。

具体试验步骤如下。

(1)测量原始横截面面积,标记原始标距。

(2)将试件安装到力学试验机,保证试件中心与试验机中心严格对中。

(3)进行预加载,使各部件接触良好,并检查各种仪器仪表,取试件常温下破坏荷载的 10% 进行预加载,持荷 2 min。

(4)卸掉预载,然后打开电炉加热试件。在试件达到指定温度后保持恒温 30 min 以上,测量构件的变形曲线,直至变形稳定。

(5)调零引伸计。

(6)平稳加载,直至试件破坏,测量拉力-变形关系曲线。加载采用位移控制,屈服前加载速率为 5 mm/min,屈服后加载速率平滑提升至 30 mm/min。根据应力-应变曲线确定试件的屈服强度、极限强度、弹性模量以及断后伸长率等力学指标。

(7)取下试件。

钢绞线在拉伸时,外圈的 6 根绕捻钢丝存在解旋的趋势,若在试验中拉伸至试件破坏,外圈钢丝在断裂时会向外散开,可能会损坏试验设备。常温下的钢绞线拉伸试验表明,荷载在增大到最大值后很快就会开始下降,并迅速破坏,故高温试验仅进行至荷载-位移曲线出现下降段时。

3.4.2　试验结果

高温拉伸试验后的试件如图 3-13 所示。

100 ℃　200 ℃ 300 ℃　400 ℃ 500 ℃　600 ℃ 700 ℃

图 3-13　高温拉伸试验后的试件

3.4.2.1　应力-应变曲线

由于高强钢丝和钢绞线使用的高强钢材具有强度高、无明显屈服平台且延性差的特点,在试验中测量变形的引伸计需要提前摘除防止破坏,应力-应变曲线仅能评价试件弹性阶段的性能,而荷载-位移曲线虽然在钢绞线加载初期由于钢丝解旋和拉紧等原因与理想曲线有所差异,但在荷载逐渐增大后尤其是进入塑性阶段后能较好地描述其性能,故需要结合两种曲线综合分析试件的力学性能。

图 3-14 为不同温度下钢绞线的应力-应变曲线及荷载-位移曲线。试验结果表明,随温度升高,试件的各项力学性能指标均有所下降,且温度越高,降低程度越明显。

(1)极限强度与名义屈服强度:200 ℃及以下的温度对试件强度影响较小,强度损失不足 10%,但在 300 ℃时的极限强度值为室温下的 73%左右,名义屈服强度为室温下的 78%左右;之后每升高 100 ℃,极限强度均会有较大幅度的降低,在到达 600 ℃时,试件残余强度约为 10%,700 ℃时仅剩 3%~4%。

(2)弹性模量:200 ℃时试件的弹性模量约有 5%以内的下降,400 ℃时下降幅度约为25%,之后随温度升高弹性模量大幅度下降,600 ℃时弹性模量仅为常温时的 20%,700 ℃时已不足 10%。

(3)从钢丝的荷载-位移曲线中可以看出,随温度升高,高强钢丝的强化现象逐渐减弱,材料在弹性阶段之后很快到达应力峰值,在破坏前有较长的下降段。

根据试验结果,1670 级高强钢丝及钢绞线的力学性能在 300 ℃以下时受温度影响不大,但在 300 ℃以上时对温度很敏感,随温度的升高,其强度及刚度均有很大程度的衰减;600 ℃以上时试件已基本丧失承载能力。

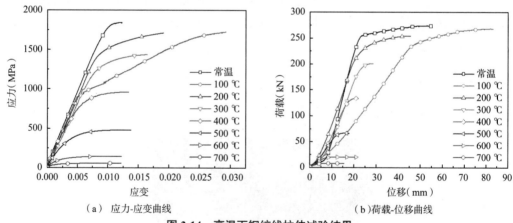

(a) 应力-应变曲线　　　　　　　　(b)荷载-位移曲线

图 3-14　高温下钢绞线拉伸试验结果

3.4.2.2　力学性能分析

为了进一步研究高温作用对钢绞线力学性能的影响,定义弹性模量、名义屈服强度及极限强度的退化系数 η_E、η_{f_y} 和 η_{f_u} 如下:

$$\eta_E = \frac{E_T}{E} \tag{3-3}$$

$$\eta_{f_y} = \frac{f_{y,T}}{f_y} \tag{3-4}$$

$$\eta_{f_u} = \frac{f_{u,T}}{f_u} \qquad\qquad (3\text{-}5)$$

其中，E、f_y、f_u 为拉索构件常温下的弹性模量、屈服强度和极限强度；E_T、$f_{y,T}$、$f_{u,T}$ 为拉索构件 T 温度下的弹性模量、屈服强度和极限强度。表 3-8 及图 3-15 为钢绞线不同温度下弹性模量、名义屈服强度和极限强度的退化系数。

温度低于 200 ℃时，钢绞线的名义屈服强度及极限强度损失较小，基本控制在 5%以内。随着温度的升高，名义屈服强度及极限强度快速下降，当温度达到 400 ℃时，名义屈服强度及极限强度仅为常温工况下的 50%，当温度达到 600 ℃时，名义屈服强度及极限强度仅为常温工况下的 10%左右。高强钢丝的名义屈服强度退化系数略大于钢绞线，且这种差异随着温度的升高逐渐减小。高强钢丝及钢绞线极限强度的退化系数基本保持一致。

表 3-8　高温下钢绞线力学性能

温度（℃）	弹性模量		名义屈服强度		极限强度	
	数值（MPa）	退化系数	数值（MPa）	退化系数	数值（MPa）	退化系数
20	183.98	1.000	1 846.19	1.000	1 972.88	1.000
100	183.31	0.996	1 728.13	0.936	1 931.80	0.979
200	179.55	0.976	1 714.03	0.928	1 832.45	0.929
300	163.14	0.887	1 440.43	0.780	1 447.91	0.734
400	158.62	0.862	962.52	0.521	963.53	0.488
500	101.31	0.551	481.65	0.261	481.65	0.244
600	36.74	0.200	145.97	0.079	146.62	0.074
700	10.71	0.058	58.63	0.032	58.71	0.030

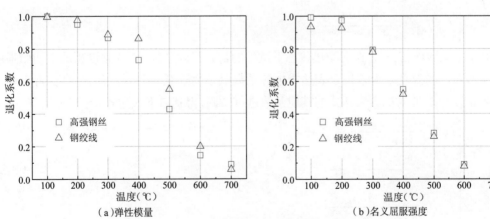

（a）弹性模量　　　　　　　　（b）名义屈服强度

图 3-15　不同温度下钢绞线的退化系数

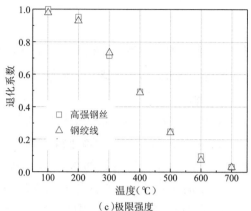

（c）极限强度

图 3-15　不同温度下钢绞线的退化系数（续）

3.4.3　高温下钢绞线力学性能预测公式

采用逻辑斯蒂（Logistic）曲线来拟合试件力学性能退化系数与温度之间的关系：

$$y = \frac{a}{1 + e^{-k(T-T_c)}} \qquad (3-6)$$

其中，y 为退化系数；T 为温度；a 为常温下试件的初始强度系数，取值 1.0；T_c 为曲线的中心点 $y = a/2$ 时的横坐标，即为强度折减至初始强度一半时所对应的温度；k 为常数，表征退化系数的变化率。根据试验原始数据，按上式进行弹性模量、屈服强度、极限强度的退化系数拟合，结果如下：

$$\begin{cases} E_T/E = \dfrac{0.983\,9}{1 + e^{0.015\,3(T-514.735\,5)}} \\[3mm] f_{y,T}/f_y = \dfrac{0.991\,1}{1 + e^{0.012\,0(T-409.622\,0)}} \\[3mm] f_{u,T}/f_y = \dfrac{1.019\,0}{1 + e^{0.011\,3(T-390.600\,2)}} \end{cases} \qquad (3-7)$$

对于本试验而言，a 为在无受热状态下试件的初始强度系数，T_c 为强度折减至初始强度一半时所对应的温度。为给拟合表达式中各系数赋予物理意义并方便工程应用，将表达式中系数 a 设为 1，并对拟合表达式的其他系数进行微调，得到以下表达式：

$$\begin{cases} E_T/E = \dfrac{1}{1 + e^{0.015\,3(T-514)}} \\[3mm] f_{y,T}/f_y = \dfrac{1}{1 + e^{0.012\,0(T-404)}} \\[3mm] f_{u,T}/f_u = \dfrac{1}{1 + e^{0.011\,6(T-390)}} \end{cases} \qquad (3-8)$$

根据试验结果，拟合了高温下高强钢丝和钢绞线弹性模量退化系数、名义屈服强度退化系数和极限强度退化系数的预测公式，拟合参数见表 3-9。图 3-16 给出了高温下钢绞线极限强度拟合曲线与试验数据对比情况（由于高强钢丝与钢绞线的屈服强度为 0.2 名义屈服强度，对工程应用的参考价值不大，故在图中未画出）。为更好评估拟合优度，定义误差 E

如下式所示：

$$E = \frac{\eta_{f_u} - \eta_{f_u}^f}{\eta_{f_u}} \qquad (3-9)$$

其中，η_{f_u} 为各温度下的极限强度退化系数；$\eta_{f_u}^f$ 为对应温度下极限强度退化系数的拟合值。由图 3-16 可知，温度较低时，拟合误差较小；温度较高时，拟合误差相对较大。一方面是由于温度升高，材料蠕变造成材料性能不稳定；另一方面是由于高温作用下，材料的弹性模量和极限强度大大衰减，造成误差增大。钢绞线的拟合误差要小于高强钢丝，绕捻过程使得钢丝间的相互作用加强，提高了钢绞线拟合过程中的鲁棒性能，总体而言，拟合效果良好，所得参数可以用于指导工程实践。

表 3-9　拟合参数

	k	T_c
弹性模量（MPa）	0.015 3	514
名义屈服强度（MPa）	0.012 0	404
极限强度（MPa）	0.011 6	390

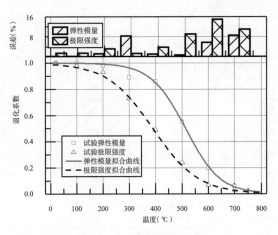

图 3-16　拟合结果及误差

3.5　带压制锚具的高钒镀层拉索的高温后力学性能

3.5.1　试验方案

3.5.1.1　试件设计

本节对如图 3-17 所示的带压制锚具的高钒索的高温后力学性能进行全面的试验研究，共对 27 个高钒索构件进行试验，其中 1 个试件未做高温处理，作为试验的对比试件，设置 13 个处理温度，见表 3-10，每个温度包含 2 个试件，分别采用空气自然冷却及消防喷水冷却两种方式进行处理,再对高温处理后的试件进行拉伸试验,得到试件载荷-位移曲线、初始刚度、承载能力和变形能力,分析处理温度、不同冷却方式的影响,考虑锚具对试验结果的影响。在试验结果的基础上,提出了考虑不同冷却方式影响的经验方程,用以估算高钒索的力学性能。

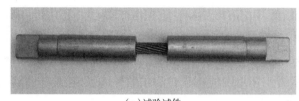

（a）试验试件

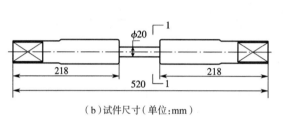

（b）试件尺寸（单位:mm）

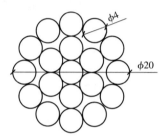

（c）1—1 截面（单位:mm）

图 3-17　高钒索试件

表 3-10　试件信息

试件编号.	T(℃)	冷却方式	试件编号.	T(℃)	冷却方式
1	未处理		15	100	水冷
2	100	空冷	16	200	水冷
3	200	空冷	17	300	水冷
4	300	空冷	18	400	水冷
5	400	空冷	19	500	水冷
6	500	空冷	20	600	水冷
7	600	空冷	21	650	水冷
8	650	空冷	22	700	水冷
9	700	空冷	23	750	水冷
10	750	空冷	24	800	水冷
11	800	空冷	25	850	水冷
12	850	空冷	26	900	水冷
13	900	空冷	27	1 000	水冷
14	1 000	空冷			

3.5.1.2　热处理方案

整个试验过程主要由两个步骤组成。首先将试件加热至预选的高温,再冷却至环境温度;然后在环境温度下对试样进行拉伸试验。采用自动控温电阻炉加热试件。炉内热电偶测量炉内气体温度,反馈给控制系统,控制系统可以调节加热速度。在加热过程中,炉温最初以 15 ℃/min 的速率增加到低于目标温度 50 ℃的温度,保持 10 min 后,以 5 ℃/min 的速率将炉温升高至目标温度,并保持 20 min。采用这种加热方法可以确保试件的温度分布均匀。加热过程完成后,将试件从炉中取出,通过两种不同的冷却方法冷却至环境温度,即空气自然冷却和消防喷水冷却。对于空气自然冷却,将试样暴露于环境空气中,并在自由对流条件下冷却,以模拟未手动灭火的情况。对于消防喷水冷却,使用泼水器冷却试样,以模拟手动灭火的情况。整个加热—冷却过程的温度曲线如图 3-18 所示。

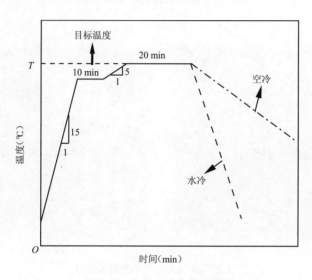

图 3-18 加热—冷却温度曲线

3.5.1.3 静力拉伸试验方案

拉伸试验通过电液伺服万能试验机进行,如图 3-19 所示。所有试样都被夹在机器负载端相同的位置,因此可以保证试样长度相等。机器的底端是固定的,而顶端可以向上移动。以 0.5 kN/s 的速度施加拉伸载荷,直到载荷开始快速下降或钢丝断裂,终止试验。

图 3-19 电液伺服万能试验机

3.5.2　试验结果

3.5.2.1　热变色

高钒索样品高温冷却后观察到明显的热变色现象,如图 3-20 所示。表面颜色主要随试样暴露的最高温度的变化而变化,空气自然冷却和消防喷水冷却的试样几乎没有差异。当温度超过 300 ℃冷却后,拉索失去金属光泽,拉索和锚具的表面颜色开始逐渐加深,在 1 000 ℃时呈深灰色。此外,当暴露温度超过 800 ℃时,钢丝表面的涂层出现明显的剥落。当暴露温度超过 900 ℃时,锚定表面出现红色的眉毛状锈迹,而由于喷水冲刷,消防喷水冷却试件的现象不太明显。图 3-20 所示的颜色光谱可用于估算高钒索在火灾事件后经历的最高暴露温度。

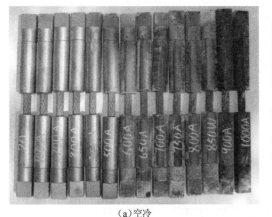 

(a)空冷　　　　　　　　　　　　　　　　(b)水冷

图 3-20　高温冷却后的高钒索试件

3.5.2.2　失效模式

所有试件的失效模式如图 3-21 所示。为了进行比较,图 3-21(a)为未进行拉伸试验的试件。总体而言,所有拉索试件都出现两种破坏模式,即拉索与锚具之间的滑动破坏和拉索的强度破坏,这与处理温度和冷却方法密切相关。这两种失效模式的详细情况如图 3-22 所示。在空气冷却条件下,除从 1 000 ℃冷却的试件外,所有试件均为拉索和锚具之间的滑动破坏。对于消防喷水冷却试件,当暴露温度不超过 700 ℃时,表现为拉索和锚具之间的滑动破坏,与空气自然冷却方式的试件相同;但当暴露温度超过 700 ℃时,拉索开始出现明显的强度破坏,且该破坏呈现出明显的脆性特征,具有光滑的断裂截面,而且钢丝未发生颈缩现象,如图 3-23 所示。研究结果表明,经喷水灭火的高钒索被再次使用时,应注意防止脆性断裂。而具有强度失效模式的高钒索,由于机械性能发生了显著变化而无法被再次使用。

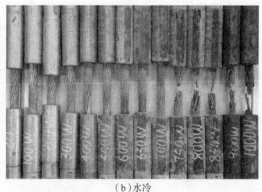

　　　　　（a）空冷　　　　　　　　　　　　　　　　　（b）水冷

图 3-21　试件的失效模式

　　　　（a）滑移破坏　　　　　　　　　　　　　　　　　（b）强度破坏

图 3-22　试件的典型失效模式

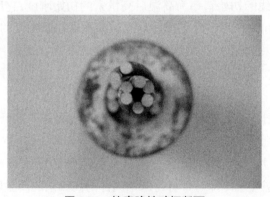

图 3-23　拉索脆性破坏断面

3.5.2.3　荷载-位移关系

　　图 3-24 绘制了试件不同温度处理后的荷载-位移曲线。测得的位移是拉索与锚具之间滑动位移和拉索本身延伸的总和,因此所示的荷载-位移曲线反映了试样的整体力学性能。试件在加载初期至峰值荷载的 80%,荷载-位移曲线呈线弹性。随着荷载继续增大,试件刚度降低,直至到达峰值荷载。随着荷载继续增大,拉索与锚具之间的黏结失效或者拉索发生强度破坏,荷载下降。然而,高温后高钒索荷载-位移曲线随处理温度和冷却方式的不同而

有很大的差异。与环境温度试件相比,经历低于 400 ℃高温处理试件的载荷-位移曲线几乎没有变化。然而随着处理温度的升高,试件初始刚度、承载能力、变形能力以及荷载-位移曲线的形状都发生了显著变化。不同冷却方式对高钒索高温后力学性能也有显著的影响。当温度达到 750 ℃时,消防喷水冷却试件的载荷-位移响应在弹性阶段突然减小,没有任何塑性变形。随着温度持续升高,拉索发生完全脆化,承载力极低(不超过 100 kN),几乎没有塑性变形。因此,处理温度高于 750 ℃的位移-荷载曲线不包括在图 3-24 中。这些观察结果也与图 3-21 所示的失效模式一致。研究结果表明,火灾后应尽量避免使用经过消防喷水冷却的高钒索构件。

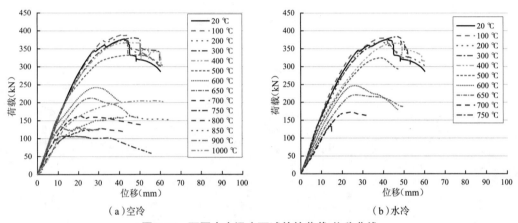

(a)空冷　　　　　　　　　(b)水冷

图 3-24　不同火灾温度下试件的荷载-位移曲线

3.5.2.4　初始刚度

定义荷载-位移曲线的初始斜率为高温后高钒索的初始刚度,它反映了钢索的整体刚度以及钢索与锚固端之间的作用。为了描述高温后高钒索初始刚度的退化,高温后初始刚度退化系数定义为高温冷却后的初始刚度(K_{PT})与常温下高钒索的初始刚度(K)之比。表 3-11 给出了高温后的初始刚度及其相应的退化系数。图 3-25 为两种冷却方式下随温度变化高钒索初始刚度退化系数的变化曲线。在经历 400 ℃高温处理后,试样可恢复至其初始刚度的 90%;随处理温度升高,试件的初始刚度均表现出显著的降低趋势,这可能归因于弹性模量的大幅度降低。冷却方式对初始刚度也有显著影响,采用空气自然冷却时,当经历 1 000 ℃的高温处理时,试件刚度降低 35.4%,而采用消防喷水冷却时,相应的刚度降低 65.9%。结果表明,消防喷水冷却对带有挤压锚固件的高钒索的高温后刚度恢复更为不利。

表 3-11　高温后高钒索初始刚度及相应的退化系数

温度(℃)	空冷		水冷	
	K_{PT}(kN/mm)	K_{PT}/K	K_{PT}(kN/mm)	K_{PT}/K
20	15.968	1.000	15.968	1.000
100	14.447	0.905	16.078	1.007
200	14.952	0.936	14.653	0.918

续表

温度(℃)	空冷		水冷	
	K_{PT}(kN/mm)	K_{PT}/K	K_{PT}(kN/mm)	K_{PT}/K
300	14.811	0.928	14.780	0.926
400	15.968	1.000	14.060	0.881
500	13.900	0.870	13.860	0.868
600	13.550	0.849	13.056	0.818
650	13.890	0.870	11.050	0.692
700	13.340	0.835	9.132	0.572
750	12.529	0.785	9.744	0.610
800	12.467	0.781	8.326	0.521
850	12.068	0.756	7.089	0.444
900	11.378	0.713	6.564	0.411
1 000	10.322	0.646	5.452	0.341

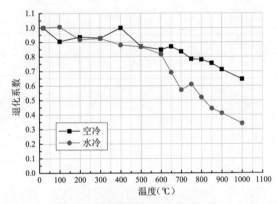

图 3-25　高温后初始刚度退化系数

3.5.2.5　承载力

定义荷载-位移曲线的峰值荷载为试件的承载力。高温后承载力退化系数是指经高温处理后的承载力(F_{PT})与未进行高温处理的承载力(F)之比。表 3-12 给出了所获得的承载能力及其对应的退化系数。图 3-26 为两种冷却方式下高钒索承载力退化系数随温度变化的曲线。不同的处理温度和冷却方式对拉索试件的承载力有显著影响。当温度不超过750 ℃时,空气自然冷却和消防喷水冷却的承载力呈现相似的趋势。当温度达到 400 ℃时,试件开始失去承载能力;此后随着处理温度升高,试件承载力迅速降低。试件在经历 750 ℃高温处理后,采用空气自然冷却和消防喷水冷却两种方式,其承载力分别下降 71.6%和62.9%。然而,当处理温度继续升高时,不同冷却方法的影响更为显著。对于空气自然冷却的试件,当温度超过 750 ℃时,其承载力有明显的反弹,当温度为 1 000 ℃时,其承载力可恢复至原来的 50%左右,这一现象可归因于材料中形成了马氏体晶体结构,从而增加了试件的强度,但降低了试件的延性。相比之下,消防喷水冷却的试件在经历超过 750 ℃的高温处理并冷却后,试件在弹性阶段断裂,没有塑性变形,几乎丧失承载能力,高钒索完全失效。拉索(钢丝)的脆化主要由两个因素引起。首先,用于制造钢丝的合金钢具有较高的碳含量,因此当钢丝从超过临界温度的温度以极快的速度冷却(如消防喷水冷却)时,大量的渗碳体相从晶体结构中析出,形成易碎的微观结构;其次,随着内应力的增加和晶体结构中的微裂纹迅速冷却,试件内形成大量针状马氏体,进一步导致拉索的脆性和强度显著降低。消防喷水冷却的脆化效应严重降低了拉索的承载能力,是经历火灾后对拉索再利用时需要注意的问题。

表 3-12　高温后高钒索承载力 F_{PT} 及相应的退化系数 F_{PT}/F

温度(℃)	空冷		水冷	
	F_{PT}(kN)	F_{PT}/F	F_{PT}(kN)	F_{PT}/F
20	377	1.000	377	1.000
100	389	1.032	379	1.005
200	375	0.995	370	0.981
300	380	1.008	383	1.016
400	366	0.971	365	0.968
500	332	0.881	324	0.859
600	242	0.642	246	0.653
650	212	0.562	220	0.584
700	162	0.430	172	0.456
750	107	0.284	140	0.371
800	127	0.337	69	0.183
850	162	0.430	25	0.066
900	131	0.347	32	0.085
1 000	204	0.541	34	0.090

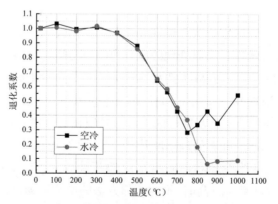

图 3-26　高温后高钒索承载力退化系数

采用峰值荷载对应的位移来评价高钒索的变形能力,称之为极限位移。定义经高温处理后拉伸试验的试件最大位移与未经高温处理的试件最大位移之比(Δ_{PT}/Δ)为高温后变形能力退化系数。试验获得的最大位移和相应的退化系数见表 3-13。图 3-27 为两种冷却方式下高钒索最大位移退化系数随温度变化的曲线。与刚度和承载力相似,试件的变形能力也随处理温度的变化而发生明显变化,不同冷却方式同样具有较为显著的影响。当处理温度不超过 750 ℃时,空气自然冷却和消防喷水冷却试件的变形能力都遵循类似的趋势。当处理温度超过 750 ℃时,试件的变形能力才发生显著改变。当处理温度大于 500 ℃且小于 750 ℃时,采用空气自然冷却和消防喷水冷却的方式所得试件变形较未经高温处理试件的变形分别减少 68.4%和 65.2%。当处理温度超过 750 ℃时,在空气自然冷却条件下,变形能力有明显的反弹。而在喷水冷却条件下,由于水冷脆化效应,试件几乎全部失去了塑性变形能力。

表 3-13　高温后最大变形 Δ_{PT} 及相应的退化系数 Δ_{PT}/Δ

温度(℃)	空冷		水冷	
	Δ_{PT}(mm)	Δ_{PT}/Δ	Δ_{PT}(mm)	Δ_{PT}/Δ
20	42.47	1.000	42.47	1.000
100	41.69	0.982	39.43	0.928
200	38.47	0.906	40.28	0.948
300	47.1	1.109	47.42	1.117
400	45.06	1.061	46.31	1.090
500	44.89	1.057	38.41	0.904
600	29.04	0.684	26.03	0.613
650	26.53	0.625	26.71	0.629
700	20.35	0.479	24.15	0.569
750	13.43	0.316	14.79	0.348
800	31.03	0.731	8.70	0.205
850	34.87	0.821	7.61	0.179
900	38.71	0.911	7.46	0.176
1 000	51.23	1.206	4.03	0.095

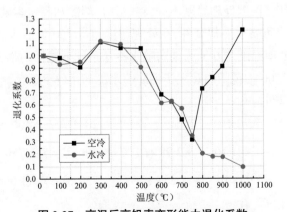

图 3-27　高温后高钒索变形能力退化系数

3.5.3 预测方法

试验结果表明,高温处理后带压制锚具的高钒索的力学性能发生了显著变化。因此,本节建立了形式简单、精度高的经验方程,并根据试验结果对带压制锚具的高钒索的高温后力学性能进行了估算。由于处理温度是导致力学性能退化的主要因素,因此根据最高处理温度建立了初始刚度和承载力的预测方程,并充分考虑不同冷却方法对拉索力学性能的影响。

3.5.3.1 初始刚度

在不同冷却条件下,高钒索初始刚度的退化系数的经验公式如下。

采用空气自然冷却,有

$$\frac{K_{PT}}{K} = 1.001 - 7.72 \times 10^{-5} T - 2.61 \times 10^{-7} T^2 \quad 20\,℃ \leqslant T \leqslant 1\,000\,℃ \qquad (3\text{-}10)$$

采用消防喷水冷却,有

$$\frac{K_{PT}}{K} = 0.998 - 2.13 \times 10^{-5} T - 6.84 \times 10^{-7} T^2 \quad 20\,℃ \leqslant T \leqslant 1\,000\,℃ \qquad (3\text{-}11)$$

图 3-28 比较了高钒索初始刚度退化系数的试验结果与经验公式所得预测结果,预测结果与试验数据吻合较好。

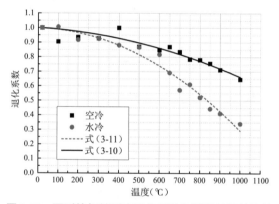

图 3-28　预测的初始刚度退化系数与试验结果的比较

3.5.3.2 承载力

为了确保预测精度,根据处理温度不同,将空气自然冷却高钒索的承载力退化系数函数分为三个阶段;对于消防喷水冷却试件,在处理温度超过 700 ℃后表现出完全的脆性,不能继续使用,因此定义处理温度 700 ℃为消防喷水冷却条件下试件的临界失效温度,仅在低于临界失效温度的 20 ~ 700 ℃范围内建立了消防喷水冷却条件下的预测方程。

采用空气自然冷却时,有

$$\frac{F_{PT}}{F} = \begin{cases} 1.002 - 7.70 \times 10^{-5} T & 20\,℃ \leqslant T \leqslant 400\,℃ \\ 0.882 + 1.44 \times 10^{-3} T - 2.98 \times 10^{-6} T^2 & 400\,℃ < T \leqslant 750\,℃ \\ 0.471 - 1.21 \times 10^{-3} T + 1.28 \times 10^{-6} T^2 & 750\,℃ < T \leqslant 1\,000\,℃ \end{cases} \qquad (3\text{-}12)$$

采用消防喷水冷却时,有

$$\frac{F_{PT}}{F} = \begin{cases} 1.002 - 7.70 \times 10^{-5}T & 20\ \text{℃} < T \leqslant 400\ \text{℃} \\ 1.025 + 7.75 \times 10^{-4}T - 2.27 \times 10^{-6}T^2 & 400\ \text{℃} < T \leqslant 700\ \text{℃} \end{cases} \quad (3\text{-}13)$$

图 3-29 比较了高钒索初始承载力退化系数的试验结果与经验公式所得预测结果,预测结果与试验数据吻合较好。

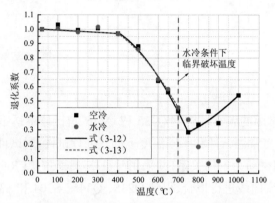

图 3-29　预测的承载力退化系数与试验结果的比较

3.6　本章小结

本章针对预应力空间网格结构中常用的预应力拉索构件的高温后力学性能展开研究,通过对常见钢绞线的零载高温后、负载高温后、负载高温下静力拉伸试验以及带压制锚具的高钒镀层拉索的零载高温后静力拉伸试验,得到了工况下钢绞线及高钒索的荷载-位移曲线、初始刚度、承载力的变化规律。通过公式拟合的方法,提出了适用于工程实践的高温后钢绞线及高钒索的各项力学性能指标退化系数计算公式,为预应力空间网格结构抗火设计及火灾后性能评估提供了参考。

第 4 章　高温后往复荷载下典型钢材的滞回性能

4.1　引言

本章采用工程中常用的碳素结构钢 Q235 和 Q345、奥氏体不锈钢 S304 和 S316 共 4 种钢材作为研究材料,设置常温试件和不同温度下的热处理试件,对试件进行低周反复加载试验,确定循环荷载下钢材动力本构关系,并采用兰贝格-奥斯古德(Ramberg-Osgood)模型对循环荷载下的应力-应变曲线进行拟合,得到 Q235、Q345、S304 和 S316 四种钢材在循环荷载下的一维应力-应变关系曲线,为火灾后结构钢材滞回性能评估提供依据。

4.2　高温后钢材力学性能试验方案

4.2.1　试件设计

对于碳素结构钢(Q235、Q345)和奥氏体不锈钢(S304、S316),本书共设计了 84 个试件。每种材料分别设置 1 个常温试件和 20 个热处理试件,热处理方式分为 3 种,每种热处理方式下的每种温度对应 1 个试件,热处理方式 1 共设置 10 个试件,热处理方式 2 共设置 5 个试件,热处理方式 3 共设置 5 个试件。

4.2.2　热处理方案

热处理方式分为 3 种,处理流程见表 4-1。

表 4-1　3 种热处理方式流程

热处理方式	步骤 1	步骤 2	步骤 3	步骤 4	步骤 5	步骤 6	步骤 7
1	以 20 ℃/min 加热至低于目标温度 50 ℃的温度	持温 15 min	控制温度至低于目标温度 10~15 ℃	持温 10 min	加热至目标温度	持温 30 min	空气自然冷却至室温
2						持温 180 min	空气自然冷却至室温
3						持温 30 min	消防喷水冷却至室温

对于碳素结构钢和奥氏体不锈钢,热处理方式 1 下的目标温度分别设置为 100 ℃、200 ℃、300 ℃、400 ℃、500 ℃、600 ℃、700 ℃、800 ℃、900 ℃、1 000 ℃（共 10 个温度）;热处理方式 2 下的目标温度分别设置为 100 ℃、300 ℃、500 ℃、700 ℃、900 ℃（共 5 个温度）;热

处理方式 3 下的目标温度分别设置为 100 ℃、300 ℃、500 ℃、700 ℃、900 ℃（共 5 个温度）。

4.2.3　加载方案

首先进行低周往复试验，加载装置采用如图 4-1（a）所示的 Instron 8801 疲劳试验机，采用如图 4-1（b）所示的引伸计测量试件的拉应变、压应变，标距为 12.5 mm。

（a）Instron 8801 疲劳试验机　　　　　　　　　　　　（b）引伸计

图 4-1　低周往复试验加载装置

低周往复试验采用位移加载方式对试件进行加载（图 4-2），对于碳素结构钢、奥氏体不锈钢分别采用不同的加载方式，应变速率为 0.000 5/s，然后进行单轴拉伸试验至试件破坏，加载速率为 2 mm/min。

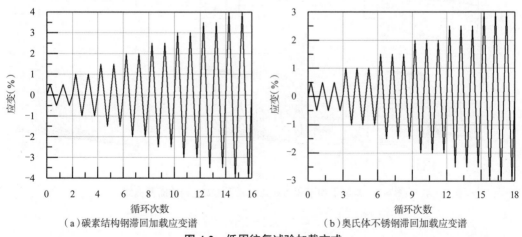

（a）碳素结构钢滞回加载应变谱　　　　　　　　（b）奥氏体不锈钢滞回加载应变谱

图 4-2　低周往复试验加载方式

4.3 高温后碳素结构钢滞回性能试验结果

4.3.1 滞回曲线

将所有试件的试验数据加以整理,得到常温下和不同热处理方式下 Q235、Q345 钢的滞回曲线,结果如图 4-3 和图 4-4 所示。图中 S-NT 代表常温试件,S-100-1 代表经过热处理方式 1、目标温度为 100 ℃的试件,其他以此类推。

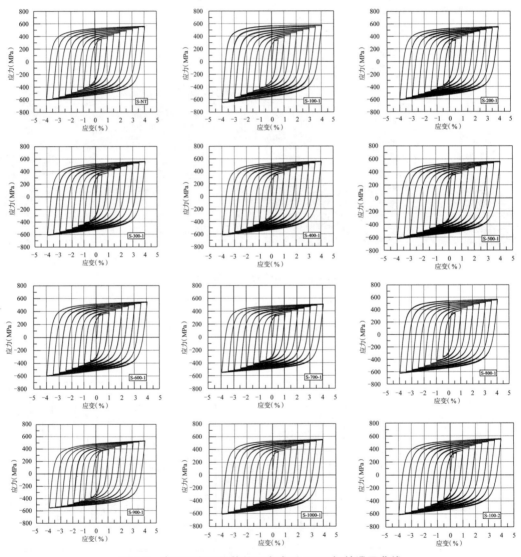

图 4-3　常温下和不同热处理方式下 Q235 钢的滞回曲线

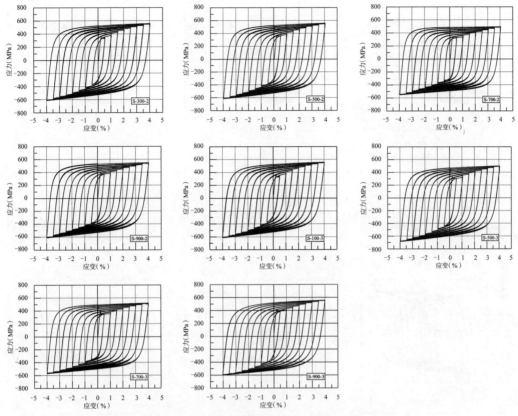

图 4-3　常温下和不同热处理方式下 Q235 钢的滞回曲线（续）

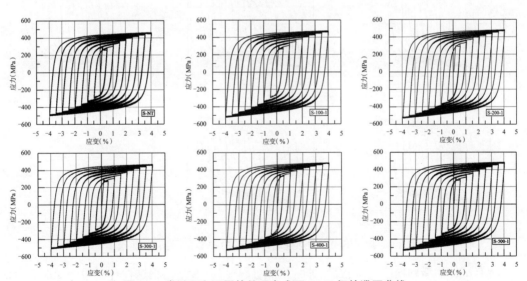

图 4-4　常温下和不同热处理方式下 Q345 钢的滞回曲线

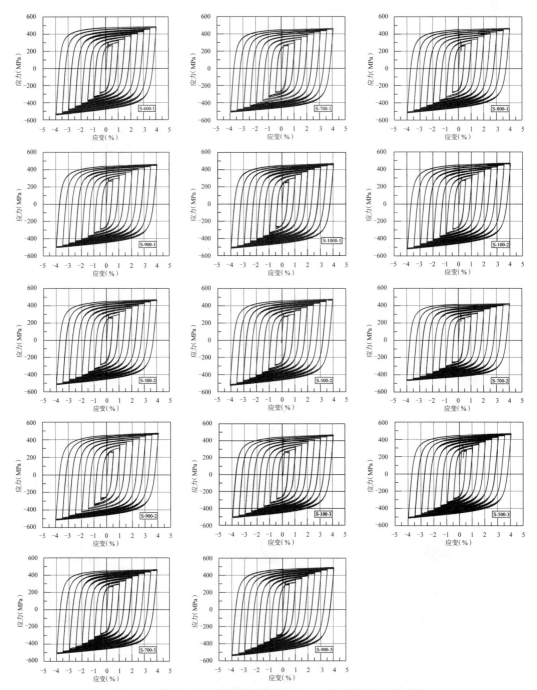

图 4-4 常温下和不同热处理方式下 Q345 钢的滞回曲线（续）

所有试件的滞回曲线均呈梭形，非常饱满，反映出碳素结构钢这种材料塑性变形能力很强，具有很好的抗震性能和耗能能力，并且屈服平台效应不再明显。同一应变处，循环曲线接近，无降低或降低很小，说明刚度和强度退化小。

对比常温下和不同热处理方式下同种碳素结构钢的滞回曲线，发现同种钢材的所有滞回曲线形状相似，并且应力峰值点数值接近。对比经过同一种热处理方式、不同目标温度处理的钢材滞回曲线,发现温度对钢材的滞回性能影响很小。对比经过同一目标温度、不同热处理方式处理的钢材滞回曲线,发现持温时间和冷却方式对钢材的滞回性能影响很小。造成这种现象的原因可能是高温虽然破坏了钢材的微观组织,但在循环荷载作用下,钢材的微观组织重新复原,因此经过热处理的钢材的滞回性能与常温下钢材的滞回性能差别不大。

对比经过相同热处理方式、同一目标温度处理的 Q235 钢和 Q345 钢的滞回曲线,发现 Q345 钢的滞回曲线应力峰值点数值更大,滞回曲线包含的面积更大,说明 Q345 钢的抗震性能和耗能能力比 Q235 钢更强。

4.3.2 循环荷载作用下第一个滞回环拉伸段应力-应变曲线

将所有试件滞回曲线中第一个滞回环的拉伸段单独列出,得到循环荷载作用下第一个滞回环拉伸段的应力-应变曲线,结果如图 4-5 和图 4-6 所示。

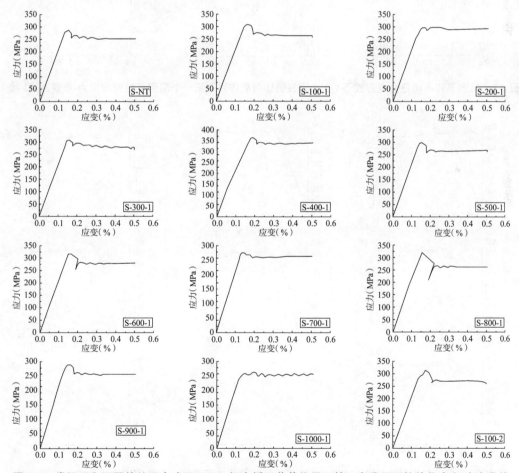

图 4-5 常温下和不同热处理方式下 Q235 钢在循环荷载作用下第一个滞回环拉伸段应力-应变曲线

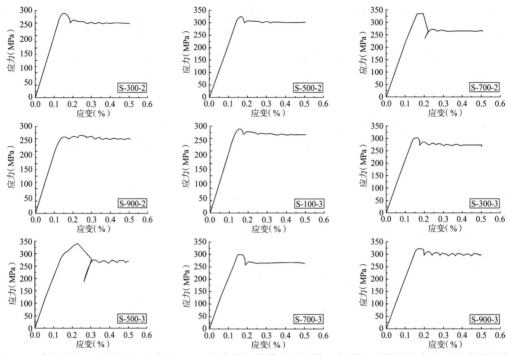

图 4-5　常温下和不同热处理方式下 Q235 钢在循环荷载作用下第一个滞回环拉伸段应力-应变曲线（续）

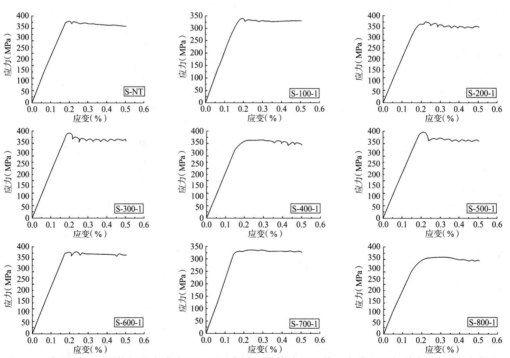

图 4-6　常温下和不同热处理方式下 Q345 钢在循环荷载作用下第一个滞回环拉伸段应力-应变曲线

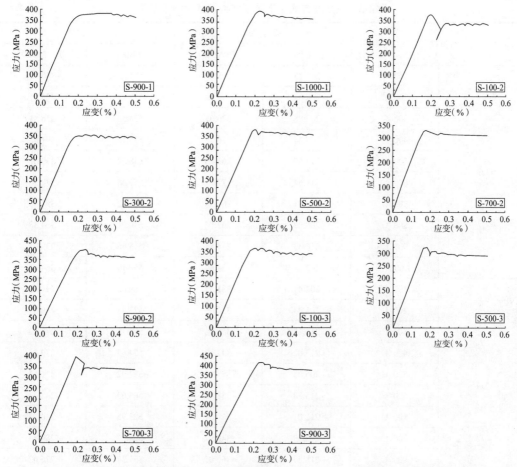

图 4-6　常温下和不同热处理方式下 Q345 钢在循环荷载作用下第一个滞回环拉伸段应力-应变曲线（续）

所有试件第一个滞回环拉伸段均存在弹性阶段和明显的屈服平台，并且屈服阶段较长，说明高温后碳素钢仍存在屈服点，仍具有良好的塑性变形能力。

4.3.3　力学性能指标

力学性能试验的结果汇总于表 4-2 至表 4-5，表中 E、f_y 分别为低周往复试验的弹性模量和循环荷载作用下第一个滞回环拉伸段的屈服强度；f_u、f_{ul} 分别为单调拉伸试验的极限强度和断裂应力。

表 4-2　常温下碳素结构钢试验结果汇总

试件		滞回试验		单拉试验	
		E（GPa）	f_y（MPa）	f_u（MPa）	f_{ul}（MPa）
Q235	常温	212.35	252.14	517.00	270.84
Q345	常温	207.80	355.64	569.39	276.53

表 4-3　热处理方式 1 下碳素结构钢试验结果汇总

试件		滞回试验		单拉试验	
		E（GPa）	f_y（MPa）	f_u（MPa）	f_{u1}（MPa）
Q235	100 ℃	207.15	265.51	534.62	350.36
	200 ℃	208.31	290.98	529.19	275.31
	300 ℃	207.78	276.63	524.56	256.81
	400 ℃	209.34	336.56	535.12	291.03
	500 ℃	214.59	263.76	548.32	379.61
	600 ℃	211.64	277.91	551.48	377.70
	700 ℃	212.91	260.58	524.62	351.37
	800 ℃	208.87	263.56	530.21	364.38
	900 ℃	210.33	254.84	515.46	338.77
	1 000 ℃	202.31	254.69	530.19	354.64
Q345	100 ℃	202.41	331.57	589.63	291.23
	200 ℃	201.74	351.06	573.43	280.80
	300 ℃	213.12	355.08	576.72	283.12
	400 ℃	215.02	343.62	574.05	279.27
	500 ℃	205.03	357.51	584.02	271.43
	600 ℃	213.78	358.46	565.63	248.21
	700 ℃	212.01	331.61	528.75	230.74
	800 ℃	202.39	340.97	588.27	289.84
	900 ℃	218.37	367.05	557.37	276.02
	1 000 ℃	195.31	358.74	570.39	284.85

表 4-4　热处理方式 2 下碳素结构钢试验结果汇总

试件		滞回试验		单拉试验	
		E（GPa）	f_y（MPa）	f_u（MPa）	f_{u1}（MPa）
Q235	100 ℃	204.55	264.63	531.87	359.67
	300 ℃	207.06	255.22	526.32	336.65
	500 ℃	211.44	300.84	542.29	370.42
	700 ℃	211.37	265.91	463.58	305.74
	900 ℃	203.48	258.26	534.61	363.95
Q345	100 ℃	204.90	333.26	572.45	279.09
	300 ℃	209.24	344.27	573.98	246.14
	500 ℃	207.83	360.39	575.86	284.73
	700 ℃	209.59	309.79	510.84	251.54
	900 ℃	205.82	368.20	568.70	280.25

表 4-5　热处理方式 3 下碳素结构钢试验结果汇总

试件			滞回试验		单拉试验	
			E（GPa）	f_y（MPa）	f_u（MPa）	f_{u1}（MPa）
Q235		100 ℃	215.40	269.75	520.20	364.50
		300 ℃	209.21	271.92	528.07	309.48
		500 ℃	203.58	268.02	531.21	356.04
		700 ℃	201.33	263.92	533.78	311.61
		900 ℃	204.18	298.60	570.47	343.64
Q345		100 ℃	204.88	339.48	586.86	293.07
		300 ℃	—	—	—	—
		500 ℃	202.05	292.21	583.70	289.80
		700 ℃	209.09	340.95	535.69	252.18
		900 ℃	195.18	382.42	583.94	319.73

将表 4-2 至表 4-5 中的力学性能指标加以总结对比，得出的结果如图 4-7 至图 4-14
所示。

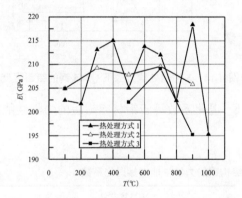

图 4-7　3 种热处理方式下 Q235 钢的弹性模量

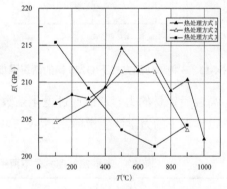

图 4-8　3 种热处理方式下 Q345 钢的弹性模量

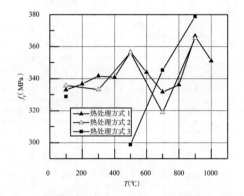

图 4-9　3 种热处理方式下 Q235 钢的屈服强度

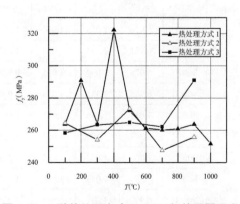

图 4-10　3 种热处理方式下 Q345 钢的屈服强度

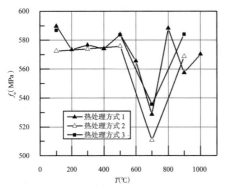
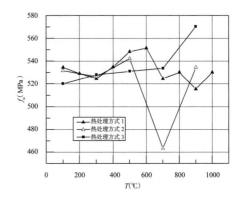

图 4-11　3 种热处理方式下 Q235 钢的极限强度　　图 4-12　3 种热处理方式下 Q345 钢的极限强度

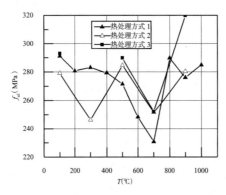
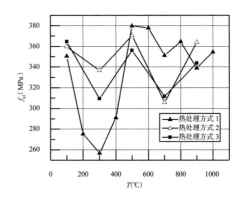

图 4-13　3 种热处理方式下 Q235 钢的断裂强度　　图 4-14　3 种热处理方式下 Q345 钢的断裂强度

　　高温后钢材的力学性能通过退化系数来衡量,退化系数等于钢材冷却后的力学性能指标除以常温下的力学性能指标,结果见表 4-6。

表 4-6　不同热处理方式下两种碳素结构钢的力学性能指标退化系数

Q235 试件					Q345 试件				
热处理方式	目标温度	E 退化系数	f_y 退化系数	f_u 退化系数	f_{ul} 退化系数	热处理方式	目标温度	E 退化系数	f_y 退化系数	f_u 退化系数	f_{ul} 退化系数
热处理方式 1	100 ℃	0.976	1.053	1.034	1.294	热处理方式 1	100 ℃	0.974	0.932	1.036	1.053
	200 ℃	0.981	1.154	1.024	1.017		200 ℃	0.971	0.987	1.007	1.015
	300 ℃	0.978	1.097	1.015	0.948		300 ℃	1.026	0.998	1.013	1.024
	400 ℃	0.986	1.335	1.035	1.075		400 ℃	1.035	0.966	1.008	1.010
	500 ℃	1.011	1.046	1.061	1.402		500 ℃	0.987	1.005	1.026	0.982
	600 ℃	0.997	1.102	1.067	1.395		600 ℃	1.029	1.008	0.993	0.898
	700 ℃	1.003	1.033	1.015	1.297		700 ℃	1.020	0.932	0.929	0.834
	800 ℃	0.984	1.045	1.026	1.345		800 ℃	0.974	0.959	1.033	1.048
	900 ℃	0.990	1.011	0.997	1.251		900 ℃	1.051	1.032	0.979	0.998
	1 000 ℃	0.953	1.010	1.026	1.309		1 000 ℃	0.940	1.009	1.002	1.030

Q235 试件					Q345 试件				
热处理 方式	目标 温度	E 退化 系数	f_y 退化 系数	f_u 退化 系数	f_{ul} 退化 系数	热处理 方式	目标 温度	E 退化 系数	f_y 退化 系数	f_u 退化 系数	f_{ul} 退化 系数
热处理 方式 2	100 ℃	0.963	1.050	1.029	1.328	热处理 方式 2	100 ℃	0.986	0.937	1.005	1.009
	300 ℃	0.975	1.012	1.018	1.243		300 ℃	1.007	0.968	1.008	0.890
	500 ℃	0.996	1.193	1.049	1.368		500 ℃	1.000	1.013	1.011	1.030
	700 ℃	0.995	1.055	0.897	1.129		700 ℃	1.009	0.871	0.897	0.910
	900 ℃	0.958	1.024	1.034	1.344		900 ℃	0.990	1.035	0.999	1.013
热处理 方式 3	100 ℃	1.014	1.070	1.006	1.346	热处理 方式 3	100 ℃	0.986	0.955	1.031	1.060
	300 ℃	0.985	1.078	1.021	1.143		300 ℃	—	—	—	—
	500 ℃	0.959	1.063	1.027	1.315		500 ℃	0.972	0.822	1.025	1.048
	700 ℃	0.948	1.047	1.032	1.151		700 ℃	1.006	0.959	0.941	0.912
	900 ℃	0.962	1.184	1.103	1.269		900 ℃	0.939	1.075	1.026	1.156

从图 4-7 至图 4-14 和表 4-2 至表 4-6 中发现,经过不同的热处理方式、不同的目标温度处理后,两种碳素结构钢的弹性模量均在 195～220 GPa 变化,弹性模量退化系数在 0.939～1.051 波动,高温后碳素结构钢的弹性模量变化范围为-6%～5%,说明目标温度、持温时间、冷却方式对碳素结构钢的弹性模量影响很小。

Q235 钢的屈服强度基本上在 250～340 MPa 变化,屈服强度退化系数在 1.010～1.102 波动,高温后 Q235 钢的屈服强度变化范围为 1%～10%;Q345 钢的屈服强度基本上在 290～390 MPa 变化,屈服强度退化系数在 0.932～1.075 波动,高温后 Q345 钢的屈服强度变化范围为-7%～8%,说明目标温度、持温时间、冷却方式对两种碳素结构钢的屈服强度影响很小。

两种碳素结构钢的极限强度均在 460～590 MPa 变化,极限强度退化系数在 0.897～1.067 波动,高温后碳素结构钢的极限强度变化范围为-10%～7%,说明目标温度、持温时间、冷却方式对两种碳素结构钢的极限强度影响很小。

4.4　高温后奥氏体不锈钢滞回性能试验结果

4.4.1　滞回曲线

将所有试件的试验数据加以整理,得到常温下和不同热处理方式下 S304、S316 钢的滞回曲线,结果如图 4-15 和图 4-16 所示。图中 S-NT 代表常温试件,S-100-1 代表经过热处理方式 1、目标温度为 100 ℃的试件,其他以此类推。

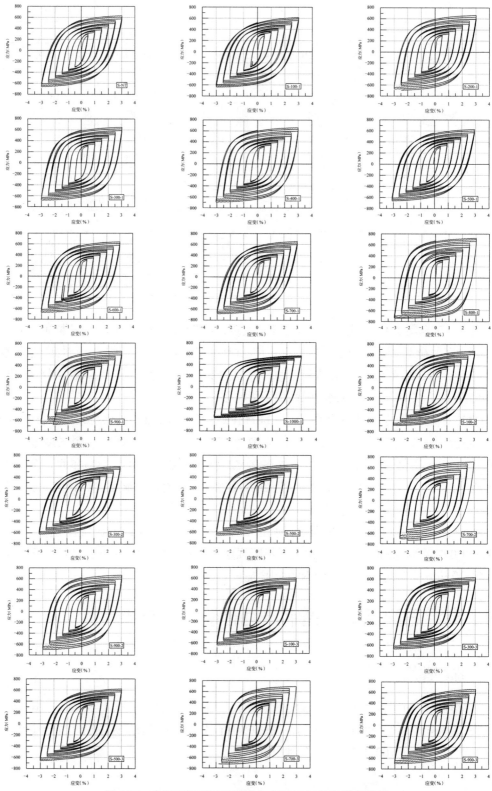

图 4-15 常温下和不同热处理方式下 S304 钢的滞回曲线

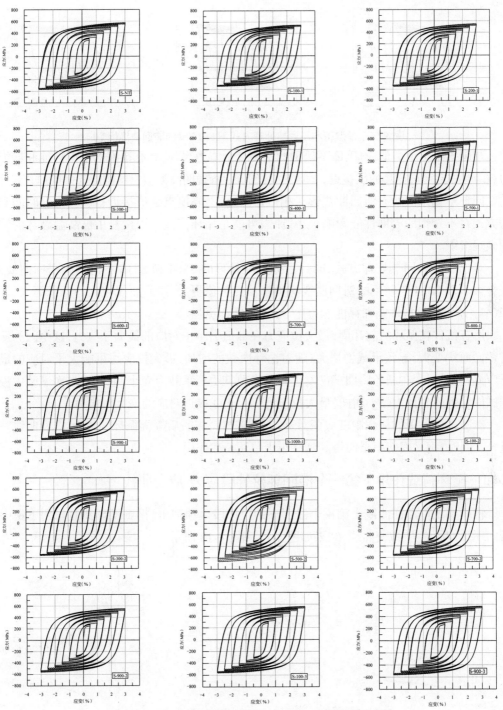

图 4-16　常温下和不同热处理方式下 S316 钢的滞回曲线

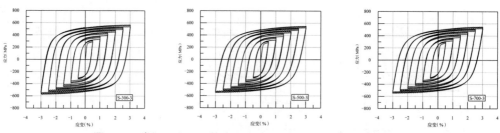

图4-16 常温下和不同热处理方式下 S316 钢的滞回曲线（续）

与碳素结构钢类似,奥氏体不锈钢的塑性变形能力很强,具有很好的抗震性能和耗能能力;在同一应变处,循环曲线接近,无降低或降低很小,说明高温后材料刚度和强度退化较小。

同种不锈钢的所有滞回曲线形状相似,并且应力峰值点数值接近;温度、持温时间和冷却方式对不锈钢的滞回性能影响很小,原因可能是循环荷载作用恢复了被高温破坏的钢材的微观组织。

对比经过相同热处理方式、同一目标温度处理的 S304 和 S316 不锈钢的滞回曲线,发现绝大多数 S304 不锈钢的滞回曲线应力峰值点数值更大,滞回曲线包含的面积更大,说明 S304 不锈钢的抗震性能和耗能能力比 S316 不锈钢更强。

所有试件在循环的前几周,最大拉应力在数值上小于对应的最大压应力,这是因为压缩时截面面积变大,导致承载力增大;随着循环次数的增加,最大拉应力可能大于对应的最大压应力,这是因为在循环后期试件发生屈曲导致其受压承载力变小,但由于本次试验中极个别试件发生屈曲且为微小屈曲,最大拉应力仍小于或接近对应的最大压应力。

本次试验采用的加载制度应变对称,因此在材料屈服后等幅循环的应力-应变曲线基本重合。同时,钢材损伤积累使得其延性小于单调荷载作用下的延性。

4.4.2 循环荷载作用下第一个滞回环拉伸段应力-应变曲线

将所有试件滞回曲线中第一个滞回环的拉伸段单独列出,得到循环荷载作用下第一个滞回环拉伸段应力-应变曲线,结果如图 4-17 和图 4-18 所示。

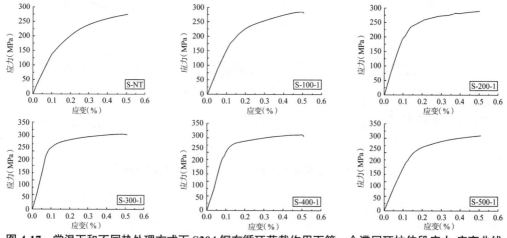

图4-17 常温下和不同热处理方式下 S304 钢在循环荷载作用下第一个滞回环拉伸段应力-应变曲线

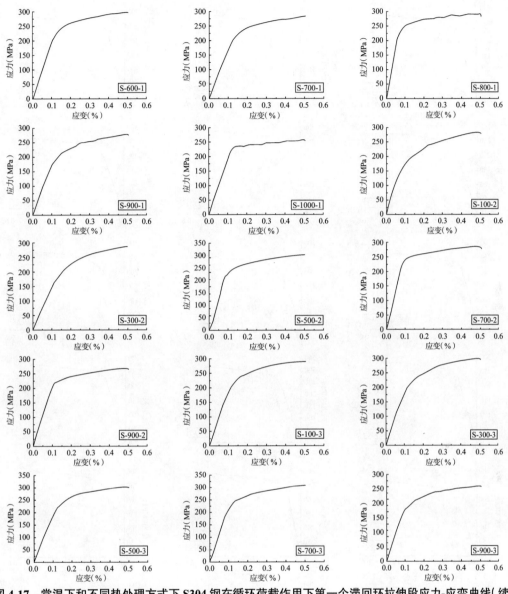

图 4-17　常温下和不同热处理方式下 S304 钢在循环荷载作用下第一个滞回环拉伸段应力-应变曲线（续）

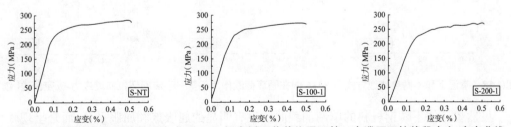

图 4-18　常温下和不同热处理方式下 S316 钢在循环荷载作用下第一个滞回环拉伸段应力-应变曲线

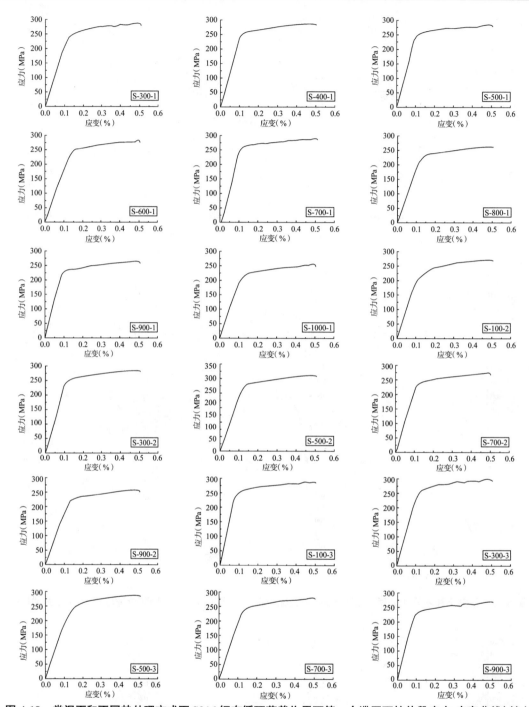

图 4-18 常温下和不同热处理方式下 S316 钢在循环荷载作用下第一个滞回环拉伸段应力-应变曲线（续）

虽然奥氏体不锈钢材料的单调加载曲线没有明显的屈服点和屈服平台，而是呈现较为光滑的曲线形式，但其仍具有良好的塑性变形能力。

4.4.3　力学性能指标

如表 4-7 至表 4-10 所示,奥氏体不锈钢的单调加载曲线没有明显的屈服点,呈现较为光滑的曲线形式,因此定义其条件屈服点为塑性应变 0.2%时所对应的应力 $\sigma_{0.2}$,表中 E、$\sigma_{0.2}$ 分别为低周往复试验的弹性模量和循环荷载作用下第一个滞回环拉伸段的条件屈服强度,f_u、f_{u1} 分别为单调拉伸试验的极限强度和断裂应力。

表 4-7　常温下奥氏体不锈钢试验结果汇总

试件		滞回试验		单拉试验	
		E（GPa）	$\sigma_{0.2}$（MPa）	f_u（MPa）	f_{u1}（MPa）
S304	常温	151.21	248.01	792.84	659.87
S316	常温	255.41	267.12	690.17	395.49

表 4-8　热处理方式 1 下奥氏体不锈钢试验结果汇总

试件		滞回试验		单拉试验	
		E（GPa）	$\sigma_{0.2}$（MPa）	f_u（MPa）	f_{u1}（MPa）
S304	100 ℃	167.11	267.46	769.23	577.59
	200 ℃	213.36	273.23	779.43	562.20
	300 ℃	308.56	287.71	806.13	596.13
	400 ℃	254.31	293.54	820.72	603.41
	500 ℃	156.03	288.83	808.26	569.55
	600 ℃	203.92	283.27	798.98	589.01
	700 ℃	175.27	262.03	780.60	562.91
	800 ℃	354.80	275.81	825.42	572.64
	900 ℃	182.19	256.58	784.32	487.44
	1 000 ℃	194.71	242.55	674.52	366.87
S316	100 ℃	215.46	269.78	663.23	392.08
	200 ℃	186.75	254.58	668.10	411.06
	300 ℃	219.83	269.59	671.74	424.77
	400 ℃	240.36	274.19	684.25	437.81
	500 ℃	243.22	270.55	657.30	400.53
	600 ℃	187.55	268.65	676.41	422.75
	700 ℃	256.33	271.22	680.13	442.92
	800 ℃	189.62	253.75	672.48	451.13
	900 ℃	257.58	252.56	684.24	462.72
	1 000 ℃	202.45	240.08	674.15	389.07

表 4-9 热处理方式 2 下奥氏体不锈钢试验结果汇总

试件		滞回试验		单拉试验	
		E（GPa）	$\sigma_{0.2}$（MPa）	f_u（MPa）	f_{u1}（MPa）
S304	100 ℃	219.05	276.85	791.13	586.11
	300 ℃	147.84	274.13	764.25	579.48
	500 ℃	262.53	281.21	777.11	570.46
	700 ℃	248.42	272.87	802.20	401.63
	900 ℃	215.93	250.90	810.79	513.39
S316	100 ℃	203.08	263.03	676.25	396.09
	300 ℃	235.12	267.97	666.26	387.16
	500 ℃	221.15	283.65	793.37	587.31
	700 ℃	207.93	263.88	684.87	477.00
	900 ℃	179.56	243.95	666.14	444.45

表 4-10 热处理方式 3 下奥氏体不锈钢试验结果汇总

试件		滞回试验		单拉试验	
		E（GPa）	$\sigma_{0.2}$（MPa）	f_u（MPa）	f_{u1}（MPa）
S304	100 ℃	197.63	280.38	762.68	592.32
	300 ℃	197.77	268.75	763.73	580.94
	500 ℃	203.82	289.26	784.28	591.31
	700 ℃	200.28	277.92	794.84	584.24
	900 ℃	201.38	244.14	820.46	510.35
S316	100 ℃	321.23	269.92	682.17	387.51
	300 ℃	236.90	281.46	684.03	417.09
	500 ℃	191.98	268.07	680.90	394.55
	700 ℃	202.18	271.38	671.81	452.84
	900 ℃	264.66	253.28	686.56	443.05

将表 4-7 至表 4-10 中的力学性能指标加以总结对比，得出的结果如图 4-19 至图 4-26 所示。

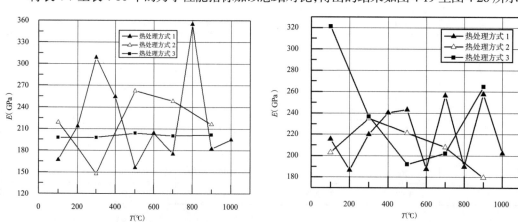

图 4-19 3 种热处理方式下 S304 不锈钢的弹性模量　图 4-20 3 种热处理方式下 S316 不锈钢的弹性模量

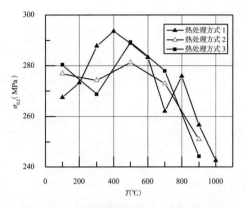

图 4-21　3 种热处理方式下 S304 不锈钢
的条件屈服强度

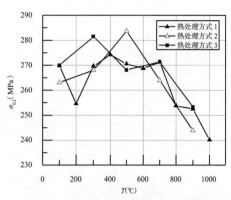

图 4-22　3 种热处理方式下 S316 不锈钢
的条件屈服强度

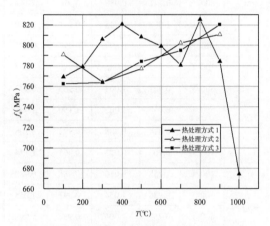

图 4-23　3 种热处理方式下 S304 不锈钢
的极限强度

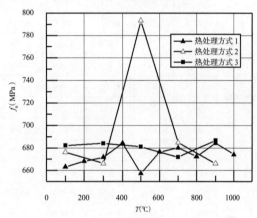

图 4-24　3 种热处理方式下 S316 不锈钢
的极限强度

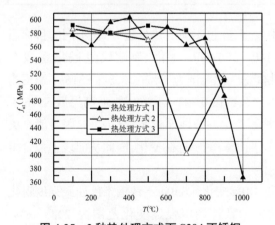

图 4-25　3 种热处理方式下 S304 不锈钢
的断裂强度

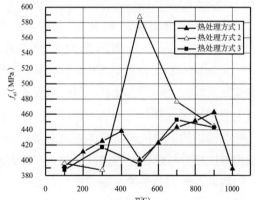

图 4-26　3 种热处理方式下 S316 不锈钢
的断裂强度

　　高温后奥氏体不锈钢的力学性能通过退化系数来衡量,退化系数等于冷却后的力学性能指标与常温下的力学性能指标的比值,结果见表 4-11。

表 4-11　不同热处理方式下两种奥氏体不锈钢的力学性能指标退化系数

S304 试件						S316 试件					
热处理方式	目标温度	E退化系数	$\sigma_{0.2}$退化系数	f_u退化系数	f_{u1}退化系数	热处理方式	目标温度	E退化系数	$\sigma_{0.2}$退化系数	f_u退化系数	f_{u1}退化系数
热处理方式 1	100 ℃	1.105	1.078	0.970	0.875	热处理方式 1	100 ℃	0.844	1.010	0.961	0.991
	200 ℃	1.411	1.102	0.983	0.852		200 ℃	0.731	0.953	0.968	1.039
	300 ℃	2.041	1.160	1.017	0.903		300 ℃	0.861	1.009	0.973	1.074
	400 ℃	1.682	1.184	1.035	0.914		400 ℃	0.941	1.026	0.991	1.107
	500 ℃	1.032	1.165	1.019	0.863		500 ℃	0.952	1.013	0.952	1.013
	600 ℃	1.349	1.142	1.008	0.893		600 ℃	0.734	1.006	0.980	1.069
	700 ℃	1.159	1.057	0.985	0.853		700 ℃	1.004	1.015	0.985	1.120
	800 ℃	2.346	1.112	1.041	0.868		800 ℃	0.742	0.950	0.974	1.141
	900 ℃	1.205	1.035	0.989	0.739		900 ℃	1.008	0.945	0.991	1.170
	1 000 ℃	1.288	0.978	0.851	0.556		1 000 ℃	0.793	0.899	0.977	0.984
热处理方式 2	100 ℃	1.449	1.116	0.998	0.888	热处理方式 2	100 ℃	0.795	0.985	0.980	1.002
	300 ℃	0.978	1.105	0.964	0.878		300 ℃	0.921	1.003	0.965	0.979
	500 ℃	1.736	1.134	0.980	0.865		500 ℃	0.866	1.062	1.150	1.485
	700 ℃	1.643	1.100	1.012	0.609		700 ℃	0.814	0.988	0.992	1.206
	900 ℃	1.428	1.012	1.023	0.778		900 ℃	0.703	0.913	0.965	1.124
热处理方式 3	100 ℃	1.307	1.131	0.962	0.898	热处理方式 3	100 ℃	1.258	1.010	0.988	0.980
	300 ℃	1.308	1.084	0.963	0.880		300 ℃	0.928	1.054	0.991	1.055
	500 ℃	1.348	1.166	0.989	0.896		500 ℃	0.752	1.004	0.987	0.998
	700 ℃	1.325	1.121	1.003	0.885		700 ℃	0.792	1.016	0.973	1.145
	900 ℃	1.332	0.984	1.035	0.773		900 ℃	1.036	0.948	0.995	1.120

　　从图 4-19 至图 4-26 和表 4-7 至表 4-11 中发现,经过不同的热处理方式、不同的目标温度处理后,S304 不锈钢的弹性模量均在 140 ~ 360 GPa 变化,弹性模量退化系数在 0.978 ~ 2.346 波动,高温后 S304 不锈钢的弹性模量变化范围为-2% ~ 135%;S316 不锈钢的弹性模量均在 180 ~ 330 GPa 变化,弹性模量退化系数在 0.703 ~ 1.258 波动,高温后 S316 不锈钢的弹性模量变化范围为-30% ~ 26%。两种不锈钢的弹性模量波动较大,原因可能是奥氏体不锈钢的单轴拉伸曲线为连续光滑的曲线,曲线斜率一直在变化,因此从曲线上拟合得到的弹性模量与起始段的选取有关,存在误差。

　　两种不锈钢的条件屈服强度均在 240 ~ 300 MPa 变化,S304 不锈钢条件屈服强度退化系数在 0.978 ~ 1.184 波动,高温后 S304 不锈钢的条件屈服强度变化范围为-2% ~ 18%;S316 不锈钢条件屈服强度退化系数在 0.899 ~ 1.062 波动,高温后 S316 不锈钢的条件屈服强度变化范围为-10% ~ 6%。说明目标温度、持温时间、冷却方式对两种不锈钢的条件屈服强度有一定影响。同时,随着温度的升高,超过 500 ℃ 的过火温度导致两种不锈钢的条件屈服强度均开始下降。

除 S-1000-1（极限强度为 674.52 MPa，极限强度的退化系数为 0.851）外，S304 不锈钢的极限强度均在 760～830 MPa 变化，极限强度退化系数在 0.970～1.041 波动，高温后 S304 不锈钢的极限强度变化范围为-4%～4%；除 S-500-2（极限强度为 793.37 MPa，极限强度的退化系数为 1.150）外，S316 不锈钢的极限强度均在 650～690 MPa 变化，极限强度退化系数在 0.952～0.995 波动，高温后 S316 不锈钢的极限强度变化范围为-5%～-0.5%。说明目标温度、持温时间、冷却方式对两种不锈钢的极限强度影响很小。

S304 不锈钢的断裂应力均在 360～610 MPa 变化，断裂应力退化系数在 0.556～0.914 波动，高温后 S304 不锈钢的断裂应力变化范围为-44%～-9%；除 S-500-2（断裂应力为 587.31 MPa，断裂应力退化系数为 1.485）外，S316 不锈钢的断裂应力均在 380～480 MPa 变化，断裂应力退化系数在 0.979～1.206 波动，高温后 S316 不锈钢的断裂应力变化范围为-21%～-2%。说明目标温度、持温时间、冷却方式对两种不锈钢的断裂应力有一定影响。同时，随着温度的升高，800 ℃以后 S304 不锈钢的断裂应力开始下降，达到 1 000 ℃时断裂应力仅剩常温下断裂应力的一半。

4.5　高温后典型钢材滞回性能评估方法

骨架曲线是指往复加载时各次滞回曲线峰点的连线（包络线），该曲线能够给出结构或构件发生塑性变形后内力或应力的路径。

循环骨架曲线能够直观表现出循环荷载与单调荷载作用下钢材反应的差别，改进兰贝格-奥斯古德（Ramberg-Osgood）模型常被用作骨架曲线拟合，采用下式对循环荷载作用下的骨架曲线进行拟合：

$$\frac{\Delta\varepsilon}{2} = \frac{\Delta\varepsilon_e}{2} + \frac{\Delta\varepsilon_p}{2} = \frac{\Delta\sigma}{2E} + \left(\frac{\Delta\sigma}{2K'}\right)^{\frac{1}{n'}} \tag{4-1}$$

其中，$\Delta\varepsilon$ 为总应变幅；$\Delta\varepsilon_e$ 为弹性应变幅；$\Delta\varepsilon_p$ 为塑性应变幅；$\Delta\sigma$ 为应力幅；E 为弹性模量；K' 为循环强化系数；n' 为循环强化指数。

根据试验数据可对参数 K'、n' 进行拟合。

4.5.1　高温后碳素钢循环骨架曲线拟合结果

常温下和 3 种热处理方式下两种碳素结构钢的骨架曲线拟合结果如图 4-27 和图 4-28 所示。

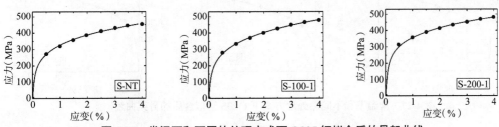

图 4-27　常温下和不同热处理方式下 Q235 钢拟合后的骨架曲线

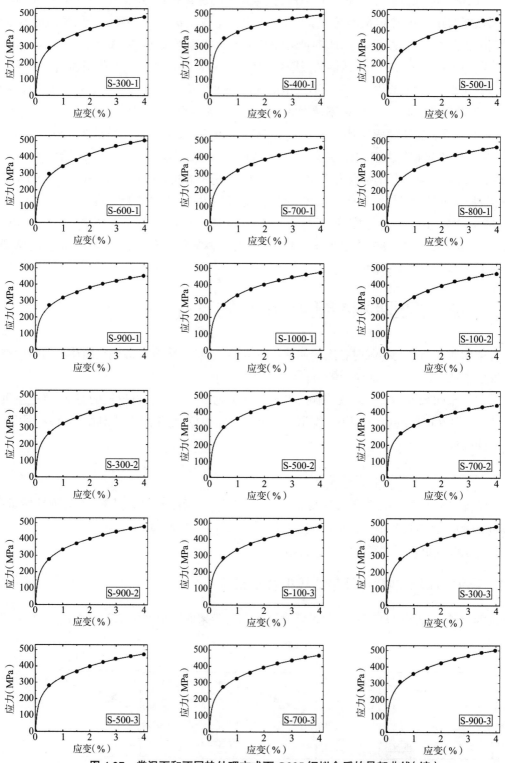

图 4-27　常温下和不同热处理方式下 Q235 钢拟合后的骨架曲线（续）

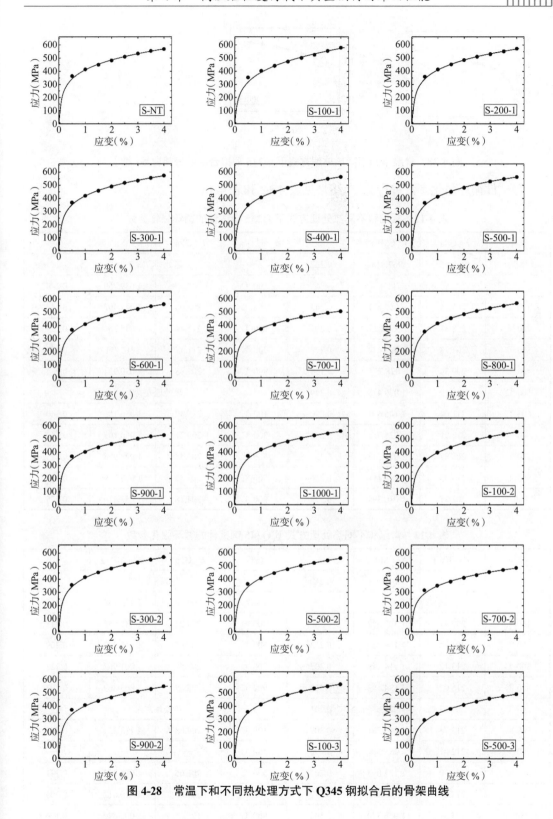

图 4-28　常温下和不同热处理方式下 Q345 钢拟合后的骨架曲线

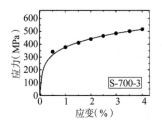
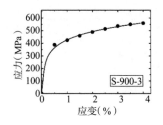

图 4-28　常温下和不同热处理方式下 Q345 钢拟合后的骨架曲线(续)

将试件循环强化参数进行总结,结果见表 4-12 和表 4-13。

表 4-12　常温和不同热处理方式下 Q235 钢试件的循环强化参数

试件	E(GPa)	K'(MPa)	n'	试件	E(GPa)	K'(MPa)	n'
常温	212.35	962.815	0.227	热处理方式 2			
热处理方式 1				100 ℃	204.55	1 039.759	0.240
100 ℃	207.15	1 065.821	0.243	300 ℃	207.06	1 041.402	0.242
200 ℃	208.31	931.073	0.201	500 ℃	211.44	1 035.260	0.219
300 ℃	207.78	1 021.632	0.229	700 ℃	211.37	912.711	0.219
400 ℃	209.34	828.777	0.156	900 ℃	203.48	1 030.934	0.234
500 ℃	214.59	1 079.478	0.249	热处理方式 3			
600 ℃	211.64	1 145.601	0.250	100 ℃	215.40	1 056.156	0.240
700 ℃	212.91	1 028.908	0.242	300 ℃	209.21	1 060.107	0.240
800 ℃	208.87	1 011.243	0.235	500 ℃	203.58	1 024.905	0.235
900 ℃	210.33	981.944	0.236	700 ℃	201.33	1 028.789	0.239
1 000 ℃	202.31	1 010.399	0.229	900 ℃	204.18	1 052.419	0.225

表 4-13　常温和不同热处理方式下 Q345 钢试件的循环强化参数

试件	E(GPa)	K'(MPa)	n'	试件	E(GPa)	K'(MPa)	n'
常温	207.80	1 142.972	0.212	热处理方式 2			
热处理方式 1				100 ℃	204.90	1 136.164	0.218
100 ℃	202.41	1 307.552	0.250	300 ℃	209.24	1 137.558	0.211
200 ℃	201.74	1 146.921	0.213	500 ℃	207.83	1 113.387	0.209
300 ℃	213.12	1 114.748	0.203	700 ℃	209.59	1 001.962	0.221
400 ℃	215.02	1 134.382	0.213	900 ℃	205.82	1 065.869	0.202
500 ℃	205.03	1 089.836	0.201	热处理方式 3			
600 ℃	213.78	1 106.381	0.207	100 ℃	204.88	1 113.222	0.205
700 ℃	212.01	965.948	0.196	300 ℃	—	—	—
800 ℃	202.39	1 121.094	0.207	500 ℃	202.05	1 085.667	0.241
900 ℃	218.37	955.817	0.179	700 ℃	209.09	1 010.812	0.205
1 000 ℃	195.31	1 056.379	0.193	900 ℃	195.18	1 001.870	0.176

通过图 4-27、图 4-28、表 4-12、表 4-13 发现，Ramberg-Osgood 模型可以较为准确地模拟循环骨架曲线的形状。从循环骨架曲线与单调曲线的对比中可以看出，在工程常用的应变范围内，循环强化作用可使钢材强度提高。

4.5.2　高温后不锈钢循环骨架曲线拟合结果

常温下和 3 种热处理方式下两种奥氏体不锈钢的骨架曲线拟合结果如图 4-29 和图 4-30 所示。

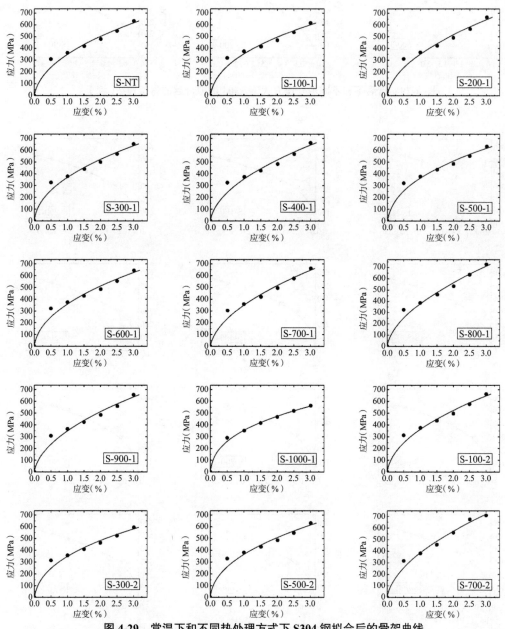

图 4-29　常温下和不同热处理方式下 S304 钢拟合后的骨架曲线

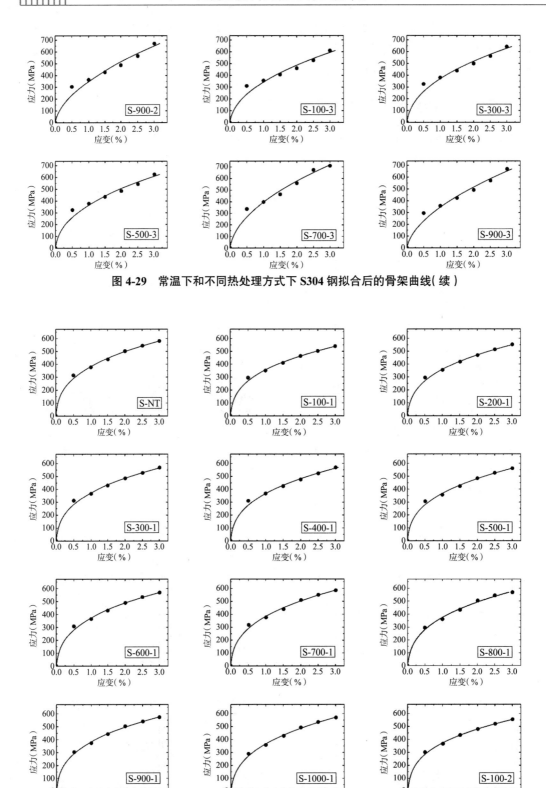

图 4-29 常温下和不同热处理方式下 S304 钢拟合后的骨架曲线(续)

图 4-30 常温下和不同热处理方式下 S316 钢拟合后的骨架曲线

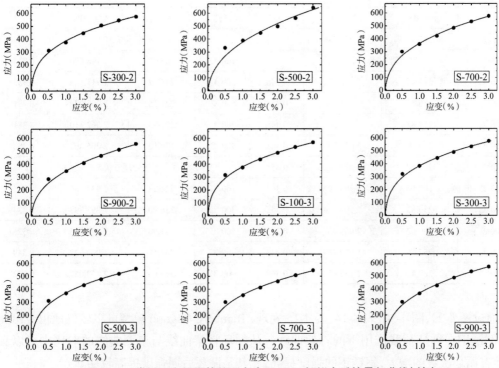

图 4-30　常温下和不同热处理方式下 S316 钢拟合后的骨架曲线（续）

将试件的循环强化参数进行总结，结果见表 4-14 和表 4-15。

表 4-14　常温下和不同热处理方式下 S304 试件的循环强化参数

试件	E（GPa）	K'（MPa）	n'	试件	E（GPa）	K'（MPa）	n'
常温	151.21	3 422.618	0.469	热处理方式 2			
热处理方式 1				100 ℃	219.05	3 844.804	0.494
100 ℃	167.11	2 974.321	0.440	300 ℃	147.84	2 647.922	0.416
200 ℃	213.36	4 225.527	0.520	500 ℃	262.53	3 033.144	0.445
300 ℃	308.56	3 446.543	0.472	700 ℃	248.42	4 971.828	0.536
400 ℃	254.31	4 071.485	0.513	900 ℃	215.93	4 451.607	0.533
500 ℃	156.03	2 990.781	0.433	热处理方式 3			
600 ℃	203.92	3 428.572	0.470	100 ℃	197.63	3 175.983	0.464
700 ℃	175.27	4 238.419	0.517	300 ℃	197.77	3 091.990	0.441
800 ℃	354.80	5 205.648	0.556	500 ℃	203.82	2 864.282	0.429
900 ℃	182.19	3 993.837	0.506	700 ℃	200.28	4 330.668	0.495
1 000 ℃	194.71	2 214.902	0.381	900 ℃	201.38	4 561.690	0.538

表 4-15　常温下和不同热处理方式下 S316 试件的循环强化参数

试件	E(GPa)	K'(MPa)	n'	试件	E(GPa)	K'(MPa)	n'
常温	255.41	2 055.536	0.353	热处理方式 2			
热处理方式 1				100 ℃	203.08	1 798.690	0.327
100 ℃	215.46	1 865.734	0.346	300 ℃	235.12	1 911.523	0.333
200 ℃	186.75	1 973.860	0.354	500 ℃	221.15	2 963.084	0.431
300 ℃	219.83	1 975.556	0.348	700 ℃	207.93	2 262.310	0.381
400 ℃	240.36	2 051.751	0.361	900 ℃	179.56	2 205.462	0.382
500 ℃	243.22	2 023.522	0.358	热处理方式 3			
600 ℃	187.55	1 988.292	0.347	100 ℃	321.23	1 934.866	0.344
700 ℃	256.33	2 102.854	0.356	300 ℃	236.90	1 897.993	0.334
800 ℃	189.62	2 059.457	0.353	500 ℃	191.98	1 799.875	0.325
900 ℃	257.58	1 969.489	0.343	700 ℃	202.18	1 909.922	0.349
1 000 ℃	202.45	2 153.852	0.368	900 ℃	264.66	2 163.057	0.372

　　通过图 4-29、图 4-30、表 4-14、表 4-15 发现，Ramberg-Osgood 模型可以较好地拟合出奥氏体不锈钢在循环荷载作用下的骨架曲线。从循环骨架曲线与单调曲线的对比中可以看出，随着循环次数的增大，不锈钢的强度提高，尤其是循环后期强度提高较明显。

4.6　本章小结

　　本章对碳素结构钢 Q235 和 Q345、奥氏体不锈钢 S304 和 S316 这 4 种钢材进行高温后低周反复加载试验，得到了滞回曲线和典型力学性能指标，确定了高温后循环荷载下的动力本构关系，并采用 Ramberg-Osgood 模型对循环荷载下的应力-应变曲线进行拟合，得到 Q235、Q345、S304 和 S316 这 4 种钢材在循环荷载下的一维应力-应变关系曲线，为火灾后结构钢材滞回性能评估提供了依据。

第 5 章　高温后焊缝与螺栓连接的
力学性能

5.1　引言

　　螺栓和焊缝连接是空间结构两种主要的连接方式,也是火灾后钢结构残余承载力鉴定的重点。本章详细阐述了对国内常用的 Q235-E4303 焊条对接焊缝、Q345-E5016 焊条对接焊缝以及 8.8S 和 10.9S 高强螺栓高温后抗拉性能进行试验研究的过程,分析了过火温度对 2 种对接焊缝和 2 种高强螺栓抗拉强度和破坏位置的影响,得到了不同过火温度后对接焊缝的屈服强度、极限强度以及高强螺栓抗滑承载力、抗滑系数、抗剪承载力等力学性能指标,为火灾后钢结构对接焊缝连接和螺栓连接的力学性能评估提供了科学依据。

5.2　零载高温后焊缝连接的力学性能

5.2.1　试件设计

　　首先将两块 120 mm 宽、1 500 mm 长的钢板用焊透的对接焊缝焊接在一起(图 5-1(a)),之后采用线切割的方法进行加工(试件的尺寸如图 5-1(b)所示),并将试件的表面打磨平整(图 5-2)。Q235 钢板厚 10 mm,Q345 钢板厚 8 mm,根据《钢结构焊接规范》(GB/T 50661—2011),分别采用 E4303 和 E5016 焊条焊接。试件的制作参数见表 5-1。

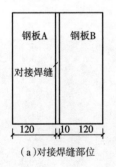
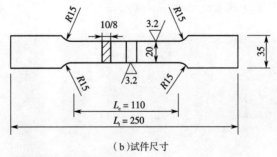

（a）对接焊缝部位　　　　　　　　　　　　　　（b）试件尺寸

图 5-1　对接焊缝试件设计示意图

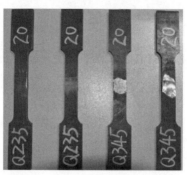

图 5-2 对接焊缝连接试件实物图

表 5-1 对接焊缝试件参数

试件编号	钢材	厚度	焊条型号	焊条直径	焊接电流	焊接电压	焊接速度
Q235-E4303	Q235B	10 mm	E4303	4 mm	160 A	26 V	15~20 cm/min
Q345-E5016	Q345B	8 mm	E5016	4 mm	190 A	22 V	

5.2.2 热处理与加载方案

试件的热处理设备采用中环节能箱式电炉 SX-G36123，以 10~20 ℃/min 的速率加热至目标温度，持温 30 min 后取出冷却至室温。目标温度取 20 ℃、400 ℃、500 ℃、600 ℃、700 ℃、800 ℃。

试件的拉伸采用 600 kN 微机控制电液伺服万能试验机，记录试件的荷载-位移曲线，根据《焊接接头拉伸试验方法》(GB/T 2651—2008)进行拉伸。

5.2.3 热处理与拉伸破坏后试件外观

高温后试件的外观如图 5-3 所示，可以看出试件经历超过 500 ℃的高温后，表面出现碳化层，温度达到 800 ℃时，碳化较为严重。

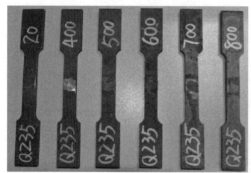
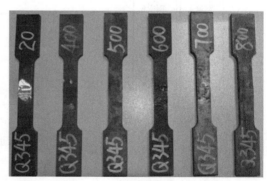

(a)Q235 (b)Q345

图 5-3 高温处理后的试件

图 5-4 为试件拉伸试验后的破坏形态。从图中可见，Q235 对接焊缝试件拉伸断裂后，颈缩和断裂的位置均在母材处。这表明在常温下和历经 400~800 ℃温度后，Q235 对接焊缝连接试件的焊缝的刚度和强度大于母材。对于 Q345 对接焊缝试件，当温度不超过 600 ℃时，试件的颈缩和断裂位置均在对接焊缝处；当温度超过 700 ℃时，试件在母材处断裂。这表明当温度不超过 600 ℃时，Q345 对接焊缝连接试件的母材的刚度和强度大于焊缝；当温度超过 700 ℃时，Q345 对接焊缝连接试件的母材的刚度和强度下降程度大于焊缝。

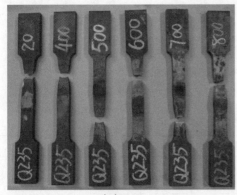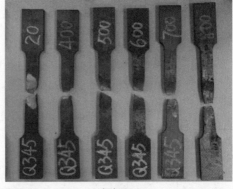

（a）Q235　　　　　　　　　　　　　　　（b）Q345

图 5-4　试件的破坏形态

5.2.4　高温后焊缝连接的力学性能

高温后焊缝的静力拉伸力学性能指标主要包括屈服强度、极限强度和断后伸长率，上述力学性能可从试件的荷载-位移曲线（图 5-5）中获得。表 5-2、表 5-3 和表 5-4 分别为对接焊缝连接试件的屈服强度、极限强度和断后伸长率的试验结果。退化系数是该温度对应的力学指标与常温下相应的力学指标的比值。图 5-6 至图 5-8 是高温后 Q235、Q345 对接焊缝连接试件的退化系数随热处理温度的变化曲线。从图中可以得出如下结论。

（1）温度不超过 600 ℃时，Q235 和 Q345 试件的屈服强度基本不变；温度超过 600 ℃时，屈服强度开始下降，且 Q345 试件的下降幅度大于 Q235；温度达到 800 ℃时，Q235 和 Q345 对接焊缝试件的屈服强度分别降至常温下的 87%和 83%。

（2）Q235 和 Q345 对接焊缝试件的极限强度分别在温度超过 400 ℃和 500 ℃时就开始下降；温度达到 800 ℃时，Q235 和 Q345 对接焊缝试件的极限强度分别折减了 9%和 13%。

（3）对接焊缝试件的断后伸长率受温度的影响很大。Q235 对接焊缝试件的断后伸长率在温度超过 500 ℃后逐渐上升；而 Q345 对接焊缝试件的断后伸长率在 400~600 ℃时下降，在温度超过 700 ℃后反而上升。历经 800 ℃的高温后，Q235 和 Q345 对接焊缝试件的断后伸长率分别增加了 42%和 38%。

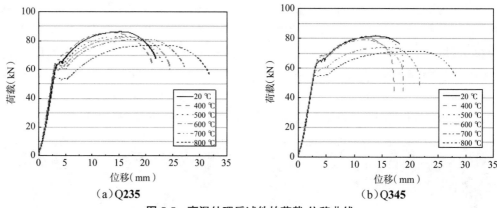

图 5-5　高温处理后试件的荷载-位移曲线

表 5-2　Q235 对接焊缝连接试件的屈服强度和极限强度

编号	温度（℃）	截面尺寸（mm）		屈服强度（MPa）			极限强度（MPa）		
		宽度	长度	屈服强度	屈服强度平均值	退化系数	极限强度	极限强度平均值	退化系数
Q235-20-1	20	20.04	9.90	320.0	316.9	1.000	435.0	427.3	1.000
Q235-20-2		20.00	9.92	310.0			425.0		
Q235-20-3		20.08	9.94	320.7			422.0		
Q235-400-1	400	20.06	9.94	338.0	338.0	1.067	432.0	430.7	1.008
Q235-400-2		20.06	9.90	345.0			435.0		
Q235-400-3		20.16	9.90	331.0			425.0		
Q235-500-1	500	20.02	9.92	311.6	318.3	1.004	418.5	419.5	0.982
Q235-500-2		20.00	9.92	314.5			420.5		
Q235-500-3		20.02	9.94	328.7			419.6		
Q235-600-1	600	20.06	9.90	310.7	309.7	0.977	414.7	416.1	0.974
Q235-600-2		20.04	9.90	308.4			416.2		
Q235-600-3		20.02	9.98	309.9			417.5		
Q235-700-1	700	20.00	9.94	301.1	298.8	0.943	407.3	414.4	0.970
Q235-700-2		20.00	9.84	301.6			414.4		
Q235-700-3		20.04	9.93	293.6			421.4		
Q235-800-1	800	20.01	9.80	282.9	274.9	0.867	392.7	388.7	0.910
Q235-800-2		20.10	9.92	271.7			383.3		
Q235-800-3		20.08	9.90	270.1			390.2		

表 5-3　Q345 对接焊缝连接试件的屈服强度和极限强度

编号	温度 (℃)	截面尺寸 (mm)		屈服强度 (MPa)			极限强度 (MPa)		
		宽度	长度	屈服强度	屈服强度平均值	退化系数	极限强度	极限强度平均值	退化系数
Q345-20-1	20	19.96	7.88	410.0	411.5	1.00	520.0	522.7	1.00
Q345-20-2		20.02	7.90	402.7			520.6		
Q345-20-3		20.00	7.75	421.7			527.6		
Q345-400-1	400	20.02	7.88	420.0	431.3	1.048	515.0	509.7	0.975
Q345-400-2		20.00	7.84	439.0			504.0		
Q345-400-3		20.03	7.90	435.0			510.0		
Q345-500-1	500	20.04	7.86	430.0	433.1	1.052	520.0	524.5	1.003
Q345-500-2		20.06	7.78	437.3			532.0		
Q345-500-3		19.98	7.88	431.9			521.5		
Q345-600-1	600	19.94	7.70	440.0	431.5	1.049	515.0	508.3	0.972
Q345-600-2		20.00	7.86	431.7			511.0		
Q345-600-3		20.00	7.96	422.8			498.8		
Q345-700-1	700	20.00	7.80	370.0	378.8	0.921	475.0	480.8	0.920
Q345-700-2		20.00	7.74	386.9			489.4		
Q345-700-3		20.04	7.86	379.4			477.9		
Q345-800-1	800	19.98	7.76	345.0	342.6	0.833	460.0	456.4	0.873
Q345-800-2		19.96	7.76	351.8			461.9		
Q345-800-3		19.94	7.76	330.9			447.4		

表 5-4　对接焊缝试件断后伸长率

温度 (℃)	断后伸长率 (%)		退化系数	
	Q235-E4303	Q345-E5016	Q235-E4303	Q345-E5016
20	24.3	23.8	1.000	1.000
400	23.4	19.2	0.963	0.807
500	25.3	20.9	1.041	0.878
600	27.1	20.2	1.115	0.849
700	29.7	24.6	1.222	1.034
800	34.4	32.8	1.416	1.378

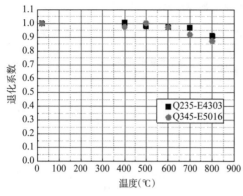
图 5-6　屈服强度退化系数随过火温度变化的趋势

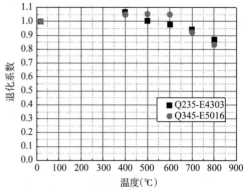
图 5-7　极限强度退化系数随过火温度变化的趋势

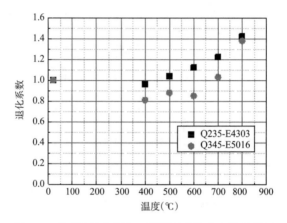

图 5-8　断后伸长率退化系数随过火温度变化的趋势

5.2.5　高温后焊缝连接力学性能预测公式

基于试验结果，对 Q235 和 Q345 对接焊缝试件的屈服强度退化系数和极限强度退化系数进行了公式拟合。式（5-1）、式（5-3）和式（5-5）分别是 Q235 和 Q345 对接焊缝连接试件的屈服强度退化系数的拟合公式。式（5-2）、式（5-4）、式（5-6）和式（5-7）分别是 Q235 和 Q345 对接焊缝连接试件的极限强度退化系数的拟合公式。从图 5-9 和图 5-10 可以看出，拟合公式与试验结果基本吻合。$f_{y,T}$ 为 T 温度下对应的屈服强度，f_y 为常温下的屈服强度，$f_{u,T}$ 为 T 温度下对应的极限强度，f_u 为常温下的极限强度。

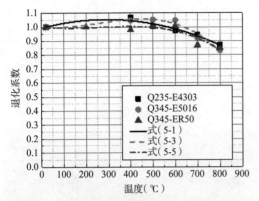

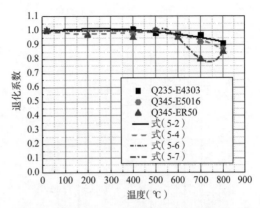

图 5-9　屈服强度退化系数及其对应的拟合公式　　图 5-10　极限强度退化系数及其对应的拟合公式

对于 Q235-E4303 试件,有

$$f_{y,T}/f_y = 0.994 + 4.139 \times 10^{-4}T - 7.129 \times 10^{-7}T^2 \quad 20\ ℃ \leqslant T \leqslant 800\ ℃ \tag{5-1}$$

$$f_{u,T}/f_u = 0.997 + 41.384 \times 10^{-4}T - 2.919 \times 10^{-7}T^2 \quad 20\ ℃ \leqslant T \leqslant 800\ ℃ \tag{5-2}$$

对于 Q345-E5016 试件,有

$$f_{y,T}/f_y = 1.002 - 1.582 \times 10^{-4}T + 1.527 \times 10^{-6}T^2 - 2.011 \times 10^{-9}T^3 \quad 20\ ℃ \leqslant T \leqslant 800\ ℃ \tag{5-3}$$

$$f_{u,T}/f_u = 1.006 - 3.422 \times 10^{-4}T + 1.259 \times 10^{-6}T^2 - 1.310 \times 10^{-9}T^3 \quad 20\ ℃ \leqslant T \leqslant 800\ ℃ \tag{5-4}$$

对于 Q345-ER50 试件,有

$$f_{y,T}/f_y = 1.004 - 1.872 \times 10^{-4}T + 9.748 \times 10^{-7}T^2 - 1.257 \times 10^{-9}T^3 \quad 20\ ℃ \leqslant T \leqslant 800\ ℃ \tag{5-5}$$

$$f_{u,T}/f_u = 1 \quad 20 \leqslant T < 500\ ℃ \tag{5-6}$$

$$f_{u,T}/f_u = -10.750 - 5.850 \times 10^{-2}T + 9.500 \times 10^{-5}T^2 - 5.000 \times 10^{-8}T^3 \quad 500\ ℃ \leqslant T \leqslant 800\ ℃ \tag{5-7}$$

5.3　零载高温后螺栓连接的力学性能

5.3.1　试件设计

为研究火灾高温后高强螺栓连接的抗滑与抗剪性能,本节选择 8.8S 与 10.9S 两种钢结构常用的高强螺栓为研究对象。试件形式如图 5-11 所示,由 4 块 Q345B 钢板和两个高强螺栓组成,螺栓直径为 16 mm。试验前对钢板表面进行清除油污及喷砂除锈等处理。

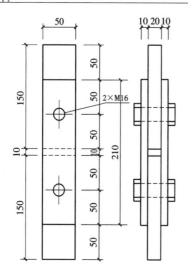

图 5-11 试验试件

参考《钢结构设计标准》(GB 50017—2017)高强螺栓抗剪承载力计算公式,即下式计算了试件的摩擦承载力、孔壁承压承载力与螺栓抗剪承载力,使得螺栓先于板件破坏,计算结果见表 5-5。按摩擦承载力设计值直接从《钢结构设计标准》(GB 50017—2017)中查表得到。

$$N_v^b = n_v \frac{\pi d^2}{4} f_v^b \qquad (5-8)$$

其中,N_v^b 为抗剪承载力(N);n_v 为受剪面数目,这里都取为 2;d 为螺栓直径 16 mm;f_v^b 为螺栓强度设计值,规范建议取 8.8S 与 10.9S 的 f_v^b 分别为 250 MPa 与 310 MPa,预估试件实际承载力时,f_v^b 分别取 400 MPa 与 500 MPa;Q345 钢板的孔壁承压承载力按照公式 $N_c^b = d \sum t f_c^b$ 计算(其中 f_c^b 为孔壁承压强度设计值),规范中 Q345 钢材承压强度建议取 590 MPa,本节设计试件时,乘以 1.3 倍的放大系数,预估的极限承载力约为 250 kN。

表 5-5   试件中螺栓、钢板承载力

构件	摩擦型承载力设计值(kN)	承压型承载力设计值(kN)	预估实际极限承载力(kN)
M16 螺栓 8.8S	80	100	160
M16 螺栓 10.9S	100	125	200
Q345B 钢板	—	—	250

基于第 2 章的试验数据可以看出,钢材强度在过火温度 300 ℃ 以下时变化较小,故本试验中将过火温度设定为 400 ℃、500 ℃、600 ℃、700 ℃、800 ℃、900 ℃ 等 6 个温度点;设置空气自然冷却组与消防喷水冷却组,各组均有两种螺栓强度等级即 8.8S 与 10.9S。除了高温处理试件外,另设置常温对照的 8.8S 与 10.9S 螺栓连接试件各 1 个,共 26 个试件。

5.3.2　热处理与静力拉伸方案

采用第 2 章中的自动控温电阻炉(图 2-6)进行热处理,采用万能试验机(图 2-8)进行静力拉伸试验,具体的试验步骤如下。

步骤 1:用自动控温电阻炉加热试件,在试件达到指定温度后恒定 30 min。

步骤 2:取出试件,进行冷却。其中,空气自然冷却是将试件置于空气中自然冷却至室温,消防喷水冷却是对试件进行喷水强制冷却。

步骤 3:运用数显式扭矩扳手测量螺栓上的扭紧力矩。

步骤 4:将试件安装到力学试验机。首先进行预加载,即先加 10%的设计荷载值(约 10 kN),停 1 min 后,再平稳加载,直至试件破坏,测量拉力-变形关系曲线。加载采用位移控制,加载速率为 5 mm/min。

步骤 5:当试验中发生以下情况之一时,对应的荷载可定为试件的抗滑移承载力,即试验机突然掉载、试件侧面发生错动、荷载-位移曲线发生突变、试件突然发出"嘭"的声音。

步骤 6:试验机加载位移增大、荷载下降或直接破坏时所对应的荷载,即为螺栓连接的极限承载力。

5.3.3　热处理与静力拉伸后试件外观

高温热处理后两种高强螺栓连接的外观现象基本一致,图 5-12 为 8.8S 高强螺栓经过高温热处理后的外观,可以看出如下现象。

(1)对于空气自然冷却试件,热处理温度在 400～600 ℃时试件无明显变化发生,热处理温度在 700 ℃以上时,空气自然冷却过程中试件表面迅速生成氧化层,试件表面变得粗糙松散,冷却后用手可以剥落。

(2)对于消防喷水冷却试件,高温后无明显变化发生,表面没有氧化层;放置 30 min 后迅速产生浮锈,热处理温度在 700 ℃以上时浮锈较少。

(a)空冷

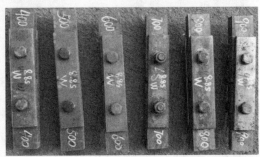
(b)水冷

图 5-12　热处理后的试件

如图 5-13 和图 5-14 所示,在静力拉伸试验的加载初期,试件无明显变化发生;随着荷载增加,盖板两侧翘曲,试件破坏形式均为螺栓破坏(包括直接剪断和过大剪切变形两种)。由于螺栓剪断属于脆性破坏,破坏时产生较大的振动,会对试验机造成损伤,因此除个别试件完全拉伸至螺栓剪断外,剩余试件在荷载突然下降后就停止加载,此时螺栓虽尚未剪断,但已发生较大的剪切变形,已经不能继续承载,试件的破坏形式如图 5-14(b)所示。如图 5-14(c)所示,试件加载至破坏后,将螺栓取下,发现钢板孔壁无明显变形,验证了本文设计试件均发生了螺栓剪切破坏,而没有发生孔壁承压破坏。

（a）8.8S 水冷

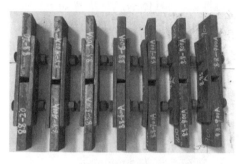

（b）8.8S 空冷

（c）10.9S 水冷

（d）10.9S 空冷

图 5-13　拉伸试验后的试件

（a）螺栓剪断

（b）未剪断的螺栓剪切变形

（c）孔壁没有明显承压变形

图 5-14　试件的破坏形式

5.3.4　高温后螺栓连接抗滑与抗剪性能

根据试验数据,绘制了 4 组螺栓连接试件荷载-位移曲线,如图 5-15 所示。为了更清晰地显示高温后螺栓连接的抗滑性能,图 5-15(图中 W 表示水冷,A 表示空冷,下同)仅给出了螺栓滑移前后的变形曲线。可以看到,多数曲线有一段水平延伸段,这是由于荷载超过高强螺栓与钢板之间摩擦力后发生相对滑移导致的,因此本节将水平段对应的荷载定义为螺栓的抗滑承载力。个别曲线没有明显的水平段,原因可能是螺栓离孔壁较近,刚刚滑移就与孔壁接触,进入孔壁承压阶段,对于这类试件,采用曲线形状突变或者荷载突变处的荷载值作为抗滑承载力。

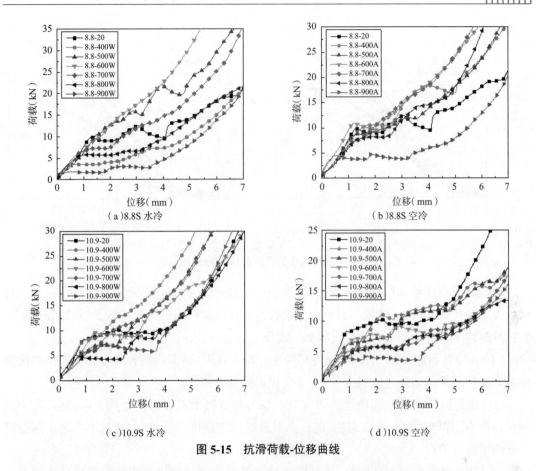

（a）8.8S 水冷

（b）8.8S 空冷

（c）10.9S 水冷

（d）10.9S 空冷

图 5-15　抗滑荷载-位移曲线

　　根据试验数据,绘制 4 组试件的全过程荷载-位移曲线,结果如图 5-16 所示。螺栓的极限抗剪承载力通过荷载峰值来确定,试验中由于螺栓剪断属于脆性破坏,会对试验机造成损伤,因此部分试件未拉伸至螺栓断裂。但结合螺栓完全剪断试件的荷载-位移曲线,发现一旦出现荷载下降,螺栓会迅速被剪断,因此验证了采用荷载下降时的峰值作为抗剪承载力是合理的。

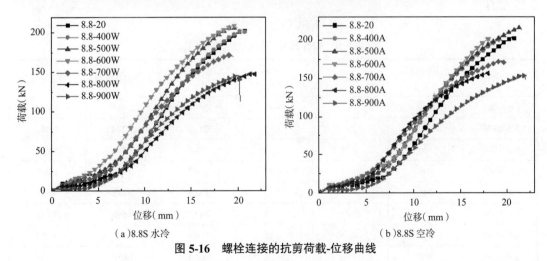

（a）8.8S 水冷

（b）8.8S 空冷

图 5-16　螺栓连接的抗剪荷载-位移曲线

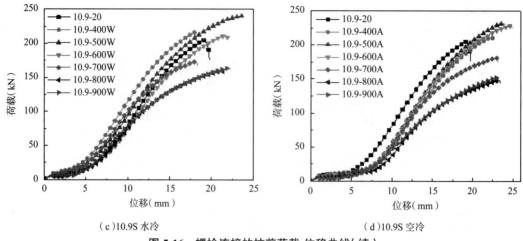

（c）10.9S 水冷　　　　　　　　（d）10.9S 空冷

图 5-16　螺栓连接的抗剪荷载-位移曲线（续）

根据高温后螺栓连接试件的静力拉伸荷载-位移曲线,可获得高温后螺栓连接试件的抗滑承载力和抗剪承载力,计算高温后抗滑承载力和抗剪承载力的退化系数,结果如表 5-6、表 5-7、图 5-17 和图 5-18 所示,可以看出如下现象。

（1）在空气自然冷却、消防喷水冷却两种冷却方式下,高温后两种高强螺栓连接的抗滑承载力和抗剪承载力随过火温度升高,其变化趋势基本相同。

（2）高温后两种高强螺栓连接的抗滑承载力和抗剪承载力总体上呈下降趋势,在个别温度点会有上升现象,为安全起见,进行高温后螺栓连接性能评估时,建议不考虑个别温度点处的增强现象。

（3）过火温度小于 600 ℃时,高温后两种高强螺栓连接的抗滑承载力和抗剪承载力与常温下的抗滑承载力相差不大。

（4）过火温度超过 600 ℃之后,高温后两种高强螺栓连接的抗滑承载力和抗剪承载力都迅速下降。在 900 ℃时抗滑承载力退化系数降至 0.6 左右,抗剪承载力退化系数降至 0.75 左右。

表 5-6　8.8S 螺栓连接试验组的结果

试件名称	热处理温度 （℃）	冷却方式	抗滑承载力 （kN）	抗剪承载力 （kN）	抗滑退化系数	抗剪退化系数
8.8-20	常温	—	9.97	203.6	1.000	1.000
8.8-400W	400	水冷	3.73	203.8	0.374	1.001
8.8-500W	500	水冷	15.94	208.3	1.599	1.023
8.8-600W	600	水冷	9.91	209.3	0.994	1.028
8.8-700W	700	水冷	7.43	172.1	0.745	0.845
8.8-800W	800	水冷	5.84	149.2	0.586	0.733
8.8-900W	900	水冷	2.91	146.4	0.292	0.719
8.8-400A	400	空冷	10.80	201.3	1.083	0.989

续表

试件名称	热处理温度 （℃）	冷却方式	抗滑承载力 （kN）	抗剪承载力 （kN）	抗滑退化系数	抗剪退化系数
8.8-500A	500	空冷	8.70	216.5	0.873	1.063
8.8-600A	600	空冷	11.00	201.6	1.103	0.990
8.8-700A	700	空冷	7.33	173.1	0.735	0.850
8.8-800A	800	空冷	8.05	156.7	0.807	0.770
8.8-900A	900	空冷	4.48	154.1	0.449	0.757

表 5-7　10.9S 螺栓连接试验组的结果

试件名称	热处理方式 （℃）	冷却方式	抗滑承载力 （kN）	抗剪承载力 （kN）	抗滑退化系数	抗剪退化系数
10.9-20	常温	—	8.29	205.4	1.000	1.000
10.9-400W	400	水冷	8.17	216.6	0.986	1.055
10.9-500W	500	水冷	7.06	240.7	0.852	1.172
10.9-600W	600	水冷	9.59	212.0	1.157	1.032
10.9-700W	700	水冷	6.36	173.7	0.767	0.846
10.9-800W	800	水冷	5.17	159.4	0.624	0.776
10.9-900W	900	水冷	5.91	164.1	0.713	0.799
10.9-400A	400	空冷	11.04	210.7	1.332	1.026
10.9-500A	500	空冷	6.20	231.3	0.748	1.126
10.9-600A	600	空冷	7.06	229.0	0.852	1.115
10.9-700A	700	空冷	6.22	181.6	0.750	0.884
10.9-800A	800	空冷	5.84	148.2	0.704	0.722
10.9-900A	900	空冷	4.20	152.1	0.507	0.741

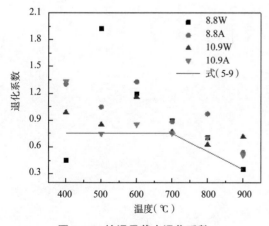

图 5-17　抗滑承载力退化系数

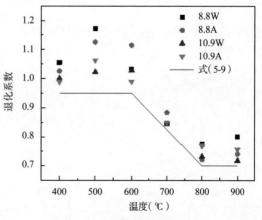

图 5-18　抗剪承载力退化系数

5.3.5　高温后力学性能预测公式

　　根据试验得到的各过火温度处理后 8.8S 与 10.9S 高强螺栓连接的抗滑承载力退化系数和抗剪承载力退化系数,同时考虑结构的安全性,拟合得出具有一定安全度的火灾后高强螺栓连接抗滑承载力退化系数和抗剪承载力退化系数预测公式,即下式。将预测公式计算结果与试验数据进行对比,结果如图 5-17 和图 5-18 所示,发现公式能够很好地反映火灾高温对高强螺栓连接性能的影响。

$$\begin{cases} \dfrac{N_{ST}}{N_{S20}} = 0.75 & 100\ ^\circ\text{C} \leqslant T \leqslant 700\ ^\circ\text{C} \\[2mm] \dfrac{N_{ST}}{N_{S20}} = 0.75 - 0.002(T-700) & 700\ ^\circ\text{C} < T \leqslant 900\ ^\circ\text{C} \end{cases} \quad (5\text{-}9)$$

$$\begin{cases} \dfrac{N_{TT}}{N_{T20}} = 0.95 & 100\ ^\circ\text{C} \leqslant T \leqslant 600\ ^\circ\text{C} \\[2mm] \dfrac{N_{TT}}{N_{T20}} = 0.95 - 0.001(T-600) & 600\ ^\circ\text{C} < T \leqslant 800\ ^\circ\text{C} \\[2mm] \dfrac{N_{TT}}{N_{T20}} = 0.75 & 800\ ^\circ\text{C} < T \end{cases} \quad (5\text{-}10)$$

其中,N_{ST} 为高温后抗滑承载力;N_{S20} 为常温下的抗滑承载力;N_{TT} 为高温后抗剪承载力;N_{T20} 为常温下的抗剪承载力。

5.4　本章小结

　　本章对国内常用的 Q235-E4303 焊条对接焊缝、Q345-E5016 焊条对接焊缝以及 8.8S 和 10.9S 高强螺栓进行了高温后抗拉性能试验研究,分析了过火温度对 2 种对接焊缝和 2 种高强螺栓抗拉强度和破坏位置的影响,给出了经历不同过火温度后对接焊缝的屈服强度、极限强度以及高强螺栓抗滑承载力、抗滑系数、抗剪承载力等力学性能指标退化系数的计算公式。

第6章 高温后螺栓球节点的力学性能

6.1 引言

螺栓球节点是空间网格结构典型的节点形式之一,根据材质不同,其可分为钢螺栓球节点和铝合金螺栓球节点。螺栓球节点通常由螺栓球、高强度螺栓、套筒、紧固螺钉、锥头或封板等部分组成。火灾会造成节点承载力出现不同程度的下降,本章通过试验和数值模拟相结合的研究方法对钢和铝合金两种材料的螺栓球节点的高温后力学性能进行了系统研究,提出了高温后节点高强螺栓抗拉(拨)承载力和螺栓球节点封板连接抗拉承载力计算方法,并给出了可供参考的相关参数取值。

6.2 高温后钢螺栓球节点力学性能

6.2.1 试件设计

为研究节点尺寸对高温后螺栓球节点承载力的影响规律,参考《空间网格结构技术规程》(JGJ 7—2010)设计了 3 组不同规格的钢螺栓球节点,试件示意图如图 6-1 所示。

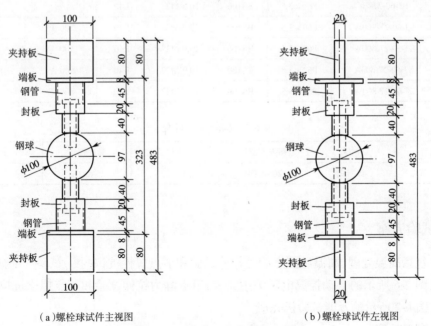

（a）螺栓球试件主视图   （b）螺栓球试件左视图

图 6-1 钢螺栓球节点试件示意图

为研究过火温度和冷却方式对高温后螺栓球节点承载力的影响规律,每组设计 5 个试件,包括 1 个不经高温处理的试件,1 个经 300 ℃高温处理并消防喷水冷却至室温的试件,1 个经 600 ℃高温处理并消防喷水冷却至室温的试件,1 个经 600 ℃高温处理并空气自然冷却至室温的试件和 1 个经 800 ℃高温处理并消防喷水冷却至室温的试件。用"S*X*-*D*-*d*-*T*"的形式对试件进行编号,其中"S"表示钢材,"*X*"表示试件组号,"*D*"表示与节点连接的钢管直径,"*d*"表示螺栓直径,"*T*"表示过火温度。过火温度后的字母表示冷却方式,"W"表示消防喷水冷却,"A"表示空气自然冷却。各组试件的具体尺寸及构配件材料见表 6-1 和表 6-2。

表 6-1　钢螺栓球节点试件信息汇总

序号	试件编号	管材	球体	螺栓	套筒	过火温度	冷却方式
1	S1-48-22-20	P48×3.5	BS100	10.9-M22	L40	—	—
2	S1-48-22-300W	P48×3.5	BS100	10.9-M22	L40	300 ℃	水冷
3	S1-48-22-600W	P48×3.5	BS100	10.9-M22	L40	600 ℃	水冷
4	S1-48-22-600A	P48×3.5	BS100	10.9-M22	L40	600 ℃	空冷
5	S1-48-22-800 W	P48×3.5	BS100	10.9-M22	L40	800 ℃	水冷
6	S2-60-22-20	P60×3.5	BS100	10.9-M22	L40	—	—
7	S2-60-22-300W	P60×3.5	BS100	10.9-M22	L40	300 ℃	水冷
8	S2-60-22-600W	P60×3.5	BS100	10.9-M22	L40	600 ℃	水冷
9	S2-60-22-600A	P60×3.5	BS100	10.9-M22	L40	600 ℃	空冷
10	S2-60-22-800W	P60×3.5	BS100	10.9-M22	L40	800 ℃	水冷
11	S3-60-27-20	P60×3.5	BS100	10.9-M27	L40	—	—
12	S3-60-27-300W	P60×3.5	BS100	10.9-M27	L40	300 ℃	水冷
13	S3-60-27-600W	P60×3.5	BS100	10.9-M27	L40	600 ℃	水冷
14	S3-60-27-600A	P60×3.5	BS100	10.9-M27	L40	600 ℃	空冷
15	S3-60-27-800W	P60×3.5	BS100	10.9-M27	L40	800 ℃	水冷

表 6-2　构配件材料表

零件名称	钢球	高强度螺栓	套筒	紧固螺钉	封板
钢螺栓球节点	45 号钢	20MnTiB	Q345/235	20MnTiB	Q345

6.2.2　试验方案

试验包括高温处理、高温后节点静力拉伸试验和节点螺栓抗拉(拔)试验三部分。高温热处理在图 2-6 所示的自动控温电阻炉中完成,节点静力拉伸试验和节点螺栓抗拉(拔)试验则通过图 6-2 所示的万能试验机完成。

6.2.2.1　高温处理

将试件排列摆放入高温炉,设定程序,以 20 ℃/min 的速率加热至低于目标温度 50 ℃

的温度,持温 15 min;加热至低于目标温度 10 ℃的温度,持温 10 min;加热至目标温度,持温 30 min 或 180 min;将试件取出,在空气中自然冷却至室温或者消防喷水冷却至室温。消防喷水冷却时,控制喷水流量和时间(喷壶喷水,每组 200 mL,喷水至不再产生烟雾后 5 s 左右),使试件温度快速降至室温。

6.2.2.2　高温后节点静力拉伸试验

高温后节点静力拉伸试验包括预加载和正式加载两部分。首先预加载 10%的设计荷载值,持荷 1 min 并确定设备稳定后,再平稳加载至试件破坏,获得螺栓球节点试件的荷载-位移曲线。加载采用位移控制的方式,加载速率为 5 mm/min。

图 6-2　万能试验机

6.2.2.3　高温后节点螺栓抗拉(拔)试验

在表 6-1 所示试件的基础上,去掉套筒、封板和管件,仅保留高强螺栓和螺栓球,进行静力拉伸试验,研究高温后高强螺栓的抗拉承载力,试件样式如图 6-3 所示。首先按试验分组设置的旋入深度将螺栓旋入螺栓球中(第 1～5 号试件的螺栓旋入深度设置为 1.1d,第 6～15 号试件的螺栓旋入深度设置为 0.5d),安装好试件后,对试件进行预加载,即先加载 10%的设计荷载值(约 10 kN),停 1 min 后,再平稳加载直至试件破坏,得到荷载-位移关系曲线。加载采用位移控制的方式,加载速率为 3 mm/min。

6.2.3　试验现象

6.2.3.1　高温处理

在热处理过程中,当温度达到 800 ℃时,螺栓球完全烧红,如图 6-4 所示。冷却至室温并静置一段时间后,经消防喷水冷却的试件表面与未经处理的试件相比基本无差别,而过火温度为 600 ℃的试件表面出现浮锈。

图 6-3　节点螺栓抗拉(拔)试验试件样式

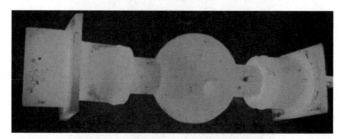

图 6-4　温度达到 800 ℃时的试件表面

　　高温处理后冷却至室温的 10.9S 高强螺栓如图 6-5 所示。可以看出,经 300 ℃高温处理并消防喷水冷却的 10.9S 高强螺栓与常温的高强螺栓相比没有明显差异;随着过火温度升高,螺栓由黑色慢慢往灰色转变;当过火温度为 600 ℃时,经消防喷水冷却的螺栓稍显灰色,金属光泽略有减弱,冷却后表面出现较少的浮锈,部分区域出现深绿色,空气自然冷却的螺栓金属光泽减弱明显,颜色变灰,冷却后表面有变黄的趋势;经 800 ℃高温处理并消防喷水冷却的螺栓显示出蓝紫色,金属光泽反而增强,表面浮锈也较少。

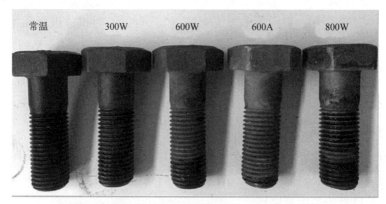

图 6-5　高温处理后冷却至室温的 10.9S 高强螺栓

6.2.3.2　高温后节点静力拉伸试验

高温后节点静力拉伸试验的破坏模式主要包括钢管拉断、端板与钢管处焊缝断裂、螺栓螺丝脱扣三种。各组试件的破坏形态如图 6-6 所示,各试件的破坏模式见表 6-3。

（a）S1-48-22

（b）S2-60-22

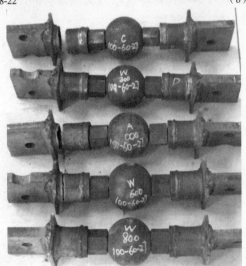

（c）S3-60-27

图 6-6　高温后各组试件节点静力拉伸试验破坏形态

表 6-3　各试件破坏模式

序号	试件编号	极限承载力（kN）	破坏模式
1	S1-48-22-20	297	钢管拉断
2	S1-48-22-300W	179	螺栓螺丝脱扣
3	S1-48-22-600W	278	钢管拉断
4	S1-48-22-600A	273	钢管拉断

续表

序号	试件编号	极限承载力（kN）	破坏模式
5	S1-48-22-800W	260	端板与钢管处焊缝断裂
6	S2-60-22-20	300	钢管拉断
7	S2-60-22-300W	381	端板与钢管处焊缝断裂
8	S2-60-22-600W	308	端板与钢管处焊缝断裂
9	S2-60-22-600A	285	钢管拉断
10	S2-60-22-800W	270	端板与钢管处焊缝断裂
11	S3-60-27-20	358	钢管拉断
12	S3-60-27-300W	302	端板与钢管处焊缝断裂
13	S3-60-27-600W	340	端板与钢管处焊缝断裂
14	S3-60-27-600A	344	钢管拉断
15	S3-60-27-800W	320	钢管拉断

有一大部分试件的钢管断裂发生在与封板连接的焊缝旁，说明由于残余应力的存在，焊缝对连接钢管有一定的削弱作用，使得该部位成为受拉薄弱部位。

6.2.3.3 高温后节点螺栓抗拉（拔）试验

旋入深度为 $1.1d$ 的试件均出现螺栓杆断裂，在断裂前可以看到螺栓有明显的颈缩现象。螺栓具有一定的延性，断后的螺栓断口比较锋利，且不在一个水平面上，破坏后的螺栓球节点及螺栓如图 6-7 所示。

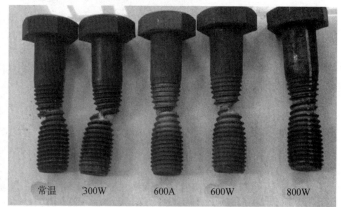

常温　　300W　　600A　　600W　　800W

图 6-7　旋入深度为 1.1d 的试件的抗拉（拔）试验现象

旋入深度为 $0.5d$ 的试件螺栓均被拔出，破坏时钢螺栓球的内螺纹直接被螺栓带出，螺纹通常是分步脱扣，即先脱扣一环再慢慢脱扣，具有一定延性，一般仍会与螺栓球有较弱的连接。节点的破坏情况及拔出后的螺栓如图 6-8 所示。

图 6-8　旋入深度为 0.5*d* 的试件的抗拉(拔)试验现象

6.2.4　试验结果

6.2.4.1　高温后节点静力拉伸试验

各试件的荷载-位移曲线如图 6-9 所示。可以看出,经高温处理后的试件的承载力通常小于未经高温处理的试件,各试件荷载-位移曲线形状较为接近, 3 组试件的破坏位移值分别为 15 mm、25 mm、20 mm。

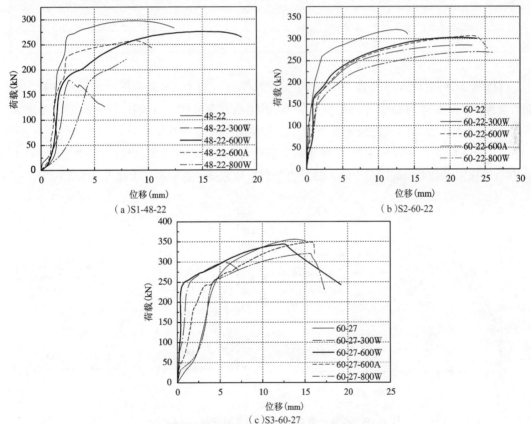

图 6-9　高温后节点静力拉伸荷载-位移曲线

6.2.4.2　高温后节点螺栓抗拉(拔)试验

高温后节点螺栓的抗拉(拔)极限承载力见表6-4,各组试件的荷载-位移曲线如图 6-10 所示。

表 6-4　各试件的抗拉(拔)极限承载力

试件编号	试件编号	极限承载力(kN)	相比常温下抗拉(拔)极限承载力的退化系数
1	22-20-1.1d	341.15	1.000
2	22-300W-1.1d	338.19	0.991
3	22-600A-1.1d	265.67	0.779
4	22-600W-1.1d	273.13	0.801
5	22-800W-1.1d	221.06	0.648
6	22-20-0.5d	165.21	1.000
7	22-300W-0.5d	174.91	1.059
8	22-600A-0.5d	167.29	1.013
9	22-600W-0.5d	159.14	0.963
10	22-800W-0.5d	131.54	0.796
11	27-20-0.5d	172.33	1.000
12	27-300W-0.5d	170.33	0.988
13	27-600A-0.5d	163.89	0.951
14	27-600W-0.5d	165.61	0.961
15	27-800W-0.5d	135.81	0.788

可以看出,对于旋入深度为 1.1d 的试件,经高温处理后 10.9S 高强螺栓的极限承载力较未经处理的 10.9S 高强螺栓有一定程度降低,退化系数在 0.648~0.991,但初始刚度基本无变化;经空气自然冷却的试件极限承载力小于经消防喷水冷却的试件。

对于旋入深度为 0.5d 的试件,极限承载力随过火温度升高而降低,当过火温度超过 800 ℃时,试件的极限承载力出现明显下降。螺栓直径和冷却方式对螺栓脱扣承载力基本无影响。

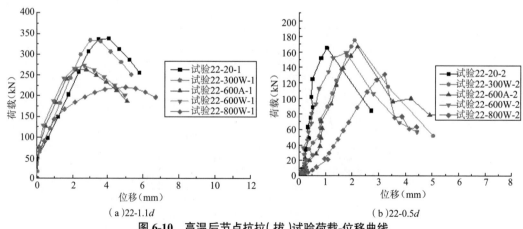

(a)22-1.1d　　　　　　　　　　　　　(b)22-0.5d

图 6-10　高温后节点抗拉(拔)试验荷载-位移曲线

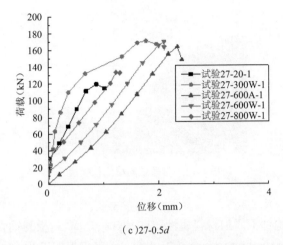

（c）27-0.5d

图 6-10　高温后节点抗拉（拔）试验荷载-位移曲线（续）

6.2.5　高温后钢螺栓球节点抗拉性能数值模拟

通过 ABAQUS 有限元软件建立钢螺栓球节点模型及带螺纹的螺栓和钢球的精细化模型，运用数值分析的方法探究高温后钢螺栓球节点抗拉性能和螺栓抗拉（拔）性能。

6.2.5.1　有限元模型的建立

1. 建立模型

1）钢螺栓球节点

在通用有限元分析软件 ABAQUS 中采用实体建模，以反映各部分之间的连接关系，同时更直观地得到内部节点的应力。钢球、钢管与螺栓按 6.2.1 节试验试件尺寸参数进行建模。考虑到节点左右对称，故模型均采用对称的 1/2 钢球结构进行建模，模型中所建的钢球、钢管、螺栓与套筒各个部件如图 6-11 所示。

（a）1/2 钢球　　　（b）钢管　　　（c）螺栓　　　（d）套筒

图 6-11　钢螺栓球节点模型中的各个部件

2）带螺纹的精细化模型

螺栓中的螺纹是螺旋上升的，但由于在普通螺栓、高强螺栓中此螺旋线的角度均很小，这里可近似的以平面类比，即由于模型整体可以由一个平面模型绕对称轴旋转而得到，模型基本样式如图 6-12 所示。

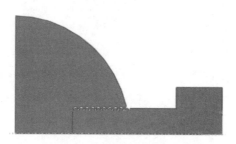

图 6-12　带螺纹的精细化模型

2. 材料属性参数

赋予模型中各个构件不同的材料属性：其中钢球、套筒、封板与钢管的材料相同或类似，初始弹性模量均设为 210 000 MPa，泊松比设为 0.3，屈服强度设为 390 MPa（实测数据），采取两折线强化材料本构模型，极限强度设为 550 MPa，极限塑性应变设为 0.1；高强螺栓强度等级为 10.9S，初始弹性模量设为 210 000 MPa，泊松比设为 0.3，屈服强度设为 900 MPa，采取两折线强化材料本构模型，极限强度设为 1 000 MPa，极限塑性应变设为 0.1。

高温后钢材强度按照本书第 2 章表 2-9、表 2-10、表 2-12 中空冷 Q345 钢材退化系数拟合计算公式进行计算，高温后 Q345 钢材与高强螺栓的材料属性取值见表 6-5 和表 6-6。

表 6-5　高温后 Q345 钢材的材料属性取值

过火温度（℃）	高温后屈服强度		高温后抗拉强度		高温后弹性模量	
	空冷（MPa）	水冷（MPa）	空冷（MPa）	水冷（MPa）	空冷（MPa）	水冷（MPa）
300	386.9	388.8	559.9	550.0	206 010	219 450
600	397.0	393.9	546.7	555.5	198 240	218 610
800	344.4	354.9	501.6	523.6	211 050	191 520

表 6-6　高温后高强螺栓的材料属性取值

过火温度（℃）	高温后屈服强度		高温后抗拉强度		高温后弹性模量	
	空冷（MPa）	水冷（MPa）	空冷（MPa）	水冷（MPa）	空冷（MPa）	水冷（MPa）
300	792	873	880	1 020	184 800	214 200
600	675	648	770	750	161 700	193 200
800	450	783	580	1 190	121 800	107 100

3. 分析步设置

1）高温后钢螺栓球节点

高温后钢螺栓球节点抗拉力学性能分析在 ABAQUS 软件的 Standard 界面中进行。设置 2 个静态（Static）分析步，并通过 Import 引入高温产生的变形，同时输入高温后不同的材料属性，具体的分析步设置如下。

（1）Contact 分析步，建立起稳定的连接。

（2）Load 分析步，施加荷载直至破坏。

2）带螺纹的精细化模型

建立具有一定残余变形的模型，同时输入高温后不同的材料属性，并设置如下 2 个静态（Static）分析步。

（1）Preload 分析步，在 Initial 分析步后设置 Preload 分析步。在这个分析步中，保持螺栓球不动，对螺栓施加一个较小的位移，使螺栓中的螺纹与钢球中的螺纹平稳而有效地建立起接触（Surface to Surface Contact）。

（2）Load 分析步，施加荷载直到螺栓球节点破坏，其中破坏包括螺栓杆拉断或者螺纹脱扣。

4. 接触设置

1）高温后钢螺栓球节点

不关注螺纹处的应力情况，将钢球与螺栓之间的连接视为稳固的连接，设置钢球与螺栓之间的连接为绑定（Tie）。对于螺栓与封板之间的接触则设为面与面之间的接触，并将接触的性质设置为切向无摩擦，法向硬接触（Hard Contact），硬接触采用默认设置。

2）带螺纹的精细化模型

定义接触面时选择刚度较大、网格划分较密集的螺栓螺纹处作为主面，钢球内螺纹则作为从面。因为这里着重分析其抗拉性能，所以螺栓螺纹的接触面主要为其螺纹的下表面，钢球内螺纹的接触面主要为钢球螺纹的上表面。

摩擦的属性设置为切向的库伦摩擦与法向的硬接触，并在定义接触时设置 0.2 的范围容错值，以考虑钢球内螺纹和螺栓螺纹的间隙。

5. 荷载和边界

1）高温后钢螺栓球节点

选取 1/2 的对称模型，把钢球的对称面耦合到一个参考点上，并约束参考点的 U3、UR1、UR2、UR3。

在 Contact 分析步中，对钢管底面施加一个沿纵向的小位移，即设置 U1 = 0、U2 = 0、U3 = 0.1，使螺栓与封板间建立平稳接触。

在 Load 分析步中，释放钢管底面的约束，依旧固定螺栓球参考点的 U3、UR1、UR2、UR3，对螺栓底面施加一个均布荷载。

2）带螺纹的精细化模型

在 Preload 分析步中，固定螺栓球的 U1、U2 与 UR3，对螺栓底面施加一个沿纵向的小位移，即设置 U1 = 0、U2 = 0.1，使螺纹间建立平稳接触。

在 Load 分析步中，依旧固定螺栓球的 U1、U2 与 UR3，对螺栓底面施加一个均布荷载，在常温分析中荷载施加到节点不能继续承载。

在 Fire 分析步中，通过场（Field）来定义温度场，施加一个较大的温度，即可保证恒载升温至构件不能继续承载。

6. 单元类型及网格划分

1）高温后钢螺栓球节点

整体采用 10 mm 左右的尺寸进行网格划分,部分细部以 2 mm 网格进行加密处理。因为结构中存在接触分析,同时为了更好地满足各种圆形边界问题,所以网格划分选用了楔形 C3D6 单元。模型中各构件及整体的网格划分如图 6-13 所示。

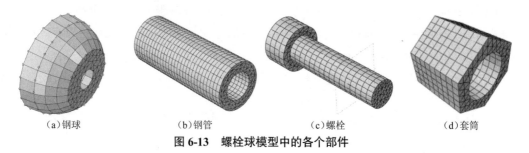

（a）钢球   （b）钢管   （c）螺栓   （d）套筒

图 6-13　螺栓球模型中的各个部件

2）带螺纹的精细化模型

采用轴对称的三节点实体单元 CAX3 进行模拟,网格划分采用三角形自由网格,网格整体采用的尺寸在 3 mm 左右,但在螺纹处加密网格划分。螺栓与钢球的网格划分如图 6-14 所示。

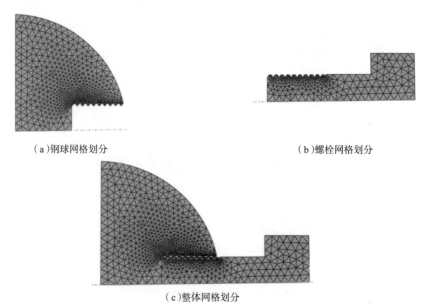

（a）钢球网格划分   （b）螺栓网格划分

（c）整体网格划分

图 6-14　精细模型网格划分

6.2.5.2　试验结果与有限元结果对比

运用本节建立的有限元模型进行计算,并与 6.2.4 节的试验结果进行对比,结果如下。

1. 高温后节点抗拉试验

高温后节点抗拉试验结果与数值模拟计算所得的抗拉极限承载力对比见表 6-7。

表 6-7　数值模拟计算承载力与试验所得承载力对比

试件编号	试验所得的极限承载力 N_{au}（kN）	模拟的极限承载力 N_{su}（kN）	N_{au}/N_{su}	N_{au}/N_{su} 的平均值
S1-48-22-20	297	243.2	1.22	
S1-48-22-300W	179	243.2	0.74	
S1-48-22-600W	278	245.6	1.13	
S1-48-22-600A	273	230.2	1.18	
S1-48-22-800W	260	231.5	1.12	
S2-60-22-20	300	308.8	0.97	
S2-60-22-300W	381	308.8	1.23	
S2-60-22-600W	308	259.1	1.19	1.08
S2-60-22-600A	285	264.5	1.07	
S2-60-22-800W	270	294.9	0.92	
S3-60-27-20	358	310.1	1.15	
S3-60-27-300W	302	310.1	0.97	
S3-60-27-600W	340	310.3	1.10	
S3-60-27-600A	344	293.8	1.17	
S3-60-27-800W	320	295.4	1.08	

表 6-7 的结果表明，螺栓球节点的数值模拟在一定程度上可以反映其高温后的真实受力性能。试验值平均约为模拟计算值的 1.08 倍，15 组数据中有 11 组的试验承载力略大于模拟出的承载力，模拟计算结果偏于保守，但与试验值相差不大，总体上模拟结果比较准确。

试验与数值模拟所得的荷载-位移曲线如图 6-15 所示。可以看出，由于实际节点中螺栓螺纹与钢球内螺纹间存在空隙及摩擦力等因素，节点中存在影响结构变形性能的因素，故使得模拟所得的荷载-位移曲线与试验所得的荷载-位移曲线有一定的差别，但整体上区别不大，试验与模拟得到的极限变形与极限承载力基本吻合。综上，本节提出的数值模拟方法可以较好地反映钢螺栓球节点高温后的实际力学性能。

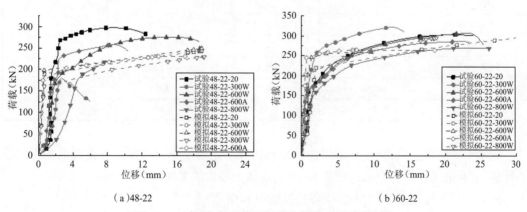

（a）48-22　　　　　　　　　　　　　（b）60-22

图 6-15　试验与数值模拟所得的荷载-位移曲线对比

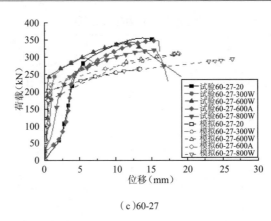

（c）60-27

图6-15 试验与数值模拟所得的荷载-位移曲线对比（续）

2.高温后节点螺栓抗拉（拔）试验

高温后节点螺栓抗拉（拔）试验结果与数值模拟计算所得的抗拉（拔）极限承载力对比见表6-8。

表6-8 数值模拟计算承载力与试验所得承载力对比

试件编号	试验所得的极限承载力 N_{au}（kN）	模拟的极限承载力 N_{su}（kN）	N_{au}/N_{su}	N_{au}/N_{su} 的平均值
22-20-1.1d	341.15	353.63	0.965	
22-300W-1.1d	338.19	356.81	0.948	
22-600A-1.1d	265.67	270.22	0.983	
22-600W-1.1d	273.13	263.87	1.035	
22-800W-1.1d	221.06	228.36	1.033	
22-20-0.5d	165.21	193.68	0.853	
22-300W-0.5d	174.91	185.52	0.943	
22-600A-0.5d	167.29	180.87	0.925	0.920
22-600W-0.5d	159.14	180.87	0.880	
22-800W-0.5d	131.54	123.28	0.937	
27-20-0.5d	172.33	213.04	0.809	
27-300W-0.5d	170.33	204.98	0.831	
27-600A-0.5d	163.89	198.33	0.826	
27-600W-0.5d	165.61	198.25	0.835	
27-800W-0.5d	135.81	135.59	0.998	

表6-8的结果表明,螺栓球节点的数值模拟在一定程度上可以反映其高温后的真实受力性能,试验值平均约为模拟计算值的92%,总体上模拟结果比较准确。

试验与数值模拟所得的荷载-位移曲线如图6-16所示。

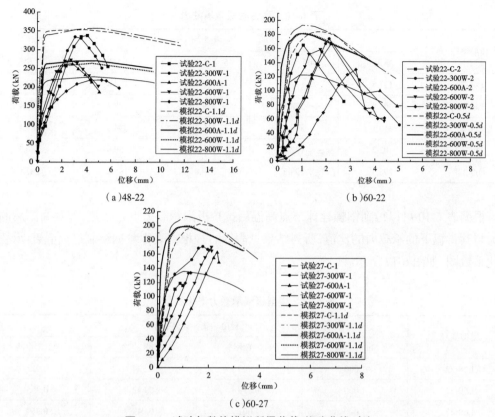

（a）48-22　　　　　　　　　　（b）60-22

（c）60-27

图 6-16　试验与数值模拟所得荷载-位移曲线对比

可以看出,试验所得的荷载-位移曲线与模拟所得的荷载-位移曲线形状基本类似,最大变形值基本相同,在加载前期也表现出类似的初始刚度。综上,按本节提出的方法对高温后螺栓抗拉(拔)性能进行数值模拟可以较好地反映其高温后的实际力学性能。

6.2.5.3　参数化分析

1. 高温后螺栓球节点抗拉性能

建立考虑经高温处理后的节点变形、残余应力与材料强度折减的有限元模型,模型参数见表 6-9。计算所得的模型的高温后抗拉极限承载力见表 6-10。

表 6-9　模型参数设置

模型编号	螺栓直径(mm)	钢管截面(mm)	封板厚度(mm)
L48-22	22	48×3.5	20
L60-22	22	60×3.5	20
L60-27	27	60×3.5	20
L60-12	12	60×3.5	20
L60-22F	22	60×3.5	12

注:L 表示受拉;L 后的数字表示钢管直径;-后的数字表示螺栓直径。

表 6-10　高温后极限承载力

模型编号	极限承载力（kN）				
	常温	300 ℃水冷	600 ℃水冷	800 ℃空冷	800 ℃水冷
L48-22	177.5	177.5	177.5	176.4	169.0
L60-22	308.8	308.8	259.1	198.4	294.9
L60-27	310.1	310.1	310.3	294.3	295.4
L60-12	102.2	102.2	76.7	59.0	120.5
L60-22F	298.3	298.3	259.0	198.4	287.1

根据表 6-10 可以得到钢螺栓球节点高温后抗拉极限承载力退化系数,即其高温后的承载力与其常温下的承载力的比值,所得结果见表 6-11。根据表中数据绘制过火温度-承载力退化系数图,如图 6-17 所示。

表 6-11　模型极限承载力退化系数

模型编号	极限承载力退化系数			
	300 ℃水冷	600 ℃水冷	800 ℃空冷	800 ℃水冷
L48-22	1.000	1.000	0.994	0.952
L60-22	1.000	0.839	0.642	0.955
L60-27	1.000	1.001	0.949	0.953
L60-12	1.000	0.750	0.577	1.179
L60-22F	1.000	0.868	0.665	0.962

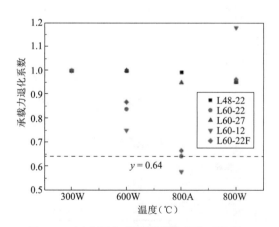

图 6-17　过火温度-极限承载力退化系数图

可以看出,对于经 300 ℃高温处理的大部分模型的极限承载力较常温下的极限承载力基本无变化。模型 L60-22 与 L60-22F 的极限承载力控制构件由钢管变为螺栓,在经过 600 ℃高温处理后,螺栓的材料强度降低较多,故承载力变化较大,退化系数在 0.64～0.87,

而 L48-22 与 L60-27 的控制构件仍为钢管，Q345 钢管材料强度降低较少，故其承载力变化不大。当采用 800 ℃高温处理并空气自然冷却至室温时，L60-22 与 L60-22F 的控制构件为螺栓；而采取消防喷水冷却时，L60-22 与 L60-22F 的控制构件为钢管，故采用不同的冷却方式所得的极限承载力相差较大。由于 L60-12 一开始即由螺栓控制，而螺栓的强度在经过高温处理后变化明显，因此承载力变化也较大。

从图 6-17 中可以看出，除经 800 ℃高温处理并空气自然冷却至室温的 L60-12 外，其他所有模型的高温后极限承载力退化系数均在 0.64 以上，可以保守地将 0.64 作为受拉螺栓球节点高温后的承载力退化系数，在预估高温后的螺栓球受拉承载力时直接将其乘以常温下的承载力，进行承载力的折减。

分析 L60-22 与 L60-27 发现，虽然在常温下节点的极限承载力均由钢管控制，但在高温后 L60-27 并没有发生破坏位置的转换，说明在满足规范要求的情况下。虽然常温下螺栓直径并不影响节点的整体承载力，但有更多强度储备的螺栓在火灾后的结构中更为安全。

2. 高温后节点螺栓抗拉(拔)性能

考虑螺栓直径、过火温度、旋入深度等因素对高温后钢螺栓球节点抗拉(拔)性能的影响，建立多个精细化模型，参数设计见表 6-12。

表 6-12　带螺纹精细化模型参数设计

模型编号	螺栓直径(mm)	过火温度(℃)	旋入深度(mm)
22-1.1d	22	300、600、800	25(1.1d)
22-0.5d	22	300、600、800	12.5(0.5d)
27-1.1d	27	300、600、800	30(1.1d)
27-0.5d	27	300、600、800	15(0.5d)

注:过火温度为 600 ℃与 800 ℃的试件的冷却方式分为空气自然冷却与消防喷水冷却,过火温度为 300℃的试件的冷却方式采用消防喷水冷却。

各组模型的计算结果见表 6-13。

表 6-13　各组模型计算结果

22-1.1d		
过火温度(℃)	极限承载力(kN)	承载力退化系数
常温	353.63	1.000
300 ℃水冷	356.81	1.009
600 ℃空冷	270.22	0.764
600 ℃水冷	263.87	0.746
800 ℃空冷	204.44	0.578
800 ℃水冷	228.36	0.646

22-0.5d		
过火温度（℃）	极限承载力（kN）	承载力退化系数
常温	193.68	1.000
300 ℃水冷	185.52	0.958
600 ℃空冷	180.87	0.934
600 ℃水冷	180.87	0.934
800 ℃空冷	189.83	0.994
800 ℃水冷	123.26	0.627
27-1.1d		
过火温度（℃）	极限承载力（kN）	承载力退化系数
常温	507.50	1.000
300 ℃水冷	510.37	1.006
600 ℃空冷	389.40	0.767
600 ℃水冷	379.12	0.747
800 ℃空冷	287.66	0.567
800 ℃水冷	359.96	0.709
27-0.5d		
过火温度（℃）	极限承载力（kN）	承载力退化系数
常温	213.04	1.000
300 ℃水冷	204.98	0.962
600 ℃空冷	198.33	0.931
600 ℃水冷	198.26	0.931
800 ℃空冷	208.63	0.979
800 ℃水冷	135.59	0.636

　　根据上述数据,计算得到 M27 模型与 M22 模型在螺栓旋入深度为 $0.5d$ 情况下的承载力降低情况,结果如图 6-18 所示。从表 6-13 可以看出, $22\text{-}0.5d$ 模型的承载力约为 $22\text{-}1.1d$ 模型承载力的 60%, $27\text{-}0.5d$ 模型的承载力约为 $27\text{-}1.1d$ 模型承载力的 50%,表明对于不同的螺栓直径,在相同的旋入深度 $0.5d$ 下,其承载力降低的程度是不同的,其中大直径的螺纹更为敏感。

　　总结上述数据发现,在高温冷却后节点的承载力大多有一定程度的降低。不同工况下的承载力退化系数分布如图 6-19 所示。从图中可以看出,在经过 300 ℃高温处理并消防喷水冷却的情况下,节点承载力变化不大;在经过 600 ℃高温处理后,采取消防喷水冷却或是空气自然冷却的方式所得的极限承载力较为接近;在经过 800 ℃高温处理后,采用空气自然冷却的节点极限承载力降为最低,但采用消防喷水冷却的节点极限承载力有所提高,一般都超过常温下的极限承载力。大部分的过火情况下承载力退化系数大于 0.55,而对比旋入深度为 $0.5d$ 的模型与旋入深度为 $1.1d$ 的模型的承载力退化系数可知, $0.5d$ 模型的承载力退化系数普遍大于相同过火条件下的 $1.1d$ 模型的承载力退化系数,这是由于 $1.1d$ 模型的极限承载力完全由螺栓杆的强度控制,而 0.5*d* 模型则是在螺纹破坏乃至脱扣的过程中,由于螺栓螺纹与钢球螺纹进入塑性阶段进而发生破坏。

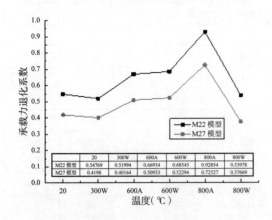

图 6-18　螺栓旋入 0.5*d* 的承载力退化系数

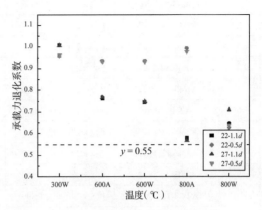

图 6-19　高温后承载力退化系数

6.3　高温后铝合金螺栓球节点力学性能

6.3.1　试件设计

参考《空间网格结构技术规程》(JGJ 7—2010)设计 3 组不同规格的铝合金螺栓球节点,如图 6-20 所示。每组包括 5 个试件,其中有 1 个不经高温处理的试件,1 个经 100 ℃高温处理并消防喷水冷却至室温的试件,1 个经 300 ℃高温处理并消防喷水冷却至室温的试件,1 个经 500 ℃高温处理并空气自然冷却至室温的试件和 1 个经 500 ℃高温处理并消防喷水冷却至室温的试件。用"AX-D-d-T"的形式对试件进行编号,其中"A"表示铝合金材料,"X"表示试件组号,"D"表示与节点连接的钢管直径,"d"表示螺栓直径,"T"表示过火温度。过火温度后的"W"表示消防喷水冷却,"A"表示空气自然冷却。各组试件的具体尺寸及构配件材料见表 6-14 和表 6-15。

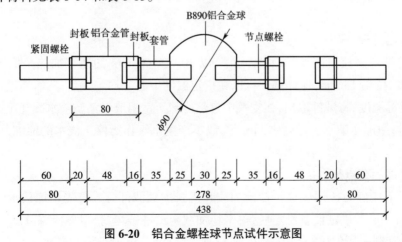

图 6-20　铝合金螺栓球节点试件示意图

表 6-14　铝合金螺栓球节点试件详细信息

序号	试件编号	管材	球体	螺栓	套筒	封板	过火温度	冷却方式
1	A1-40-14-20	P40×2.0	BS90	M14	L35	16	—	—
2	A1-40-14-100W	P40×2.0	BS90	M14	L35	16	100 ℃	水冷
3	A1-40-14-300W	P40×2.0	BS90	M14	L35	16	300 ℃	水冷
4	A1-40-14-500A	P40×2.0	BS90	M14	L35	16	500 ℃	空冷
5	A1-40-14-500W	P40×2.0	BS90	M14	L35	16	500 ℃	水冷
6	A2-48-12-20	P48×2.0	BS90	M12	L35	16	—	—
7	A2-48-12-100W	P48×2.0	BS90	M12	L35	16	100 ℃	水冷
8	A2-48-12-300W	P48×2.0	BS90	M12	L35	16	300 ℃	水冷
9	A2-48-12-500A	P48×2.0	BS90	M12	L35	16	500 ℃	空冷
10	A2-48-12-500W	P48×2.0	BS90	M12	L35	16	500 ℃	水冷
11	A3-40-14-20	P40×2.0	BS90	M14	L35	14	—	—
12	A3-40-14-100W	P40×2.0	BS90	M14	L35	14	100 ℃	水冷
13	A3-40-14-300W	P40×2.0	BS90	M14	L35	14	300 ℃	水冷
14	A3-40-14-500A	P40×2.0	BS90	M14	L35	14	500 ℃	空冷
15	A3-40-14-500W	P40×2.0	BS90	M14	L35	14	500 ℃	水冷

表 6-15　构配件材料表

零件名称	螺栓球	高强度螺栓	套筒	紧固螺钉	管材
铝合金螺栓球节点	铝合金	A2-70 不锈钢	T14/16	铝合金不锈钢	6061-T6

6.3.2　试验方案

试验包括高温处理和高温后节点静力拉伸试验两部分。高温热处理在图 6-21 所示的 SX-G36123 型电阻加热炉中完成,节点拉伸试验通过图 6-22 所示的 WAW-1000 万能试验机完成。

6.3.2.1　高温处理

将试件排列摆放入高温炉,设定程序,以 10～20 ℃/min 的速率加热至低于目标温度 10 ℃的温度,持温 15 min,保证试件可以在指定温度下充分均匀受热;然后通过炉内余热继续加热至目标温度;将试件取出,在空气中自然冷却至室温或者消防喷水冷却至室温。消防喷水冷却时,用加压喷水壶进行强制冷却,以不产生水雾作为停止浇水的标准,之后再静置 5 min。

6.3.2.2　高温后节点静力拉伸试验

高温后节点静力拉伸试验包括预加载和正式加载两部分。首先预加载 10%的设计荷载值,持荷 1 min 并确定设备稳定后,再平稳加载至试件破坏,获得螺栓球节点试件的荷载-位移曲线。加载采用位移控制的方式,加载速率为 5 mm/min。

图 6-21 SX-G36123 电阻加热炉

图 6-22 WAW-1000 万能试验机

6.3.3 试验现象

6.3.3.1 高温处理

经高温处理及冷却后的铝合金试件如图 6-23 所示,主要试验现象如下。

(1)在热处理后的各试件中,部分试件的表面始终保持较好的金属光泽,而在较高的温度下,夹持端螺栓(材料为 10.9S 高强度合金钢)表面则呈现明显的红色锈迹。其原因是铝在高温下发生迅速氧化,形成对基底金属有良好保护作用的氧化膜(主要成分为 Al_2O_3),可有效抑制合金的进一步氧化。

(2)在较低的温度下,试件表面基本仍为银白色(图 6-23(a)~(c));而在较高温度(500 ℃)下,铝合金材料表面呈现淡黄色(图 6-23(d)和(e)),合金中的其他元素(6061-T6 系列铝合金的其他主要元素为镁、硅)也产生一定程度的氧化。其原因是铝的氧化保护层可以提高合金中其他金属的抗氧化能力,且热处理的温度越高,冷却速度越慢,氧化膜越致密,保护作用越强。

(3)试件经热处理并冷却后的各部分温度的降低程度存在一定的差异,经历相同的冷却时间后,铝合金螺栓球的温度要明显高于铝合金管,两端夹持螺栓的温度也略高于铝合金管。

6.3.3.2 高温后节点静力拉伸试验

试验中各组试件均未发生管件破坏、螺栓拉断及封板冲剪破坏等强度破坏,而是发生了封板的滑丝脱扣破坏(图 6-24)。其中,除 500 ℃下的 A1-48-12 一组滑丝脱扣发生在夹持端,绝大多数的试件破坏模式为在节点端某一侧的封板从铝合金管中滑出,使得螺栓球节点突然丧失承载力。未经高温处理和经 100 ℃、300 ℃处理的试件在封板滑出时有清脆的断裂声,但经 500 ℃高温处理的试件在封板滑出时几乎不发出声音。

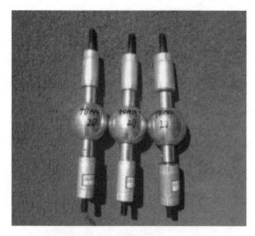

（a）常温下

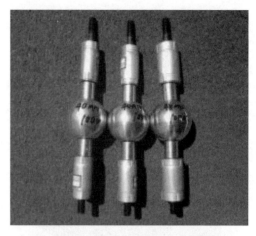

（b）经 100 ℃处理且消防喷水冷却至室温

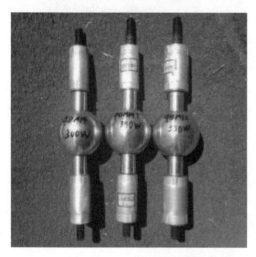

（c）经 300 ℃处理且消防喷水冷却至室温

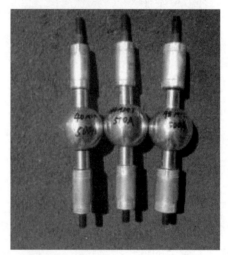

（d）经 500 ℃处理且空气自然冷却至室温

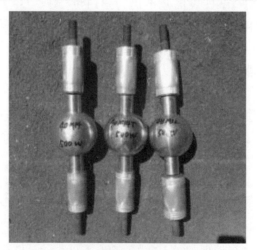

（e）经 500 ℃处理且消防喷水冷却至室温

图 6-23　经高温处理后的铝合金螺栓球节点

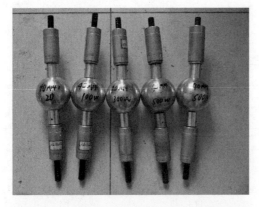

（a）A1-40-14

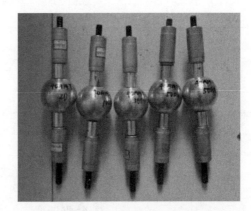

（b）A2-48-12

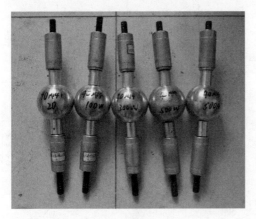

（c）A3-40-14

（d）封板破坏局部放大图

图 6-24　高温后各组试件节点静力拉伸试验破坏形态

6.3.4　试验结果

各组试件的极限承载力及极限位移见表 6-16。各组试件的荷载-位移曲线如图 6-25 所示。可以看出,随着温度的升高,节点抗拉承载力总体上呈下降的趋势,当过火温度达到 500 ℃后,节点承载力有较大幅度的降低。经过不超过 300 ℃的高温处理后的同一规格试件的极限承载力变化不大,破坏时节点中各部分材料仍处于弹性阶段。经过 500 ℃高温处理的节点的极限承载力较未经高温处理的节点均显著降低,且封板越厚,承载力下降越明显。消防喷水冷却较空气自然冷却对铝合金螺栓球节点承载力更为不利,但经消防喷水冷却的试件表现出更好的延性。

表 6-16　各组试件的极限承载力及极限位移

序号	试件编号	极限承载力（kN）	极限位移（mm）
1	A1-40-14-20	46.5	8.7
2	A1-40-14-100W	49.2	9.6
3	A1-40-14-300W	45.6	9.3

续表

序号	试件编号	极限承载力（kN）	极限位移（mm）
4	A1-40-14-500A	29.8	15.3
5	A1-40-14-500W	23.1	9.3
6	A2-48-12-20	35.9	8.7
7	A2-48-12-100W	37.8	7.7
8	A2-48-12-300W	35.8	8.4
9	A2-48-12-500A	27.9	10.9
10	A2-48-12-500W	27.3	12.6
11	A3-40-14-20	49.4	8.1
12	A3-40-14-100W	52.5	9.1
13	A3-40-14-300W	43.3	8.6
14	A3-40-14-500A	31.6	10.5
15	A3-40-14-500W	28.8	11.2

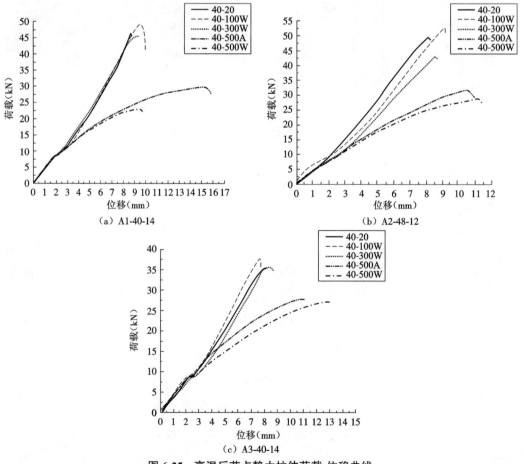

图 6-25　高温后节点静力拉伸荷载-位移曲线

6.4 高温后螺栓球节点抗拉承载力计算方法

高温后螺栓球节点抗拉承载力由高强螺栓抗拉(拔)承载力与封板连接抗拉承载力控制,两者最小值即为火灾后螺栓球节点的抗拉承载力。

6.4.1 高强螺栓抗拉(拔)承载力计算

高强螺栓的抗拉(拔)承载力由螺纹抗剪承载力和螺杆抗拉承载力控制,两者最小值即为高强螺栓抗拉承载力。

高温后高强螺栓螺纹抗剪承载力可由下式计算。

对螺杆螺纹,应满足

$$\tau = \frac{F}{\pi d_1 bz} \le [\tau] \tag{6-1}$$

对球体螺纹,应满足

$$\tau = \frac{F}{\pi Dbz} \le [\tau] \tag{6-2}$$

其中,τ为许用剪应力(MPa);F为轴向力(N);d_1为计算公扣时使用螺纹小径(mm);D为螺纹大径(mm);b为螺纹牙底宽度(mm),对于普通螺纹$b = 0.75p$(p为螺栓螺距);z为旋合圈数,无量纲,一般不要超过10(因为旋合的各圈螺纹牙受力不均,因而z不宜大于10)。

根据试验结果,发现螺纹抗剪破坏基本为螺栓球内螺纹破坏。因此,高温后高强螺栓螺纹抗剪承载力可按下式计算:

$$F = \gamma[\tau]\pi Dbz \tag{6-3}$$

其中,γ为高温后的高强螺栓抗剪承载力退化系数,根据试验结果,确定高温后退化系数的取值见表6-17和表6-18,其余温度退化系数可按线性插值确定。

表 6-17 高温后钢螺栓球节点螺纹抗剪承载力退化系数

温度(℃)	300	600	800
承载力退化系数γ	1.00	0.95	0.80

表 6-18 高温后铝合金螺栓球节点螺纹抗剪承载力退化系数

温度(℃)	100	300	500
承载力退化系数γ	1.00	0.85	0.75

高温后螺栓球节点中的高强螺栓抗拉承载力设计值N_t^b由下式计算:

$$N_t^b = \gamma A_{eff} f_t^b \tag{6-4}$$

其中,A_{eff}为高强螺栓的有效截面面积(mm²);f_t^b为高强螺栓经热处理后的强度设计值(MPa);γ为高温后的高强螺栓抗拉承载力退化系数。高温后不锈钢A2-70高强螺栓性能基本没有变化,因此退化系数 γ 取 1.00;高温后 10.9S 高强螺栓抗拉承载力退化系数见表 6-19。

根据式(6-1)至式(6-4),计算高温后高强螺栓抗拉承载力,并与试验数据进行对比,平均误差为 1.12%,最大误差为 10%。因此,本节提出的高温后高强螺栓抗拉承载力的计算公式是合理的。

表 6-19 高温后 10.9S 高强螺栓抗拉承载力退化系数

温度(℃)	300	600	800
退化系数 γ	1.00	0.80	0.65

6.4.2 螺栓球节点封板连接抗拉承载力计算

高温后螺栓球节点封板连接抗拉承载力设计值 N 由下式计算:

$$N = \gamma f A \qquad (6-5)$$

其中,f 为材料抗拉强度设计值(MPa);A 为有效截面面积(mm²);γ 为高温后封板连接抗拉承载力退化系数,根据试验数据确定,见表 6-20 和表 6-21。

表 6-20 高温后钢螺栓球节点封板连接抗拉承载力退化系数

温度(℃)	冷却方式	承载力退化系数 γ
300	水冷	0.80
600	水冷	0.90
600	空冷	0.90
800	水冷	0.90

表 6-21 高温后铝合金螺栓球节点封板连接抗拉承载力退化系数

温度(℃)	冷却方式	承载力退化系数 γ
100	水冷	1.00
300	水冷	0.90
500	水冷	0.60
500	空冷	0.50

6.5 本章小结

本章系统地研究了钢螺栓球节点和铝合金螺栓球节点高温后的力学性能,明确了过火温度、冷却方式等因素对高温后节点抗拉性能和螺栓抗拉(拔)性能的影响,通过引入高温后承载力退化系数,给出了高温后螺栓球节点抗拉承载力计算公式,包括高强螺栓抗拉(拔)承载力计算公式和螺栓球节点封板连接抗拉承载力计算公式等。

第 7 章　火灾高温后焊接空心球节点的
力学性能

7.1　引言

　　焊接空心球节点是空间网格结构常用的节点形式之一,焊接空心球节点火灾后的安全性能是结构整体安全鉴定的重要评价指标,对焊接空心球节点的高温后力学性能进行综合全面的研究具有重要意义。本章根据火灾后焊接空心球节点有无明显残余变形的情况,采用试验和有限元分析相结合的方法,分别进行了零负载工况和负载工况下高温后焊接空心球节点力学性能研究。

　　对于零负载工况,开展均匀升温—降温和 ISO 834 标准升温—降温两种工况处理后的焊接空心球节点轴心受压和偏心受压试验,考虑过火温度、冷却方式、钢材强度等级以及荷载偏心等关键因素对节点力学性能的影响,得到并分析升温—降温过程中节点的温度分布以及高温后节点的荷载-竖向位移曲线、荷载-钢管转角曲线、屈服荷载、极限承载力、延性水平和应变分布等性能指标。在试验研究的基础上,建立两种工况处理后焊接空心球节点的有限元分析模型,用经试验结果验证的可靠模型开展参数化分析,考虑不同过火温度、冷却方式、钢材强度等级、偏心率以及空心球外径、空心球壁厚、空心球外径和钢管外径之比等几何参数对高温后焊接空心球节点承载力和初始刚度的影响规律。根据参数化分析的结果,建立高温后焊接空心球节点承载力和初始轴向刚度的实用计算方法。

　　对于负载工况,考虑了材料、加肋、温度和残余变形等影响因素,对 23 个普通焊接空心球节点试件和 18 个 H 型钢焊接空心球节点试件进行高温下及负载高温后轴压试验,得到不同工况下负载高温后焊接空心球节点的残余承载力。在试验研究的基础上,对负载高温后焊接空心球节点力学性能进行数值模拟,考虑高温下和高温后钢材材料属性变化、材料非线性和几何非线性,并将有限元分析结果与试验结果进行对比,验证有限元模型的准确性,进而通过参数化分析,明确影响负载高温后焊接空心球节点承载力的因素,并提出负载高温后焊接空心球节点轴压承载力计算公式。

7.2　零负载均匀升温—降温后焊接空心球节点力学性能试验

　　为直接考察过火温度和构件性能的对应关系,本节采用可以保证构件温度均匀分布且与试验炉温相同的均匀升温—降温方法,对零负载高温后焊接空心球节点的力学性能展开试验研究。

7.2.1　试验概况

7.2.1.1　试验方案与试件设计

　　对包括 17 个轴心受压试件和 7 个偏心受压试件在内的 24 个焊接空心球节点试件进行试验研究。研究的主要参数包括过火温度、冷却方式、钢材强度等级以及荷载偏心值。各试件的详细信息见表 7-1。其中，T 为过火温度，本试验设置 300 ℃、600 ℃、700 ℃、800 ℃、900 ℃ 和 1 000 ℃ 共 6 个过火温度；D、t 分别为焊接空心球的外径和壁厚；d、L 分别为钢管的外径和长度；t_s 为钢管壁厚；e_0 为初始偏心距。试件的命名方法举例如下：J345-600-e20-A，其中 J 表示焊接空心球节点，后面紧接的数字表示钢材强度等级，即 Q345 或 Q235 钢材；之后的数字表示过火温度，数字 20 表示室温下未经高温处理试件；e 表示偏心受压，其后一个数字表示用毫米计量的偏心距的大小；最后一个大写字母表示试件的冷却方式，A 和 W 分别表示空气自然冷却和消防喷水冷却。综合考虑所采用高温电阻炉的炉膛尺寸以及工程实际情况，所有试件的空心球外径、空心球壁厚以及钢管外径均统一为工程中经常使用的 200 mm、8 mm 和 76 mm。轴心受压试件和偏心受压试件的钢管长度分别为 50 mm 和 80 mm，这是因为对于轴心受压试件，较短的钢管长度可以尽量避免加载时轴向对中误差造成的弯矩；而对于偏心受压试件，较长的钢管长度可以确保偏心压力充分转化为轴向力和弯矩的组合。为得到空心球的破坏模式，保证空心球先于钢管发生破坏，钢管壁厚设置为 10 mm。对于轴心受压试件，在两侧钢管端部各焊接一块 20 mm 厚的端板以便于施加荷载；对于偏心受压试件，除焊接端板外，还在两侧端板上额外焊接一个钢垫块以便于施加偏心荷载，钢垫块表面具有一定弧度，以实现试件两端的铰接连接。钢管与空心球之间的连接焊缝质量满足《空间网格结构技术规程》（JGJ 7—2010）的要求。轴心受压和偏心受压节点试件的尺寸详图和实物照片分别如图 7-1 和图 7-2 所示。

表 7-1　试件详细信息

试件编号	$D\times t$（mm）	$d\times L\times t_s$（mm）	T（℃）	冷却方式	钢材等级	e_0（mm）
J345-20-e0	200×8	76×50×10	—	—	Q345	0
J345-300-e0-A	200×8	76×50×10	300	空冷	Q345	0
J345-300-e0-W	200×8	76×50×10	300	水冷	Q345	0
J345-600-e0-A	200×8	76×50×10	600	空冷	Q345	0
J345-600-e0-W	200×8	76×50×10	600	水冷	Q345	0
J345-700-e0-A	200×8	76×50×10	700	空冷	Q345	0
J345-700-e0-W	200×8	76×50×10	700	水冷	Q345	0
J345-800-e0-A	200×8	76×50×10	800	空冷	Q345	0
J345-800-e0-W	200×8	76×50×10	800	水冷	Q345	0
J345-900-e0-A	200×8	76×50×10	900	空冷	Q345	0

续表

试件编号	$D \times t$（mm）	$d \times L \times t_s$（mm）	T（℃）	冷却方式	钢材等级	e_0（mm）
J345-900-e0-W	200×8	$76 \times 50 \times 10$	900	水冷	Q345	0
J345-1000-e0-A	200×8	$76 \times 50 \times 10$	1 000	空冷	Q345	0
J345-1000-e0-W	200×8	$76 \times 50 \times 10$	1 000	水冷	Q345	0
J235-20-e0	200×8	$76 \times 50 \times 10$	—	—	Q235	0
J235-600-e0-A	200×8	$76 \times 50 \times 10$	600	空冷	Q235	0
J235-800-e0-A	200×8	$76 \times 50 \times 10$	800	空冷	Q235	0
J235-1000-e0-A	200×8	$76 \times 50 \times 10$	1 000	空冷	Q235	0
J345-20-e20	200×8	$76 \times 80 \times 10$	—	—	Q345	20
J345-600-e20-A	200×8	$76 \times 80 \times 10$	600	空冷	Q345	20
J345-600-e20-W	200×8	$76 \times 80 \times 10$	600	水冷	Q345	20
J345-800-e20-A	200×8	$76 \times 80 \times 10$	800	空冷	Q345	20
J345-800-e20-W	200×8	$76 \times 80 \times 10$	800	水冷	Q345	20
J345-1000-e20-A	200×8	$76 \times 80 \times 10$	1 000	空冷	Q345	20
J345-1000-e20-W	200×8	$76 \times 80 \times 10$	1 000	水冷	Q345	20

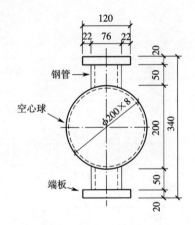

（a）尺寸详图（单位：mm）

（b）试件照片

图 7-1　轴心受压节点试件

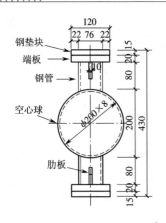

（a）尺寸详图（正视）（单位:mm）

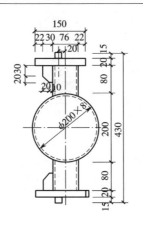

（b）尺寸详图（侧视）（单位:mm）

（c）试件照片

图 7-2　偏心受压节点试件

7.2.1.2　材料性能

本试验试件采用《空间网格结构技术规程》（JGJ 7—2010）推荐的 Q235 和 Q345 结构钢制作而成。试件所用钢材性能通过拉伸试验确定,结果见表 7-2,其中 t_c 为试件的厚度;E_s、f_y、f_u 分别为试件的弹性模量、屈服强度和极限强度;δ_u、ε_y 分别为试件的断裂应变和屈服应变。材性试件的应力-应变关系曲线如图 7-3 所示。

表 7-2　材性试验结果

试件编号	t_c（mm）	E_s（GPa）	f_y（MPa）	f_u（MPa）	δ_u（%）	ε_y（$\mu\varepsilon$）
Q345-1	8.17	206.2	398	537	37.1	1 930
Q345-2	8.05	204.3	403	538	37.0	1 973
Q345-3	8.11	202.6	403	539	38.0	1 989
平均	8.11	204.4	401	538	37.4	1 964
Q235-1	8.04	206.6	341	472	42.7	1 651
Q235-2	8.09	204.2	333	462	41.9	1 631
Q235-3	8.11	203.4	337	469	41.8	1 657
平均	8.08	204.7	337	468	42.1	1 646

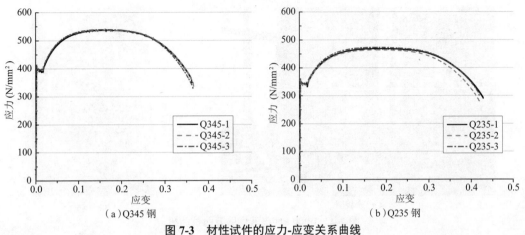

（a）Q345 钢　　　　　　　　　　　（b）Q235 钢

图 7-3　材性试件的应力-应变关系曲线

7.2.1.3　试验过程与量测内容

整个试验过程包括均匀升温—降温试验和常温下力学性能试验两个阶段。第一阶段，节点试件被均匀加热到预定的高温后冷却至室温；第二阶段，在常温下对试件进行轴压和偏压试验。在第一阶段，采用图 2-6 所示的自动控温电阻炉对试件进行加热，电阻炉内设有热电偶，可实时测量炉内温度并反馈给电炉的控制系统从而形成闭环控制。升温—降温过程与 2.2.1.3 节材料试验的过程相似。升温时，首先以 10 ℃/min 的速率将试件加热至低于目标温度 50 ℃，持温 10 min，然后以 5 ℃/min 的速率将试件加热至目标温度，再持温 30 min。采用这种加热方法一方面可以使节点试件温度分布均匀，另一方面可以防止加热温度超过目标温度。达到目标温度后将试件从炉中取出，并采用空气自然冷却和消防喷水冷却两种方式将试件冷却至室温（约 20 ℃）。对于空气自然冷却的试件，直接将试件置于空气中待其自然冷却，以模拟火灾自然熄灭的情况；对于消防喷水冷却的试件，采用在试件表面喷水的方式将其冷却至室温，以模拟消防水枪灭火的情况。整个升温—冷却路径如图 2-7 所示。消防喷水冷却所采用的喷水时间由 2.2.1.3 节中的式（2-1）计算。

升温—冷却过程完成后，采用图 7-4 所示的量程为 1 000 kN 的电液伺服万能试验机对试件进行轴压和偏压试验。加载过程首先采用力控制，以 1 kN/s 的速率加载至试件预期极限荷载的 80%，然后采用位移控制，以 2 mm/min 的速率加载至试件破坏，当试件承载力下降至峰值荷载的 85% 时判定为试件破坏。加载过程中轴压力由试验机的荷载传感器自动追踪测量并记录。对于每个轴心受压试件，采用 2 个线性可变差动变压器（Linear Variable Differential Transformer, LVDT）位移传感器、8 个电阻应变片和 8 个电阻应变花测量试件的竖向位移和应变分布；而对于每个偏心受压试件，采用 6 个 LVDT 位移传感器、8 个电阻应变片和 12 个电阻应变花测量试件的竖向位移、横向位移以及应变分布。所有的试验数据均由计算机自动采集并记录。试件各测点的布置如图 7-5 所示。

(a) 全貌图 　　　　　　　　　　　　　　　　　(b) 细部图

图 7-4　1 000 kN 电液伺服万能试验机

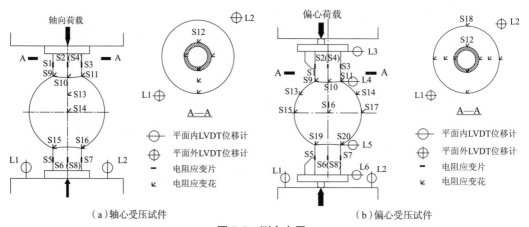

(a) 轴心受压试件 　　　　　　　　　　　　　(b) 偏心受压试件

图 7-5　测点布置

7.2.2　轴心受压试验结果及分析

7.2.2.1　破坏模式

　　经历均匀升温—降温后(后文简称"高温后"),轴心受压焊接空心球节点的破坏模式如图 7-6 所示。作为对比,常温下未过火试件 J345-20-e0 的破坏模式也包括在其中。在轴向荷载下,所有焊接空心球节点试件的破坏模式均表现为钢管周边区域空心球体的局部凹陷屈曲,而与过火温度高低、采用的冷却方式以及钢材强度等级无关。这一破坏模式与韩庆华等针对未过火焊接空心球节点轴心受压提出的弹塑性屈曲凹陷破坏模式相一致。此外,在各过火温度及不同冷却方式下,焊接空心球节点在到达极限承载力后均表现出良好的塑性变形能力,呈典型的塑性破坏特征,表明节点在火灾后依然具有良好的延性性能而不会发生脆性破坏。值得一提的是,当过火温度达到 800 ℃或更高时,节点试件表面均产生了一层深灰色或浅灰色的氧化层,在较大的荷载水平下,可以观察到明显的氧化层剥落现象。这一现象可以为火灾后判断焊接空心球节点的过火温度提供参考。

（a）J345-20-e0

（b）J345-300-e0-A

（c）J345-300-e0-W

（d）J345-600-e0-A

（e）J345-600-e0-W

（f）J345-700-e0-A

（g）J345-700-e0-W

（h）J345-800-e0-A

（i）J345-800-e0-W

（j）J345-900-e0-A

（k）J345-900-e0-W

（l）J345-1000-e0-A

（m）J345-1000-e0-W

图 7-6　高温后轴心受压节点试件的破坏模式

（n）J235-20-e0　　　　（o）J235-600-e0-A　　　　（p）J235-800-e0-A　　　　（q）J235-1000-e0-A

图 7-6　高温后轴心受压节点试件的破坏模式（续）

7.2.2.2　荷载-轴向位移曲线

高温后焊接空心球节点试件的荷载-轴向位移曲线如图 7-7 所示。整体上,试件的荷载-轴向位移曲线均首先呈线性上升趋势直至达到屈服荷载(约为 80% 的峰值荷载),之后继续平缓上升至峰值荷载,待超过峰值荷载后开始逐渐下降。但是各试件的荷载-轴向位移曲线的具体特征因过火温度和冷却方式的不同而有较大差异。以 J345 试件为例,在空气自然冷却条件下,在过火温度超过 600 ℃后,焊接空心球节点的力学性能开始发生明显变化,具体表现为承载力的显著降低和延性水平的改变;而在消防喷水冷却条件下,节点试件的力学性能则在过火温度超过 700 ℃后才发生显著变化。此外,经消防喷水冷却的节点试件比经空气自然冷却的试件具有更高的承载力。J235 试件的荷载-轴向位移曲线随过火温度的升高呈现出与 J345 试件相似的变化规律,只是其承载力明显低于 J345 试件。

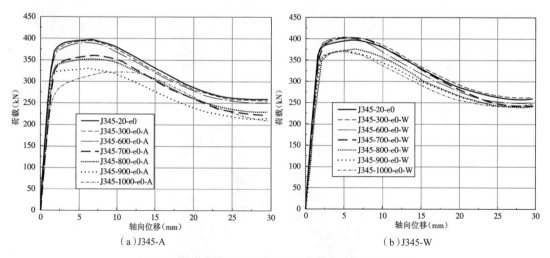

（a）J345-A　　　　　　　　　　　　　　　（b）J345-W

图 7-7　高温后轴心受压节点试件的荷载-轴向位移曲线

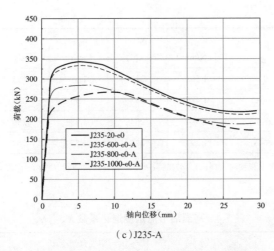

（c）J235-A

图 7-7 高温后轴心受压节点试件的荷载-轴向位移曲线（续）

7.2.2.3 初始轴向刚度

定义节点荷载与管球相交部位一侧竖向位移的初始比值为焊接空心球节点的初始轴向刚度 K_N。试验中节点球管相交部位一侧的竖向位移等于由 LVDT 位移计测量的试件总轴向位移与由应变片测量的钢管轴向位移（应变×管长）差值的一半。为了提高精度，采用节点两侧钢管上 8 个电阻应变片测量结果的平均值作为钢管的应变。为了描述高温后轴心受压焊接空心球节点初始轴向刚度的退化程度，定义节点高温后初始轴向刚度 $K_{N,PT}$ 与常温未过火时初始轴向刚度 K_N 的比值为高温后刚度退化系数 $K_{N,PT}/K_N$。试验得到的 $K_{N,PT}$ 及相应的 $K_{N,PT}/K_N$ 分别见表 7-3 和表 7-4，二者随过火温度 T 的变化规律如图 7-8 所示。

表 7-3 高温后轴心受压节点试件的试验结果

钢材等级	试件编号	$K_{N,PT}$（kN/mm）	$N_{y,PT}$（kN）	$\Delta_{y,PT}$（mm）	$N_{p,PT}$（kN）	$\Delta_{u,PT}$（mm）	$\mu_{\Delta,PT}$
	J345-20-e0	1 470	367	1.76	397	14.37	8.16
	J345-300-e0-A	1 482	361	1.78	395	13.87	7.79
	J345-300-e0-W	1 475	373	1.77	403	14.27	8.06
	J345-600-e0-A	1 448	356	1.77	390	13.87	7.84
	J345-600-e0-W	1 466	379	1.55	404	12.42	8.01
	J345-700-e0-A	1 455	330	1.94	359	14.79	7.62
	J345-700-e0-W	1 431	370	2.02	404	13.64	6.75
Q345	J345-800-e0-A	1 449	329	1.81	353	15.33	8.47
	J345-800-e0-W	1 444	352	2.25	375	13.70	6.53
	J345-900-e0-A	1 361	313	1.55	330	14.53	9.37
	J345-900-e0-W	1 359	341	1.85	371	13.31	7.19
	J345-1000-e0-A	1 275	278	2.10	322	18.87	9.46
	J345-1000-e0-W	1 282	351	1.88	372	12.24	6.51

续表

钢材等级	试件编号	$K_{N, PT}$ (kN/mm)	$N_{y, PT}$ (kN)	$\Delta_{y, PT}$ (mm)	$N_{p, PT}$ (kN)	$\Delta_{u, PT}$ (mm)	$\mu_{\Delta, PT}$
Q235	J235-20-e0	1 503	317	1.57	343	13.47	8.58
	J235-600-e0-A	1 486	308	1.56	334	13.50	8.65
	J235-800-e0-A	1 454	264	1.38	286	13.79	9.99
	J235-1000-e0-A	1 297	225	1.55	267	17.07	11.01

注：$\Delta_{y, PT}$ 为高温后节点屈服时的轴向位移；$\Delta_{u, PT}$ 为高温后节点破坏时的轴向位移；$\mu_{\Delta, PT}$ 为高温后延性系数。（详细解释见 7.2.2.5 节）

表 7-4　高温后节点刚度退化系数 $K_{N, PT}/K_N$

钢材等级	试件组别	空气自然冷却	消防喷水冷却
Q345	J345-20-e0	1.000	1.000
	J345-300-e0	1.008	1.003
	J345-600-e0	0.985	0.997
	J345-700-e0	0.990	0.973
	J345-800-e0	0.986	0.982
	J345-900-e0	0.926	0.924
	J345-1000-e0	0.867	0.872
Q235	J235-20-e0	1.000	—
	J235-600-e0	0.989	—
	J235-800-e0	0.967	—
	J235-1000-e0	0.863	—

　　当过火温度不超过 800 ℃时，J345 和 J235 的初始轴向刚度基本保持不变；随着过火温度继续升高，试件的初始轴向刚度开始显著降低。由第 2 章材料试验的结果可知，节点初始轴向刚度降低的本质原因是 Q345 和 Q235 钢材的弹性模量随过火温度的升高发生降低。当过火温度达到 1 000 ℃时，J345 和 J235 的初始轴向刚度分别降低了 13.3% 和 13.7%，表明焊接空心球节点初始轴向刚度的降低受钢材强度等级的影响很小。此外，可以看到在相同过火温度下，空气自然冷却和消防喷水冷却的试件的试验结果基本一致，表明冷却方式对于高温后焊接空心球节点初始轴向刚度的影响很小。

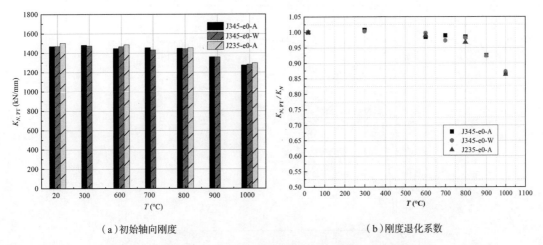

（a）初始轴向刚度　　　　　　　　　　（b）刚度退化系数

图 7-8　高温后轴压节点的初始轴向刚度和相应的刚度退化系数

7.2.2.4　屈服荷载和极限承载力

高温后焊接空心球节点试件的屈服荷载 $N_{y,PT}$ 和极限承载力 $N_{p,PT}$（峰值荷载）的确定方法如图 7-9 所示。相较于传统的作图法和能量法，采用"最远点法"确定节点的屈服点具有更为明确的物理含义和更高的准确性。试验得到的 $N_{y,PT}$ 和 $N_{p,PT}$ 值见表 7-3，二者随过火温度的变化规律如图 7-10 所示。定义屈服荷载和极限承载力退化系数分别为节点高温后屈服荷载和极限承载力 $N_{y,PT}$、$N_{p,PT}$ 与常温下未过火时屈服荷载和极限承载力 N_y、N_p 的比值，即 $N_{y,PT}/N_y$ 和 $N_{p,PT}/N_p$。试验得到的 $N_{y,PT}/N_y$ 和 $N_{p,PT}/N_p$ 值见表 7-5，二者随过火温度 T 的变化规律如图 7-11 所示。在空气自然冷却方式下，当过火温度不超过 600 ℃时，轴心受压焊接空心球节点的屈服荷载和极限承载力与未过火试件基本相同；随着过火温度的继续升高，节点的屈服荷载和极限承载力开始发生显著降低，其中屈服荷载的降低速度略快于极限承载力。以 J345 为例，当过火温度为 1 000 ℃时，屈服荷载的最大降幅为 24.4%，而极限承载的最大降幅为 19.9%。相比而言，经消防喷水冷却的试件比经空气自然冷却的试件具有更高的承载力。当过火温度高达 1 000 ℃时，消防喷水冷却条件下试件的屈服荷载和极限承载力仍可以达到未过火状态下的 90% 以上。根据第 2 章的试验结果可知，这是由于钢材经消防喷水快速冷却后发生更显著的淬火效应，因而比经空气自然冷却后的试件具有更高的强度。此外，J235 与 J345 的承载力退化趋势基本一致。

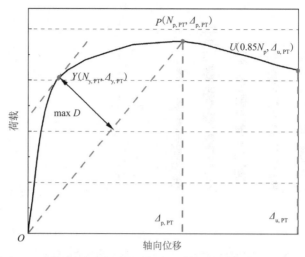

图 7-9　高温后节点试件关键参数的确定

Y—屈服点；P—峰值点；U—荷载下降至峰值荷载 85%时所对应的点

表 7-5　高温后节点的屈服荷载退化系数（$N_{y,PT}/N_y$）和极限承载力退化系数（$N_{p,PT}/N_p$）

钢材等级	试件组别	$N_{y,PT}/N_y$		$N_{p,PT}/N_p$	
		空冷	水冷	空冷	水冷
Q345	J345-20-e0	1.000	1.000	1.000	1.000
	J345-300-e0	0.984	1.016	0.995	1.015
	J345-600-e0	0.970	1.033	0.982	1.018
	J345-700-e0	0.899	1.008	0.904	1.018
	J345-800-e0	0.896	0.959	0.889	0.945
	J345-900-e0	0.853	0.929	0.831	0.935
	J345-1000-e0	0.757	0.956	0.811	0.937
Q235	J235-20-e0	1.000	—	1.000	—
	J235-600-e0	0.972	—	0.974	—
	J235-800-e0	0.833	—	0.833	—
	J235-1000-e0	0.710	—	0.778	—

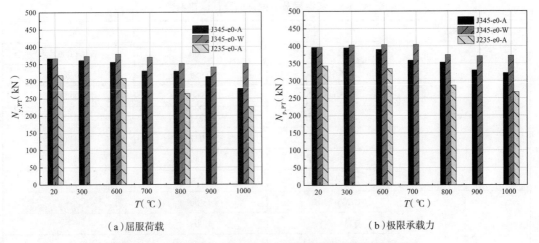

（a）屈服荷载　　　　　　　　　　　　（b）极限承载力

图 7-10　高温后轴心受压节点试件的屈服荷载和极限承载力

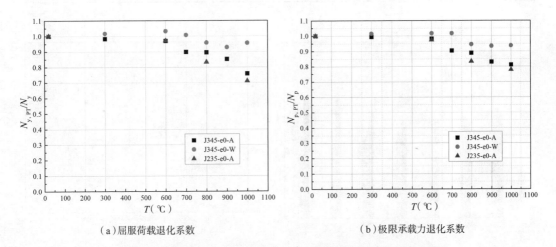

（a）屈服荷载退化系数　　　　　　　　　（b）极限承载力退化系数

图 7-11　高温后节点的屈服荷载退化系数和极限承载力退化系数

7.2.2.5　延性水平

延性系数 μ_Δ 是反映结构或构件塑性变形能力的指标,为结构或构件破坏时变形量 Δ_u 与屈服时变形量 Δ_y 的比值。本试验中,定义节点的高温后延性系数 $\mu_{\Delta,PT}$ 为高温后节点破坏点(即承载力下降至峰值荷载的 85%时)的轴向位移 $\Delta_{u,PT}$ 与屈服点的轴向位移 $\Delta_{y,PT}$ 的比值,$\Delta_{u,PT}$ 和 $\Delta_{y,PT}$ 的确定方法如图 7-9 所示。试验得到的 $\Delta_{u,PT}$、$\Delta_{y,PT}$ 以及计算得到的 $\mu_{\Delta,PT}$ 见表 7-3。为描述高温过火后焊接空心球节点延性水平的变化,定义节点延性退化系数为节点高温后延性系数 $\mu_{\Delta,PT}$ 与常温下未过火时延性系数 μ_Δ 的比值,即 $\mu_{\Delta,PT}/\mu_\Delta$,各试件的 $\mu_{\Delta,PT}/\mu_\Delta$ 见表 7-6。此外,高温后延性系数和相应的高温后延性退化系数与过火温度 T 的关系如图 7-12 所示。

表 7-6 高温后节点试件的延性退化系数

钢材等级	试件组别	空冷	水冷
Q345	J345-20-e0	1.000	1.000
	J345-300-e0	0.954	0.987
	J345-600-e0	0.960	0.981
	J345-700-e0	0.934	0.827
	J345-800-e0	1.037	0.800
	J345-900-e0	1.148	0.881
	J345-1000-e0	1.159	0.797
Q235	J235-20-e0	1.000	—
	J235-600-e0	1.009	—
	J235-800-e0	1.165	—
	J235-1000-e0	1.284	—

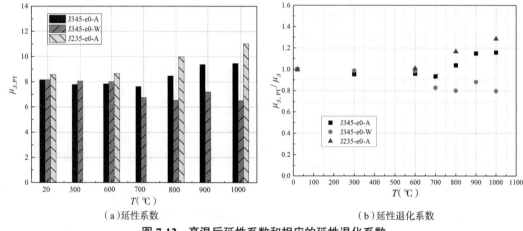

(a) 延性系数   (b) 延性退化系数

图 7-12 高温后延性系数和相应的延性退化系数

高温后,焊接空心球节点的延性水平与过火温度以及采用的冷却方式紧密相关。在空气自然冷却条件下,当过火温度超过 600 ℃时,J345 和 J235 的延性水平均随过火温度的升高呈现显著增大的趋势,当过火温度为 1 000 ℃时,二者延性水平的增幅分别为 15.9% 和 28.4%;而在消防喷水冷却条件下,由于快速冷却导致的钢材淬火效应,节点试件的延性水平在过火温度超过 600 ℃后发生显著降低,当过火温度为 1 000 ℃时降幅达 20.3%。这一现象表明相比于空气自然冷却,消防喷水冷却对于高温后焊接空心球节点的延性水平有不利影响,需在火灾后的节点安全性能评估中予以考虑。

7.2.2.6 应变分析

为了解焊接空心球节点在加载过程中的应变发展,分别采用电阻应变片和应变花对轴心受压试件的钢管纵向应变和空心球体表面应变进行测量,测点的布置如图 7-5(a) 所示。应变花由 0°、45° 和 90° 3 个应变片组成,其中 0° 和 90° 应变片分别沿空心球体的纬度和经

度方向布置,球体的纬度方向应变、经度方向应变以及剪应变可以根据下式计算:

$$\begin{cases} \varepsilon_x = \varepsilon_0 \\ \varepsilon_y = \varepsilon_{90} \\ \gamma_{xy} = 2\varepsilon_{45} - \varepsilon_0 - \varepsilon_{90} \end{cases} \tag{7-1}$$

其中,ε_x、ε_y 分别为空心球表面的纬度方向应变和经度方向应变;γ_{xy} 为剪应变;ε_0、ε_{45}、ε_{90} 为 0°、45° 和 90° 应变片的应变值。由于沿空心球壁厚方向的应变难以测量,同时空心球的壁厚与球体直径相比很小,属于典型的薄壳结构,在球体的大部分区域内沿球体壁厚的应力与沿球体表面的应力相比均很小,并非控制应力,因此采用球体表面等效应变 ε_e 来表征空心球体的应变强度,ε_e 可以通过下式计算:

$$\varepsilon_e = \frac{\sqrt{2}}{3}\sqrt{(\varepsilon_x - \varepsilon_y)^2 + \varepsilon_x^2 + \varepsilon_y^2 + \frac{3}{2}\gamma_{xy}^2} \tag{7-2}$$

图 7-13 所示为各个过火温度后焊接空心球节点试件不同位置处(位置 1~6)的荷载-应变关系曲线。由于 J235 的应变分布和发展规律与 J345 类似,故仅列出 J345 试件的结果。其中钢管应变(位置 1 和 6)分别为每个钢管上 4 个纵向应变片测量的平均值,空心球体应变(位置 2~5)是基于球体表面的应变花测量数据、由式(7-2)计算得到的等效应变。图中不同过火温度下钢材的屈服应变值根据第 2 章表 2-9、表 2-10 计算不同过火温度下的屈服强度与弹性模量后,用屈服强度除以弹性模量,得到屈服应变,即 $\varepsilon_{y,PT} = \dfrac{f_{y,PT}}{E_{PT}}$。作为对比,图中也包括了常温下未过火试件(J345-20-e0)的分析结果。可以看到,由于采用了较厚的钢管,在加载过程中钢管(位置 1 和 6)始终处于弹性阶段。而焊接空心球体上的应变发展则与所经历的过火温度、冷却方式以及测点位置密切相关。整体而言,从上至下沿着球体的经线方向(即位置 2 至 4 方向),球体的应变强度呈明显减小趋势。在一定轴压荷载下,最高的应变水平总是出现在球管交界处(位置 2 和 5),这一结论与图 7-6 所示的试件节点破坏模式相一致。在空气自然冷却条件下,空心球体的应变强度发展速度随着过火温度升高而显著加快,从而导致了高温后空心球节点的提前破坏。对于常温下未过火试件和过火温度低于 600 ℃的试件,在极限荷载下只有球管交界处(位置 2 和 5)发生屈服,其余位置均处于弹性阶段。而随着过火温度的升高,球体各位置应变强度的增长速度明显加快,球体进入屈服的区域也显著扩大。以 J345-800-e0-A 和 J345-1000-e0-A 试件为例,在峰值荷载下,除了球管交界处(位置 2 和 5),位置 3 附近区域也进入了屈服阶段。然而,在消防喷水冷却条件下,由于钢材淬火效应的影响,空心球体的应变强度和屈服区域并未随过火温度升高而表现出显著增大。

此外,可以发现节点上部钢管(位置 1)和球管交界处(位置 2)的应变强度均非常接近下部相应位置(位置 6 和 5)处的应变强度,即试件基本是关于中轴线对称的,这也验证了试件边界条件较为理想且测量结果是可靠的。

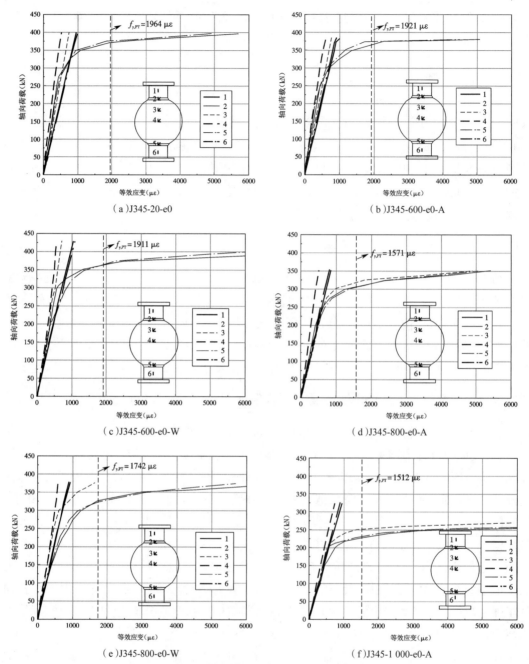

图 7-13 高温后轴心受压节点试件的荷载-应变关系曲线

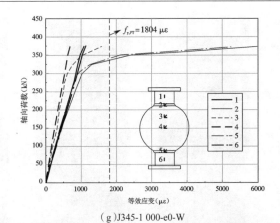

（g）J345-1 000-e0-W

图7-13 高温后轴心受压节点试件的荷载-应变关系曲线（续）

7.2.3 偏心受压试验结果及分析

7.2.3.1 破坏模式

高温后偏心受压焊接空心球节点的破坏模式如图 7-14 所示。作为对比,常温下未过火试件 J345-20-e20 的破坏模式也包括在其中。与图 7-6 所示的轴心受压试件的破坏模式相同,在偏压荷载下,节点的破坏模式亦表现为钢管周边空心球体的局部凹陷屈曲,而与过火温度以及采用的冷却方式无关,只是在轴心受压和偏心受压荷载下,球体凹陷屈曲的部位有所不同。在偏压荷载下,空心球体的局部凹陷屈曲发生在弯矩作用平面内钢管的受压一侧,不同于轴压荷载下发生在环绕钢管的区域。此外,同轴心受压试件一样,经历不同温度高温处理及不同方式冷却后,偏心受压试件在到达极限承载力后亦表现出良好的塑性变形能力,而不会发生脆性破坏。当过火温度达到 800 ℃或更高时,在试件表面同样观察到明显的深灰色和浅灰色氧化层剥落现象。

（a）J345-20-e20　　　（b）J345-600-e20-A　　　（c）J345-600-e20-W

图 7-14 高温后偏心受压节点试件的破坏模式

（d）J345-800-e20-A   （e）J345-800-e20-W   （f）J345-1000-e20-A   （g）J345-1000-e20-W

图 7-14 高温后偏心受压节点试件的破坏模式（续）

7.2.3.2 荷载-竖向位移曲线和荷载-钢管转角曲线

试验得到的高温后偏心受压焊接空心球节点试件的荷载-竖向位移关系曲线和荷载-钢管转角关系曲线分别如图 7-15 和图 7-16 所示。其中,钢管的转角通过水平布置的 LVDT 位移计测得的钢管横向位移基于几何关系换算得到。在加载过程的后期,由于试件变形过大导致横向位移计失效,因此没有得到荷载-钢管转角关系曲线的下降段。

同轴心受压节点试件一样,高温后偏心受压节点的荷载-竖向位移曲线和荷载-钢管转角曲线因过火温度、冷却方式的不同而有显著差异。在空气自然冷却条件下,过火温度为 600 ℃ 的试件 J345-600-e20-A 的荷载-竖向位移曲线和荷载-钢管转角曲线与常温下未过火试件 J345-20-e20 基本相同;而当过火温度达到 800 ℃ 和 1 000 ℃ 时,节点试件 J345-800-e20-A 和 J345-1000-e20-A 的荷载-竖向位移曲线和荷载-钢管转角曲线的峰值和初始斜率均明显降低,表明节点的极限承载力和初始刚度发生了显著退化。而在消防喷水冷却条件下,虽然节点试件的力学响应随过火温度的变化规律与空气自然冷却时相同,但在相同过火温度下,消防喷水冷却试件的极限承载力明显高于空气自然冷却试件的极限承载力。

此外,通过将图 7-15 与图 7-7 进行横向对比,可以看到荷载偏心对于节点试件力学性能的影响非常显著。无论在何种冷却条件下,相同过火温度后偏心受压试件的承载力均明显低于轴心受压试件。

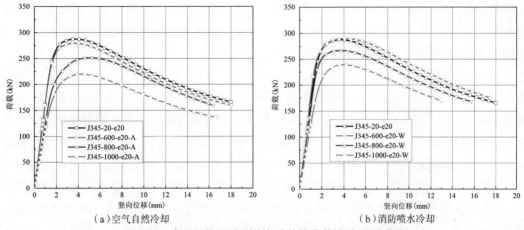

（a）空气自然冷却　　　　　　　　　　（b）消防喷水冷却

图 7-15　高温后偏心受压节点试件的荷载-竖向位移曲线

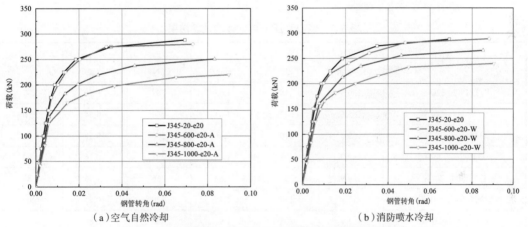

（a）空气自然冷却　　　　　　　　　　（b）消防喷水冷却

图 7-16　高温后偏心受压节点试件的荷载-钢管转角曲线

7.2.3.3　初始综合刚度

为了描述偏心受压焊接空心球节点的初始刚度,定义初始综合刚度 K_{NM} 为节点试件荷载-竖向位移关系曲线（图 7-15）的初始斜率。需要注意的是,这里的初始综合刚度不同于通常意义上的纯轴向荷载作用下的初始轴向刚度和纯弯矩作用下的初始抗弯刚度,而是为了描述偏心受压焊接空心球节点在轴向荷载和弯矩共同作用下整体刚度性能而定义的指标。试验得到的节点高温后初始综合刚度 $K_{NM,PT}$ 及其随火温度 T 的变化规律分别见表 7-7 和图 7-17（a）。为了描述高温后偏心受压焊接空心球节点初始综合刚度的退化程度,定义节点的高温后刚度退化系数为高温后初始综合刚度 $K_{NM,PT}$ 与常温下未过火时初始综合刚度 K_{NM} 的比值,即 $K_{NM,PT}/K_{NM}$。试验得到 $K_{NM,PT}/K_{NM}$ 随过火温度 T 的变化规律如图 7-17（b）所示。

在偏压荷载下,试件的初始综合刚度在过火温度不超过 600 ℃ 时基本保持不变,随着过火温度的继续升高而开始迅速降低。当过火温度为 800 ℃ 和 1 000 ℃ 时,空气自然冷却节点试件的初始综合刚度降幅分别为 14.3% 和 29.8%;而消防喷水冷却节点试件的相应降幅分别为 10.7% 和 26.9%,表明高温后偏心受压焊接空心球节点刚度的退化主要取决于其经历的过火温度,而受冷却方式的影响很小。

值得注意的是,对比图 7-17(b)和图 7-8(b)可以发现,当过火温度超过 800 ℃时,轴心受压焊接空心球节点初始刚度才表现出显著的退化趋势,而对于偏心受压节点,相应的退化起始温度为 600 ℃,明显早于轴心受压节点,且在相同过火温度下的降低幅度也更大。分析其原因不难发现,这是初始轴向刚度和初始综合刚度的定义不同所致。初始轴向刚度的定义中只考虑了空心球的变形,而初始综合刚度的定义中还包括了钢管变形,当过火温度较高时,节点表面形成氧化层,导致钢管壁厚减小。而在偏心荷载下,节点受轴力和弯矩共同作用,钢管的变形与壁厚呈高次幂函数关系,微小的壁厚削弱也会引起较大的钢管变形,故而导致偏心受压节点的初始综合刚度在较低的过火温度下便开始降低,且在相同过火温度下比初始轴向刚度降幅更大。

表 7-7 偏心受压节点试件的试验结果

试件编号	$K_{NM,PT}$ (kN/mm)	$N_{y,PT}$ (kN)	$\Delta_{y,PT}$ (mm)	$N_{p,PT}$ (kN)	$\Delta_{u,PT}$ (mm)	$\mu_{\Delta,PT}$
J345-20-e20	166.8	248	1.63	287	8.76	5.37
J345-600-e20-A	165.6	243	1.61	280	8.54	5.30
J345-600-e20-W	169.6	249	1.66	290	9.53	5.74
J345-800-e20-A	142.9	201	1.80	251	10.16	5.64
J345-800-e20-W	148.9	233	1.63	266	7.96	4.88
J345-1000-e20-A	117.1	177	1.75	220	10.53	6.02
J345-1000-e20-W	121.9	201	1.91	240	8.86	4.64

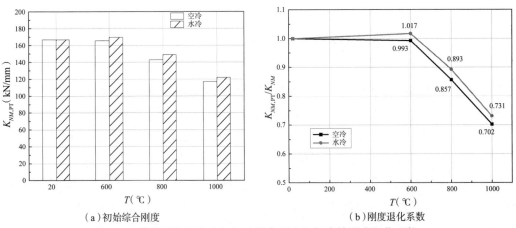

(a)初始综合刚度

(b)刚度退化系数

图 7-17 高温后偏压节点的初始综合刚度和相应的刚度退化系数

7.2.3.4 屈服荷载和极限承载力

偏心受压试件的屈服点、峰值点以及破坏点的确定方法参照图 7-9。试验得到的偏心受压焊接空心球节点的屈服荷载 $N_{\text{y,PT}}$ 和极限承载力 $N_{\text{p,PT}}$ 见表 7-7,二者随过火温度 T 的变化规律如图 7-18 所示。屈服荷载和极限承载力退化系数 $N_{\text{y,PT}}/N_{\text{y}}$ 和 $N_{\text{p,PT}}/N_{\text{p}}$ 及其随过火温度 T 的变化规律如图 7-19 所示。

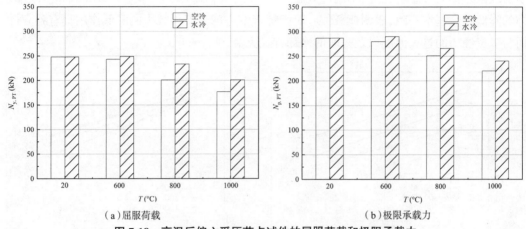

（a）屈服荷载　　　　　　　　　　　　　　（b）极限承载力

图 7-18　高温后偏心受压节点试件的屈服荷载和极限承载力

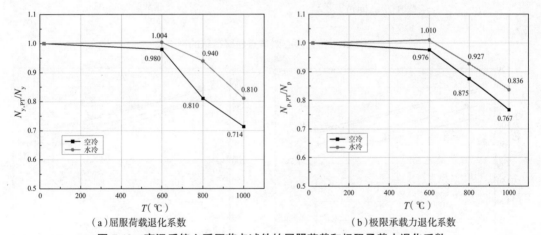

（a）屈服荷载退化系数　　　　　　　　　　（b）极限承载力退化系数

图 7-19　高温后偏心受压节点试件的屈服荷载和极限承载力退化系数

　　偏心受压节点试件承载力的退化主要与过火温度和冷却方式有关。在空气自然冷却条件下,当过火温度超过 600 ℃时,节点试件的屈服荷载和极限承载力均开始发生显著降低,而屈服荷载的降低较极限承载力更快。当过火温度达到 800 ℃和 1 000 ℃时,节点试件的屈服荷载的降幅分别为 19.0% 和 28.6%,而极限承载力相应的降幅分别为 12.5% 和 23.3%。相比而言,在消防喷水冷却条件下,虽然节点的屈服荷载和极限承载力在过火温度超过 600 ℃时亦呈降低趋势,但由于淬火效应导致钢材强度提高,其降幅明显低于空气自然冷却试件。当过火温度达到 1 000 ℃时,经消防喷水冷却的试件仍可以保留 80% 以上的初始屈服荷载和极限承载力。

　　将偏心受压试件的试验结果与轴心受压试件的试验结果进行对比,可以得到荷载偏心对于焊接空心球节点高温后屈服荷载和极限承载力的影响,结果分别如图 7-20 和图 7-21 所示。由于荷载偏心的出现,焊接空心球节点在轴向力和弯矩共同作用下的承载力显著降低,其中屈服荷载的平均降低幅度要大于极限承载力,表明相比于极限承载力,屈服荷载对于荷载偏心更为敏感。此外,不同过火温度以及不同冷却方式下,节点屈服荷载和极限承载力的降低幅度基本一致,表明荷载偏心对于焊接空心球节点承载力的降低作用具有独立性,而与节点经历的过火温度以及采取的冷却方式无关。

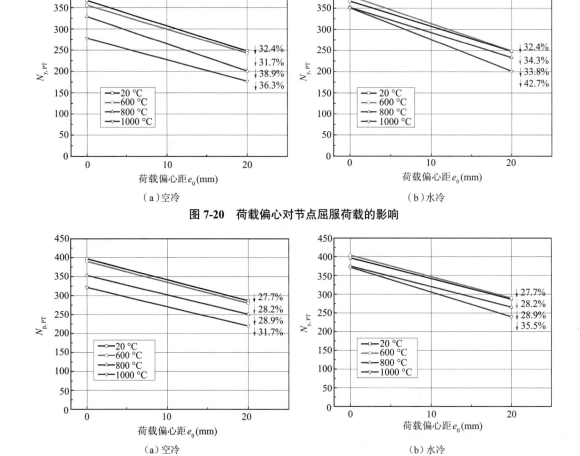

图 7-20　荷载偏心对节点屈服荷载的影响

图 7-21　荷载偏心对节点极限承载力的影响

7.2.3.5　延性水平

试验得到的偏心受压节点试件的破坏点变形量 $\Delta_{u,PT}$、屈服点变形量 $\Delta_{y,PT}$ 以及由计算得到的高温后延性系数 $\mu_{\Delta,PT}$ 见表 7-7。试验得到的节点高温后延性系数 $\mu_{\Delta,PT}$ 和相应的延性退化系数 $\mu_{\Delta,PT}/\mu_{\Delta}$ 随过火温度 T 的变化趋势如图 7-22 所示。

高温后偏心受压焊接空心球节点的延性水平主要受过火温度和冷却方式影响,其变化规律与轴心受压节点试件相似。当过火温度超过 600 ℃时,经空气自然冷却的试件的延性水平随过火温度的升高整体呈现增大的趋势,而经消防喷水冷却的试件的延性水平则随过火温度的升高呈降低趋势。然而,相比于轴心受压试件,偏心受压试件延性水平的变化幅度较小。当过火温度为 1 000 ℃时,经空气自然冷却和消防喷水冷却的试件的延性水平分别增大了 12.1%和降低了 13.6%,小于轴心受压试件,表明偏心受压焊接空心球节点的延性水平对过火温度和冷却方式的敏感度较低。

荷载偏心对于焊接空心球节点高温后延性水平的影响如图 7-23 所示。可以看出,偏心受压焊接空心球节点在轴向荷载和弯矩共同作用下,其延性水平较轴心受压时明显降低。这是因为当荷载超过峰值点后,轴心受压节点由于受力均匀,其塑性变形在球管交界的环状区域均匀发展,随着变形的增大,节点的承载力逐渐下降并最终达到破坏点(85%峰值荷载点);而偏心受压节点的塑性变形则主要集中在荷载偏心一侧,随着变形的增大,节点的承载力迅速下降,导致其塑性变形不能像轴心受压时一样充分的发展就达到破坏点。此外,不同过火温度及不同冷却方式对偏心受压焊接空心球节点延性水平的降低影响不大。

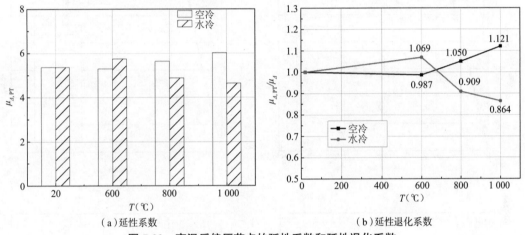

（a）延性系数　　　　　　　　　（b）延性退化系数

图 7-22　高温后偏压节点的延性系数和延性退化系数

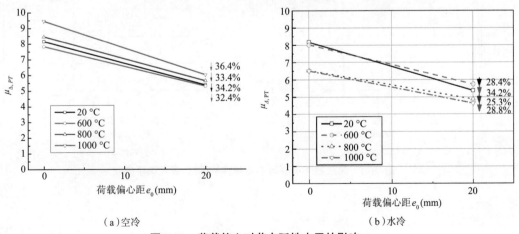

（a）空冷　　　　　　　　　（b）水冷

图 7-23　荷载偏心对节点延性水平的影响

7.2.3.6　应变分析

偏心受压试件上的应变测点布置如图 7-5(b)所示。对于钢管,采用受压和受拉侧的纵向应变作为其应变强度;对于空心球体,根据其表面应变花测量值,采用由式(7-2)计算得到的等效应变来表征球体的应变强度。

图 7-24 所示为高温后偏心受压焊接空心球节点试件不同位置处(位置 1~7)的荷载-应变关系曲线。作为对比,图中也包括了常温下未过火试件(J345-20-e20)的分析结果。可以看到,由于采用了较厚的钢管,在加载过程中钢管(位置 1 和 5)始终处于弹性阶段,这也与试验设计的初衷相一致。而对于空心球体,其应变发展主要与所经历的过火温度、冷却方式以及测点位置有关。总的来说,从上至下沿着球体的经线方向(即位置 2 至 4、6 至 7 方向),球体的应变强度呈明显减小趋势;同时,荷载偏心一侧的应变强度明显大于对侧的应变强度。因此,在一定偏压荷载下,球体的最高的应变水平总是出现在荷载偏心一侧的球管交界处(位置 2),这也与图 7-14 所示的试件节点破坏模式相符。

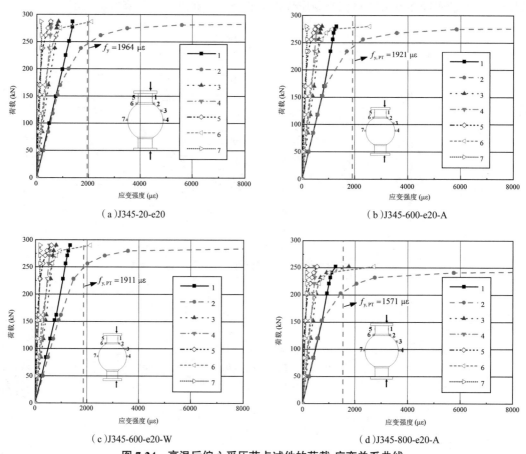

(a)J345-20-e20　　　　　　　　(b)J345-600-e20-A

(c)J345-600-e20-W　　　　　　　(d)J345-800-e20-A

图 7-24　高温后偏心受压节点试件的荷载-应变关系曲线

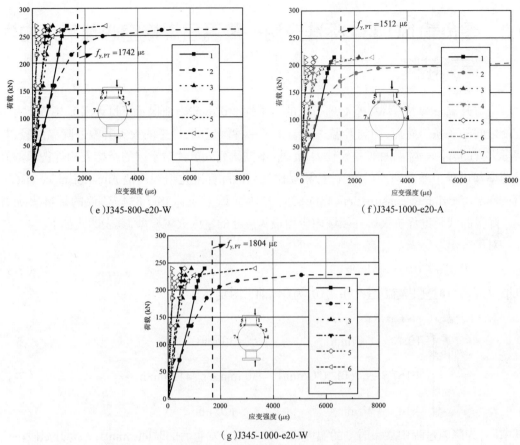

（e）J345-800-e20-W

（f）J345-1000-e20-A

（g）J345-1000-e20-W

图7-24 高温后偏心受压节点试件的荷载-应变关系曲线（续）

此外，在空气自然冷却条件下，空心球体的应变强度发展速度随过火温度升高而显著加快，从而导致了高温后空心球节点提前进入屈服阶段。对于常温下未过火试件（J345-20-e20）和过火温度为600℃的试件（J345-600-e20-A）而言，在极限荷载下只有球管交界处（位置2和6）发生屈服，其余位置均处于弹性阶段。而随着过火温度的升高，球体各位置应变强度的增长速度明显加快，同时球体进入屈服的区域也显著扩大。例如，当过火温度达到800℃和1000℃时，在峰值荷载下J345-800-e20-A和J345-1000-e20-A节点试件除球管交界处外，位置3附近的区域也进入了屈服阶段。与此不同的是，在消防喷水冷却条件下，由于钢材的淬火效应，空心球体的应变强度和屈服区域随过火温度的升高增大并不显著，如在峰值荷载下，J345-800-e20-W和J345-1000-e20-W节点试件的位置3区域并未进入屈服阶段。

将图7-24与图7-13进行对比以考察荷载偏心对于焊接空心球节点应变分布和发展的影响。可以看到，在一定的荷载水平下，球体受压侧相同位置在偏压荷载下的应变发展比在轴压荷载下更快，这也与偏心受压焊接空心球节点的承载力显著低于轴心受压节点的承载力的结论相印证。

7.3　零负载 ISO 834 标准升温—降温后焊接空心球节点力学性能试验

均匀升温—降温后焊接空心球节点的力学性能试验清晰地揭示了过火温度与节点力学性能之间的关系。然而,均匀升温—降温属于一种假定的、理想的火灾升温—降温路径,与实际火灾的升温—降温曲线差异较大;此外,不同研究人员针对不同的结构或构件选取的升温速率和过程千差万别,不利于进行相互比较。国际标准化组织规范 Fire-resistance tests—Elements of building construction(ISO 834: 2019)(以下简称 ISO 834)建议的标准火灾升温—降温曲线是世界抗火研究领域内应用最为广泛的室内火灾模型,其表达式如下。

对于升温段($t \leqslant t_h$),有

$$T_g(t) - T_g(0) = 345 \lg(8t + 1) \tag{7-3}$$

其中, $T_g(t)$ 为 t 时刻平均温度(℃); $T_g(0)$ 为升温前平均温度(℃)。

对于降温段($t > t_h$),有

$$\frac{\mathrm{d}T_g}{\mathrm{d}t} = \begin{cases} -10.417 & (℃/\mathrm{min}) & t_h \leqslant 30 \ \mathrm{min} \\ -4.167(3 - t_h/60) & (℃/\mathrm{min}) & 30 \ \mathrm{min} < t_h \leqslant 120 \ \mathrm{min} \\ -4.167 & (℃/\mathrm{min}) & t_h > 120 \ \mathrm{min} \end{cases} \tag{7-4}$$

其中, T_g 为降温过程中某一时刻的温度(℃); t 为火灾发生后的时间(min); t_h 为升温段持续时间(min)。

在 7.2 节研究的基础上,本节进一步开展 ISO 834 标准升温—降温过程后焊接空心球节点的力学性能试验研究。因 ISO 834 标准升温—降温曲线又被称为标准火灾曲线,为与 7.2 节采用均匀升温—降温路径得到的节点"高温后"力学性能进行区别,本节所得到的节点力学性能统一采用"火灾后"进行标识。

7.3.1　试验概况

7.3.1.1　试验方案与试件设计

对包括 8 个轴心受压试件和 4 个偏心受压试件在内的 12 个经历 ISO 834 标准升温—降温后的焊接空心球节点的力学性能进行试验研究。主要参数包括最高火灾温度(依据 ISO 834 标准升温—降温曲线,不同的最高火灾温度对应不同的升温时间)、钢材强度等级以及荷载偏心。试件的详细信息见表 7-8。其中, T_h 和 t_h 分别表示试件经历的最高火灾温度和相应的升温时间,本试验共考虑了 600 ℃、800 ℃和 1 000 ℃三个最高火灾温度,相应的升温时间分别为 5.9 min、22.7 min 和 86.4 min,其他符号的含义同表 7-1。试件的命名方法举例如下:J345-600-e20,其中 J 表示焊接空心球节点,其后紧接的数字表示钢材强度等级,可取 345 或 235,即分别表示 Q345 或 Q235 钢材;之后的数字表示最高火灾温度(℃),其中

数字 20 表示常温下未过火试件。所有节点试件的空心球外径、空心球壁厚以及钢管外径均统一取为工程中常用的 400 mm、14 mm 和 140 mm。试验中为了能够得到空心球的破坏模式和极限承载力,采用了比实际工程中略厚的钢管壁厚 10 mm。对于轴心受压试件,在其两侧钢管端部各焊接一块 30 mm 厚的端板以便于施加轴向荷载;而对于偏心受压试件,则在两侧钢管端部各焊接一个刚度很大的箱型加载梁以保证偏心压力可以转化为轴向力和弯矩的组合,最后在两侧加载梁上各额外焊接一个钢垫块以便施加偏心荷载,钢垫块表面具有一定弧度,以实现试件两端的铰接连接。轴心受压和偏心受压节点试件的尺寸详图和实物照片分别如图 7-25 和图 7-26 所示。

表 7-8 试件详细信息

试件编号	$D \times t$ (mm)	$d \times L \times t_s$ (mm)	T_h (℃)	t_h (min)	钢材等级	e_0 (mm)
J345-20-e0	400×14	140×100×10	—	—	Q345	0
J345-600-e0	400×14	140×100×10	600	5.9	Q345	0
J345-800-e0	400×14	140×100×10	800	22.7	Q345	0
J345-1000-e0	400×14	140×100×10	1 000	86.4	Q345	0
J235-20-e0	400×14	140×100×10	—	—	Q235	0
J235-600-e0	400×14	140×100×10	600	5.9	Q235	0
J235-800-e0	400×14	140×100×10	800	22.7	Q235	0
J235-1000-e0	400×14	140×160×10	1 000	86.4	Q235	0
J345-20-e40	400×14	140×160×10	—	—	Q345	40
J345-600-e40	400×14	140×160×10	600	5.9	Q345	40
J345-800-e40	400×14	140×160×10	800	22.7	Q345	40
J345-1000-e40	400×14	140×160×10	1 000	86.4	Q345	40

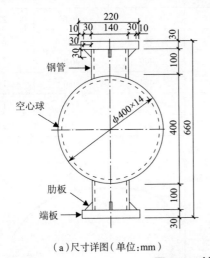

（a）尺寸详图（单位:mm）　　　　　　（b）试件照片

图 7-25 轴心受压节点试件

7.3.1.2 材料性能

为测量钢材的力学性能,分别对与制作节点试件所用钢材同批次的 Q235 和 Q345 结构钢进行材料静力拉伸试验。材性试验的结果列于表 7-9,其中各符号的含义同表 7-2,应力-应变曲线如图 7-27 所示。

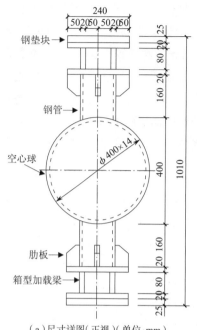

（a）尺寸详图（正视）（单位:mm）　（b）尺寸详图（侧视）（单位:mm）　（c）试件照片

图 7-26　偏心受压节点试件

表 7-9　材性试验结果

试件编号	t_c（mm）	E_s（GPa）	f_y（MPa）	f_u（MPa）	δ_u（%）	ε_y（$\mu\varepsilon$）
Q345-1	14.24	209.6	447	560	40.2	2 133
Q345-2	14.02	208.7	457	566	41.2	2 190
Q345-3	14.20	208.5	459	555	40.6	2 201
平均	14.15	208.9	454	560	40.7	2 175
Q235-1	14.04	206.2	342	469	40.8	1 659
Q235-2	14.19	204.2	341	464	40.6	1 670
Q235-3	14.01	202.5	347	473	41.8	1 714
平均	14.08	204.3	343	469	41.1	1 681

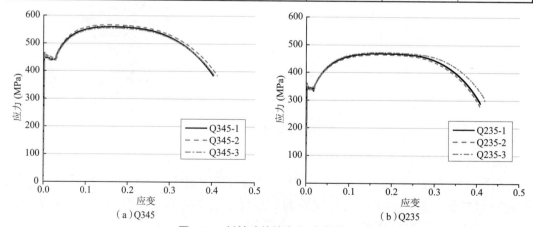

图 7-27　材性试件的应力-应变曲线

7.3.1.3　试验过程和测量内容

　　整个试验分为按照 ISO 834 标准火灾曲线进行的升温—降温试验和常温下力学性能试验两部分。升温—降温试验在公安部天津消防研究所的结构构件抗火试验炉中进行,设备实物如图 7-28(a)所示。试验炉平面尺寸为 4.0 m×4.0 m,高 2.5 m,炉内设置有 12 个燃气燃烧器,每个燃烧器都可以独立控制以实现炉内各处温度均匀的目的。试验炉内的气压可以实现自动控制,试验全过程炉内气压均满足 ISO 834 标准和我国《建筑构件耐火试验方法》(GB/T 9978)系列标准。炉内在不同高度处共设有 12 个热电偶,热电偶实时监控炉内温度并反馈给控制系统,控制系统通过调节每一个燃烧器喷气流量实现炉内温度的精确控制。试验时设置炉温初始值为实验室室温(约 20 ℃),试验过程中炉温按照 ISO 834 标准升温—降温曲线控制。

(a)火灾试验炉

(b)10 000 kN 液压试验机

图 7-28　主要试验设备

　　按照试验所考虑的三个最高火灾温度,即 600 ℃、800℃和 1 000 ℃,升温—降温试验也分三批次进行,分别对应于 5.9 min、22.7 min 和 86.4 min 的升温时间。由表 7-8 可知,每批次包括最高火灾温度相同的三个试件(J345-e0、J235-e0 和 J345-e40)。升温—降温过程中,采用直径 5 mm 的 K 型铠装热电偶和温度采集仪测量并记录焊接空心球节点试件表面不同位置的温度-时间变化历程,温度测点的布置如图 7-29(a)所示。K 型铠装热电偶通过自主设计的固定装置锚固在试件表面,实物如图 7-29(b)所示。由于焊接空心球节点尺寸相同且同一批次炉内试件经历的升温—降温历程相同,因此每批次只选取 J345-e0 节点试件测量其表面温度。

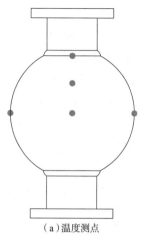

（a）温度测点　　　　　　　　　　　（b）K 型铠装热电偶及固定装置

图 7-29　升温—降温试验温度测点布置

升温—降温试验后,采用图 7-28(b)所示的量程为 10 000 kN 的液压试验机对试件进行轴心受压和偏心受压试验。试验过程中采用的加载控制:首先采用力控制,以 2 kN/s 的速率加载至试件的预期极限荷载的 80%,然后采用位移控制,以 2 mm/min 的速率加载至试件破坏,当承载力下降至峰值荷载的 85%时停止试验。对于轴心受压试验,采用 4 个 LVDT 位移传感器、8 个电阻应变片和 10 个电阻应变花测量试件的轴向位移和应变分布;而对于偏心受压试件,采用 6 个 LVDT 位移传感器、8 个电阻应变片和 14 个电阻应变花测量试件的竖向位移、横向位移以及应变分布。所有的试验数据均由计算机自动采集并记录。位移和应变测点的布置如图 7-30 所示。

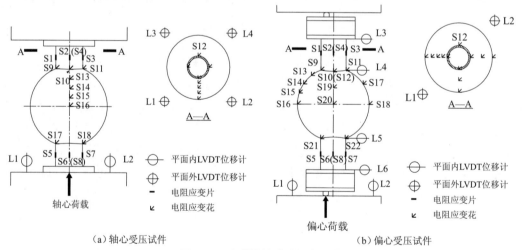

（a）轴心受压试件　　　　　　　　　　　（b）偏心受压试件

图 7-30　力学性能试验测点布置

7.3.2　试验炉温与试件温度测量结果及分析

升温—降温试验中试验炉内 12 个热电偶所测量的平均炉温与 ISO 834 标准升温—降温曲线对比如图 7-31 所示,可以看到实测的平均炉温与理论值基本吻合,表明试验炉性能良好,可以准确地模拟 ISO 834 标准火灾温度场。每批次升温—降温试验中节点试件的表面温度如图 7-32 所示。可以看到,虽然试件表面温度的整体变化规律与炉温相同(均表现为先上升后下降的趋势),但与试验炉温相比存在明显的传热滞后性,即节点试件能够达到的最高温度与最高炉温相比存在不同程度的降低,达到最高温度的时间与最高炉温时间相比也存在不同程度的滞后。对于火灾温度为 600 ℃ 和 800 ℃ 的试件,试件达到的最高温度分别为 404 ℃ 和 751 ℃,分别比相应的最高炉温降低了 196 ℃ 和 49 ℃;试件温度达到最高点的时间分别为 12 min 和 27 min,分别比相应炉温最高点滞后了 6.1 min 和 4.3 min。而对于火灾温度为 1 000 ℃ 的试件,试件温度最高点与炉温最高点几乎重合,不存在明显的降低和滞后。这是由于最高火灾温度为 600 ℃ 和 800 ℃ 的试件的升温时间较短,炉内空气与试件的热交换不充分;而最高火灾温度为 1 000 ℃ 的试件升温时间长,炉内温度可以充分传递给试件。此外,试件表面不同位置的温度-时间历程非常接近,表明由于钢材的导热性能良好,升温-降温过程中节点试件的温度几乎是均匀分布的。

由图 7-32 可知,本节所述的焊接空心球节点试件所经历的最高火灾温度 T_h 不同于 7.2 节均匀升温—降温试验中试件经历的过火温度 T,最高火灾温度 T_h 指的是节点在 ISO 834 标准升温—降温过程中所经历的最高火灾温度(即炉温),并非试件实际能够达到的温度,实际上由于热传递的滞后性,试件实际达到的最高温度总是不同程度地低于最高火灾温度;而过火温度 T 则为试件实际达到的温度。

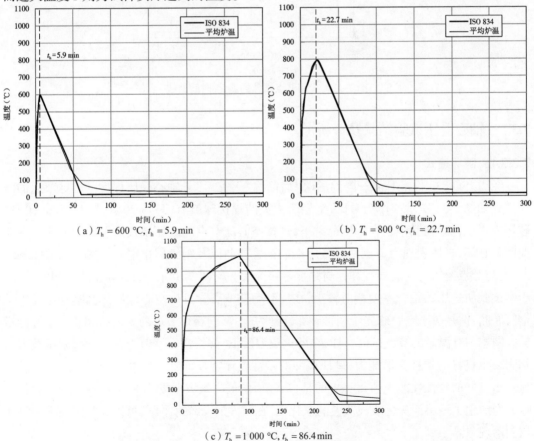

图 7-31　实测平均炉温与 ISO 834 标准升温—降温曲线的对比

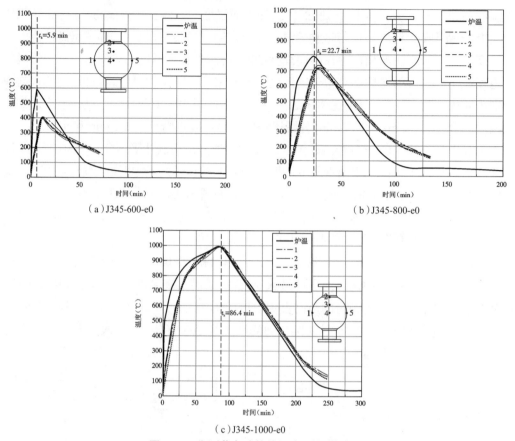

（a）J345-600-e0　　　　　　　　（b）J345-800-e0

（c）J345-1000-e0

图 7-32　实测节点试件的温度-时间曲线

7.3.3　轴心受压试验结果及分析

7.3.3.1　破坏模式

经历 ISO 834 标准升温—降温后（以后简称"火灾后"），轴心受压焊接空心球节点的破坏模式如图 7-33 所示。作为对比，未经历火灾的焊接球节点（J345-20-e0 与 J235-20-e0）的破坏模式也包括在其中。在轴压荷载下，焊接空心球节点的破坏模式均属典型的弹塑性屈曲凹陷破坏，具体表现为节点两端或一端的钢管屈曲以及钢管周边空心球体的局部凹陷屈曲，而与节点经历的火灾温度和钢材强度等级无关。与图 7-6 所示的破坏模式不同的是，由于本试验所选用的钢管厚度相对较小，在加载后期节点除发生空心球局部凹陷外还发生了钢管屈曲，但是由于空心球先于钢管破坏，因此并不影响获得节点的火灾后相关力学性能指标。同均匀升温后的节点试件一样，在各火灾温度下，焊接空心球节点在到达极限承载力后均表现出良好的塑性变形能力，呈现典型的塑性破坏特征，破坏时均伴随有显著的大变形，显示出良好的延性性能。值得一提的是，当经历的最高火灾温度为 800 ℃和 1 000 ℃时，节点表面产生了一层深灰色或浅灰色的氧化层，在较大的荷载水平下，可以观察到显著的氧化层剥落现象。

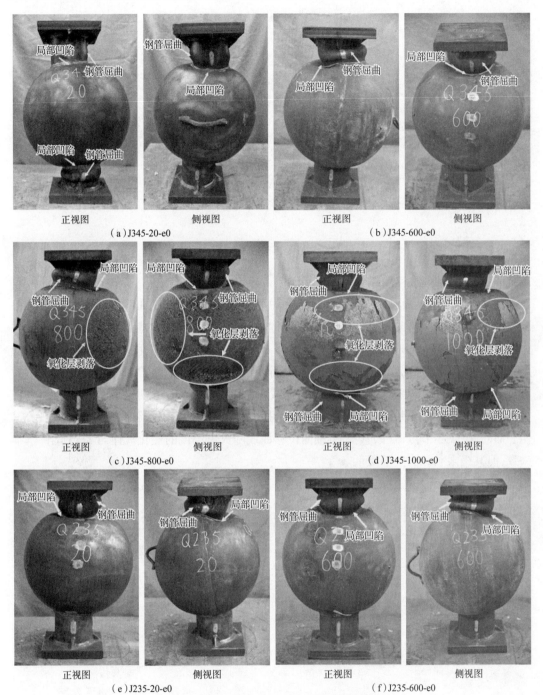

图 7-33　火灾后轴心受压节点试件的破坏模式

（g）J235-800-e0　　　　　　　　　　　　（h）J235-1000-e0

图 7-33　火灾后轴心受压节点试件的破坏模式（续）

7.3.3.2　荷载-轴向位移曲线

　　试验得到的火灾后焊接空心球节点试件的荷载-轴向位移关系曲线如图 7-34 所示。各试件的荷载-轴向位移曲线因经历的火灾温度的不同而表现出较大差异。以 J345 节点试件为例，当火灾温度为 600 ℃时，节点试件 J345-600-e0 的荷载-轴向位移曲线与常温下未经受火灾高温的试件 J345-20-e0 几乎完全一致。而当火灾温度为 800 ℃和 1 000 ℃时，对应的节点试件 J345-800-e0 和 J345-1000-e0 的荷载-轴向位移曲线发生了明显的变化，具体表现为初始斜率的减小和荷载峰值点的降低，表明节点的初始刚度和极限承载力发生了显著退化。而对于 J235 节点试件，其荷载-轴向位移曲线随火灾温度的变化规律与 J345 试件基本一致，但其极限承载力明显更低。

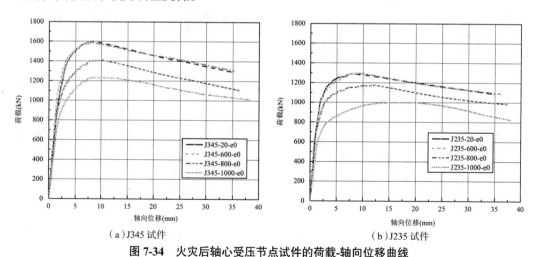

（a）J345 试件　　　　　　　　　　　　　（b）J235 试件

图 7-34　火灾后轴心受压节点试件的荷载-轴向位移曲线

7.3.3.3　初始轴向刚度

　　为了描述 ISO 834 标准火灾作用后轴心受压焊接空心球节点初始轴向刚度的退化程度，定义火灾后初始轴向刚度 $K_{N,\mathrm{PF}}$ 与常温下未过火时初始轴向刚度 K_N 的比值为火灾后节

点刚度退化系数 $K_{N,\mathrm{PF}}/K_N$。试验得到的 $K_{N,\mathrm{PF}}$ 见表 7-10，$K_{N,\mathrm{PF}}$ 和 $K_{N,\mathrm{PF}}/K_N$ 随最高火灾温度 T_h 的变化规律如图 7-35 所示。

表 7-10　火灾后轴心受压节点试件的试验结果

钢材等级	试件编号	$K_{N,\mathrm{PF}}$ （kN/mm）	$N_{y,\mathrm{PF}}$ （kN）	$\Delta_{y,\mathrm{PF}}$ （mm）	$N_{p,\mathrm{PF}}$ （kN）	$\Delta_{u,\mathrm{PF}}$ （mm）	$\mu_{\Delta,\mathrm{PF}}$
Q345	J345-20-e0	2 240	1 348	3.13	1 600	28.9	9.23
	J345-600-e0	2 208	1 349	2.94	1 587	27.7	9.42
	J345-800-e0	2 195	1 146	2.92	1 411	28.1	9.63
	J345-1000-e0	1 947	947	2.87	1 231	32.8	11.42
Q235	J235-20-e0	2 238	1 047	2.56	1 288	33.3	13.00
	J235-600-e0	2 225	1 043	2.46	1 295	33.1	13.45
	J235-800-e0	2 220	954	2.45	1 175	34.4	14.04
	J235-1000-e0	1 978	772	2.42	998	36.6	15.12

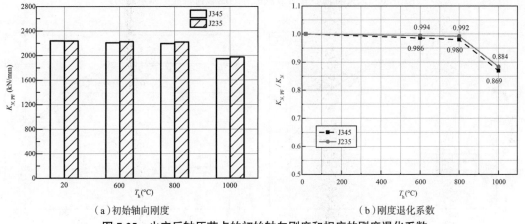

（a）初始轴向刚度　　　　　　　　　　（b）刚度退化系数

图 7-35　火灾后轴压节点的初始轴向刚度和相应的刚度退化系数

当火灾温度不超过 800 ℃时，J345 和 J235 节点试件的初始轴向刚度随火灾温度的升高仅有微小的降低，而当火灾温度超过 800 ℃时，两种节点试件的初始轴向刚度均呈现显著的降低趋势。这主要是热轧钢材的弹性模量随过火温度升高而降低所致。此外，J345 和 J235 节点试件刚度的降低幅度非常接近，当火灾温度为 1 000 ℃时，相应的 J345-1000-e0 和 J235-1000-e0 试件的初始刚度与 J345-20-e0 和 J235-20-e0 试件相比分别降低了 13.1% 和 11.6%，表明火灾后节点初始刚度的降低主要取决于经历的火灾温度，而与钢材的强度等级无关。

7.3.3.4　屈服荷载和极限承载力

火灾后轴压节点试件的屈服点、峰值点和破坏点的确定方法参照图 7-9。试验得到的火灾后轴心受压节点试件的屈服荷载 $N_{y,\mathrm{PF}}$ 和极限承载力 $N_{p,\mathrm{PF}}$ 见表 7-10，二者随最高火灾温

度 T_h 的变化规律如图 7-36 所示。定义节点的屈服荷载和极限承载力退化系数分别为火灾后的屈服荷载 $N_{y,PF}$ 和极限承载力 $N_{p,PF}$ 与常温下未经历最高火灾温度时屈服荷载 N_y 和极限承载力 N_p 的比值,即 $N_{y,PF}/N_y$ 和 $N_{p,PF}/N_p$。试验得到的 $N_{y,PF}/N_y$ 和 $N_{p,PF}/N_p$ 随最高火灾温度 T_h 变化的规律如图 7-37 所示。

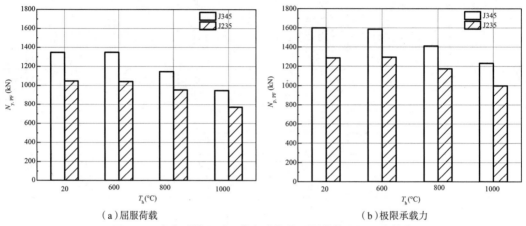

（a）屈服荷载　　　　　　　　　（b）极限承载力

图 7-36　火灾后轴心受压节点试件的屈服荷载和极限承载力

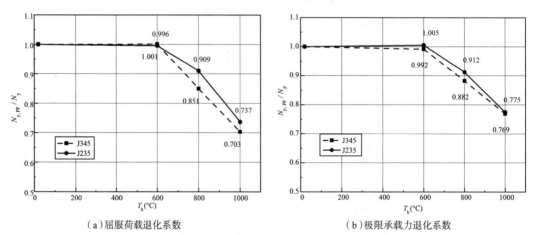

（a）屈服荷载退化系数　　　　　　　（b）极限承载力退化系数

图 7-37　火灾后轴心受压节点试件的屈服荷载退化系数和极限承载力退化系数

当最高火灾温度为 600 ℃时,相应节点试件 J345-600-e0 和 J235-600-e0 的屈服荷载和极限承载力与常温下未经历最高火灾温度的试件 J345-20-e0 和 J235-20-e0 的数据相比变化不大;而随着火灾温度的继续升高,节点试件的屈服荷载和极限承载力开始发生显著降低,且屈服荷载的降低速度更快。以 J345 试件为例,当经历的最高火灾温度为 800 ℃和 1 000 ℃时,J345-800-e0 和 J345-1000-e0 试件的屈服荷载分别下降了 14.3%和 28.1%,而极限承载力则分别下降了 8.8%和 22.5%。此外,J235 节点试件屈服荷载和极限承载力随最高火灾温度的降低速度略小于 J345 试件,但差距不大。

7.3.3.5　延性水平

与均匀升温—降温后节点的延性系数 $\mu_{\Delta,PT}$ 类似,定义火灾后焊接空心球节点的延性系

数 $\mu_{\Delta,\,PF}$ 为火灾后节点破坏点（即承载力下降至峰值荷载的 85% 时）的轴向位移 $\Delta_{u,\,PF}$ 与屈服点的轴向位移 $\Delta_{y,\,PF}$ 的比值，$\Delta_{u,\,PF}$ 和 $\Delta_{y,\,PF}$ 的确定方法参照图 7-9。试验得到的 $\Delta_{u,\,PF}$、$\Delta_{y,\,PF}$ 以及计算得到的 $\mu_{u,\,PF}$ 见表 7-10。定义节点延性退化系数为节点火灾后延性系数 $\Delta_{u,\,PF}$ 与常温下未经历最高火灾温度时延性系数 μ_{Δ} 的比值，即 $\mu_{\Delta,\,PF}/\mu_{\Delta}$，试验得到的 $\mu_{\Delta,\,PF}/\mu_{\Delta}$ 与最高火灾温度 T_h 的关系如图 7-38 所示。可以看到，当经历的最高火灾温度超过 600 ℃ 时，J345 和 J235 焊接空心球节点试件的延性水平均呈现显著的增长趋势，意味着 ISO 834 标准火灾作用后，焊接空心球节点并不会发生延性水平的退化，这对于火灾后节点的继续服役是非常有利的。对比均匀升温—降温后焊接空心球节点的试验结果不难发现，ISO 834 标准升温—降温过程中降温速度较慢，类似于均匀升温—降温试验中的空气自然冷却条件，因而火灾后节点的延性水平表现出与空气自然冷却后相似的变化趋势。

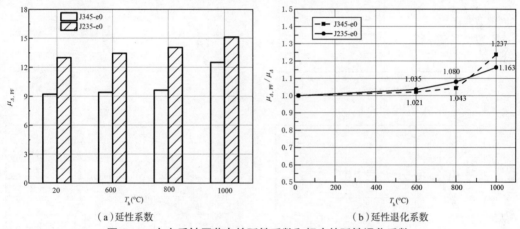

（a）延性系数　　　　　　　　　　（b）延性退化系数

图 7-38　火灾后轴压节点的延性系数和相应的延性退化系数

7.3.3.6　应变分析

将每个钢管上四个纵向应变片测量的平均值作为钢管应变强度；对于空心球体，根据其表面应变花测量值计算得到的等效应变来表征球体的应变强度。

图 7-39 所示为经历不同最高火灾温度后焊接空心球节点试件各测点处（位置 1～6）的荷载-应变关系曲线，由于 J235 试件的应变分布和发展规律与 J345 类似，故只列出 J345 试件的结果。图中不同最高火灾温度下钢材的屈服应变值是基于 7.3.1.2 节常温下材性试验结果和 7.3.2 节试件表面温度实测结果，并根据第 2 章表 2-9、表 2-10 计算不同过火温度下的屈服强度与弹性模量后，用屈服强度除以弹性模量，得到屈服应变，即 $\varepsilon_{y,PT} = \dfrac{f_{y,PT}}{E_{PT}}$。

ISO 834 标准火灾后，焊接空心球节点的应变特征与其经历的最高火灾温度和测点位置密切相关。在一定轴压荷载下，最高的应变强度总是出现在钢管（位置 1）以及球管交界处（位置 2），这与图 7-33 所示的破坏模式一致。沿着球体的经线方向从上至下（即位置 7 至 6 方向），球体的应变强度逐渐减小。此外，随着所经历最高火灾温度的升高，节点试件的应变强度和屈服面积发展速度显著加快，这直接导致了空心球节点的提前破坏。以 J345 试件为例,对于未过火试件 J345-20-e0 和经历 600 ℃火灾温度后的试件 J345-600-e0 而言,在峰值荷载下只有钢管(位置 1)和球管交界处(位置 2)发生屈服,其余位置均处于弹性阶段。而对于经历 800 ℃和 1 000 ℃火灾温度后的试件 J345-800-e0 和 J345-1000-e0 而言,除钢管和球管交界处外,空心球体上位置 3 和 4 附近区域亦进入屈服阶段。这与均匀升温—降温后采用空气自然冷却的焊接球节点的应变发展规律相同,均由于高温过火后钢材的强度和弹性模量发生显著退化所致。

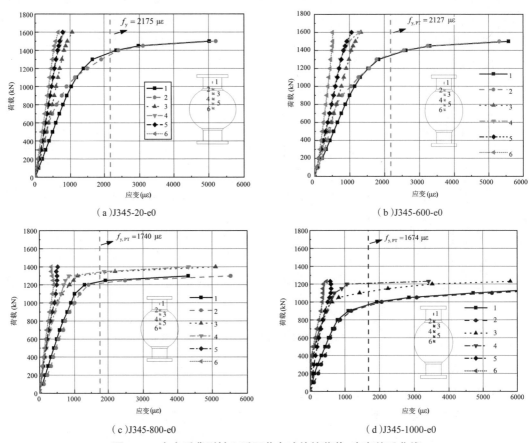

（a）J345-20-e0　　　　　　　　　　　（b）J345-600-e0

（c）J345-800-e0　　　　　　　　　　　（d）J345-1000-e0

图 7-39　火灾后典型轴心受压节点试件的荷载-应变关系曲线

7.3.4　偏心受压试验结果及分析

7.3.4.1　破坏模式

火灾后偏心受压焊接空心球节点的破坏模式如图 7-40 所示。无论经历多高的火灾温度,偏心受压节点试件的破坏模式均表现为节点弯矩作用平面内的钢管屈曲以及和钢管相邻区域空心球体的局部凹陷屈曲,与轴心受压节点试件的破坏模式一样属于典型的弹塑性屈曲凹陷破坏,只是钢管屈曲和球体凹陷位置因有无荷载偏心而不同。此外,各节点试件在到达峰值荷载之后的承载力下降阶段均伴随有显著的变形,显示出良好的延性性能。同轴心受压试件一样,在经历过 800 ℃和 1 000 ℃的火灾温度后,节点表面产生了一层深灰色或浅灰色的氧化层,在较大的荷载水平下,可以观察到显著的氧化层剥落现象。

图 7-40　火灾后偏心受压节点试件的破坏模式

7.3.4.2　荷载-竖向位移曲线和荷载-钢管转角曲线

火灾后偏心受压焊接空心球节点试件的荷载-位移响应如图 7-41 所示,包括荷载-竖向位移曲线和荷载-钢管转角曲线。其中,钢管的转角是通过水平布置的 LVDT 位移计测得的钢管横向位移,基于几何关系换算得到。可以看到,火灾后节点试件的荷载-位移响应因其经历的最高火灾温度不同而呈现显著差异。当最高火灾温度为 600 ℃时,试件 J345-600-e40 的力学响应与常温下未过火试件 J345-20-e40 的力学响应非常接近;而当最高火灾温度为 800 ℃和 1 000 ℃时,节点试件 J345-800-e40 和 J345-1000-e40 的力学响应与 J345-20-e40 试件的力学响应相比发生了明显改变,具体表现为荷载-竖向位移曲线和荷载-钢管转角曲线初始斜率以及峰值点的降低,表明节点的初始刚度和极限承载力发生了显著退化。

此外,荷载偏心对空心球节点的力学性能亦有显著影响。对比图 7-41 与图 7-34,可以看到在相同的最高火灾温度下,偏心受压节点试件的承载力明显低于轴心受压试件。

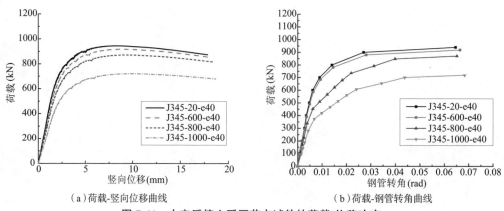

（a）荷载-竖向位移曲线　　　　　　　（b）荷载-钢管转角曲线

图 7-41　火灾后偏心受压节点试件的荷载-位移响应

7.3.4.3　初始综合刚度

采用荷载-竖向位移曲线的初始斜率表征偏心受压焊接空心球节点的初始刚度性能,定义为初始综合刚度 K_{NM}。ISO 834 标准火灾作用后节点试件的初始综合刚度 $K_{NM, PF}$ 及其随最高火灾温度 T_h 的变化规律分别见表 7-11 和图 7-42（a）。定义火灾后节点的刚度退化系数为火灾后初始综合刚度 $K_{NM, PF}$ 与常温下未过火时初始综合刚度 K_{NM} 的比值,即 $K_{NM, PF}/K_{NM}$。试验得到的 $K_{NM, PF}/K_{NM}$ 及其随最高火灾温度 T_h 的变化规律如图 7-42（b）所示。当最高火灾温度为 600 ℃时,偏心受压节点试件 J345-600-e40 的初始综合刚度与常温下未过火试件 J345-20-e40 的初始综合刚度相比基本保持不变,而随着节点所经历的最高火灾温度继续升高,其初始综合刚度开始迅速降低。当最高火灾温度为 800 ℃和 1 000 ℃时,相应节点试件 J345-800-e40 和 J345-1000-e40 的初始综合刚度与试件 J345-20-e40 的初始综合刚度相比分别降低了 12.1%和 30.3%。

对比图 7-42（b）和图 7-35（b）,可以得到与均匀升温—降温工况下相似的结论,即偏心受压节点试件初始刚度对火灾升温—降温表现出比轴心受压试件更高的敏感性,不仅退化起始温度明显低于轴心受压节点,且在经历相同最高火灾温度后,初始刚度的降低幅度也更大。其原因已在 7.2.3.3 节中详细论述,这里不再赘述。

表 7-11　火灾后偏心受压节点试件的试验结果汇总

试件编号	$K_{NM, PF}$ （kN/mm）	$N_{y, PF}$ （kN）	$\Delta_{y, PF}$ （mm）	$N_{p, PF}$ （kN）	$\Delta_{u, PF}$ （mm）	$\mu_{\Delta, PF}$
J345-20-e40	386	773	2.64	944	24.4	9.24
J345-600-e40	389	748	2.76	922	25.1	9.09
J345-800-e40	339	714	2.98	872	28.3	9.50
J345-1000-e40	269	586	3.06	719	32.3	10.56

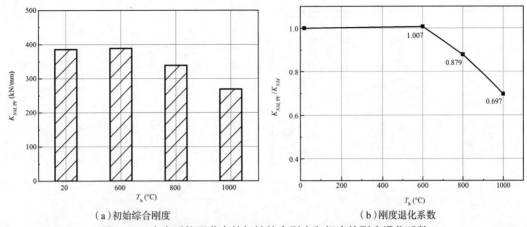

（a）初始综合刚度　　　　　　　（b）刚度退化系数

图 7-42　火灾后偏压节点的初始综合刚度和相应的刚度退化系数

7.3.4.4　屈服荷载和极限承载力

火灾后偏心受压节点试件的屈服点、峰值点和破坏点的确定方法参照图 7-9。试验得到的火灾后偏心受压节点试件的屈服荷载 $N_{y,PF}$ 和极限承载力 $N_{p,PF}$ 见表 7-11，二者随最高火灾温度 T_h 的变化规律如图 7-43（a）所示。屈服荷载退化系数 $N_{y,PF}/N_y$ 和极限承载力退化系数 $N_{p,PF}/N_p$ 以及二者随最高火灾温度 T_h 的变化规律如图 7-43（b）所示。在经历 600 ℃最高火灾温度后，节点试件 J345-600-e40 的屈服荷载和极限承载力与常温下未过火试件 J345-20-e40 的相应指标相比变化不大；随着火灾温度的继续升高，节点的屈服荷载和极限承载力均开始发生显著降低，且二者的降低幅度基本一致。当经历的最高火灾温度为 800 ℃和 1 000 ℃时，相应节点试件 J345-800-e40 和 J345-1000-e40 的屈服荷载比试件 J345-20-e40 分别降低了 7.6% 和 24.2%，而相应的极限承载力则分别降低了 7.6% 和 23.7%。

荷载偏心对焊接空心球节点火灾后屈服荷载和极限承载力的影响如图 7-44 所示。在轴向力和弯矩共同作用下，偏心受压节点试件的承载力显著低于轴向受压节点试件，而屈服荷载与极限承载力的平均降低幅度基本相同。此外，不同最高火灾温度下节点屈服荷载和极限承载力的降低幅度相差很小，表明荷载偏心对于焊接空心球节点承载力的降低作用与其经历的最高火灾温度无关。

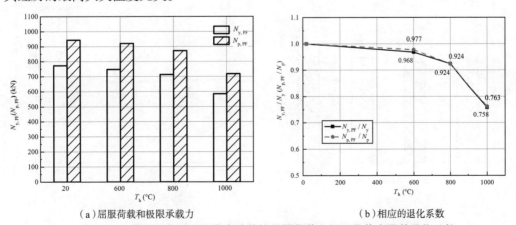

（a）屈服荷载和极限承载力　　　　　　　（b）相应的退化系数

图 7-43　火灾后偏心受压节点试件的屈服荷载和极限承载力及其退化系数

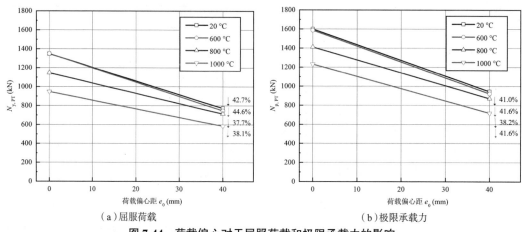

（a）屈服荷载 　　　　　　（b）极限承载力

图 7-44　荷载偏心对于屈服荷载和极限承载力的影响

7.3.4.5　延性水平

火灾后偏心受压节点试件的破坏点变形量 $\Delta_{u,PF}$、屈服点变形量 $\Delta_{y,PF}$ 以及计算得到的 $\Delta_{\Delta,PF}$ 见表 7-11。定义火灾后节点延性退化系数为节点火灾后延性系数 $\Delta_{\Delta,PF}$ 与常温下未经历最高火灾温度时延性系数 μ_Δ 的比值，即 $\mu_{\Delta,PF}/\mu_\Delta$。试验得到的 $\Delta_{u,PF}$ 和 $\mu_{\Delta,PF}/\mu_\Delta$ 随最高火灾温度 T_h 的变化趋势如图 7-45 所示。同轴心受压时一样，偏心受压焊接空心球节点试件的延性水平在经历的最高火灾温度超过 600 ℃时亦呈现显著的增长趋势，当最高火灾温度为 1 000 ℃时，延性水平的增幅达 14.3%。这与图 7-22 所示的均匀升温—降温试验中经空气自然冷却后的焊接空心球节点的延性水平变化趋势基本相同。

因本章所采用的偏心受压节点试件与轴心受压试件的尺寸差别较大，二者的延性系数无法直接横向比较以考察荷载偏心对节点延性水平的影响。但是鉴于 ISO 834 火灾工况和空气冷却条件下的均匀升温—降温工况下焊接空心球节点延性水平响应的相似性，有理由推测荷载偏心对于焊接空心球节点延性的影响亦如图 7-23 所示，即会在一定程度上降低节点的延性水平。

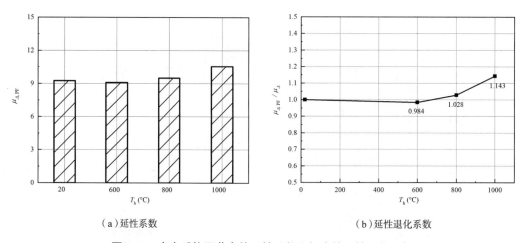

（a）延性系数 　　　　　　（b）延性退化系数

图 7-45　火灾后偏压节点的延性系数和相应的延性退化系数

7.3.4.6　应变分析

对于钢管部位,采用受压和受拉侧的纵向应变表征其应变强度;对于空心球体,根据其表面应变花测量值计算得到的等效应变来表征球体的应变强度。

图 7-46 所示为经历不同最高火灾温度后偏心受压焊接空心球节点试件上不同位置处(位置 1～7)的荷载-应变关系曲线。ISO 834 标准火灾后,焊接空心球节点的应变特征与其经历的最高火灾温度和测点位置密切相关。在一定轴压荷载下,最高的应变强度总是出现在钢管(位置 1 和 5)以及荷载偏心一侧的球管交界处(位置 2),这与图 7-40 所示的破坏模式一致。从上至下沿着球体的经线方向(即位置 2 至 4、6 至 7 方向),球体的应变强度呈明显减小趋势;同时,受压一侧的应变强度明显大于受拉侧的应变强度。

此外,空心球体的应变强度发展速度随着所经历最高火灾温度的升高而显著加快,从而导致了火灾后空心球节点比常温未过火时的试件提前进入屈服阶段。对于常温下未过火试件(J345-20-e40)和经历最高 600 ℃火灾温度的试件(J345-600-e40)而言,在峰值荷载下只有钢管(位置 1 和 5)和受压侧球管交界处(位置 2)发生屈服,其余位置均处于弹性阶段。而随着最高火灾温度的升高,球体各位置应变强度的增长速度明显加快,同时球体进入屈服的区域也显著扩大。例如,当过火温度达到 800 ℃和 1 000 ℃时,在峰值荷载下,J345-800-e40 和 J345-1000-e40 节点试件除受压侧的球管交界处的位置 2 外,受拉侧球管交界处的位置 5 以及受压侧位置 3 附近的区域也均进入了屈服阶段。

对比图 7-46 与图 7-39,可以发现在一定的荷载水平下球体受压侧相同位置在偏心压力荷载下的应变发展比在轴心压力荷载下更快,这也印证了偏心受压焊接空心球节点的承载力显著低于轴心受压节点的承载力的结论。

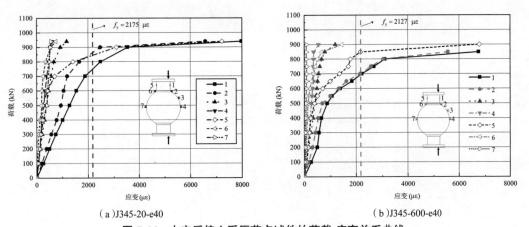

(a)J345-20-e40　　　　　　　　　(b)J345-600-e40

图 7-46　火灾后偏心受压节点试件的荷载-应变关系曲线

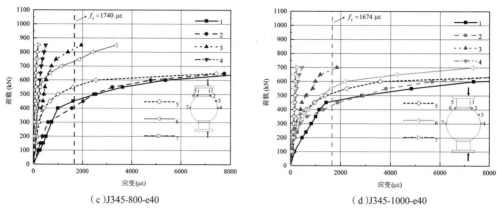

(c)J345-800-e40　　　　　　　　　(d)J345-1000-e40

图 7-46　火灾后偏心受压节点试件的荷载-应变关系曲线(续)

7.4　负载高温后焊接空心球节点力学性能试验

7.4.1　普通焊接空心球节点

7.4.1.1　试验概况

1.试验方案和试件设计

考虑工程实际中常用尺寸及试验所用高温炉炉膛尺寸,参考《钢网架焊接空心球节点》(JG/T 11—2009)并结合工程实际,充分考虑材料强度(Q235、Q345)、钢管尺寸、是否加肋、过火温度、轴压变形(高温下试件轴压的距离)等因素的影响,设计了 23 个焊接空心球试件,试件规格及试件信息如图 7-47 及表 7-12 所示。

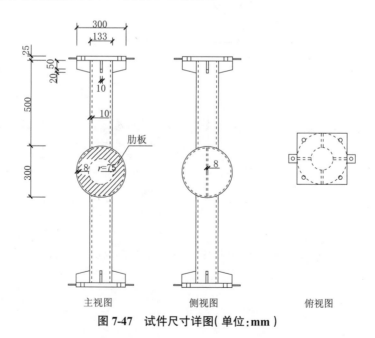

主视图　　　　　　　侧视图　　　　　　　俯视图

图 7-47　试件尺寸详图(单位:mm)

表7-12　试件规格及试验条件

试件编号	材料	球径（mm）	壁厚（mm）	加劲肋	钢管规格	温度（℃）	高温下轴压位移（mm）
NT-345						20	0
300-0-345							0
300-1-345						300	5
300-2-345							10
300-3-345							20
500-0-345							0
500-1-345	Q345B	300	8	无	P133×10	500	5
500-2-345							10
500-3-345							20
700-0-345							0
700-1-345						700	5
700-2-345							10
700-3-345							20
NT-345L						20	0
500-0-345L							0
500-1-345L	Q345B	300	8	有	P133×10	500	5
500-2-345L							10
500-3-345L							20
NT-235						20	0
500-0-235							0
500-1-235	Q235B	300	8	无	P133×10	500	5
500-2-235							10
500-3-235							20

2. 试验装置

本试验采用天津大学结构实验室1 500 t伺服压力机(图7-48)进行试件高温下轴压试验,采用500 t伺服压力机(图7-49)进行试件常温及负载高温后轴压试验。试验机自带位移传感器和荷载传感器,记录加载端的竖向位移与荷载。

图 7-48　1 500 t 伺服压力机　　　　　　图 7-49　　500 t 伺服压力机

　　本试验采用自主设计的高温炉(图 7-50)给焊接空心球节点提供高温环境。高温炉集控制系统与炉膛为一体,可竖立或水平使用,额定功率为 28 kW。炉腔形状为圆柱体,尺寸为 400 mm × 600 mm($D \times h$)。炉衬使用真空成型高纯氧化铝聚轻材料,采用电阻丝为加热元件,最高工作温度为 1 200 ℃。炉腔内上部和下部各有一个热电偶测量炉内空气温度。本试验设置升温速率为 20 ℃ /min,达到目标温度后炉内保持恒温状态。

　　本试验采用 K 型热电偶测量试件温度,使用细铁丝将热电偶固定在空心球表面,使热电偶紧贴空心球。K 型热电偶另一端连接 WKD3813 型静态应变采集仪,实时采集温度。轴向变形采用 1 500 t 伺服压力机自带的拉线式位移计测量。

图 7-50　高温炉

3.测点布置

1)高温下焊接空心球节点轴压试验

高温下使用 3 个热电偶测量焊接空心球节点 3 个位置的温度,测量位置如图 7-51 所示。热电偶 1 和热电偶 3 布置于焊接空心球节点球管交接处,热电偶 2 位于空心球赤道上。3 个热电偶位于空心球同一条经线上。试件在高温下的轴向变形通过 1 500 t 伺服压力机自带的拉线式位移计测量。

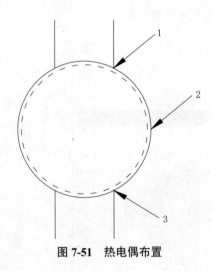

图 7-51　热电偶布置

2)常温下及高温后轴压试验

如图 7-52 所示,在普通焊接空心球两条成 45° 的经线上各布置 5 个应变花,每根钢管上布置 8 个应变片,布置在钢管长度方向三等分点处。

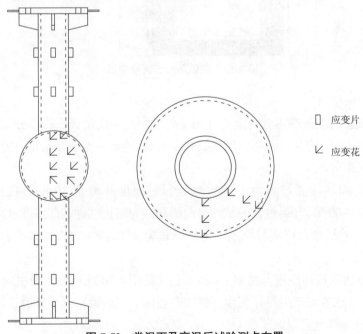

□　应变片

⌐　应变花

图 7-52　常温下及高温后试验测点布置

4. 试验步骤

试验将高温炉与 1 500 t 伺服压力机配合使用。高温下的加载装置如图 7-53 所示。为降低试件端部与伺服压力机连接处的温度,避免损坏压力机,使用石棉将部分位于高温炉内的钢管包裹住,空心球与钢管连接处留 50 mm 长钢管裸露在高温炉内受热。使用支架将高温炉垫高,使空心球位于高温炉加热区中间部位。经调试发现,高温试验时压力机加载端与试件两端接触位置最高温度低于 70 ℃,考虑到压力机加载端体积较大,且材料为钢材散热较快,实际试验时未在试件两端安装喷水冷却装置。

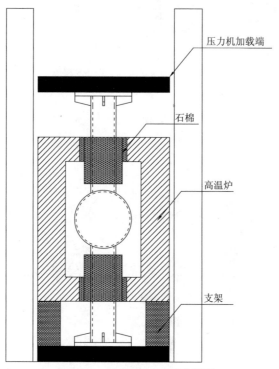

图 7-53　高温下轴压试验装置

具体试验步骤如下。

(1)测量试验前上下端钢管与空心球相交处的距离。使用石棉将部分钢管包裹住。调整高温炉和试件位置,使其位于压力机加载端中心处,固定热电偶至指定位置。使用石棉堵住炉口,防止炉温外泄。

(2)使用电加热高温炉将空心球加热至目标温度并恒温 30 min,目标温度分别为300 ℃、500 ℃、700 ℃,升温过程中试件自由膨胀。为防止试件端部温度过高损坏压力机,升温过程采用红外线测温仪实时测量压力机加载端温度,若压力机加载端温度超过 80 ℃,则立即停止升温。

(3)空心球达到目标温度并恒温一段时间后,使用 1 500 t 伺服压力机向试件施加轴向荷载,使焊接空心球节点产生目标变形。焊接空心球节点达到目标变形后进行卸载,卸载完成后将试件自然冷却至室温。

（4）使用 500 t 伺服压力机将经负载高温处理的焊接空心球节点在常温下施加荷载值至破坏，记录其荷载-位移曲线及应变数据。

5. 材性试验

根据国家标准《金属材料拉伸试验 第 1 部分:室温试验方法》(GB/T 228.1—2010)，对焊接空心球母材、H 型钢母材进行单向拉伸试验以测定材料的弹性模量、屈服强度、极限强度等。材性试验结果见表 7-13。

表 7-13　普通焊接空心球母材材性试验结果

编号	弹性模量（MPa）	平均值（MPa）	屈服强度（MPa）	平均值（MPa）	极限强度（MPa）	平均值（MPa）
235-1	161 006		292.6		461.6	
235-2	191 175	176 769	300.5	296.9	464.8	463.5
235-3	178 127		297.4		464.0	
345-1	181 381		388.7		560.2	
345-2	188 875	185 785	391.4	387.3	556.6	556.0
345-3	187 100		381.9		551.2	

7.4.1.2　试验结果

1. 试验现象

高温下轴压试验后普通焊接空心球节点形态如图 7-54 所示。轴压过程中大部分不加肋试件钢管未发生明显偏移，加肋试件钢管均发生一定程度的偏移，这是球内肋板位置不完全对中和初始缺陷造成的。经历最高火灾温度为 300 ℃的试件高温后空心球主体部分仍为青色，球管连接焊缝处被烧成蓝色;经历最高火灾温度为 500 ℃的试件高温后空心球表面呈现浅红色，表面铁锈有轻微脱落;经历最高火灾温度为 700 ℃的试件高温后空心球表面铁锈脱落严重，并有黑斑呈杂乱无章分布。高温下轴压后大部分试件一端变形明显大于另一端，即空心球变形并非对称，初始缺陷大的一端变形更大。

(a)300-2-345　　　　　　　　　　　(b)300-3-345

图 7-54　高温下轴压试验后普通焊接空心球节点形态

(c)500-1-345   (d)500-2-345

(e)500-3-345   (f)700-2-345

(g)700-3-345   (h)500-1-345L

图 7-54　高温下轴压试验后普通焊接空心球节点形态(续)

（i）500-2-345L

（j）500-3-345L

（k）500-2-235

（l）500-3-235

图 7-54　高温下轴压试验后普通焊接空心球节点形态（续）

负载高温后普通焊接空心球节点轴压试验破坏模式如图 7-55 所示，破坏模式均为球管连接处凹陷，大部分试件一端变形明显大于另一端，少部分试件两端变形较为接近。

（a）NT-345，300-0、2、3-345

（b）500-0、1、2、3-345

图 7-55　负载高温试验后轴压试验破坏模式

（c）700-0、2、3-345

（d）NT-345L、500-0、1、2、3-345L

（e）NT-235、500-0、1、2、3-235

图 7-55　负载高温试验后轴压试验破坏模式（续）

2. 荷载-位移曲线

图 7-56 所示为高温下普通焊接空心球节点的轴压荷载-位移曲线。表 7-14 为试件高温下实际压缩距离。

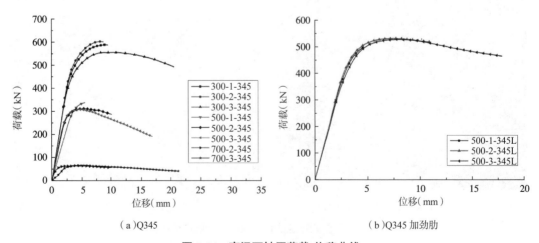

（a）Q345　　　　　　　　　　　　　　　　（b）Q345 加劲肋

图 7-56　高温下轴压荷载-位移曲线

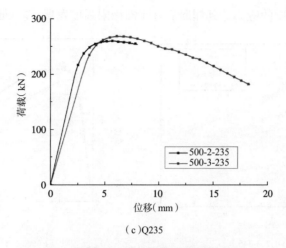

（c）Q235

图 7-56　高温下轴压荷载-位移曲线（续）

表 7-14　试件高温下实际压缩距离

试件编号	轴压距离（mm）
300-2-345	8.8
300-3-345	20.6
500-1-345	5.5
500-2-345	10.2
500-3-345	17.0
700-2-345	9.9
700-3-345	21.4
500-1-345L	4.6
500-2-345L	10.9
500-3-345L	17.9
500-2-235	8.0
500-3-235	18.3

　　图 7-57 为负载高温后各试件轴压荷载-位移曲线。由图可知，虽然经负载高温处理后空心球产生了较大残余变形，但在进行高温后轴压时仍然具有一定刚度。最高火灾温度为 300 ℃时，达到极限荷载后荷载随着变形增大出现突然下降，荷载-位移曲线在极限荷载附近呈现较尖锐的"角"形，且残余变形越小，荷载-位移曲线的"角"越尖锐，表明残余变形较小时，试件延性较差。最高火灾温度为 500 ℃时，试件进入塑性段后随着轴压变形继续增大，试件较快达到极限荷载，荷载-位移曲线在较短的持荷阶段后进入下降段。对于不加肋试件，残余变形越小，试件荷载下降越快。残余变形相同时，加肋试件的荷载-位移曲线下降段比不加肋试件更平缓，延性更好。最高火灾温度为 700 ℃时，试件进入塑性阶段后在达到极限荷载之前的荷载-位移曲线较圆润。荷载-位移曲线在位移值较大时出现二次上升，这是

由于空心球部分钢材中的应力达到屈服后逐步向极限强度发展，能承受更大的荷载。

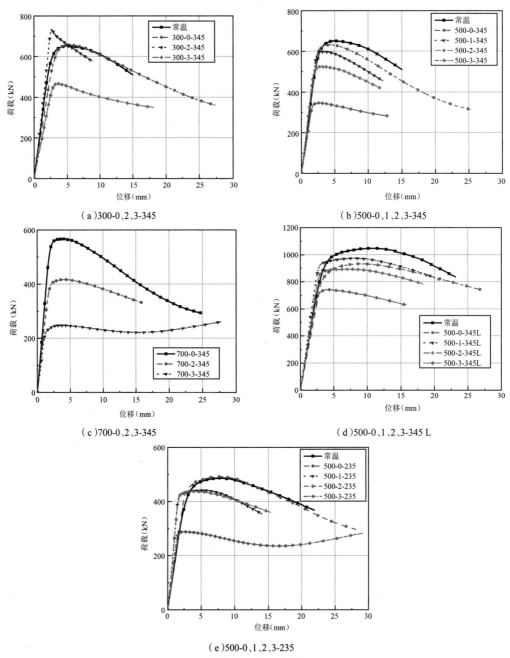

（a）300-0、2、3-345

（b）500-0、1、2、3-345

（c）700-0、2、3-345

（d）500-0、1、2、3-345 L

（e）500-0、1、2、3-235

图 7-57　负载高温后轴压荷载-位移曲线

3. 极限承载力

各试件负载高温后轴压极限承载力和轴压极限承载力退化系数见表 7-15 至表 7-17，部分试件由于试验操作失误或加工误差较大，未得到可靠试验结果，故未列入表中。试件 300-3-345 承载力偏高，可能是试件加工误差导致的。退化系数定义为同种试件在相同过火温度后不同残余变形试件轴压极限承载力与无残余变形的该种试件轴压承载力的比值，例如试件 700-3-345 的承载力退化系数为该试件高温后轴压承载力与试件 700-0-345 的高温后轴压承载力的比值。由图 7-58 可知,相同最高火灾温度下,残余变形越大,退化系数越小。最高火灾温度为 300 ℃、残余变形小于 1/30D 时试件承载力无明显下降(D 为空心球外径,1/30D 指空心球外径的 1/30);最高火灾温度为 500 ℃、残余变形小于 1/30D 时节点仍具有80%以上的承载力;最高火灾温度为 500 ℃、不加肋试件残余变形达到 17/300D 左右时,退化系数下降超过 40%;最高火灾温度为 700 ℃时,相较无残余变形试件的极限承载力,残余变形为 1/30D 的试件下降约 27%,残余变形为 21/300D 的试件下降约 56%。最高火灾温度和残余变形相同时,加肋试件承载力退化系数明显大于不加肋试件。

表 7-15　Q345 不加肋试件负载高温后轴压距离、轴压极限承载力及轴压极限承载力退化系数

试件编号	轴压距离(mm)	轴压极限承载力(kN)	退化系数
NT-345	0.0	652.6	1.000
300-0-345	0.0	657.7	1.000
300-2-345	8.8	735.9	1.119
300-3-345	20.6	467.0	0.710
500-0-345	0.0	633.5	1.000
500-1-345	5.5	599.8	0.947
500-2-345	10.2	525.6	0.830
500-3-345	17.0	347.6	0.549
700-0-345	0.0	567.6	1.000
700-2-345	9.9	417.3	0.735
700-3-345	21.4	247.5	0.436

表 7-16　Q345 加肋试件负载高温后轴压极限承载力

试件编号	轴压距离(mm)	轴压极限承载力(kN)	退化系数
NT-345L	0.0	1 048.0	1.000
500-0-345L	0.0	932.7	1.000
500-1-345L	4.6	973.6	1.044
500-2-345L	10.9	892.5	0.957
500-3-345L	17.9	742.1	0.796

表 7-17　Q235 不加肋试件负载高温后轴压极限承载力

试件编号	残余变形(mm)	轴压极限承载力(kN)	退化系数
NT-235	0.0	486.7	1.000
500-0-235	0.0	491.9	1.000
500-2-235	8.0	438.2	0.891
500-3-235	18.3	288.6	0.587

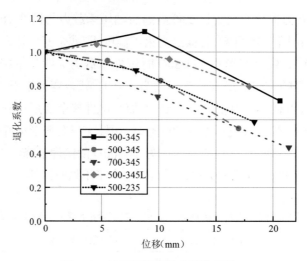

图 7-58　轴压极限承载力退化系数

4. 应变分析

图 7-59 所示为试件表面应变花编号示意图,图 7-60 所示为各试件负载高温后轴压试验荷载-应变曲线,其中应变为该测点数值最大主应变的绝对值。试件 300-3-345、500-3-345、700-3-345 和 500-3-235 中一端球管连接处相比其他位置变形发展更为迅速,是因为该位置经高温处理后的变形较另一端球管连接更大,承载能力更弱。试件 500-3-345、700-3-345、500-3-345L 球管连接处与赤道之间的中点处的变形发展相比其他位置较迅速,但是较早进入塑性阶段的依然是球管连接处。

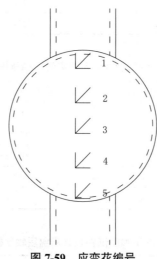

图 7-59　应变花编号

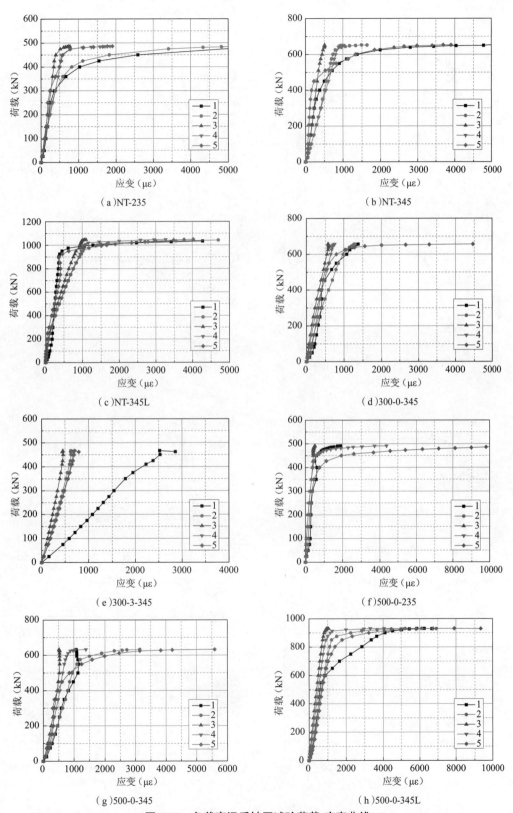

（a）NT-235

（b）NT-345

（c）NT-345L

（d）300-0-345

（e）300-3-345

（f）500-0-235

（g）500-0-345

（h）500-0-345L

图 7-60　负载高温后轴压试验荷载-应变曲线

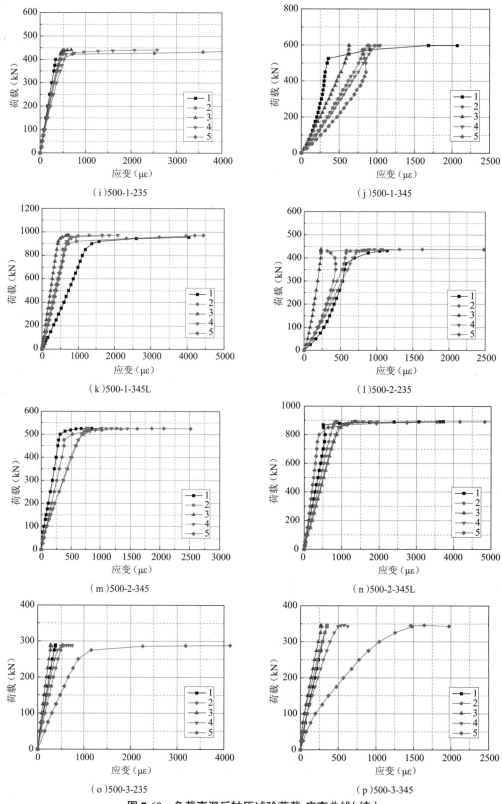

（i）500-1-235

（j）500-1-345

（k）500-1-345L

（l）500-2-235

（m）500-2-345

（n）500-2-345L

（o）500-3-235

（p）500-3-345

图 7-60 负载高温后轴压试验荷载-应变曲线（续）

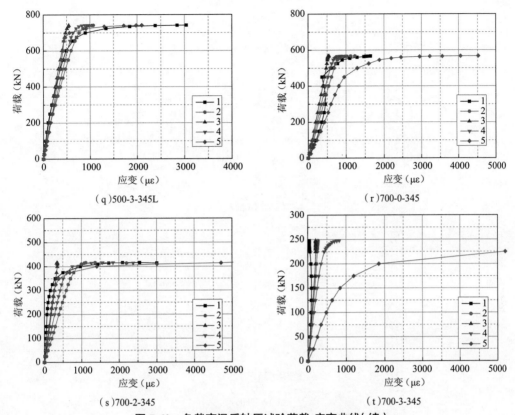

（q）500-3-345L　　（r）700-0-345

（s）700-2-345　　（t）700-3-345

图 7-60　负载高温后轴压试验荷载-应变曲线（续）

7.4.2　H 型钢焊接空心球节点

7.4.2.1　试验概况

1. 试验方案和试件设计

结合工程中常用的焊接空心球节点尺寸，以焊接空心球直径 D 与壁厚 t、H 型钢高度 h 与宽度 b、加肋、钢材型号等作为考虑因素，设计了 4 种类型的 H 型钢焊接空心球节点轴压试件，试件数量共计 28 个。

为研究焊接空心球节点的极限承载力,选用截面尺寸较大的 H 型钢,其中 WS3008 和 WS2006 选用的 H 型钢规格分别为 150 mm × 150 mm × 10 mm × 12 mm 和 100 mm × 100 mm × 8 mm × 10 mm。考虑高温炉的尺寸,WS3008 和 WS2006 选用的 H 型钢长度分别为 520 mm 和 560 mm。对于布置加劲肋的试件,加劲肋与 H 型钢腹板处于同一平面中,肋板内径取焊接空心球外径的一半(即 150 mm 和 100 mm),厚度同焊接空心球壁厚(即 8 mm 和 6 mm)。试件规格和试件实物图如图 7-61、图 7-62、表 7-18 所示。

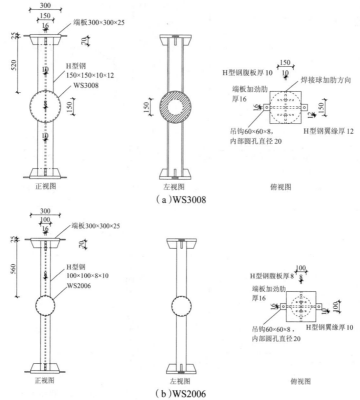

图7-61　试件尺寸详图(单位:mm)

表7-18　试件规格及试验条件

试件编号	材料	球径(mm)	壁厚(mm)	加劲肋	钢管规格	温度(℃)	高温下轴压位移(mm)
WS3008-345-20						20	0
WS3008-345-300-0							0
WS3008-345-300-5						300	5
WS3008-345-300-10							10
WS3008-345-300-20							20
WS3008-345-500-0							0
WS3008-345-500-5	Q345B	300	8	无	H150×10×12	500	5
WS3008-345-500-10							10
WS3008-345-500-20							20
WS3008-345-700-0							0
WS3008-345-700-5						700	5
WS3008-345-700-10							10
WS3008-345-700-20							20

试件编号	材料	球径（mm）	壁厚（mm）	加劲肋	钢管规格	温度（℃）	高温下轴压位移（mm）
WSR3008-345-20	Q345B	300	8	有	H150×10×12	20	0
WSR3008-345-500-0						500	0
WSR3008-345-500-5							5
WSR3008-345-500-10							10
WSR3008-345-500-20							20
WS2006-345-20		200	6	无	H100×8×10	20	0
WS2006-345-500-0						500	0
WS2006-345-500-3.3							3.3
WS2006-345-500-6.7							6.7
WS2006-345-500-13.3							13.3
WS3008-235-20	Q235B	300	8		H150×10×12	20	0
WS3008-235-500-0						500	0
WS3008-235-500-5							5
WS3008-235-500-10							10
WS3008-235-500-20							20

　　节点残余变形为 a/D，其中 a 为焊接空心球一端与 H 型钢截面形心相接处在经历升温、加载、卸载、降温全过程之后的凹陷距离（mm），D 为焊接空心球球径（mm）。在高温下节点轴压试验中，由于残余变形不能通过仪器控制，且高温炉内部无法安装位移计对位移进行测量，所以通过控制压力机加载端的位移进行控制，分别引入 0、$1/60D$、$1/30D$、$1/15D$ 的残余变形。

| WS3008-345 | WSR3008-345 | WS2006-345 | WS3008-235 |

图 7-62　试件实物图

2.测点布置

1）高温下焊接空心球节点轴压试验

如图 7-63 所示，高温下使用 2 个热电偶测量焊接空心球节点 2 个位置的温度。K 型热电偶测点 1 位于高温炉内 H 型钢 1/2 高度处,测点 2 位于 H 型钢与焊接空心球相交处。

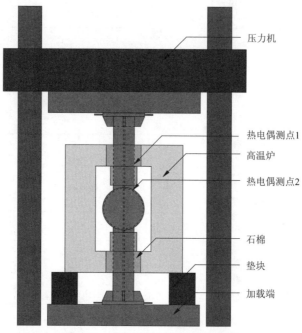

图 7-63　高温下轴压试验测点布置

2)常温下及高温后轴压试验

如图 7-64 所示,在上、下 H 型钢杆件的翼缘中心两侧和腹板中心上各布置 1 个应变片,共计 6 个应变片。

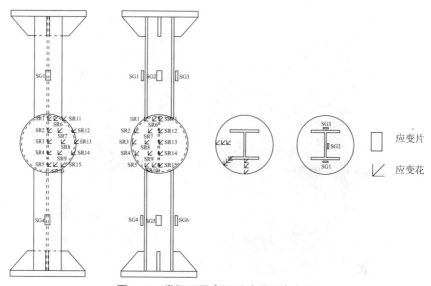

图 7-64　常温下及高温后试验测点布置

SR—空心球上的测点;SG—H 型钢上的测点

3. 试验装置及试验步骤

试验装置及试验步骤与普通焊接空心球节点试验相同,详见 7.4.1 节。

4. 材性试验

H 型钢焊接空心球节点材性试验结果见表 7-19。

表 7-19　材性试验结果

位置	钢材型号	厚度（mm）	屈服强度（MPa）	极限强度（MPa）	弹性模量（GPa）	屈服应变	屈服平台右端应变	极限应变
焊接球	Q345B	8	358.0	516.5	203	0.005 3	0.013 4	0.165 5
焊接球	Q345B	6	458.8	530.7	201	0.004 3	0.016 7	0.141 4
焊接球	Q235B	8	357.1	503.7	204	0.003 9	0.013 8	0.152 9
H 型钢	Q345B	8	378.2	526.2	207	0.003 5	0.019 5	0.146 6
H 型钢	Q235B	10	302.7	443.8	202	0.005 2	0.014 4	0.163 8

7.4.2.2　试验结果

1. 试验现象

高温下轴压试验后 H 型钢焊接空心球节点形态如图 7-65 所示。其中,高温下轴压位移为 20 mm 的 WS3008 和 WS2006 试件在球节点和 H 型钢连接位置出现局部凹陷,H 型钢深入球节点凹陷处,且球上部和下部凹陷程度不一致,大多数节点的上部凹陷程度较大,少数节点下部凹陷程度较大。高温下轴压位移小的试件,节点凹陷现象不明显。此外,部分节点由于加工时上、下部杆件不完全对中,出现上、下部杆件错位现象。

(a)WS3008-345-500-5　　　　(b)WS3008-345-500-10　　　　(c)WS3008-345-500-20

图 7-65　高温下轴压试验后 H 型钢焊接空心球节点形态

负载高温后 H 型钢焊接空心球节点轴压试验破坏模式如图 7-66 所示。节点表现出 3 种不同的破坏模式。第 1 种破坏模式为节点与 H 型钢相接处出现凹陷,且上下端的凹陷程度接近,上下两侧 H 型钢对中情况良好,典型代表试件为 WS3008-235-500-0,如图 7-66(a)所示。第 2 种破坏模式为节点与 H 型钢杆件相接处出现凹陷,且上下端的凹陷程度差异较大,上下两侧 H 型钢对中情况良好,典型代表试件为 WSR3008-345-500-20,如图 7-66(b)所示。第 3 种破坏模式为上下侧 H 型钢出现较大错位,节点与 H 型钢杆件相接处出现凹陷,且每端 H 型钢两侧的球节点凹陷程度不同,典型代表试件为 WSR3008-345-500-0,如图 7-66(c)所示。

（a）上下端凹陷且变形相近　　　　　（b）上下杆件有较大错位　　　　　（c）上下端凹陷且变形差异较大
（WS3008-235-500-0）　　　　　　　（WSR3008-345-500-0）　　　　　　（WSR3008-345-500-20）

图 7-66　负载高温后 H 型钢焊接空心球节点轴压试验破坏模式

2. 荷载-位移曲线

1）高温下

采用最远点法定义焊接空心球节点的屈服承载力 N_y 和极限承载力 N_u 以及对应的节点位移 Δ_y 和 Δ_u。高温下试件的荷载-位移曲线如图 7-67 所示。

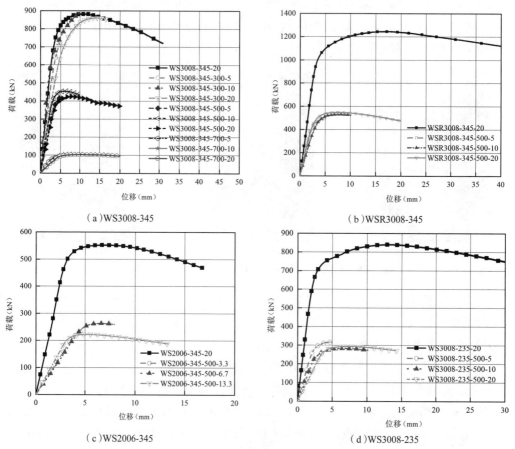

（a）WS3008-345　　　　　　　　　　　　　　　　（b）WSR3008-345

（c）WS2006-345　　　　　　　　　　　　　　　　（d）WS3008-235

图 7-67　高温下轴压试件的荷载-位移曲线

237

第7章 火灾高温后焊接空心球节点的力学性能

由荷载-位移曲线可知,高温下 H 型钢焊接空心球节点轴压试验可分为 3 个阶段。

(1)弹性阶段。荷载由 0 增加至屈服承载力 N_y 时,随着位移增大,荷载基本呈线性增加,刚度基本不变;在接近屈服承载力 N_y 时,刚度略微下降。

(2)弹塑性阶段。荷载由屈服承载力 N_y 增加至极限承载力 N_u 时,随着位移增大,刚度逐渐减小,荷载-位移曲线斜率逐渐减小至 0,曲线达到峰值,试件达到极限承载力 N_u。

(3)塑性下降段。荷载达到极限承载力 N_u 之后,随着位移增大,荷载-位移曲线开始下降,试件丧失承载能力。

2)高温后

高温后试件的荷载-位移曲线如图 7-68 所示。可见,试件在高温轴压试验之后仍具有一定的承载能力和刚度,残余变形较大的试件高温后轴压承载力具有较大程度的折减。经历 300 ℃高温后,出现残余变形的试件较未出现残余变形的试件极限承载力有一定提高,但延性变差;且随着残余变形增大,荷载-位移曲线的下降速率显著增大。经历 500 ℃、700 ℃高温后试件的荷载-位移曲线下降段相比经历 300 ℃高温处理后的试件更为平缓,试件有较好的延性。

相比于不加肋试件,经历相同的高温且出现相同的残余变形时,加肋试件的高温后轴压承载力折减更小,且具有更好的延性。

相比于球径 300 mm 的试件,球径 200 mm 的试件的荷载-位移曲线的下降段下降速率更大,试件的极限承载力和延性折减更大。

相比于 Q345 材质的试件,在相同高温和相同轴压位移情况下,Q235 材质的试件的高温后轴压承载力折减更大。

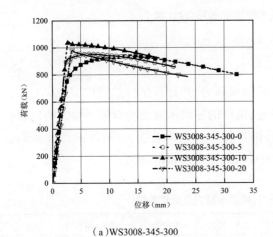

(a)WS3008-345-300

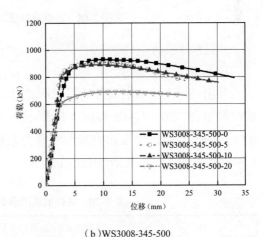

(b)WS3008-345-500

图 7-68 高温后轴压试件的荷载-位移曲线

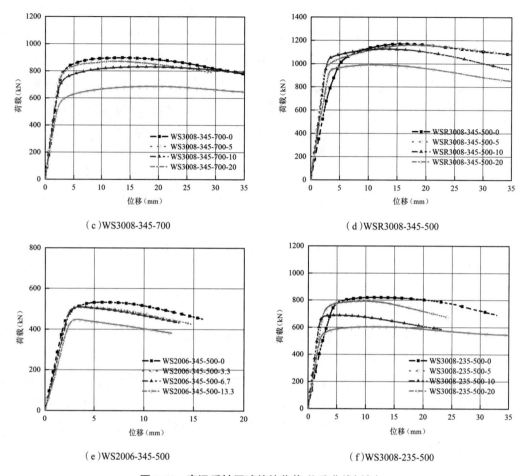

（c）WS3008-345-700   （d）WSR3008-345-500

（e）WS2006-345-500   （f）WS3008-235-500

图 7-68　高温后轴压试件的荷载-位移曲线（续）

3. 极限承载力

1）高温下

采用最远点法确定试件的屈服承载力和极限承载力,并计算试件的延性系数(μ_Δ),试验结果如表 7-20、图 7-69 和图 7-70 所示。可见,试件的屈服承载力与极限承载力的比值在 0.81～0.90,表明试件在达到屈服承载力之后仍具有一定的承载能力;试件的延性系数在 1.54～4.72,表明试件在塑性变形中具有一定的吸收和耗散能量的能力。

表 7-20　试件的屈服承载力、极限承载力及延性系数

试件编号	N_y(kN)	N_u(kN)	N_y/N_u	Δ_y(mm)	Δ_u(mm)	μ_Δ
WS3008-345-20	771.06	883.32	0.87	3.99	10.78	2.70
WS3008-345-300-20	693.06	860.93	0.81	5.62	13.78	2.45
WS3008-345-500-10	384.40	455.01	0.84	2.82	6.09	2.16
WS3008-345-500-20	370.31	425.34	0.87	3.80	7.98	2.10
WS3008-345-700-10	95.54	106.02	0.90	4.36	7.72	1.77

续表

试件编号	N_y（kN）	N_u（kN）	N_y/N_u	Δ_y（mm）	Δ_u（mm）	μ_Δ
WS3008-345-700-20	93.12	104.36	0.89	4.80	9.93	2.07
WSR3008-345-20	1 050.02	1 246.82	0.84	4.07	17.48	4.29
WSR3008-345-500-10	462.78	530.94	0.87	3.56	7.59	2.13
WSR3008-345-500-20	472.09	548.12	0.86	2.94	7.52	2.56
WS2006-345-20	481.21	552.86	0.87	2.91	6.95	2.39
WS2006-345-500-6.7	231.12	263.48	0.88	4.33	6.65	1.54
WS2006-345-500-13.3	197.27	222.92	0.88	3.00	4.94	1.65
WS3008-235-20	707.17	840.90	0.84	2.92	13.78	4.72
WS3008-235-500-10	240.83	283.08	0.85	2.73	7.00	2.56
WS3008-235-500-20	255.51	294.12	0.87	3.49	7.22	2.07

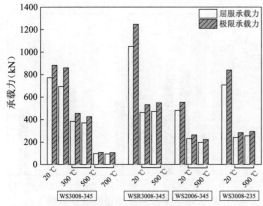

图 7-69　试件的屈服承载力和极限承载力对比

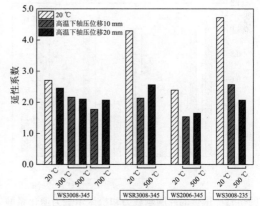

图 7-70　试件的延性系数对比

　　试件的屈服承载力、极限承载力与延性系数在不同高温下的退化系数如表 7-21、图 7-71 和图 7-72 所示。

表 7-21　试件的屈服承载力、极限承载力及延性系数的高温退化系数

试件编号	高温退化系数				高温退化系数平均值			
	N_y	N_u	N_y/N_u	μ_Δ	N_y	N_u	N_y/N_u	μ_Δ
WS3008-345-20	1.000	1.000	1.000	1.000	1.000	1.000	1.000	1.000
WS3008-345-300-20	0.899	0.975	0.922	0.908	0.899	0.975	0.922	0.908
WS3008-345-500-10	0.499	0.515	0.969	0.799	0.490	0.499	0.983	0.788
WS3008-345-500-20	0.480	0.482	0.996	0.777				
WS3008-345-700-10	0.124	0.120	1.033	0.655	0.123	0.119	1.029	0.711
WS3008-345-700-20	0.121	0.118	1.025	0.766				
WSR3008-345-20	1.000	1.000	1.000	1.000	1.000	1.000	1.000	1.000

试件编号	高温退化系数				高温退化系数平均值			
	N_y	N_u	N_y/N_u	μ_Δ	N_y	N_u	N_y/N_u	μ_Δ
WSR3008-345-500-10	0.441	0.426	1.035	0.496	0.446	0.433	1.029	0.546
WSR3008-345-500-20	0.450	0.440	1.023	0.596				
WS2006-345-20	1.000	1.000	1.000	1.000	1.000	1.000	1.000	1.000
WS2006-345-500-6.7	0.480	0.477	1.006	0.643	0.445	0.440	1.012	0.666
WS2006-345-500-13.3	0.410	0.403	1.017	0.689				
WS3008-235-20	1.000	1.000	1.000	1.000	1.000	1.000	1.000	1.000
WS3008-235-500-10	0.341	0.337	1.012	0.543	0.351	0.344	1.022	0.491
WS3008-235-500-20	0.361	0.350	1.031	0.438				

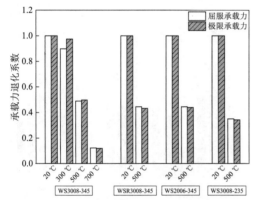

图 7-71　试件的屈服承载力和极限承载力退化系数

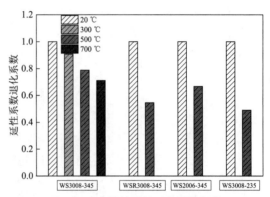

图 7-72　试件的延性系数退化系数

可见,试件的屈服承载力、极限承载力与延性系数在 300 ℃、500 ℃、700 ℃高温下均有不同程度的折减。所有试件的屈服承载力在 300 ℃高温下的退化系数为 0.899,在 500 ℃高温下的退化系数为 0.351 ~ 0.490,在 700 ℃高温下的退化系数为 0.123。所有试件的极限承载力在 300 ℃高温下的退化系数为 0.975,在 500 ℃高温下的退化系数为 0.344 ~ 0.499,在 700 ℃高温下的退化系数为 0.119。

Q235 材质试件的屈服承载力在 500 ℃高温下的退化系数(0.351)小于 Q345 材质试件在相同温度下的退化系数平均值(0.490)。Q235 材质试件的极限承载力在 500 ℃高温下的退化系数(0.344)小于 Q345 材质试件在相同温度下的退化系数平均值(0.499)。

相较于 Q345 材质不加肋试件,加肋试件的承载力退化系数略有降低但差异不明显;延性系数退化系数有明显降低,这是由于常温下加肋试件的延性系数显著高于不加肋试件,但两者高温下延性系数差异较小。

相较于 Q345 材质球径 300 mm 的试件,球径 200 mm 试件的承载力退化系数略有降低但差别不明显;延性系数退化系数有明显降低。

2）高温后

负载高温后试件的屈服承载力、极限承载力与延性系数如表7-22、图7-73和图7-74所示。可见,试件的屈服承载力与极限承载力的比值在0.84~0.97,屈服承载力与极限承载力数值比较接近,表明试件在经历高温和损伤之后的轴压试验中达到屈服状态后会很快进入极限状态;试件的延性系数在1.08~6.56,延性系数变化范围大,主要是由于高温后轴压的大多数荷载-位移曲线塑性段平缓,在承载力几乎不发生变化时位移变化范围较大,导致极限承载力对应位移的变化范围较大。

表7-22 试件的屈服承载力、极限承载力及延性系数

试件编号	N_y（kN）	N_u（kN）	N_y/N_u	Δ_y（mm）	Δ_u（mm）	μ_Δ
WS3008-345-20	771.06	883.32	0.87	3.99	10.78	2.70
WS3008-345-300-0	797.35	935.49	0.85	3.09	13.59	4.40
WS3008-345-300-5	902.44	954.57	0.95	2.49	6.72	2.70
WS3008-345-300-10	1 015.23	1 044.18	0.97	2.63	2.86	1.09
WS3008-345-300-20	952.40	981.90	0.97	3.27	3.53	1.08
WS3008-345-500-0	811.91	932.21	0.87	3.78	10.00	2.65
WS3008-345-500-5	825.87	910.44	0.91	2.89	10.63	3.68
WS3008-345-500-10	805.30	892.79	0.90	2.86	9.00	3.15
WS3008-345-500-20	608.82	693.36	0.88	2.79	11.60	4.16
WS3008-345-700-0	792.98	899.09	0.88	3.12	13.64	4.37
WS3008-345-700-5	777.50	872.99	0.89	2.98	12.52	4.20
WS3008-345-700-10	733.62	832.46	0.88	3.17	17.72	5.59
WS3008-345-700-20	590.38	688.08	0.86	3.14	17.82	5.68
WSR3008-345-20	1 050.02	1 246.82	0.84	4.07	17.48	4.29
WSR3008-345-500-0	1 006.07	1 172.16	0.86	5.09	16.47	3.24
WSR3008-345-500-5	984.90	1 163.70	0.85	2.83	18.56	6.56
WSR3008-345-500-10	1 035.00	1 128.68	0.92	3.06	12.50	4.08
WSR3008-345-500-20	937.40	992.33	0.94	3.32	10.71	3.23
WS2006-345-20	481.21	552.86	0.87	2.91	6.95	2.39
WS2006-345-500-0	460.05	532.82	0.86	2.18	5.69	2.61
WS2006-345-500-3.3	456.60	510.37	0.89	2.14	3.20	1.50
WS2006-345-500-6.7	463.78	510.33	0.91	2.31	3.55	1.54
WS2006-345-500-13.3	399.03	448.35	0.89	2.20	3.17	1.44
WS3008-235-20	707.17	840.90	0.84	2.92	13.78	4.72
WS3008-235-500-0	750.32	822.02	0.91	4.44	11.84	2.67
WS3008-235-500-5	716.41	794.45	0.90	2.83	10.21	3.61
WS3008-235-500-10	634.44	689.42	0.92	2.02	4.59	2.27
WS3008-235-500-20	551.56	605.63	0.91	2.62	11.97	4.57

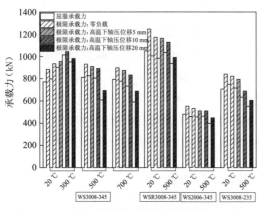

图 7-73　试件的屈服承载力和极限承载力对比

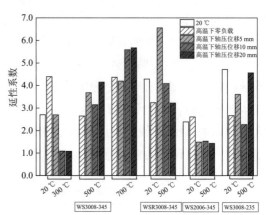

图 7-74　试件的延性系数对比

试件的屈服承载力、极限承载力与延性系数在经历不同高温和残余变形后的退化系数如表 7-23、图 7-75 和图 7-76 所示。

表 7-23　试件的屈服承载力、极限承载力及延性系数的退化系数

试件编号	N_y	N_u	N_y/N_u	μ_Δ
WS3008-345-300-0	1.000	1.000	1.000	1.000
WS3008-345-300-5	1.132	1.020	1.110	0.614
WS3008-345-300-10	1.273	1.116	1.141	0.247
WS3008-345-300-20	1.194	1.050	1.137	0.245
WS3008-345-500-0	1.000	1.000	1.000	1.000
WS3008-345-500-5	1.017	0.977	1.041	1.390
WS3008-345-500-10	0.992	0.958	1.035	1.190
WS3008-345-500-20	0.750	0.744	1.008	1.572
WS3008-345-700-0	1.000	1.000	1.000	1.000
WS3008-345-700-5	0.980	0.971	1.009	0.961
WS3008-345-700-10	0.925	0.926	0.999	1.279
WS3008-345-700-20	0.745	0.765	0.974	1.298
WSR3008-345-20	1.000	1.000	1.000	1.000
WSR3008-345-500-0	1.000	1.000	1.000	1.000
WSR3008-345-500-5	0.979	0.993	0.986	2.027
WSR3008-345-500-10	1.029	0.963	1.069	1.262
WSR3008-345-500-20	0.932	0.847	1.100	0.997
WS2006-345-20	1.000	1.000	1.000	1.000
WS2006-345-500-0	1.000	1.000	1.000	1.000
WS2006-345-500-3.3	0.993	0.958	1.037	0.573
WS2006-345-500-6.7	1.008	0.958	1.052	0.589
WS2006-345-500-13.3	0.867	0.841	1.031	0.552

续表

试件编号	N_y	N_u	N_y/N_u	μ_Δ
WS3008-235-20	1.000	1.000	1.000	1.000
WS3008-235-500-0	1.000	1.000	1.000	1.000
WS3008-235-500-5	0.955	0.966	0.989	1.353
WS3008-235-500-10	0.846	0.839	1.008	0.852
WS3008-235-500-20	0.735	0.737	0.997	1.713

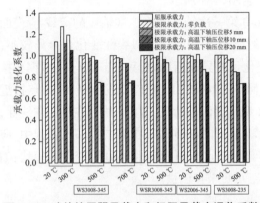

图 7-75　试件的屈服承载力和极限承载力退化系数　　　图 7-76　试件的延性系数退化系数

可见,试件的屈服承载力和极限承载力在经历 300 ℃高温并出现残余变形之后有突然的提高;屈服承载力退化系数在 1.132~1.273,极限承载力退化系数在 1.020~1.116。经历 500 ℃、700 ℃高温和残余变形之后的试件的屈服承载力和极限承载力有不同程度的降低。对于极限承载力,在经历 500 ℃高温和残余变形不大于 1/30D 的试件中,其中 1 个试件的退化系数为 0.839,其余退化系数均在 0.958~0.993。经历 500 ℃高温和残余变形为 1/15D 的试件,退化系数在 0.737~0.847。经历 700 ℃高温的试件,退化系数略低于经历 500 ℃高温和出现同等残余变形的试件。

Q235 材质试件的屈服承载力和极限承载力在经历 500 ℃高温和残余变形后的退化系数略小于 Q345 材质试件在相同高温和轴压位移下的退化系数。

相较于 Q345 材质的不加肋试件,加肋试件的承载力退化系数在经历 500 ℃高温和残余变形不大于 1/30D 的情况下差异不大,在残余变形为 1/15D 的情况下提高 13.8%。

相较于 Q345 材质球径 300 mm 的试件,球径 200 mm 的试件的承载力退化系数在经历 500 ℃高温和残余变形不大于 1/30D 的情况下差异不大,在残余变形为 1/15D 的情况下有一定提高。

由于高温后轴压的大多数荷载-位移曲线塑性段平缓,在承载力几乎不发生变化时位移变化范围较大,导致极限承载力对应位移的变化范围较大。因此,延性系数退化系数不作为分析重点。

4. 应变分析

试验前,在焊接空心球表面粘贴 15 个应变花,在 H 型钢表面粘贴 6 个应变片,用来记录加载过程中试件应变的发展情况。应变花 0° 方向和 90° 方向分别对应焊接空心球的纬度方向和经度方向。测点处的纬度方向应变、经度方向应变和切应变可按式（7-1）计算。

由于节点厚度相比于球径小很多，节点受力状态近似等效于平面应力状态，可采用等效应变（ε_e）表示应变强度，按下式计算。

$$\varepsilon_e = \frac{\sqrt{2}}{3}\sqrt{\left(\varepsilon_x - \varepsilon_y\right)^2 + \varepsilon_x^2 + \varepsilon_y^2 + 6\gamma_{xy}^2} \tag{7-5}$$

其中，ε_x、ε_y 分别为测点纬度方向和经度方向的应变；γ_{xy} 为测点的切应变。

绘制典型试件的荷载-应变曲线，如图 7-77 至图 7-81 所示。

图 7-77 和图 7-78 分别为 WS3008-235-500-0 第一次轴压和第二次轴压的荷载-应变曲线。由图 7-77 可知，在试件加载初期，各测点的荷载-应变曲线近似线性变化且差异较小；随着荷载的增加，荷载-应变曲线呈现非线性变化且差异逐渐增大，其中节点与 H 型钢相接处应变发展较快，节点与 H 型钢翼缘相接处（测点 SR6 和 SR10）应变发展最快；节点接近赤道位置为压应变，接近上下两端为拉应变；H 型钢表面的荷载-应变曲线存在一定非线性，说明加载初期存在端板压平和节点压实的过程。由图 7-78 可知，在第二次轴压过程中，应变发展相对于第一次轴压时的线性特征更为明显，节点与 H 型钢相接处应变发展较快；H 型钢表面的 6 个测点的荷载-应变曲线近似重合，可见节点已被压实。

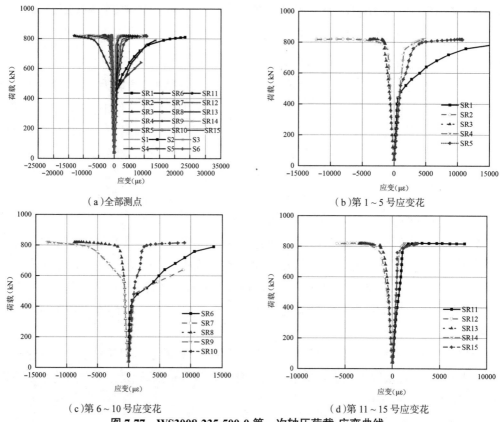

（a）全部测点

（b）第 1～5 号应变花

（c）第 6～10 号应变花

（d）第 11～15 号应变花

图 7-77　WS3008-235-500-0 第一次轴压荷载-应变曲线

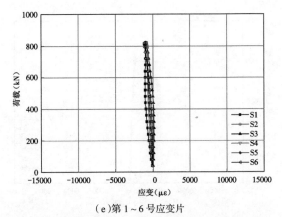

（e）第 1～6 号应变片

图 7-77　WS3008-235-500-0 第一次轴压荷载-应变曲线（续）

SR—空心球上的测点；S—H 型钢上的测点

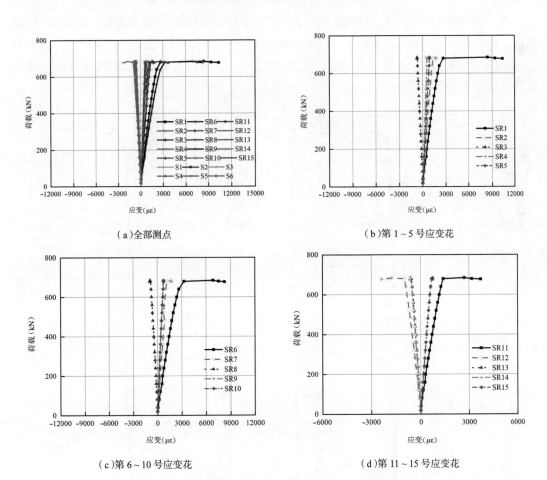

（a）全部测点　　　　　　　　　　　（b）第 1～5 号应变花

（c）第 6～10 号应变花　　　　　　　（d）第 11～15 号应变花

图 7-78　WS3008-235-500-0 第二次轴压荷载-应变曲线

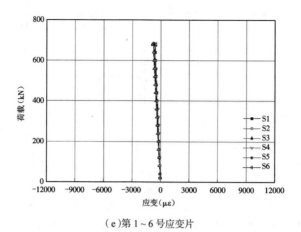

（e）第1~6号应变片

图7-78 WS3008-235-500-0 第二次轴压荷载-应变曲线（续）

图7-79和图7-80分别为WSR3008-345-500-0第一次轴压和第二次轴压的荷载-应变曲线。相比于WS3008-235-500-0，WSR3008-345-500-0各测点应变发展差异较大。图7-81为WSR3008-345-500-20第二次轴压的荷载-应变曲线。由图可知，第二次轴压时的应变发展线性特征更为明显。

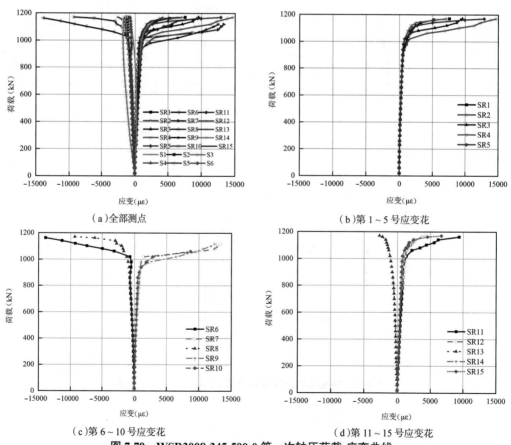

（a）全部测点

（b）第1~5号应变花

（c）第6~10号应变花

（d）第11~15号应变花

图7-79 WSR3008-345-500-0 第一次轴压荷载-应变曲线

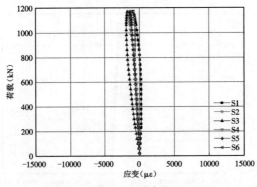

（e）第 1～6 号应变片

图 7-79   WSR3008-345-500-0 第一次轴压荷载-应变曲线（续）

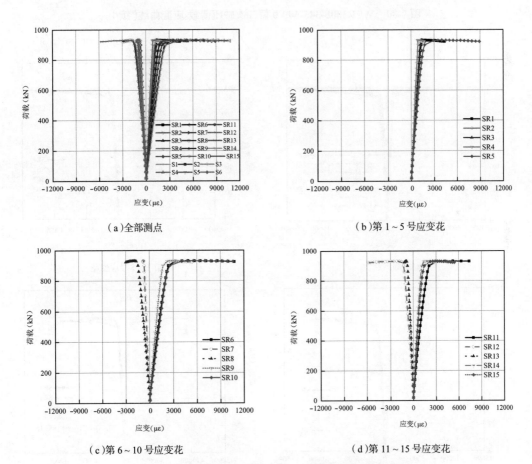

（a）全部测点

（b）第 1～5 号应变花

（c）第 6～10 号应变花

（d）第 11～15 号应变花

图 7-80   WSR3008-345-500-0 第二次轴压荷载-应变曲线

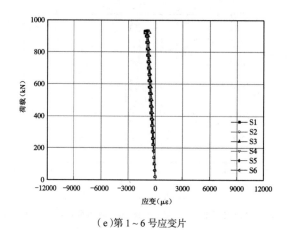

（e）第1～6号应变片

图 7-80　WSR3008-345-500-0 第二次轴压荷载-应变曲线（续）

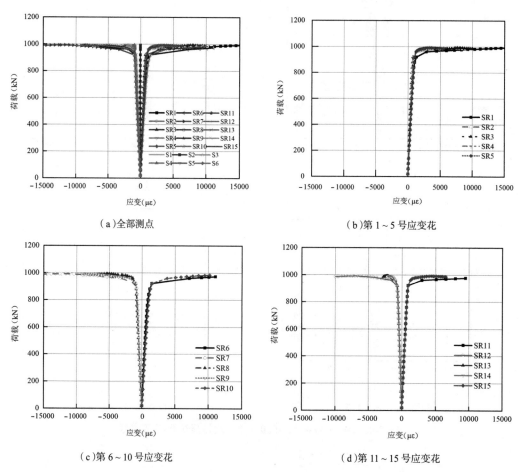

（a）全部测点

（b）第1～5号应变花

（c）第6～10号应变花

（d）第11～15号应变花

图 7-81　WSR3008-345-500-20 第二次轴压荷载-应变曲线

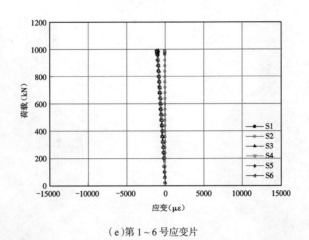

（e）第 1～6 号应变片

图 7-81　WSR3008-345-500-20 第二次轴压荷载-应变曲线（续）

7.5　均匀升温—降温后焊接空心球节点力学性能分析

7.5.1　有限元分析

7.5.1.1　材料应力-应变关系模型

采用"改进 Mander 模型"定义高温后焊接空心球节点钢材的应力-应变关系，其中不同过火温度和不同冷却方式下的材料力学性能指标如弹性模量、屈服强度和极限强度等分别按照表 2-9、表 2-10 和表 2-11 给出的相应计算式计算得到；而钢材的泊松比随温度变化不大，故取定值 0.3。

7.5.1.2　有限元模型的建立

采用 ABAQUS 有限元分析软件建立焊接空心球节点的有限元模型，模型的几何尺寸与试验构件相同，选取三维八节点缩减积分实体单元 C3D8R 建立模型。焊接空心球的球管交界区域受力复杂且应力水平较高，故在此区域加密网格以提高分析准确度。进行网格尺寸的敏感性分析，确定分别采用 16 272 个单元和 27 044 个单元所对应的网格尺寸划分轴心受压试件和偏心受压试件，有限元分析模型如图 7-82 所示。

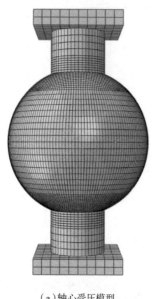 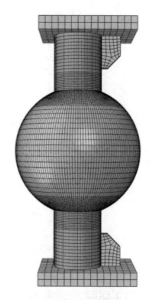

（a）轴心受压模型 （b）偏心受压模型

图 7-82 焊接空心球节点的有限元模型

由于焊接空心球节点的初始几何缺陷的研究尚十分匮乏,故在此参照柱构件常用的有限元分析方法,采用一致缺陷模态法引入节点的初始几何缺陷。将特征值屈曲分析得到的最低阶屈曲模态作为节点的初始缺陷形状,缺陷的最大值取为 $L/1\,000$,其中 L 为节点模型的纵向尺寸。然后对节点模型进行考虑材料和几何双重非线性的弹塑性分析,以获得节点的高温后力学性能。对于均匀升温—降温火灾工况,由于升温—降温过程中节点各点温度均匀分布且与外界环境温度相同,因此对于某一特定过火温度,整个节点模型可以采用相同的材料本构模型。在加载过程中,轴心受压节点和偏心受压节点模型均设定为与试验相同的铰接边界条件。

7.5.1.3 有限元模型的验证

为验证有限元模型的可靠性,将有限元分析结果与试验结果进行对比。节点的典型破坏模式的对比如图 7-83 所示,轴心受压节点的荷载-轴向位移关系曲线和偏心受压节点的荷载-竖向位移关系曲线的对比分别如图 7-84 和图 7-85 所示(图中 FEA 表示有限元分析模型得到的结果,下同)。可以看到,有限元分析结果与试验结果吻合得很好,表明所建立的有限元模型具有较高的准确性。

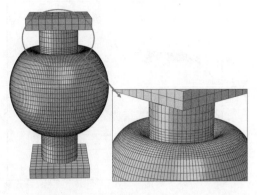

（a）J345-800-e0-A 节点的轴心受压有限元分析结果

（b）J345-800-e0-A 节点的轴心受压试验结果

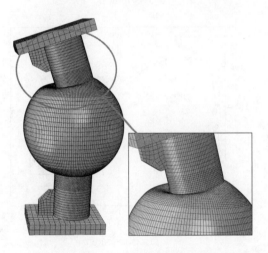

（c）J345-800-e0-A 节点的偏心受压有限元分析结果

（d）J345-800-e0-A 节点的偏心受压试验结果

图 7-83　典型破坏模式有限元分析结果与试验结果的对比

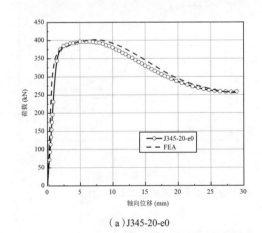

（a）J345-20-e0

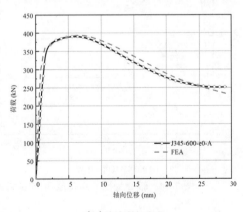

（b）J345-600-e0-A

图 7-84　轴心受压节点荷载-轴向位移曲线有限元分析结果与试验结果的对比

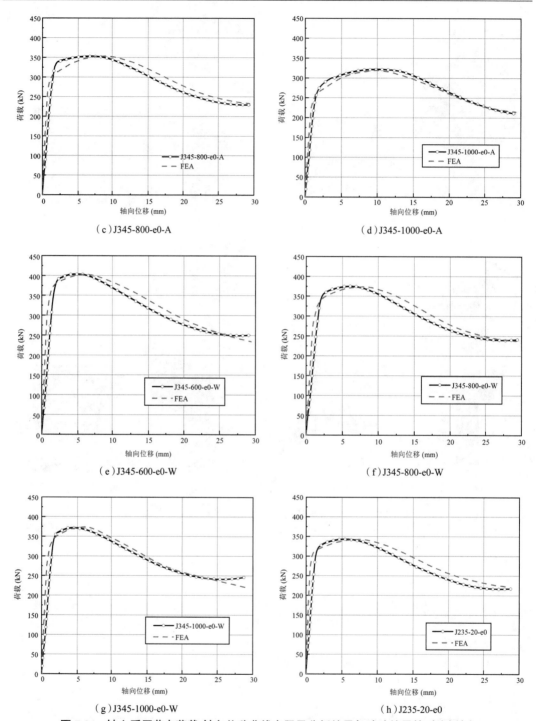

（c）J345-800-e0-A

（d）J345-1000-e0-A

（e）J345-600-e0-W

（f）J345-800-e0-W

（g）J345-1000-e0-W

（h）J235-20-e0

图 7-84　轴心受压节点荷载-轴向位移曲线有限元分析结果与试验结果的对比（续）

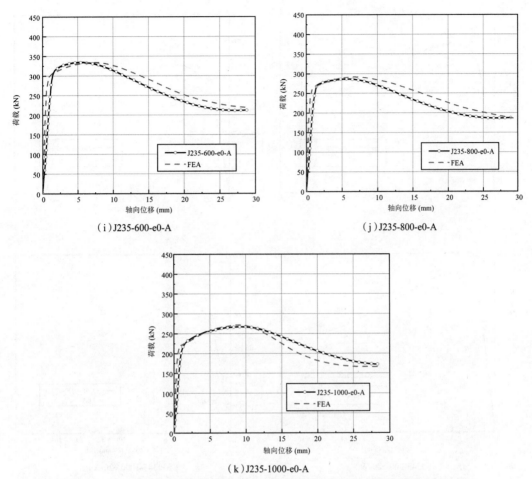

（i）J235-600-e0-A　　　　　　　　（j）J235-800-e0-A

（k）J235-1000-e0-A

图 7-84　轴心受压节点荷载-轴向位移曲线有限元分析结果与试验结果的对比（续）

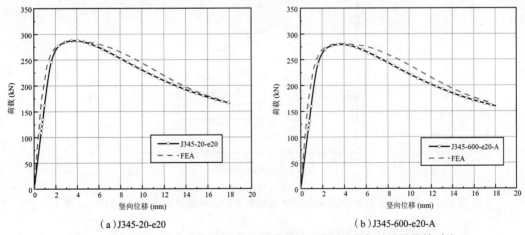

（a）J345-20-e20　　　　　　　　　（b）J345-600-e20-A

图 7-85　偏心受压节点荷载-竖向位移曲线有限元分析结果与试验结果的对比

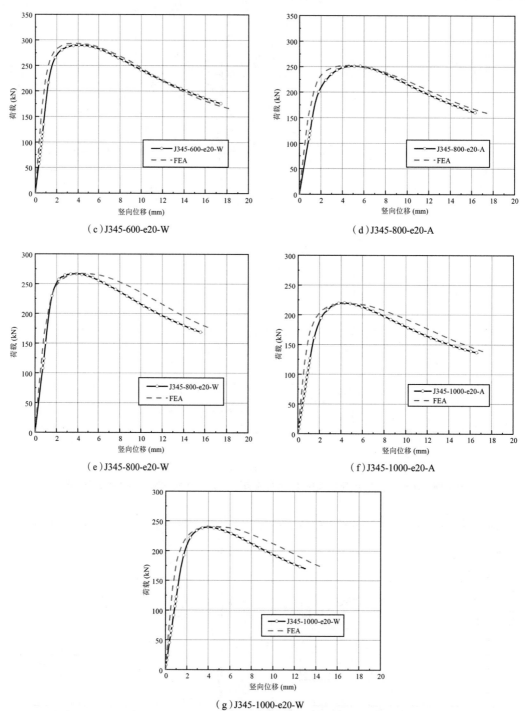

（c）J345-600-e20-W

（d）J345-800-e20-A

（e）J345-800-e20-W

（f）J345-1000-e20-A

（g）J345-1000-e20-W

图 7-85　偏心受压节点荷载-竖向位移曲线有限元分析结果与试验结果的对比（续）

7.5.2 参数化分析和实用计算方法

7.5.2.1 极限承载力

现行《空间网格结构技术规程》(JGJ 7—2010)采用下式计算常温下焊接空心球节点的极限承载力：

$$N_m = \eta_m N_R \tag{7-6}$$

其中，N_m、N_R 分别为偏心受力和轴心受力情况下焊接空心球节点的极限承载力（由于受压情况相对于受拉情况更为不利，因而偏保守地统一采用受压承载力作为其极限承载力）；η_m 为考虑空心球受压弯或拉弯的影响系数。

鉴于式（7-6）应用的广泛性，在计算高温后焊接空心球节点的极限承载力时，应尽量保证提出的计算式与其形式相同，因此在式（7-6）中引入高温后承载力退化系数 η_{PT} 作为均匀升温—降温后焊接空心球节点的极限承载力 $N_{m,PT}$ 的计算公式，即

$$N_{m,PT} = \eta_{PT} N_m = \eta_{PT} \eta_m N_R \tag{7-7}$$

根据《空间网格结构技术规程》(JGJ 7—2010)，考虑空心球受压弯或拉弯的影响系数 η_m 可采用下式计算：

$$\eta_m = \begin{cases} \dfrac{1}{1+c} & 0 \leqslant c \leqslant 0.3 \\[2mm] \dfrac{2}{\pi}\sqrt{3+0.6c+2c^2} - \dfrac{2}{\pi}(1+\sqrt{2}c)+0.5 & 0.3 \leqslant c \leqslant 2.0 \\[2mm] \dfrac{2}{\pi}\sqrt{c^2+2} - c^2 & c \geqslant 2.0 \end{cases} \tag{7-8}$$

其中，c 为一个偏心系数，且有

$$c = \frac{2M}{Nd} \tag{7-9}$$

其中，M、N 分别为通过钢管作用于空心球节点的弯矩和轴力；d 为钢管外径。可以看到，在轴心受力情况下，$c=0$，$\eta_m=1$，此时 $N_m = N_R$，表明轴心受力只是偏心距为零的特殊情况。对于焊接空心球节点偏心受压情况，M 和 N 的关系可以表达如下：

$$M = Ne = N(e_0 + e_1) \tag{7-10}$$

其中，e 为总偏心距；e_0、e_1 分别为初始偏心距和二阶效应引起的附加偏心距。故参数 c 可计算如下：

$$c = \frac{2M}{Nd} = \frac{2e}{d} = \frac{2(e_0+e_1)}{d} \tag{7-11}$$

对于有限元分析，附加偏心距 e_1 可由程序直接计算得出，对于试验研究 e_1 可由水平布置的位移计测得。式（7-11）表明，偏心距影响系数 η_m 只与偏心率 e/d 有关，而与过火温度和冷却方式等其他参数无关，这也印证了零负载高温后焊接空心球节点力学性能试验得到的"偏心距对于焊接空心球承载力的降低作用具有独立性"的结论。

现有研究成果表明，常温下轴心受力焊接空心球节点的极限承载力 N_R 主要取决于空心球壁厚 t、钢管外径 d、钢管和空心球的外径比 d/D 以及钢材的屈服强度 f_y。《空间网格结构

技术规程》(JGJ 7—2010)建议采用如下形式的公式计算焊接空心球节点的极限承载力:

$$N_R = \left(A + B\frac{d}{D}\right)\pi t d f_y \qquad (7\text{-}12)$$

其中,A、B 为待定常系数(因规范给出的系数考虑了保证率的因素,不便于精确计算,故本书对其重新进行拟合计算)。因此,为了得到式(7-7)的完整表达式,需要确定 η_{PT}、A 和 B 这 3 个参数。

为确定 η_{PT} 的表达形式,采用验证后的有限元模型进行参数化分析来确定各参数对于 η_{PT} 的影响规律。考虑的参数包括过火温度 T、初始荷载偏心率 e_0/d、钢管和空心球的外径比 d/D、空心球壁厚 t、钢管外径 d 以及钢材的屈服强度 f_y 等,此外还考虑了空气自然冷却和消防喷水冷却两种不同冷却方式的影响。各参数的取值见表 7-24,其中各几何参数的取值均符合《空间网格结构技术规程》(JGJ 7—2010)的规定。分析得到的各参数对于 η_{PT} 的影响规律如图 7-86 所示。

表 7-24 极限承载力参数分析取值

参数	取值	默认值
T(℃)	20、600、700、800、900、1 000	—
e_0/d	0、0.132、0.263、0.395	0
d/D	0.34、0.36、0.38、0.40、0.42	0.38
t(mm)	4、6、8、10、12	8
d(mm)	60、76、89、108、133	76
f_y(N/mm²)	337(Q235 钢实测值)、401(Q345 钢实测值)	401
冷却方式	空冷、水冷	空冷

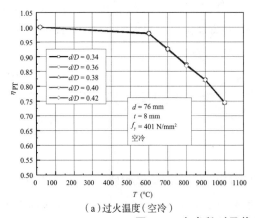

(a)过火温度(空冷)

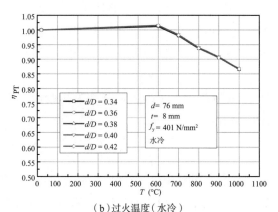

(b)过火温度(水冷)

图 7-86 各参数对承载力退化系数 η_{PT} 的影响规律

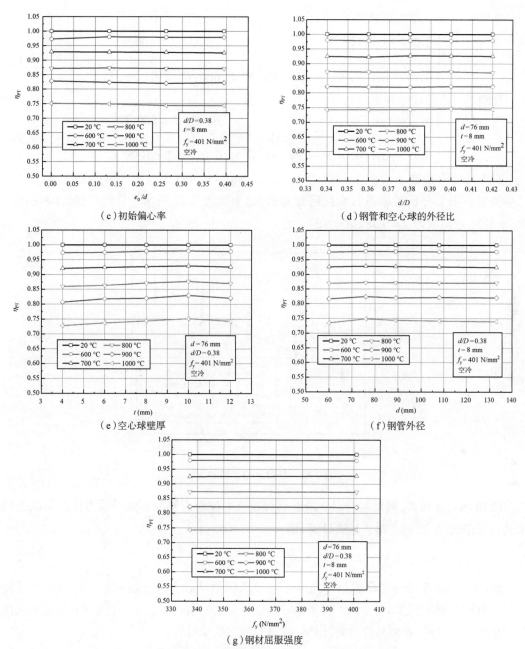

（c）初始偏心率　　　　　　　　（d）钢管和空心球的外径比

（e）空心球壁厚　　　　　　　　（f）钢管外径

（g）钢材屈服强度

图 7-86　各参数对承载力退化系数 η_{PT} 的影响规律（续）

　　参数化分析结果表明，η_{PT} 主要取决于过火温度和冷却方式，而初始偏心率以及 d/D、t 和 d 等几何参数的影响很小，可以忽略不计。当过火温度超过 600 ℃ 时，η_{PT} 的值随过火温度的升高显著降低，而消防喷水冷却条件下的 η_{PT} 值小于空气自然冷却条件下的相应值。此外，对于规范推荐的 Q235 钢和 Q345 钢，其屈服强度对 η_{PT} 的影响亦可忽略。基于以上结论，分别提出了如下空气自然冷却和消防喷水冷却条件下 η_{PT} 的分段计算式，两式均为过火温度 T 的函数。

在空气自然冷却条件下,有

$$\eta_{\text{PT}} = \begin{cases} 1.001 - 3.64 \times 10^{-5} T & 20\ ℃ < T \leqslant 600\ ℃ \\ 1.130 - 6.47 \times 10^{-5} T - 3.18 \times 10^{-7} T^2 & 600\ ℃ < T \leqslant 1\,000\ ℃ \end{cases} \quad (7\text{-}13)$$

在消防喷水冷却条件下,有

$$\eta_{\text{PT}} = \begin{cases} 1 & 20\ ℃ < T \leqslant 600\ ℃ \\ 1.227 - 3.41 \times 10^{-4} T - 1.94 \times 10^{-8} T^2 & 600\ ℃ < T \leqslant 1\,000\ ℃ \end{cases} \quad (7\text{-}14)$$

对于待定常系数 A 和 B ,分别以 $N_{\text{m,PT}}/(\eta_{\text{PT}}\eta_{\text{m}}\pi t d f_y)$ 和 d/D 为因变量和自变量,采用最小二乘法对有限元分析数据进行线性回归分析,结果如图 7-87 所示。分析可得, $A = 0.382$, $B = 0.573$,近似取为 $A = 0.38$, $B = 0.57$ 。

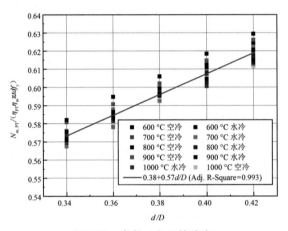

图 7-87 参数 A 和 B 的确定

既知 η_{PT} 、 A 和 B ,则均匀升温—降温后焊接空心球节点轴向和偏心受力情况下的极限承载力可用式(7-7)的完整表达式计算,即

$$N_{\text{m,PT}} = \eta_{\text{PT}}\eta_{\text{m}}\left(0.38 + 0.57\frac{d}{D}\right)\eta_{\text{d}}\pi t d f_y \quad (7\text{-}15)$$

式(7-15)计算得到的高温后焊接空心球节点极限承载力与有限元分析结果以及试验结果的对比分别如图 7-88(a)和(b)所示。可以看到,公式计算结果与有限元分析结果和试验结果均十分接近,表明所提出的计算公式具有较高的准确性。

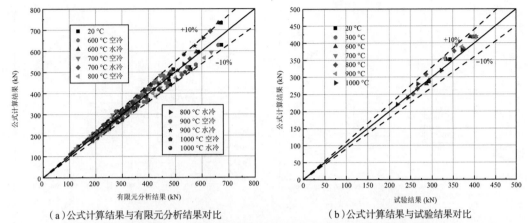

（a）公式计算结果与有限元分析结果对比　　　（b）公式计算结果与试验结果对比

图 7-88　极限承载力公式的计算结果与有限元分析结果及试验结果的对比

7.5.2.2　初始轴向刚度

现有研究表明,常温下焊接空心球节点的初始轴向刚度主要与钢管和空心球的外径比 d/D 以及空心球壁厚 t 有关。韩庆华(Han Q. H.)等基于薄壳理论推导了常温下焊接空心球节点的初始轴向刚度的计算公式,如下:

$$K_N = 2\pi E(0.34\frac{td}{D} + 66.8\frac{t^3d}{D^3}) \tag{7-16}$$

其中, K_N 为常温下焊接空心球节点的初始轴向刚度(kN/mm); E 为钢材的弹性模量。同承载力计算公式一样,在式(7-16)中引入高温后刚度退化系数 κ_{PT} 来计算均匀升温—降温后焊接空心球节点的轴向刚度,即

$$K_{N,\mathrm{PT}} = \kappa_{\mathrm{PT}}K_N \tag{7-17}$$

其中, $K_{N,\mathrm{PT}}$ 为均匀升温—降温后焊接空心球节点的初始轴向刚度(kN/mm)。为确定 κ_{PT} 的表达形式,采用验证后的有限元模型进行参数化分析来确定各参数对 κ_{PT} 的影响规律。考虑的参数包括过火温度 T、钢管和空心球的外径比 d/D、空心球壁厚 t 以及两种不同冷却方式,各参数的取值见表 7-25。分析得到的各参数对于 κ_{PT} 的影响规律如图 7-89 所示。

表 7-25　初始轴向刚度参数分析取值

参数	取值	默认值
T（℃）	20、600、700、800、900、1 000	—
d/D	0.34、0.36、0.38、0.40、0.42	0.38
t（mm）	4、6、8、10、12	8
冷却方式	空冷、水冷	空冷

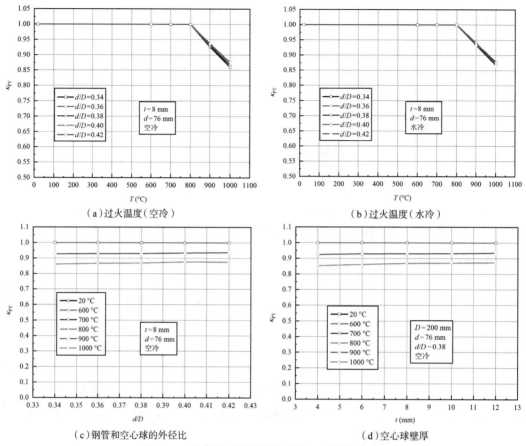

（a）过火温度（空冷）   （b）过火温度（水冷）

（c）钢管和空心球的外径比   （d）空心球壁厚

图 7-89 各参数对刚度退化系数 κ_{PT} 的影响规律

参数化分析结果表明，κ_{PT} 主要取决于过火温度。当过火温度不超过 800 ℃时，κ_{PT} 基本保持不变；随着过火温度继续升高，κ_{PT} 的值呈线性减小的趋势，且在两种不同冷却方式下，其降低趋势几乎没有差别。而几何参数 d/D 和 t 对 κ_{PT} 的影响很小，可以忽略不计。因此，基于以上结论，提出了空气自然冷却和消防喷水冷却条件下 κ_{PT} 的分段计算式，如下：

$$\kappa_{PT} = \begin{cases} 1 & 20\ ℃ < T \leqslant 800\ ℃ \\ 1.513 - 6.41 \times 10^{-4} T & 800\ ℃ < T \leqslant 1\ 000\ ℃ \end{cases} \tag{7-18}$$

既知 κ_{PT}，式（7-17）便可用于均匀升温—降温后焊接空心球节点初始轴向刚度的计算。需要注意的是，高温后焊接空心球轴向刚度的降低与其材料的弹性模量降低密切相关，而式（7-17）仅适用于采用 Q235 钢和 Q345 钢的情况。

式（7-17）计算得到的焊接空心球节点初始轴向刚度与有限元分析结果以及试验结果的对比分别如图 7-90（a）和（b）所示。可以看到，式（7-17）的计算结果与有限元分析和试验得到的结果均十分接近，证明了所提出计算公式的准确性。

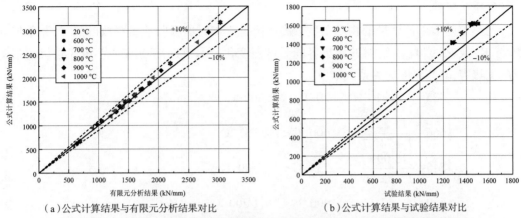

（a）公式计算结果与有限元分析结果对比 （b）公式计算结果与试验结果对比

图7-90 初始轴向刚度公式的计算结果与有限元分析结果及试验结果的对比

7.6 ISO 834标准火灾后焊接空心球节点力学性能分析

从数值分析的角度而言，ISO 834标准火灾升温—降温后与均匀升温—降温后焊接空心球节点力学性能分析的主要区别在于前者由于火灾升温极快且速率不均匀，导致火灾空气温度与节点实际温度（即过火温度）存在差异。且由温度场实测结果可知，最高火灾温度越低的情况下，由于传热时间短、不充分，火灾空气温度与节点实际温度差异越显著。因此，进行有限元分析时不能像均匀升温—降温时一样认为火场温度等于节点实际温度，而是必须首先进行瞬态传热分析，确定火灾过程中焊接空心球节点的实际过火温度，进而将温度场分析结果导入后续的节点力学性能分析中。

7.6.1 火灾全过程温度场有限元分析

7.6.1.1 材料的热工性能

选择合适的材料热工参数是建立温度场有限元模型的基础。材料的热工参数包括导热系数、比热容和密度等，其在高温下往往不是定值，而是随温度变化的值。目前，国内外许多抗火结构设计规范都对钢材的热工参数的取值进行了详细的规定，本节对于钢材热工参数的取值如下。

1. 导热系数

导热系数又称热传导系数，是指在单位温度梯度条件下，单位面积在单位时间内所传递的热量，其单位为 W/(m·K) 或 W/(m·℃)。结构钢的导热系数随温度的升高而递减，当温度达到750℃时则不再减小而基本保持不变。本节选用欧洲规范EC3建议的结构钢的导热系数，其与温度的关系式如下：

$$\lambda_s = \begin{cases} 54 - 3.33 \times 10^{-2} T & 20\ ℃ \leqslant T \leqslant 800\ ℃ \\ 27.3 & 800\ ℃ < T \leqslant 1\ 200\ ℃ \end{cases} \tag{7-19}$$

其中，λ_s 为钢材的导热系数 [W/(m·℃)]；T 为温度（℃）。

2. 比热容

比热容是指单位质量的物质温度升高或降低 1 ℃时所吸收或者释放的热量,其单位为 J/(kg·K) 或 J/(kg·℃)。钢材的比热容随温度而变化。本节选用欧洲规范 EC3 建议的结构钢的比热容,其与温度的关系式如下:

$$c_s = \begin{cases} 425 + 7.73 \times 10^{-1} T & 20\ ℃ \leqslant T \leqslant 600\ ℃ \\ 666 - \dfrac{13\,222}{T - 740.7} & 600\ ℃ < T \leqslant 735\ ℃ \\ 545 + \dfrac{18\,099}{T - 727.6} & 735\ ℃ < T \leqslant 900\ ℃ \\ 650 & 900\ ℃ < T \leqslant 1\,200\ ℃ \end{cases} \tag{7-20}$$

其中,c_s 为钢材的比热容 [J/(kg·℃)];T 为温度(℃)。

3. 密度

结构钢的密度 ρ_s 随温度的变化很小,可取为常数,本节取 $\rho_s = 7\,850\ \mathrm{kg/m^3}$。

7.6.1.2 有限元模型的建立

传热过程主要有热对流、热辐射和热传导 3 种方式。在火灾全过程中,火场热量通过热对流和热辐射传递给节点表面,再通过热传导在节点内部传递,由于火场的温度和传递至节点的热量随时间不断变化,因此这一传热过程属于典型的瞬态传热过程,可通过求解如下传热微分方程来计算节点内部的温度场:

$$\rho c \frac{\partial T}{\partial t} = \lambda \left(\frac{\partial^2 T}{\partial x^2} + \frac{\partial^2 T}{\partial y^2} + \frac{\partial^2 T}{\partial z^2} \right) \tag{7-21}$$

其中,ρ 为材料密度(kg/m³);c 为比热容 [J/(kg·℃)];T 为点 (x, y, z) 处在时刻 t 的温度(℃);λ 为材料导热系数 [J/(kg·℃)];x、y、z 为位置坐标(m);t 为时间(s)。

初始环境温度取为 20 ℃,火灾过程中按照 ISO 834 标准升温—降温曲线进行变化。边界条件为第三类热传导边界条件,如下式所示:

$$-\lambda \frac{\partial T}{\partial n} = \alpha_c (T - T_f) + \varepsilon \sigma [(T + 273)^4 - (T_f + 273)^4] \tag{7-22}$$

其中,$\partial T / \partial n$ 为温度梯度;T 为构件表面温度(℃);α_c 为对流换热系数 [W/(m²·℃)];T_f 为环境温度(℃);ε 为综合辐射系数;σ 为斯蒂芬-玻尔兹曼(Stefan-Boltzmann)常数,数值为 $5.67 \times 10^{-8}\ \mathrm{W/(m^2 \cdot K^4)}$。

采用 ABAQUS 有限元分析软件建立火灾全过程焊接空心球节点温度场有限元分析模型,定义节点表面对流换热系数 $\alpha_c = 25\ \mathrm{W/(m^2 \cdot ℃)}$,综合辐射系数 $\varepsilon = 0.5$。选用八节点三维热分析实体单元 DC3D8 建立模型。为保证热分析结果能够顺利导入后续的力学分析模型,热分析模型的网格划分与力学分析保持一致。建立的典型焊接空心球节点有限元模型如图 7-91 所示。

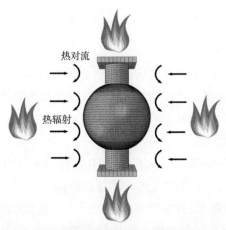

图 7-91　焊接空心球节点温度场有限元分析示意图

7.6.1.3　有限元模型的验证

　　为验证焊接空心球节点温度场有限元分析模型的可靠性,对 7.3 节所述的 ISO 834 标准火灾全过程焊接空心球节点的温度场进行了分析,分析结果与试验结果的对比如图 7-92 所示(由于钢材导热性能良好,火灾过程中节点温度分布均匀,有限元分析得到节点不同位置处的温度-时间曲线几乎完全重合,因此图中只绘出一条代表性曲线)。总体而言,有限元分析结果与试验结果吻合得很好,表明所建立的有限元模型具有较高的准确性。

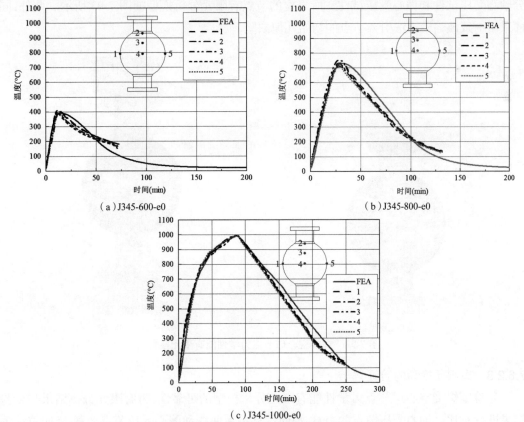

图 7-92　节点试件温度场有限元分析结果与试验结果的对比

7.6.2 力学性能有限元分析

7.6.2.1 材料应力-应变关系模型

采用"改进 Mander 模型"定义火灾后焊接空心球节点钢材的应力-应变关系,其中不同过火温度下的材料力学性能指标如弹性模量、屈服强度和极限强度等按照表 2-9 和表 2-10 给出的相应计算式计算得到。钢材的泊松比取定值 0.3。

7.6.2.2 有限元模型的建立

在温度场有限元分析的基础上,采用 ABAQUS 有限元分析软件建立焊接空心球节点的火灾后力学性能分析模型,模型的几何尺寸与试验构件相同。同样选取三维八节点缩减积分实体单元 C3D8R 建立模型,且在模型的球管交界区域加密网格以提高分析准确度。由本书前述研究结论可知,火灾后钢材的力学性能主要取决于升温—冷却过程中达到的最高温度,即过火温度。由于钢材导热性能良好,火灾过程中节点温度分布均匀,整个节点不同位置几乎同时到达最高温度。因此,可以很容易地将节点在火灾升温—冷却过程中达到的最高温度提取出来导入力学性能分析模型作为预定义温度场,进而对节点模型进行考虑材料和几何双重非线性的弹塑性分析,以获得节点的火灾后力学性能。如前所述,为保证温度场分析结果能够顺利导入,力学性能分析模型的网格划分与温度场分析模型完全一致。通过对模型进行网格尺寸敏感性分析,分别采用 32 696 和 34 400 个单元所对应的网格尺寸划分轴心受压试件和偏心受压试件。所建立的节点有限元分析模型如图 7-93 所示。此外,同样采用一致缺陷模态法引入节点的初始几何缺陷。

(a) 轴心受压模型　　　　　　　　(b) 偏心受压模型

图 7-93　焊接空心球节点力学性能有限元模型

7.6.2.3 有限元模型的验证

为验证焊接空心球节点力学性能有限元分析模型的可靠性,将有限元分析结果与试验结果进行对比。轴心受压节点的荷载-轴向位移关系曲线和偏心受压节点荷载-竖向位移关系曲线的对比分别如图 7-94 和图 7-95 所示。可以看到,有限元分析结果与试验结果吻合得很好,表明所建立的有限元模型可以较好地反映 ISO 834 标准火灾后焊接空心球节点的残余力学能力。

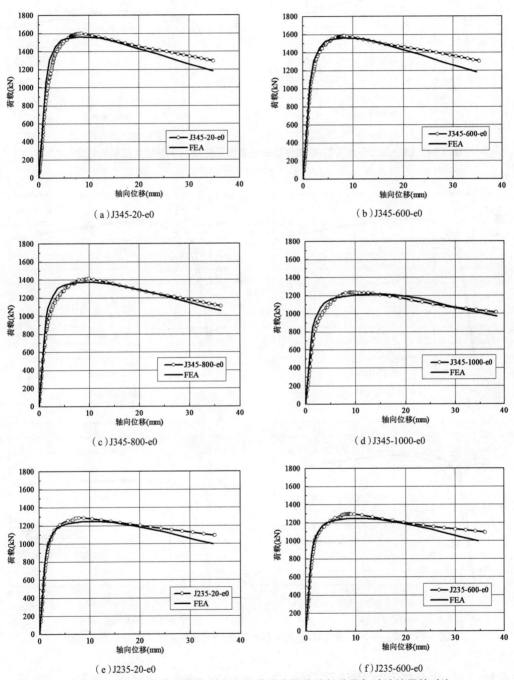

图 7-94　轴心受压节点荷载-轴向位移曲线有限元分析结果与试验结果的对比

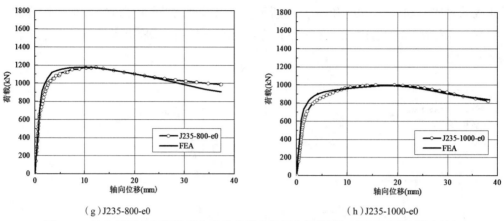

（g）J235-800-e0 　　　　　　　　　　　（h）J235-1000-e0

图 7-94　轴心受压节点荷载-轴向位移曲线有限元分析结果与试验结果的对比（续）

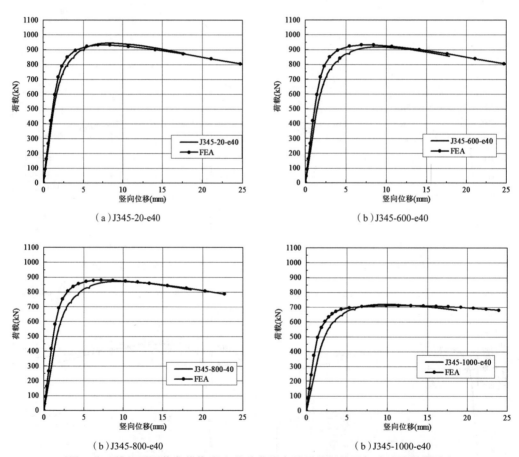

（a）J345-20-e40 　　　　　　　　　　（b）J345-600-e40

（b）J345-800-e40 　　　　　　　　　　（b）J345-1000-e40

图 7-95　偏心受压节点荷载-竖向位移曲线有限元分析结果与试验结果的对比

7.6.3　参数化分析和实用计算方法

7.6.3.1　极限承载力

采用在常温下焊接空心球节点极限承载力 N_m 的计算公式中引入火灾后承载力退化系

数 η_{PF}（与均匀升温—降温后的承载力退化系数 η_{PT} 相区别）的方式计算 ISO 834 标准火灾后焊接空心球节点的极限承载力 $N_{m,PF}$，即

$$N_{m,PF} = \eta_{PF}N_m = \eta_{PF}\eta_m N_R \tag{7-23}$$

其中，偏心距影响系数 η_m 按照式（7-8）和式（7-9）计算，常温下轴心受力焊接空心球节点的极限承载力 N_R 采用式（7-12）的形式计算。为确定式（7-23）的完整表达式，需要确定 η_{PF} 及待定常系数 A 和 B 三个参数。

为确定 η_{PF} 的表达形式，采用验证后的有限元模型进行参数化分析来确定各参数对于 η_{PF} 的影响规律。考虑的参数包括最高火灾温度 T_h、初始荷载偏心率 e_0/d、钢管和空心球的外径比 d/D、空心球壁厚 t、钢管外径 d 以及钢材的屈服强度 f_y。各参数的取值见表 7-26，其中各几何参数的取值均符合现行《空间网格结构技术规程》（JGJ 7—2010）的规定。分析得到各参数对于 η_{PF} 的影响规律如图 7-96 所示。

表 7-26　极限承载力参数分析取值

参数	取值	默认值
T_h（℃）	20、600、700、800、900、1 000	—
e_0/d	0、0.143、0.286、0.429	0
d/D	0.33、0.35、0.37、0.39、0.41	0.35
t（mm）	10、12、14、16、18	14
d（mm）	108、140、180、219	140
f_y（N/mm²）	343（Q235 钢实测值）、454（Q345 钢实测值）	454

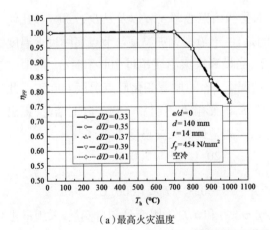

（a）最高火灾温度

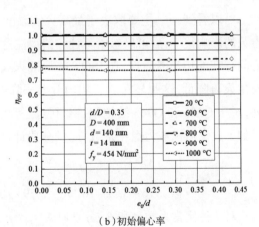

（b）初始偏心率

图 7-96　各参数对承载力退化系数 η_{PF} 的影响规律

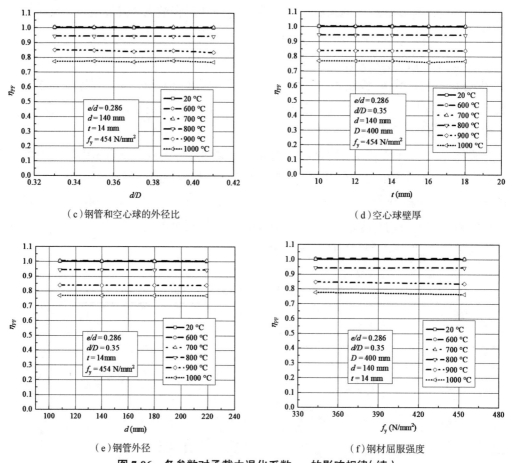

图 7-96　各参数对承载力退化系数 η_{PF} 的影响规律（续）

可以看到，η_{PF} 主要取决于最高火灾温度，而受初始偏心率 e_0/d 以及 d/D、t 和 d 等几何参数的影响很小，故可以忽略不计。值得注意的是，由于最高火灾温度与节点实际过火温度之间存在的传热滞后性，在 ISO 834 标准火灾下，当最高火灾温度超过 700 ℃时 η_{PF} 的值才发生显著降低，这明显滞后于均匀升温—降温情况下 η_{PT} 的显著变化起点温度 600 ℃。此外，对于 Q235 和 Q345 结构钢，钢材强度等级对 η_{PF} 的影响亦不明显。基于以上结论，提出了如下火灾后承载力退化系数 η_{PF} 的分段计算式，该式是最高火灾温度 T_h 的函数。

$$\eta_{PF} = \begin{cases} 1 & 20\ ℃ < T_h \leqslant 700\ ℃ \\ 1.396 - 3.72 \times 10^{-4} T_h - 2.59 \times 10^{-7} T_h^2 & 700\ ℃ < T_h \leqslant 1\,000\ ℃ \end{cases} \tag{7-24}$$

对于待定常系数 A 和 B，分别以 $N_{m,PF}/(\eta_{PF}\eta_m \pi t d f_y)$ 和 d/D 为因变量和自变量，采用最小二乘法对有限元分析数据进行线性回归分析，结果如图 7-97 所示。分析可得，$A = 0.375$，$B = 0.574$，近似取为 $A = 0.38$，$B = 0.57$。可以发现，待定常系数 A 和 B 的取值与均匀升温—降温工况得到的结果几乎完全一致，这表明 A 和 B 的取值与火灾过程的升温路径无关，而是由焊接空心球节点的固有属性所决定的。

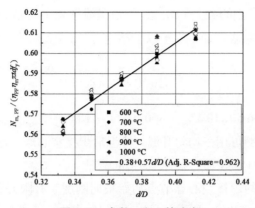

图 7-97 参数 A 和 B 的确定

既知 η_{PF}、A 和 B，则 ISO 834 标准火灾后焊接空心球节点轴向和偏心受力情况下的极限承载力计算式的完整表达式如下：

$$N_{m,PF} = \eta_{PF}\eta_m(0.38+0.57\frac{d}{D})\eta_d\pi t d f_y \qquad (7\text{-}25)$$

式（7-25）计算得到的火灾后焊接空心球节点极限承载力与有限元分析结果以及试验结果的对比分别如图 7-98（a）和（b）所示。可以看到，式（7-25）的计算结果与有限元分析结果和试验结果均十分接近，表明所提出计算公式具有较高的准确性。

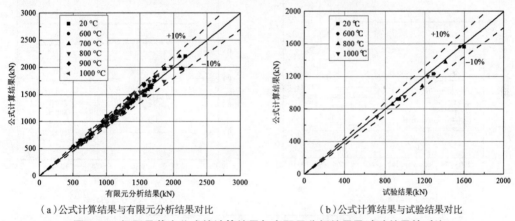

（a）公式计算结果与有限元分析结果对比　　（b）公式计算结果与试验结果对比

图 7-98 极限承载力公式的计算结果与有限元分析结果及试验结果的对比

7.6.3.2 初始轴向刚度

为计算 ISO 834 标准火灾后焊接空心球节点的初始轴向刚度 $K_{N,PF}$，在常温下焊接空心球节点初始轴向刚度计算式中引入刚度退化系数 κ_{PF}（与均匀升温—降温后的轴向刚度退化系数 κ_{PT} 相区别），即

$$K_{N,PF} = \kappa_{PF}K_N \qquad (7\text{-}26)$$

为确定 κ_{PF} 的表达形式，采用验证后的有限元模型进行参数化分析来确定各参数对 κ_{PF} 的影响规律。考虑的参数包括过火温度 T、钢管和空心球的外径比 d/D、空心球壁厚 t 以及两种不同冷却方式，各参数的取值见表 7-27。分析得到的各参数对 κ_{PF} 的影响规律如图 7-99 所示。分析结果表明，κ_{PF} 主要取决于最高火灾温度。当最高火灾温度不超过 800 ℃时，κ_{PF}

基本保持不变;随着过火温度继续升高,κ_{PF} 的值呈线性减小的趋势。而几何参数 d/D 和 t 对 κ_{PF} 的影响很小,可以忽略不计。基于以上结论,提出火灾后刚度退化系数 κ_{PF} 的分段计算式,如下:

$$\kappa_{\mathrm{PF}} = \begin{cases} 1 & 20\ ^{\circ}\mathrm{C} < T_{\mathrm{h}} \leqslant 800\ ^{\circ}\mathrm{C} \\ 1.518 - 6.50 \times 10^{-4} T_{\mathrm{h}} & 800\ ^{\circ}\mathrm{C} < T_{\mathrm{h}} \leqslant 1\ 000\ ^{\circ}\mathrm{C} \end{cases} \tag{7-27}$$

既知 κ_{PT},式(7-26)便可用于均匀升温—降温后焊接空心球节点初始轴向刚度的计算。同样,其适用于节点采用 Q235 和 Q345 结构钢的情况。

式(7-26)计算得到的焊接空心球节点初始轴向刚度与有限元分析结果以及试验结果的对比分别如图7-100(a)和(b)所示。可以看到,公式计算结果与有限元分析结果和试验结果均十分接近,表明所提出计算公式具有较高的准确性。

表 7-27 初始轴向刚度参数分析取值

参数	取值	默认值
T_{h} (℃)	20、600、700、800、900、1 000	—
d/D	0.33、0.35、0.37、0.39、0.41	0.35
t (mm)	10、12、14、16、18	14

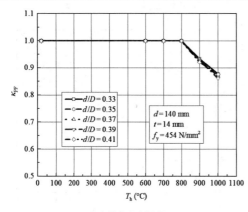

(a)最高火灾温度

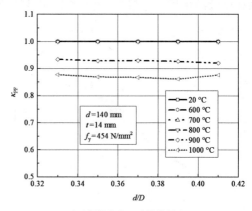

(b)钢管和空心球的外径比

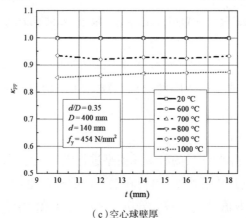

(c)空心球壁厚

图 7-99　各参数对轴向刚度退化系数 κ_{PF} 的影响规律

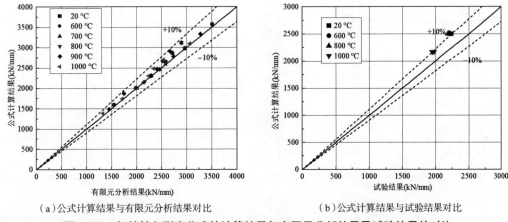

（a）公式计算结果与有限元分析结果对比　　　　（b）公式计算结果与试验结果对比

图 7-100　初始轴向刚度公式的计算结果与有限元分析结果及试验结果的对比

7.6.4　不同火灾工况的对比和公式应用范围建议

由前文分析可知,均匀升温—降温工况和 ISO 834 标准升温—降温工况的主要差异在于火灾环境温度是否等于节点实际过火温度(当最高火灾温度较低时差异较大,而当最高火灾温度很高时二者趋于一致)。这一差异反映在两种火灾工况后焊接空心球节点的极限承载力和初始轴向刚度计算公式中,则表现为两种火灾工况下承载力退化系数与轴向刚度退化系数自变量的不同。对于均匀升温—降温工况,退化系数 η_{PT} 和 κ_{PT} 的自变量为节点实际过火温度 T;而对于 ISO 834 标准火灾工况,退化系数 η_{PF} 和 κ_{PF} 的自变量为火场环境最高火灾温度 T_h。 η_{PT} 与 η_{PF} 以及 κ_{PT} 与 κ_{PF} 的对比分别如图 7-101（a）和（b）所示（图中均匀升温—降温工况采用的是空气自然冷却条件下的节点退化系数）。

对于承载力退化系数,当最高火灾温度较低时,由于传热时间短、不充分,焊接空心球节点实际过火温度 T 与 T_h 差异较大,因此承载力退化系数 η_{PF} 与 η_{PT} 的变化趋势相差较大。相比于 η_{PT}, η_{PF} 不仅起始降低温度滞后,且下降速率缓慢。而随着最高火灾温度进一步升高,环境空气与焊接空心球节点传热过程充分进行,节点实际过火温度 T 与 T_h 差异逐渐缩小,故 η_{PF} 与 η_{PT} 逐渐趋于一致,当最高火灾温度 $T_h = 1\,000\,℃$ 时,二者几乎完全相同。而对于轴向刚度退化系数,由前述研究结果可知,当过火温度超过 800 ℃时,节点的轴向刚度才会发生显著降低,在此温度区间内最高火灾温度 T_h 与节点实际过火温度 T 已经十分接近,故表现在轴向刚度退化系数 κ_{PT} 和 κ_{PF} 上二者差异很小,几乎完全一致。

故可以得到如下结论:若能明确最高火灾温度 T_h 与实际过火温度 T 的对应关系(如瞬态传热分析方法或实际测量方法),则在 ISO 834 标准升温—降温工况下采用 T_h 计算得到的 η_{PF} 和 κ_{PF} 值与在均匀升温—降温工况下(空气自然冷却条件)采用对应的过火温度 T 计算得到 η_{PT} 和 κ_{PT} 的值相同。此外,可进一步得到如下结论:在相似的冷却条件下(即不造成钢材淬火效应等情况时),焊接空心球节点力学性能的降低从本质上取决于节点实际过火温度,而与具体升温—降温路径无关。

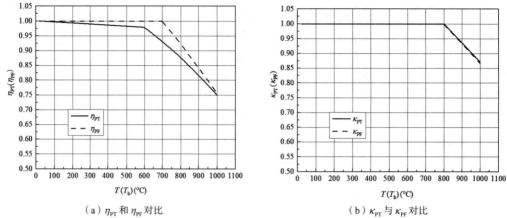

（a）η_{PT}和η_{PF}对比   （b）κ_{PT}与κ_{PF}对比

图7-101　两种火灾工况下承载力退化系数和轴向刚度退化系数的对比

7.5与7.6节分别给出了均匀升温—降温和ISO 834标准升温—降温两种火灾工况后的焊接空心球节点的承载力和轴向刚度的计算公式，这里对其适用范围提出如下建议。

（1）当可以推定节点附近区域火灾过程中的最高火灾温度T_h而不知节点实际过火温度T时，可采用式（7-25）和式（7-26）分别计算其火灾后的极限承载力和初始轴向刚度。

（2）当可以确定火灾过程中节点实际过火温度T时，优先采用式（7-15）和式（7-17）分别计算其火灾后极限承载力和轴向刚度。当无法确定节点的具体冷却方式时，可偏保守地采用空气自然冷却条件下的退化系数计算式（7-13）。

（3）当可以确定火灾过程中节点实际过火温度T且能够确定节点的具体冷却方式时，可采用式（7-15）和式（7-17）分别计算其火灾后的极限承载力和轴向刚度，并根据不同冷却条件选用相应的承载力退化系数计算式（7-13）或式（7-14）。

7.7　负载高温后焊接空心球节点力学性能分析

7.7.1　普通焊接空心球节点

7.7.1.1　模型建立

为与试验结果进行对比，本节所建立焊接空心球节点尺寸与试验所用焊接空心球节点尺寸相同，试验设计空心球壁厚为8 mm，实际测量空心球母材厚度约为7.77 mm。已有研究表明，空心球冲压成型过程中部分位置厚度减薄，空心球"锅底"附近减薄量最大，约减薄至设计厚度的90%，试验中不加肋焊接空心球节点钢管焊接于空心球"锅底"，所以本节建立不加肋焊接空心球节点有限元模型时对空心球厚度进行适当折减，取为7 mm。加肋焊接空心球节点钢管焊接于两个半球对接处，该处空心球几乎无厚度减薄，所以建立加肋焊接空心球节点有限元模型时不对空心球厚度进行折减，取为7.8 mm。

步骤1：采用旋转的方式建立空心球模型，采用拉伸的方式建立钢管和球内肋板，为保证钢管一端与空心球外表面贴合，采用旋转切割的方式在钢管一端截面上切出与空心球外表面相贴合的曲面;为保证球内肋板与空心球内表面贴合,采用旋转切割的方式将肋板曲面切割成与空心球内表面贴合的形状。

步骤 2:输入常温钢材材性、高温下钢材材性和高温后钢材材性。根据材性试验结果,本节常温下 Q345 钢材弹性模量为 186 GPa,屈服强度为 387 MPa,屈服平台最末一点对应的应变为 0.015,极限强度为 556 MPa 时对应的应变为 0.119;常温下 Q235 钢材弹性模量为 177 GPa,屈服强度为 296 MPa,屈服平台最末一点对应的应变为 0.017,极限强度为 463 MPa 时对应的应变为 0.188。

高温下钢材本构关系参考欧洲标准 EC3 建议的钢材高温下本构关系模型,温度低于 400 ℃时考虑材料强化,输入各温度下钢材弹性模量、比例极限强度、名义屈服强度和 2%应变对应的强度,其中名义屈服强度是塑性应变为 0.2%时对应的强度,根据欧洲标准 EC3 给出的本构关系计算公式计算得到。各温度下的比例极限强度和 2%应变对应的强度取值参考图 2-73 高温下钢材力学性能试验结果。各温度下钢材弹性模量退化系数参考欧洲标准 EC3。300 ℃温度下钢材本构关系考虑钢材强化,根据欧洲标准 EC3 建议输入钢材在 300 ℃温度下的极限强度及对应应变。经试算后发现按照上述高温下钢材本构关系模型进行数值模拟时 700 ℃高温下数值模拟得到的节点极限承载力偏大,由 7.4 节 700 ℃高温下钢材轴拉应力-应变曲线可知,钢材进入塑性阶段后应力很快开始下降,应变超过 2%时应力随应变增大而下降,故上述本构关系与实际存在一定偏差,本节研究重点并非焊接空心球节点高温下极限承载力,且 7.4 节高温下材性试验可能存在一定误差,为更好地反映高温下轴压时焊接空心球节点的受力状态,在进行 700 ℃高温下节点轴压模拟时,钢材 700 ℃温度下本构关系仅输入比例极限强度和由欧洲标准 EC3 计算公式得到的名义屈服强度,未输入 2%应变对应的强度。高温下钢材膨胀系数和泊松比参考《钢结构及钢—混凝土组合结构抗火设计》一书。

高温后钢材力学性能参考 7.4 节负载高温后钢材力学性能试验结果,当过火温度不超过 500 ℃时,屈服强度和极限强度不变,当过火温度为 600 ℃和 700 ℃时,屈服强度和极限强度有一定折减,过火温度低于 700 ℃时高温后钢材弹性模量不变。

步骤 3:装配空心球、钢管和球内肋板,使钢管与空心球、空心球与肋板之间紧密贴合。钢管与空心球之间用"TIE"绑定模拟焊接,球内肋板曲面与空心球内表面用"TIE"绑定。试件两端各设置一个参考点,分别与两个钢管靠外的截面耦合。

步骤 4:设置分析步。分析步包括:升温、高温下轴压、高温下卸载、降温和高温后轴压,考虑几何非线性。

步骤 5:在 Initial 分析步中设置试件一端为固接,在升温分析步中将试件整体温度升高到目标温度,在高温下轴压分析步中采用位移加载方式将试件轴压至目标距离,在高温下卸载分析步中将试件卸载,在降温分析步中将试件整体降温至常温,在高温后轴压分析步中采用位移加载方式进行高温后轴压模拟。

步骤 6:划分网格。使用平面将空心球分割为如图 7-102 所示的三部分,采用 Structure 方式划分网格,空心球赤道附近网格大小设置为 6,球管连接处附近网格加密,大小设置为

3；钢管与空心球连接一端网格加密，网格大小设置为 3；空心球、钢管和球内肋板沿厚度方向划分为 4 层，划分结果如图 7-103 所示。

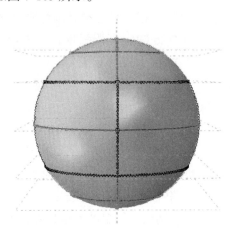

图 7-102　分割空心球

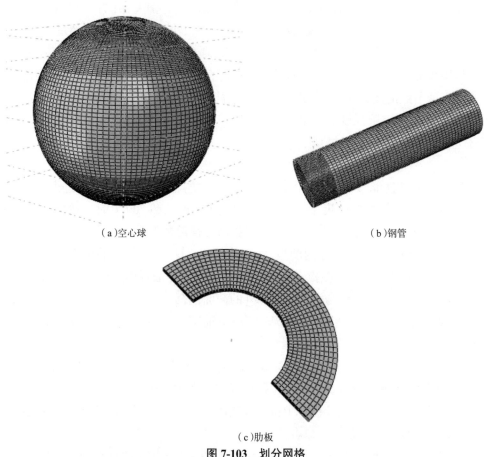

（a）空心球　　　　　　　　　　　　（b）钢管

（c）肋板

图 7-103　划分网格

7.7.1.2　模拟结果

1. 破坏模式

图 7-104 所示为 Q345 钢材、不加肋试件高温下的轴压破坏模式。焊接空心球节点高温下轴压破坏模式与常温下轴压破坏模式相同,均为空心球与钢管连接处凹陷。部分高温下轴压试件空心球上下两端变形并不相同,当轴压距离较大时,空心球一端变形明显大于另一端。有限元模拟结果出现相同现象,若轴压分析步设置计算次数较多,轴压初期空心球两端变形较一致,超过极限荷载后一端变形增大较迅速,另一端变形几乎不再增加;若轴压分析步设置计算次数较少,则轴压过程空心球两端变形一致。高温后对试件进行二次轴压时,空心球凹陷较大一端变形相比另一端变形增大更迅速,有限元模拟现象与试验相同。

（a）模拟结果

（b）试验结果

图 7-104　高温下轴压破坏模式

2. 荷载-位移曲线

由于轴压过程大部分轴压位移实际施加于一端半球上,且经计算钢管在轴压过程始终处于弹性阶段,产生变形很小,因此本书建立半球有限元模型(图 7-105)对试验进行模拟,同样将试验轴压的总位移施加至半球模型上,得到的高温下荷载-位移曲线如图 7-106 所示。由图可知,除 Q345 钢材、不加肋试件在 300 ℃高温下轴压荷载-位移曲线有限元模拟结果与试验结果有一定差距外,其余试件有限元模拟结果仅在初始弹性阶段与试验结果有一定差距,在塑性阶段拟合较好。负载高温后焊接空心球的残余变形为高温过程焊接空心球产生的塑性变形,所以除 300 ℃试件外,半球有限元模型能够更好地模拟负载高温后焊接空心球节点的力学性能状态。

图 7-105　半球有限元模型

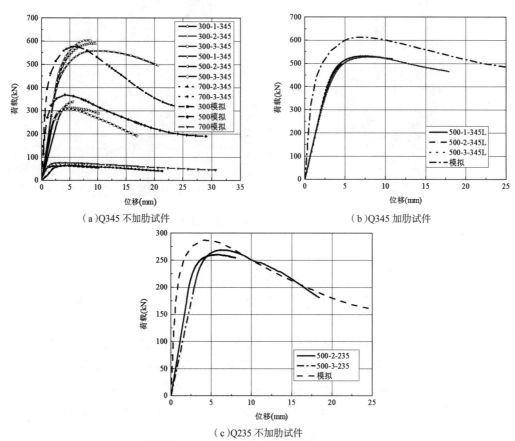

（a）Q345 不加肋试件

（b）Q345 加肋试件

（c）Q235 不加肋试件

图 7-106　高温下不同试件的荷载-位移曲线对比

　　图 7-107 所示为焊接空心球节点负载高温后模拟得到的轴压荷载-位移曲线与试验结果的对比。数值模拟得到的荷载-位移曲线初始刚度较试验结果差距较大,是由于数值模拟仅建立实际试件的一半,初始轴压时相同荷载作用下半个空心球变形大于整个空心球。由图可知,过火温度超过 500 ℃时,试验得到的荷载-位移曲线在荷载达到极限荷载后出现一

个持荷阶段;而有限元分析所得的荷载-位移曲线的持荷阶段不明显,原因在于有限元模拟时高温后钢材本构模型中未能考虑钢材延性的增强。

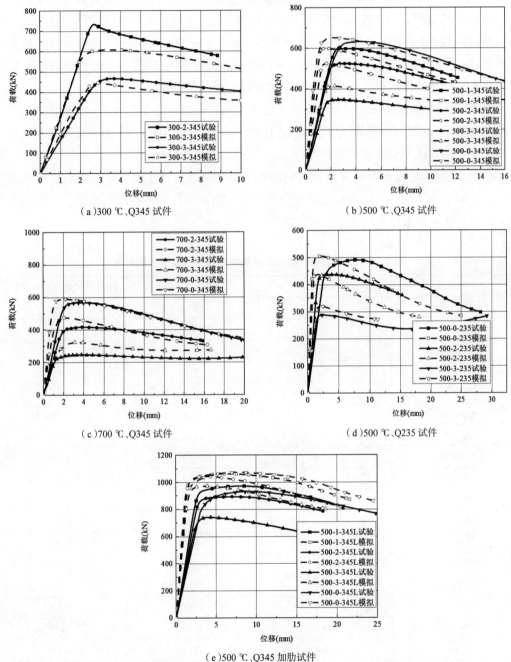

（a）300 ℃、Q345 试件　　　　　（b）500 ℃、Q345 试件

（c）700 ℃、Q345 试件　　　　　（d）500 ℃、Q235 试件

（e）500 ℃、Q345 加肋试件

图 7-107　负载高温后不同试件的荷载-位移曲线对比

3. 极限承载力

表 7-28 和表 7-29 分别为负载高温后焊接空心球节点轴压极限承载力及轴压极限承载力退化系数的试验结果与有限元模拟结果的对比。由表可知,除过火温度为 700 ℃、高温下

轴压距离为 9.9 mm 的试件外,高温下零荷载和高温下轴压距离小于 10 mm 的试件模拟结果与试验结果较吻合。高温下轴压距离超过 16 mm 时模拟结果与试验结果有一定偏差。结合 2.3.2.2 节负载高温后钢材力学性能试验研究结果,出现以上情况的原因是有限元模型中未考虑负载高温后塑性变形对钢材力学性能的影响。同时,试验中试件可能存在一定加工误差,造成高温下轴压时出现一定 P-Δ 效应(重力二阶效应),轴压距离较小时 P-Δ 效应不明显,轴压距离较大时 P-Δ 效应明显,而有限元分析时未出现 P-Δ 效应,造成高温下轴压距离较大时剩余轴压承载力有限元分析结果相比试验结果偏高。

出于安全考虑,根据表 7-29 给出如下建议。当过火温度小于 500 ℃、轴压残余变形在 $1/30D$ ~ $1/15D$(这里可以结合表 7-12 确定 $1/30D$ 即 10 mm,$1/15D$ 即 20 mm)时,需将有限元模拟得到的轴压承载力退化系数乘以 0.8;当过火温度大于 500 ℃、小于 700 ℃、轴压残余变形小于 $1/30D$ 时,需将有限元模拟得到的轴压极限承载力退化系数乘以 0.8;当过火温度大于 500 ℃、小于 700 ℃、轴压残余变形在 $1/30D$ ~ $1/15D$ 时,需将有限元模拟得到的轴压极限承载力退化系数乘以 0.7。

表 7-28 轴压极限承载力试验结果与有限元模拟结果对比

试件编号	试验结果(kN)	模拟结果(kN)	试验结果与模拟结果的比值
300-0-345	657.7	651.9	1.009
300-2-345	735.9	604.0	1.218
300-3-345	467.0	443.6	1.053
500-0-345	633.5	651.9	0.972
500-1-345	599.8	599.2	1.001
500-2-345	525.6	526.6	0.998
500-3-345	347.6	413.6	0.840
700-0-345	567.6	589.8	0.962
700-2-345	417.3	476.2	0.876
700-3-345	247.5	324.5	0.763
500-0-345L	932.7	1 072.6	0.870
500-1-345L	973.6	1 062.6	0.916
500-2-345L	892.5	1 042.3	0.856
500-3-345L	742.1	972.8	0.763
500-0-235	491.9	505.3	0.973
500-2-235	438.2	438.6	0.999
500-3-235	288.6	320.9	0.899

表 7-29　轴压极限承载力退化系数试验结果与有限元模拟结果对比

试件编号	试验结果	模拟结果	试验结果与模拟结果的比值
300-0-345	1.000	1.000	1.000
300-2-345	1.119	0.927	1.207
300-3-345	0.710	0.680	1.044
500-0-345	1.000	1.000	1.000
500-1-345	0.947	0.919	1.030
500-2-345	0.830	0.808	1.027
500-3-345	0.549	0.634	0.866
700-0-345	1.000	1.000	1.000
700-2-345	0.735	0.807	0.911
700-3-345	0.436	0.550	0.793
500-0-345L	1.000	1.000	1.000
500-1-345L	1.044	0.991	1.053
500-2-345L	0.957	0.972	0.985
500-3-345L	0.796	0.907	0.878
500-0-235	1.000	1.000	1.000
500-2-235	0.891	0.868	1.026
500-3-235	0.587	0.635	0.924

7.7.1.3　参数化分析

本小节对负载高温后焊接空心球节点剩余轴压承载力和刚度进行参数化分析,为加快有限元软件运行速度,仅建立整体模型的一半,即建立半球和一端钢管。本小节空心球材性取值参考《钢结构设计标准》(GB 50017—2017), Q345 钢材屈服强度为 345 MPa, Q235 钢材屈服强度为 235 MPa。参考《空间网格结构技术规程》(JGJ 7—2010)中焊接球节点承载力计算公式和各文献中焊接球节点刚度计算公式,本小节选取负载高温后焊接空心球节点力学性能影响因素为高温后钢材本构模型、过火温度 T、钢材牌号、是否加肋、钢管直径与空心球直径比值 d/D、空心球厚度 t、钢管直径 d、空心球残余变形 x 等,各影响参数取值见表 7-30。经初步模拟,钢管壁厚对剩余轴压承载力和剩余轴压刚度几乎无影响,故本小节未选取钢管壁厚为影响因素。本小节有限元分析未考虑负载高温后钢材塑性变形对钢材力学性能的影响,300 ℃和 500 ℃高温后钢材屈服强度和极限强度不变,700 ℃高温后钢材屈服强度和极限强度分别下降为常温的 90.5%和 87.7%。空心球残余变形 x 指空心球恒温加载并完全卸载降温后钢管与空心球连接处相对空心球凹陷距离,表 7-30 中 1/60D 指空心球外径的 1/60。

表 7-30　影响参数取值

参数	取值	固定值
$T(℃)$	20、300、500、700	500
$x(mm)$	0、1/60D、1/30D、1/20D、1/15D、1/10D	—
d/D	0.34、0.36、0.38、0.40	0.36
$t(mm)$	8、10、12、14	10
$d(mm)$	76、89、108、133	108
钢材牌号	Q235、Q345	Q345

1.高温后钢材本构模型影响

　　屈服应变和极限应变参考本书 2.3.2.2 节中表 2-17 和表 2-18 的钢材材性试验结果,空心球钢材屈服强度和极限强度参考《钢结构设计标准》(GB 50017—2017)。采用图 7-108 所示的 4 种高温后钢材本构模型对负载高温后钢材力学性能进行模拟,得到的结果如表 7-31 和图 7-109、图 7-110 所示。表 7-31 中本构 1-0 ~ 本构 1-5 指高温后钢材本构模型为 1,高温后空心球残余变形为 0、1/60D、1/30D、1/20D、1/15D、1/10D,下文编号方式与此处类似。退化系数指有残余变形节点的某一负载高温后力学性能指标与相同过火温度后无残余变形节点的该力学性能指标的比值。由图 7-109 和图 7-110 可知,高温后钢材本构关系采用理想弹塑性得到的轴压承载力退化系数较小,轴压刚度退化系数主要由弹性模量控制,与钢材本构的塑性阶段关系不大。由于实际钢材的本构关系有一定离散性,为得到相对保守和安全的结果,本小节在进行参数化分析时采用理想弹塑性本构进行计算。

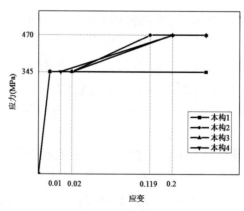

图 7-108　4 种本构模型

表 7-31　本构关系影响结果

编号	轴压承载力(kN)	轴压刚度(kN/mm)	轴压承载力退化系数	轴压刚度退化系数
本构 1-0	719.2	1 872.40	1.000	1.000
本构 1-1	645.0	1 399.30	0.897	0.747
本构 1-2	565.2	1 003.00	0.786	0.536

续表

编号	轴压承载力（kN）	轴压刚度（kN/mm）	轴压承载力退化系数	轴压刚度退化系数
本构 1-3	495.8	718.00	0.689	0.383
本构 1-4	425.9	506.00	0.592	0.270
本构 1-5	358.2	319.20	0.498	0.170
本构 2-0	764.6	1 872.80	1.000	1.000
本构 2-1	731.1	1 399.10	0.956	0.747
本构 2-2	680.0	1 002.60	0.889	0.535
本构 2-3	608.2	718.00	0.795	0.383
本构 2-4	534.1	508.00	0.699	0.271
本构 2-5	—	319.20	—	0.170
本构 3-0	751.9	1 872.80	1.000	1.000
本构 3-1	711.2	1 399.10	0.946	0.747
本构 3-2	662.8	1 002.60	0.882	0.535
本构 3-3	592.8	718.00	0.788	0.383
本构 3-4	522.3	508.00	0.695	0.271
本构 3-5	—	319.20	—	0.170
本构 4-0	756.2	1 872.80	1.000	1.000
本构 4-1	717.9	1 399.10	0.949	0.747
本构 4-2	668.7	1 002.60	0.884	0.535
本构 4-3	597.0	718.00	0.789	0.383
本构 4-4	523.9	508.00	0.693	0.271
本构 4-5	—	319.20	—	0.170

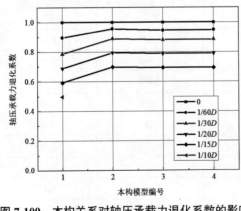 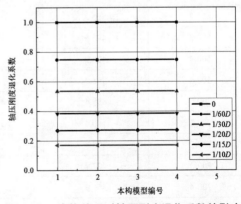

图 7-109　本构关系对轴压承载力退化系数的影响　　图 7-110　本构关系对轴压刚度退化系数的影响

2. 温度影响

本小节温度参数取值为 20 ℃、300 ℃、500 ℃和 700 ℃。负载高温后焊接空心球节点轴压承载力和轴压刚度、轴压承载力退化系数和轴压刚度退化系数的有限元分析结果见表

7-32。图 7-111 和图 7-112 所示分别为负载高温后焊接空心球节点轴压承载力退化系数和轴压刚度退化系数受温度影响的折线图。由图 7-111 可知,焊接空心球节点残余变形相同时,常温下初始变形对节点轴压承载力的影响比高温下产生的残余变形小。若不考虑高温下钢材产生塑性变形对钢材力学性能的影响,300 ℃ 和 500 ℃ 高温下产生相同残余变形时轴压承载力退化系数差别不大。残余变形为 $1/60D \sim 1/15D$ 时,700 ℃ 高温下产生相同残余变形时轴压承载力退化系数相比过火温度为 300 ℃ 和 500 ℃ 有一定程度降低。由图 7-112 可知,过火温度为 300 ℃ 和 500 ℃ 时负载高温后焊接球节点轴压刚度退化系数差别不大,过火温度为 700 ℃ 时轴压刚度退化系数相比较低的过火温度有一定程度提升。

表 7-32 温度影响结果

编号	轴压承载力(kN)	轴压刚度(kN/mm)	轴压承载力退化系数	轴压刚度退化系数
20-0	719.2	1 872.4	1.000	1.000
20-1	675.9	1 442.0	0.940	0.770
20-2	602.0	1 035.2	0.837	0.553
20-3	527.6	735.6	0.734	0.393
20-4	464.5	560.6	0.646	0.299
20-5	386.1	362.9	0.537	0.194
300-0	720.7	1 871.9	1.000	1.000
300-1	636.8	1 413.4	0.884	0.755
300-2	552.5	993.0	0.767	0.530
300-3	481.0	696.7	0.667	0.372
300-4	416.3	493.0	0.578	0.263
300-5	328.0	307.3	0.455	0.164
500-0	719.2	1 872.4	1.000	1.000
500-1	645.0	1 399.3	0.897	0.747
500-2	565.2	1 003.0	0.786	0.536
500-3	495.8	718.0	0.689	0.383
500-4	425.9	506.0	0.592	0.270
500-5	358.2	319.2	0.498	0.170
700-0	658.4	1 815.1	1.000	1.000
700-1	580.4	1 379.1	0.882	0.760
700-2	498.8	1 030.2	0.758	0.568
700-3	427.9	767.6	0.650	0.423
700-4	366.9	546.1	0.557	0.301

3. 钢材牌号影响

本小节选取 Q235 和 Q345 材料,分析钢材牌号对负载高温后焊接空心球节点力学性能的影响,结果如表 7-33、图 7-113 和图 7-114 所示。由图可知,Q235 钢材焊接空心球节点轴压承载力退化系数相比 Q345 钢材有轻微提高,钢材牌号对轴压刚度退化系数影响较小。

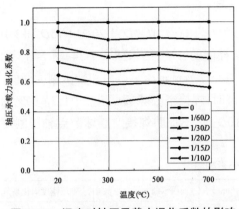

图 7-111　温度对轴压承载力退化系数的影响

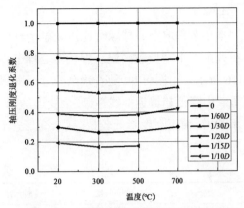

图 7-112　温度对轴压刚度退化系数的影响

表 7-33　钢材牌号影响结果

编号	轴压承载力（kN）	轴压刚度（kN/mm）	轴压承载力退化系数	轴压刚度退化系数
345-0	719.2	1 872.4	1.000	1.000
345-1	645.0	1 399.3	0.897	0.747
345-2	565.2	1 003.0	0.786	0.536
345-3	495.8	718.0	0.689	0.383
345-4	425.9	506.0	0.592	0.270
345-5	358.2	319.2	0.498	0.170
235-0	507.0	1 870.5	1.000	1.000
235-1	458.7	1 332.5	0.905	0.712
235-2	408.2	980.8	0.805	0.524
235-3	363.5	702.0	0.717	0.375
235-4	315.6	506.2	0.622	0.271
235-5	265.8	312.0	0.524	0.167

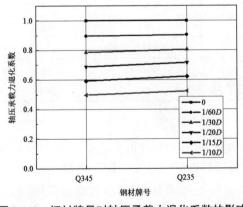

图 7-113　钢材牌号对轴压承载力退化系数的影响

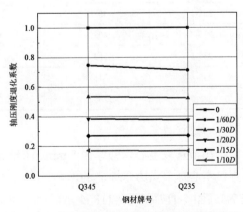

图 7-114　钢材牌号对轴压刚度退化系数的影响

4. 残余变形影响

本小节选取空心球球管连接处剩余轴向变形为 0、1/60D、1/30D、1/20D、1/15D 和 1/10D 分析残余变形对负载高温后焊接空心球节点力学性能的影响,结果如表 7-34、图 7-115 和图 7-116 所示。由图可知,随着残余变形增大,焊接空心球节点轴压承载力和轴压刚度降低,轴压承载力降低趋势近似线性,残余变形达到 1/20D 时,焊接空心球节点依然能保持 65% 的轴压承载力;轴压刚度降低较快,残余变形达到 1/10D 时,不加肋焊接空心球节点轴压刚度下降超过 80%。

表 7-34 残余变形影响结果

编号	轴压承载力(kN)	轴压刚度(kN/mm)	轴压承载力退化系数	轴压刚度退化系数
500-0	719.2	1 872.4	1.000	1.000
500-1	645.0	1 399.3	0.897	0.747
500-2	565.2	1 003.0	0.786	0.536
500-3	495.8	718.0	0.689	0.383
500-4	425.9	506.0	0.592	0.270
500-5	358.2	319.2	0.498	0.170
700-0	658.4	1 815.1	1.000	1.000
700-1	580.4	1 379.1	0.882	0.760
700-2	498.8	1 030.6	0.758	0.568
700-3	427.9	767.6	0.650	0.423
700-4	366.9	546.1	0.557	0.301
345L-0	1 024.0	2 771.9	1.000	1.000
345L-1	963.1	2 547.7	0.941	0.919
345L-2	900.2	2 193.0	0.879	0.791
345L-3	839.9	1 952.3	0.820	0.704
345L-4	778.8	1 778.8	0.761	0.642
345L-5	712.8	1 619.2	0.696	0.584
235-0	507.0	1 870.5	1.000	1.000
235-1	458.7	1 332.5	0.905	0.712
235-2	408.2	980.8	0.805	0.524
235-3	363.5	702.0	0.717	0.375
235-4	315.6	506.2	0.622	0.271
235-5	265.8	312.0	0.524	0.167

5. 空心球壁厚影响

本小节选取空心球壁厚为 8 mm、10 mm、12 mm 和 14 mm 分析空心球壁厚对负载高温后焊接空心球节点力学性能的影响,建立有限元模型时钢管壁厚统一取值为 14 mm,结果如表 7-35、图 7-117 和图 7-118 所示。由图可知,随着空心球壁厚增加,负载高温后焊接空心球节点轴压承载力退化系数和轴压刚度退化系数有一定提高。

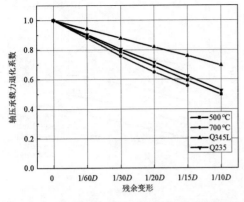

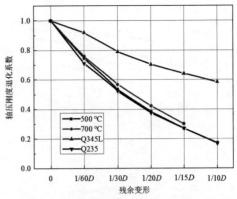

图 7-115　残余变形对轴压承载力退化系数的影响　　图 7-116　残余变形对轴压刚度退化系数的影响

表 7-35　空心球壁厚影响结果

编号	轴压承载力（kN）	轴压刚度（kN/mm）	轴压承载力退化系数	轴压刚度退化系数
8-0	530.6	1 441.1	1.000	1.000
8-1	445.6	1 004.0	0.840	0.697
8-2	372.1	646.0	0.701	0.448
8-3	308.7	425.2	0.582	0.295
8-4	265.4	296.0	0.500	0.205
8-5	—	219.2	—	0.152
10-0	718.9	1 872.4	1.000	1.000
10-1	642.5	1 389.1	0.894	0.742
10-2	563.1	993.0	0.783	0.530
10-3	493.9	710.0	0.687	0.379
10-4	423.8	506.5	0.590	0.271
10-5	357.2	327.0	0.497	0.175
12-0	928.4	2 313.5	1.000	1.000
12-1	859.7	1 824.2	0.926	0.789
12-2	781.8	1 373.7	0.842	0.594
12-3	714.0	1 039.2	0.769	0.449
12-4	628.5	771.7	0.677	0.334
12-5	517.1	483.3	0.557	0.209
14-0	1 158.1	2 805.0	1.000	1.000
14-1	1 097.4	2 240.2	0.948	0.799
14-2	1 029.8	1 794.5	0.889	0.640
14-3	961.3	1 409.3	0.830	0.502
14-4	879.4	1 102.0	0.759	0.393
14-5	724.9	692.2	0.626	0.247

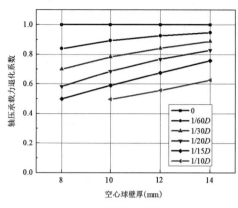
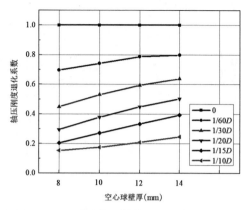

图 7-117　空心球壁厚对轴压承载力退化系数的影响　图 7-118　空心球壁厚对轴压刚度退化系数的影响

6. 加肋影响

本小节分析加肋对负载高温后焊接空心球节点力学性能的影响,结果如表 7-36、图 7-119 和图 7-120 所示。由图可知,加肋能够提高负载高温后焊接空心球节点轴压承载力退化系数和轴压刚度退化系数。残余变形较大时,加肋能够显著提高轴压承载力退化系数。加肋与否对轴压刚度退化系数的影响较为明显,当残余变形达到 1/15D 时,加肋空心球轴压刚度退化系数为不加肋空心球的 2 倍。

表 7-36　加肋影响结果

编号	轴压承载力（kN）	轴压刚度（kN/mm）	轴压承载力退化系数	轴压刚度退化系数
345-0	719.2	1 872.4	1.000	1.000
345-1	645.0	1 399.3	0.897	0.747
345-2	565.2	1 003.0	0.786	0.536
345-3	495.8	718.0	0.689	0.383
345-4	425.9	506.0	0.592	0.270
345-5	358.2	319.2	0.498	0.170
345L-0	1 024.0	2 771.9	1.000	1.000
345L-1	963.1	2 547.7	0.941	0.919
345L-2	900.2	2 193.0	0.879	0.791
345L-3	839.9	1 952.3	0.820	0.704
345L-4	778.8	1 778.8	0.761	0.642
345L-5	712.8	1 619.2	0.696	0.584

7. 钢管直径影响

本小节分析钢管直径对负载高温后焊接空心球节点力学性能的影响,结果如表 7-37、图 7-121 和图 7-122 所示。由图可知,随着钢管直径增大,焊接空心球节点负载高温后轴压承载力退化系数和轴压刚度退化系数降低,钢管直径从 89 mm 增大到 108 mm 时轴压承载力退化系数下降较快。

第 7 章　火灾高温后焊接空心球节点的力学性能

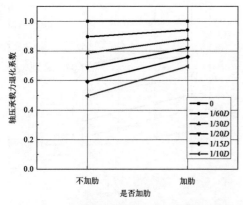

图 7-119　加肋对轴压承载力退化系数的影响　　　图 7-120　加肋对轴压刚度退化系数的影响

表 7-37　钢管直径影响结果

编号	轴压承载力（kN）	轴压刚度（kN/mm）	轴压承载力退化系数	轴压刚度退化系数
76-0	621.8	2 070.7	1.000	1.000
76-1	596.7	1 570.2	0.960	0.758
76-2	566.0	1 302.2	0.910	0.629
76-3	532.3	1 034.5	0.856	0.500
76-4	496.2	812.6	0.798	0.392
76-5	417.5	521.7	0.671	0.252
89-0	710.5	1 970.7	1.000	1.000
89-1	678.3	1 471.7	0.955	0.747
89-2	634.7	1 144.2	0.893	0.581
89-3	563.7	869.5	0.793	0.441
89-4	509.4	667.2	0.717	0.339
89-5	441.8	413.0	0.622	0.210
108-0	719.2	1 872.4	1.000	1.000
108-1	645.0	1 399.3	0.897	0.747
108-2	565.2	1 003.0	0.786	0.536
108-3	495.8	718.0	0.689	0.383
108-4	425.9	506.0	0.592	0.270
108-5	358.2	319.2	0.498	0.170
137-0	856.9	1 839.5	1.000	1.000
137-1	747.3	1 279.4	0.872	0.696
137-2	637.2	869.1	0.744	0.472
137-3	545.0	587.3	0.636	0.319
137-4	460.7	390.8	0.538	0.212
137-5	—	282.1	—	0.153

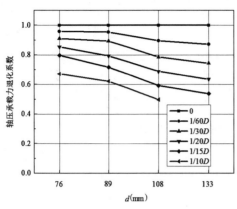

图 7-121 钢管直径对轴压承载力退化系数的影响

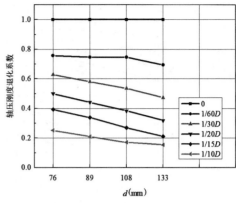

图 7-122 钢管直径对轴压刚度退化系数的影响

8. 球管直径比影响

本小节分析球管直径比对负载高温后焊接空心球节点力学性能的影响,结果如表 7-38、图 7-123 和图 7-124 所示。由图可知,球管直径比在 0.34~0.38 时,随着球管直径比增大,轴压承载力退化系数增大,球管直径比为 0.4 时轴压承载力退化系数相比于球管直径比为 0.38 时几乎不变;随着球管直径比增大,轴压刚度退化系数增大。

表 7-38 球管直径比影响结果

编号	轴压承载力(kN)	轴压刚度(kN/mm)	轴压承载力退化系数	轴压刚度退化系数
0.34-0	676.3	1 785.4	1.000	1.000
0.34-1	585.2	1 258.9	0.865	0.705
0.34-2	507.1	892.3	0.750	0.500
0.34-3	427.0	625.0	0.631	0.350
0.34-4	371.3	468.6	0.549	0.262
0.34-5	—	317.5	—	0.178
0.36-0	719.2	1 872.4	1.000	1.000
0.36-1	645.0	1 399.3	0.897	0.747
0.36-2	565.2	1 003.0	0.786	0.536
0.36-3	495.8	718.0	0.689	0.383
0.36-4	425.9	506.0	0.592	0.270
0.36-5	358.2	319.2	0.498	0.170
0.38-0	798.3	2 005.0	1.000	1.000
0.38-1	747.6	1 542.9	0.936	0.770
0.38-2	674.6	1 138.3	0.845	0.568
0.38-3	605.2	834.8	0.758	0.416
0.38-4	542.1	575.4	0.679	0.287
0.38-5	440.4	365.2	0.552	0.182
0.40-0	794.7	2 171.0	1.000	1.000

续表

编号	轴压承载力（kN）	轴压刚度（kN/mm）	轴压承载力退化系数	轴压刚度退化系数
0.40-1	739.3	1 712.9	0.930	0.789
0.40-2	666.5	1 301.8	0.839	0.600
0.40-3	599.0	956.4	0.754	0.441
0.40-4	535.9	720.0	0.674	0.332
0.40-5	438.3	513.7	0.552	0.237

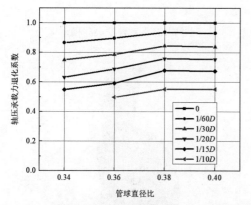 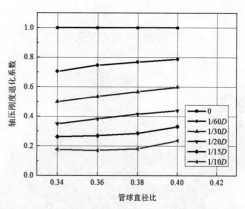

图 7-123　球管直径比对轴压承载力退化系数的影响　图 7-124　球管直径比对轴压刚度退化系数的影响

9. 其他位置残余变形影响

空间网格结构中焊接空心球节点大多连接多根钢管，火灾后同一焊接空心球节点上与不同钢管连接处可能同时出现残余变形，不同位置残余变形间相互影响，可能导致焊接空心球节点力学性能降低。本小节通过 ABAQUS 有限元软件，研究火灾后焊接空心球节点多处出现残余变形情况下焊接空心球节点的力学性能。运用有限元软件进行模拟时发现如果建立半个空心球模拟（图 7-125），空心球边缘的约束会限制侧向钢管的变形，所以本小节建立完整空心球模型（图 7-126），空心球尺寸为 300 mm × 10 mm，空心球连接两根钢管，钢管外径为 108 mm，厚度为 12 mm，两根钢管间夹角为 60°，远离钢管的空心球球面设置为固接，过火温度设置为 500 ℃，空心球钢材屈服强度为 345 MPa、极限强度为 470 MPa。有限元模拟分为两类：第一类为高温下竖向钢管轴压 10 mm，斜向钢管分别轴压 0 mm、2 mm、4 mm、6 mm、8 mm 和 10 mm；第二类为高温下竖向钢管轴压 5 mm，斜向钢管分别轴压 0 mm、2 mm 和 4 mm，共计 9 组。除轴压 0 mm 指不施加荷载外，本小节中轴压 10 mm 实际轴压距离为高温下膨胀距离加 10 mm，以此类推。高温下轴压指定距离后，同时卸载两根钢管，之后整个焊接空心球节点降温至常温，最后竖向钢管轴压至空心球破坏。有限元分析时，若高温下轴压过程中若不约束钢管的侧向位移则钢管会发生倾斜，如图 7-127 所示；若高温下轴压过程约束钢管侧向位移，高温后轴压过程不约束钢管侧向位移，钢管会在高温后轴压过程中发生倾斜，如图 7-128 所示。本小节有限元分析高温下和高温后轴压过程都约束钢管侧向位移，即不考虑钢管发生倾斜的情况。

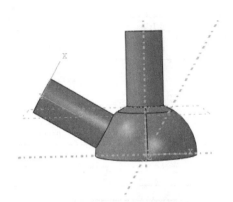

图 7-125　半空心球模型

图 7-126　完整空心球模型

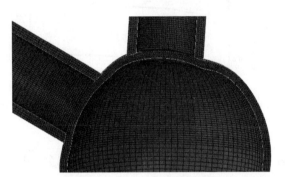

图 7-127　高温下轴压钢管倾斜

图 7-128　高温后轴压钢管倾斜

　　表 7-39 和图 7-129、图 7-130 所示为经有限元模拟得到的负载高温后焊接空心球节点力学性能结果。可以看到,斜向钢管与空心球连接处残余变形越大,竖向钢管的负载高温后轴压极限承载力反而有一定提高,原因在于虽然处于两根钢管之间的空心球塑性变形较大,但是斜向钢管处的残余变形在一定程度上对竖向钢管与空心球连接处起到支撑作用。同时,斜向钢管处的残余变形对于与竖向钢管连接的空心球处的竖向约束大于无残余变形时,如图 7-131 所示。考虑到过火温度过高或空心球变形过大会导致钢材力学性能大幅度降低,本书建议在不考虑轴压过程钢管发生倾斜的前提下,过火温度低于 500 ℃ 且其他位置钢管残余轴压变形小于 $1/30D$ 时,不需要考虑火灾后其他位置残余轴压变形对焊接空心球节点某一球管连接处轴压极限承载力的影响。

表 7-39　轴压极限承载力和轴压刚度模拟结果

竖向钢管轴压距离（mm）	斜向钢管轴压距离（mm）	轴压极限承载力（kN）	轴压刚度（kN/mm）
10	0	668.3	888.3
10	2	670.3	932.6
10	4	679.1	949.6
10	6	690.3	968.9
10	8	702.5	997.8

续表

竖向钢管轴压距离（mm）	斜向钢管轴压距离（mm）	轴压极限承载力（kN）	轴压刚度（kN/mm）
10	10	716.4	1 014.1
5	0	717.7	1 190.2
5	2	728.7	1 230.6
5	4	739.6	1 247.5

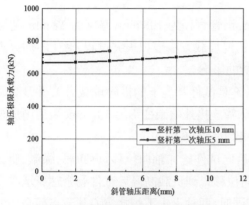

图 7-129　轴压极限承载力模拟结果

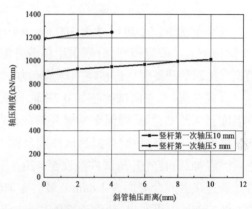

图 7-130　轴压刚度模拟结果

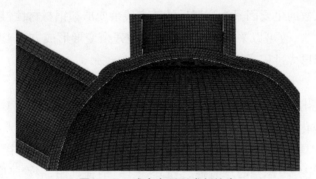

图 7-131　残余变形形成新约束

7.7.1.4　轴压承载力计算公式

本章采用试验和有限元模拟的方法研究了负载高温后焊接空心球节点的力学性能,模拟火灾下焊接空心球节点产生变形的过程为首先将节点升温至目标温度,然后在恒定温度下对节点施加位移。实际火灾中受压焊接球节点温度升高和内力增大同时发生,但是火灾下空间网格结构中焊接空心球节点的受力与变形较为复杂,精确模拟火灾下焊接空心球节点产生塑性变形的过程有一定难度,本小节参考常见的两种火灾工况下构件力学性能研究方法(恒温加载方法和恒载升温方法),研究不同火灾模拟方法对负载高温后焊接空心球节点轴压承载力的影响。

《空间网格结构技术规程》(JGJ 7—2010)中给出了常温下焊接空心球节点拉压承载力

计算公式,卢杰、刘红波等基于高温后焊接球节点轴压试验结果提出了不考虑残余变形的高温后焊接球节点承载力计算公式。本节基于负载高温后焊接空心球节点轴压承载力退化系数参数化分析数据,在补充部分有限元分析数据的基础上,采用 ORIGIN 软件拟合得到加肋对特定尺寸焊接空心球节点轴压承载力退化系数影响的计算公式,采用 SPSS 软件拟合得到负载高温后焊接空心球节点轴压承载力退化系数的计算公式,结合《空间网格结构技术规程》(JGJ 7—2010)中对常温下焊接空心球节点承载力计算公式的规定,并考虑一定安全系数和修正系数,给出负载高温后焊接空心球节点剩余轴压承载力计算公式。

1. 不同火灾模拟方法影响

本小节选取空心球尺寸为 300 mm × 10 mm,钢管直径为 108 mm,厚度为 12 mm,建立 1/2 焊接空心球节点模型,分别采用恒载升温和恒温加载方法模拟火灾过程,对比不同火灾模拟方法对负载高温后焊接空心球节点力学性能的影响。

恒载升温:首先向试件施加 0.7P 轴向压力(P 是试件常温下的极限承载力),并升高试件温度至 420 ℃,然后降温至常温并卸载,试件球管连接处残余变形为 1.8 mm,最后施加轴向位移至试件破坏,负载高温后试件剩余轴压承载力为 699.0 kN。

恒温加载:首先升高试件温度至 420 ℃,然后向试件施加轴向位移,再卸载、降温,使试件球管连接处残余变形为 1.8 mm,最后施加轴向位移得到负载高温后试件剩余轴压承载力为 697.2 kN。可以看出,球管连接处残余变形相同时,两种火灾下焊接空心球节点残余变形形成方式模拟方法得到的负载高温后节点剩余轴压承载力几乎相同,所以影响高温后节点轴压承载力退化系数的主要因素为高温后的节点残余变形和钢材材性,与温度升降和加载、卸载的顺序关系不大,故可以采用本章模拟火灾中残余变形形成方式来模拟实际火灾中焊接球节点残余变形形成过程。

2. 剩余轴压承载力计算公式

采用本书所提出高温下和高温后钢材本构关系进行模拟时,700 ℃高温后焊接空心球节点轴压承载力退化系数略低于其他温度,为使负载高温后焊接球节点承载力计算公式简便且保证计算公式具有一定安全性,暂时不考虑温度对负载高温后焊接空心球节点剩余轴压承载力的影响,充分考虑空心球直径、空心球壁厚、钢管直径、钢管厚度等因素,对 700 ℃高温后焊接空心球节点轴压承载力的退化系数进行拟合,得到负载高温后焊接空心球节点剩余轴压承载力退化系数计算公式。

试验得到的 700 ℃高温后轴压承载力的退化系数数据较少,本小节参考前文数值模拟得到的规律进一步进行 700 ℃高温后焊接空心球节点承载力的数值模拟。由于部分节点在残余变形达到 1/10D 时负载高温后轴压荷载-位移曲线出现二次上升,此类节点极限承载力并不明确,本小节拟合计算公式时仅考虑残余变形小于 1/15D 的情况。图 7-132 所示为空心球壁厚对高温后焊接空心球节点轴压承载力退化系数的影响趋势,由图可知,可近似采用直线 A_1B_1、A_2B_2、A_3B_3 和 A_4B_4 分别表示高温后残余变形为 1/60D、1/30D、1/20D 和 1/15D 时壁厚对承载力退化系数的影响趋势,即可以根据空心球壁厚为 8 mm 和 14 mm 的节点的承载力退化系数推算其他空心球壁厚的节点的承载力退化系数。图 7-133 所示为钢管直径对高温后焊接空心球节点轴压承载力退化系数的影响趋势,由图可知,可近似采用直线 C_1D_1、C_2D_2、C_3D_3 和 C_4D_4 分别表示高温后残余变形为 1/60D、1/30D、1/20D 和 1/15D 时钢管直径对承载力退化系数的影响趋势,即可以根据钢管直径为 76 mm 和 133 mm 的节点的承载力退化系数推算其他钢管直径的节点的承载力退化系数。图 7-134 所示为直径比对高温后焊接空心球节点轴压承载力退化系数的影响趋势,由图可知,可近似采用折线 $E_1F_1G_1$、$E_2F_2G_2$、$E_3F_3G_3$ 和 $E_4F_4G_4$ 分别表示高温后残余变形为 1/60D、1/30D、1/20D 和 1/15D 时直径比对承载力退化系数的影响趋势,即可以根据直径比为 0.34 和 0.38 的节点的承载力退化系数推算其他直径比的节点的承载力退化系数。由 7.7.1.3 节分析可知,残余变形对轴压承载力退化系数影响同样接近线性。本小节对 700 ℃负载高温后焊接空心球节点轴压承载力退化系数进行有限元分析,有限元模拟结果见表 7-40。在实际应用时对于一些特定尺寸的焊接空心球节点,可以根据表 7-40 中的数据获得火灾后焊接空心球节点的轴压承载力退化系数,而对表内中间值可采用线性插值方法确定轴压承载力退化系数。

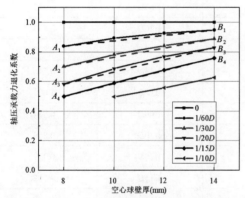

图 7-132 空心球壁厚对轴压承载力退化系数的
影响趋势

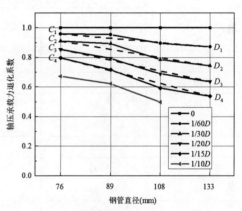

图 7-133 钢管直径对轴压承载力退化系数的
影响趋势

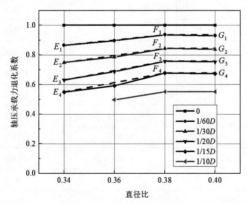

图 7-134 直径比对轴压承载力退化系数的影响趋势

表 7-40   700 ℃高温后焊接空心球节点轴压承载力退化系数有限元模拟结果

空心球壁厚（mm）	钢管直径（mm）	直径比	残余变形（mm）	轴压承载力退化系数
8	108	0.36	0.000	1.000
8	108	0.36	1/60D	0.836
8	108	0.36	1/30D	0.678
8	108	0.36	1/20D	0.547
8	108	0.36	1/15D	0.454
14	108	0.36	0.000	1.000
14	108	0.36	1/60D	0.934
14	108	0.36	1/30D	0.857
14	108	0.36	1/20D	0.780
14	108	0.36	1/15D	0.708
10	76	0.36	0.000	1.000
10	76	0.36	1/60D	0.942
10	76	0.36	1/30D	0.874
10	76	0.36	1/20D	0.808
10	76	0.36	1/15D	0.746
10	89	0.36	0.000	1.000
10	89	0.36	1/60D	0.934
10	89	0.36	1/30D	0.856
10	89	0.36	1/20D	0.779
10	89	0.36	1/15D	0.706
10	133	0.36	0.000	1.000
10	133	0.36	1/60D	0.861
10	133	0.36	1/30D	0.724
10	133	0.36	1/20D	0.6
10	133	0.36	1/15D	0.507
10	108	0.34	0.000	1.000
10	108	0.34	1/60D	0.861
10	108	0.34	1/30D	0.719
10	108	0.34	1/20D	0.604
10	108	0.34	1/15D	0.503
10	108	0.38	0.000	1.000
10	108	0.38	1/60D	0.919
10	108	0.38	1/30D	0.822
10	108	0.38	1/20D	0.730
10	108	0.38	1/15D	0.647
10	108	0.4	0.000	1.000

空心球壁厚（mm）	钢管直径（mm）	直径比	残余变形（mm）	轴压承载力退化系数
10	108	0.4	1/60D	0.914
10	108	0.4	1/30D	0.816
10	108	0.4	1/20D	0.723
10	108	0.4	1/15D	0.645

为实际应用时方便，本小节定义焊接空心球节点火灾后轴压承载力退化系数 R 如下：

$$R = \frac{N_{up}}{N_{ua}} \tag{7-28}$$

其中，N_{up}、N_{ua} 分别为火灾后和常温下焊接球节点的轴压极限承载力。

根据前文所述结果可知，影响焊接空心球节点火灾后轴压承载力退化系数的主要参数为空心球壁厚 t、钢管直径 d、直径比 d/D 和残余变形 x/D，且影响趋势呈线性。利用 SPSS 软件，采用最小二乘法对表 7-40 中的数据进行多元线性回归分析，得到如下实用计算公式：

$$R = \boldsymbol{a} \cdot \boldsymbol{x} + b \tag{7-29}$$

其中，b 为常数，$b = 0.268$；$\boldsymbol{a}$ 为系数向量，$\boldsymbol{a} = （0.023, -0.003, 2.155, -5.912）$；$\boldsymbol{x}$ 为变化参数向量，$\boldsymbol{x} = （t, d, d/D, x/D）$；$\boldsymbol{a} \cdot \boldsymbol{x}$ 表示二者的数量积。

式（7-29）适用范围：空心球壁厚 $t = 8 \sim 14$ mm，钢管直径 $d = 76 \sim 133$ mm，直径比 $d/D = 0.34 \sim 0.40$，当 $d/D \geq 0.38$ 时，残余变形 $x/D = 0 \sim 0.066$。

式（7-29）中 x 为火灾后恢复至常温且不承受荷载的焊接空心球节点球管连接处相对空心球凹陷距离，实际应用时不需考虑受压焊接空心球所承受的受压荷载对其变形的影响，直接测量球管连接处相对空心球凹陷距离作为 x。图 7-135 所示为式（7-29）的计算结果与表 7-40 中有限元分析结果的对比情况，由图可知，大部分公式计算结果相比有限元分析结果误差在 ±10% 以内。

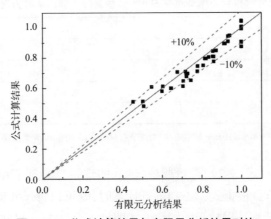

图 7-135　公式计算结果与有限元分析结果对比

图 7-136 所示为根据 7.7.1.3 节数据和补充数据拟合得到的加肋影响轴压承载力退化系

数提高系数 η_c 与残余变形间的关系曲线,拟合得到式(7-30)和式(7-31)。图中
300-14-108-14 指空心球直径为 300 mm,壁厚为 14 mm,钢管直径为 108 m,壁厚为 14 mm。
由图可知,空心球壁厚对 η_c 影响较大,拟合得到的公式对尺寸为 300 mm × 14 mm 和
300 mm × 10 mm 的空心球有一定参考意义。由于数据较少,故未在负载高温后焊接空心球
节点剩余轴压承载力计算公式中考虑加肋对退化系数的影响,只将其作为安全储备。

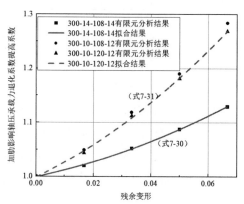

图 7-136 加肋影响轴压承载力退化系数提高系数与残余变形的关系曲线

$$\eta_c = 11.98(x/D)^2 + 1.16(x/D) + 1 \qquad (7\text{-}30)$$

$$\eta_c = 22.45(x/D)^2 + 2.55(x/D) + 1 \qquad (7\text{-}31)$$

本小节进行有限元模拟时选取的空心球及钢管尺寸较小,为验证式(7-29)是否适用于
大尺寸焊接空心球节点,选取空心球为 600 mm × 20 mm、钢管外径为 216 mm 的焊接空心
球节点与空心球为 300 mm × 10 mm、钢管外径为 108 mm 的焊接空心球节点进行计算,表
7-41 为两种尺寸焊接空心球节点在 500 ℃负载高温后轴压承载力退化系数对比结果,偏差
可以忽略不计。

表 7-41 两种尺寸焊接空心球节点在 500 ℃负载高温后轴压承载力退化系数对比结果

残余变形	R_1	R_2	$[(R_1 - R_2)/R_1] \times 100\%$
1/60D	0.897	0.893	0.45%
1/30D	0.786	0.784	0.25%
1/20D	0.689	0.687	0.29%
1/15D	0.592	0.591	0.17%

注:R_1 为焊接空心球节点 300 mm × 10 mm 规格的;R_2 为球节点 600 mm × 20 mm,钢管 $\phi216$ mm 规格的。

通过有限元模拟对式(7-29)进行验证,选取的焊接空心球节点尺寸及对比结果见表
7-42。部分较大尺寸节点根据式(7-29)进行计算时,既可以将尺寸缩减为原尺寸的 1/2,也
可以缩减为 1/3,选取计算结果较小的缩减方式即可。由表 7-42 可知,公式计算结果与有限
元模拟结果拟合较好,出于安全考虑,将式(7-29)整体乘以系数 0.9 得到焊接空心球节点火
灾后轴压承载力退化系数 R 的计算公式如下:

$$R = \boldsymbol{a} \cdot \boldsymbol{x} + b \tag{7-32}$$

其中, b 为常数, $b = 0.241$; $\boldsymbol{a}$ 为系数向量, $\boldsymbol{a} = (0.021, -0.002\,7, 1.94, -5.32)$; $\boldsymbol{x}$ 为变化参数向量, $\boldsymbol{x} = (t, d, d/D, x/D)$; $\boldsymbol{a} \cdot \boldsymbol{x}$ 表示二者的数量积。

表 7-42　有限元分析结果与公式计算结果对比

节点尺寸 $D\text{-}t\text{-}d$（mm）	残余变形	公式计算结果	有限元分析结果	有限元分析结果/ 公式计算结果
190-8-76	0.000	1.043	1.000	0.959
190-8-76	0.014	0.958	0.937	0.978
190-8-76	0.029	0.869	0.865	0.995
190-8-76	0.044	0.784	0.796	1.015
190-8-76	0.057	0.705	0.736	1.044
190-8-76	0.069	0.632	0.686	1.085
391-14-133	0.000	0.924	1.000	1.082
391-14-133	0.007	0.881	0.962	1.092
391-14-133	0.020	0.808	0.876	1.084
391-14-133	0.032	0.737	0.790	1.072
391-14-133	0.043	0.669	0.716	1.070
391-14-133	0.053	0.609	0.654	1.074
650-25-245	0.000	1.000	1.000	1.000
650-25-245	0.016	0.903	0.907	1.004
650-25-245	0.024	0.859	0.854	0.994
650-25-245	0.031	0.815	0.803	0.985
650-25-245	0.039	0.772	0.757	0.981
650-25-245	0.046	0.730	0.714	0.978
650-25-245	0.060	0.648	0.638	0.985
750-30-299	0.000	1.018	1.000	0.982
750-30-299	0.015	0.929	0.916	0.986
750-30-299	0.021	0.891	0.868	0.975
750-30-299	0.028	0.852	0.823	0.964
750-30-299	0.034	0.814	0.781	0.956
750-30-299	0.041	0.776	0.743	0.957
750-30-299	0.054	0.701	0.671	0.957

式（7-32）适用范围: 空心球壁厚 $t = 8 \sim 14$ mm, 钢管直径 $d = 76 \sim 133$ mm, 直径比 $d/D = 0.34 \sim 0.40$, 当 $d/D \geqslant 0.38$ 时, 残余变形 $x/D = 0 \sim 0.066$。

根据有限元分析结果, 需引入修正系数 η 对焊接空心球节点火灾后轴压承载力退化系数 R 进行修正。当过火温度小于 500 ℃, 轴压残余变形小于 $1/30D$ 时, $\eta = 1$; 当过火温度小于 500 ℃,轴压残余变形在 1/30D ~ 1/15D 时,$\eta = 0.8$;当过火温度大于 500 ℃、小于 700 ℃,轴压残余变形小于 1/30D 时,$\eta = 0.8$;当过火温度大于 500 ℃、小于 700 ℃,轴压残余变形在 1/30D ~ 1/15D 时,$\eta = 0.7$。

负载高温后轴压承载力退化系数乘以常温下焊接空心球节点承载力即为负载高温后焊接空心球节点剩余轴压承载力、常温下焊接空心球节点承载力可根据《网壳结构技术规程》(JGJ 61—2003)中规定的承载力计算公式计算。过火温度大于 500 ℃且小于 700 ℃时,常温下焊接空心球节点承载力计算公式中的 f 需乘以 0.9 进行折减。负载高温后焊接空心球节点剩余轴压承载力计算公式如下:

$$N = R\eta\left(0.32 + 0.6\frac{d}{D}\right)\eta_d \pi t d f \tag{7-33}$$

其中,η_d 为承载力提高系数,考虑加劲肋的作用,对于受压球 $\eta_d = 1.4$。

7.7.2 H 型钢焊接空心球节点

采用有限元软件 ABAQUS 对高温后 H 型钢焊接空心球节点轴压试验过程进行数值模拟。模拟过程考虑经高温处理后的钢材材料性质的变化和几何非线性。本小节首先通过对试验试件的数值模拟,对比数值模拟结果和试验结果,验证有限元模型的准确性;然后对温度、残余变形、钢材型号、是否加肋、球径、球径与壁厚的比值、H 型钢高度与球径的比值、H 型钢宽度与球径的比值等参数进行大量参数化分析,在此基础上提出高温后焊接空心球节点轴压承载力和初始刚度计算公式。

7.7.2.1 模型建立

1. 本构关系

高温后钢材力学性能采用第 2 章提出的 Q345 钢材高温后本构关系模型,如图 7-137 所示。其中,f_y 为屈服强度(MPa),f_u 为极限强度(MPa),ε_1 为屈服强度与弹性模量的比值,$\varepsilon_4 = 0.2$,f_y、f_u、ε_2、ε_3 的取值参照 7.4.2 节材性试验结果。当过火温度为 300 ℃、500 ℃时,屈服强度和极限强度不变;当过火温度为 700 ℃时,考虑高温下负载影响对屈服强度和极限强度进行折减,退化系数分别为 0.905 和 0.877。高温后的弹性模量不变。

2. 边界条件与荷载

焊接空心球外壁与肋板之间、H 型钢与焊接空心球之间均采用 TIE 接触。将 H 型钢下截面中心点设为参考点,与下截面整体耦合。H 型钢上部截面完全固接,下端通过参考点对试件施加轴向位移。

3. 网格划分

设置全局网格尺寸为 8 mm,局部加密网格尺寸为 5 mm,沿焊接空心球、肋板、H 型钢翼缘与腹板的厚度方向划分为 4 层,采用八节点六面体减缩积分单元 C3D8R 进行网格划分。

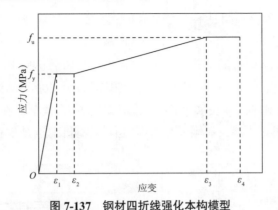

图 7-137　钢材四折线强化本构模型

7.7.2.2　模拟结果

1. 破坏模式

对各试件在高温后的轴压试验过程进行有限元模拟,得到的破坏模式与试验破坏模式的对比如图 7-138 所示。试件在经历过高温和第一次轴压加载之后,焊接空心球与 H 型钢相交处存在不同程度的初始凹陷。在第二次加载时,焊接空心球上与 H 型钢翼缘边缘相接触位置首先出现应力集中,应力明显高于其他位置。随着轴向位移增大,此处塑性继续发展,并逐渐由焊接空心球上与 H 型钢翼缘边缘相接触位置扩展到翼缘中部对应位置,且逐渐向焊接空心球赤道方向扩展。同时,焊接空心球上的翼缘对应位置发生凹陷,腹板对应位置也出现一定凹陷,但程度较小。随着凹陷程度继续增大,试件发生破坏。

（a）有限元分析结果　　　　　　　　　　　　　（b）试验结果

图 7-138　有限元分析结果与试验结果的破坏模式对比

2. 荷载-位移曲线

数值模拟得到的荷载-位移曲线与试验结果的对比如图 7-139 所示。有限元分析得到的荷载-位移曲线的极限承载力、初始刚度与试验结果较为一致。存在差异的原因可能是试件存在加工误差,当轴压位移较小时,杆件垂直度较好,重力二阶效应($P-\delta$ 效应)不明显;

当轴压位移较大时,杆件出现明显不垂直或不对中现象,导致明显的 P-δ 效应,使得试验结果低于有限元分析结果。

300 ℃高温后的节点试验的荷载-位移曲线在到达峰值后迅速下降,在峰值点处出现尖角,且峰值荷载相比高温下零负载节点更大。其原因可能是 300 ℃高温下轴压试验时,试件膨胀变形较小,导致荷载轴压得更实,对节点造成损伤更大,使节点在第二次轴压荷载作用时到达极限承载力后迅速下降。有限元分析时没有考虑此因素,结果相对保守可靠。

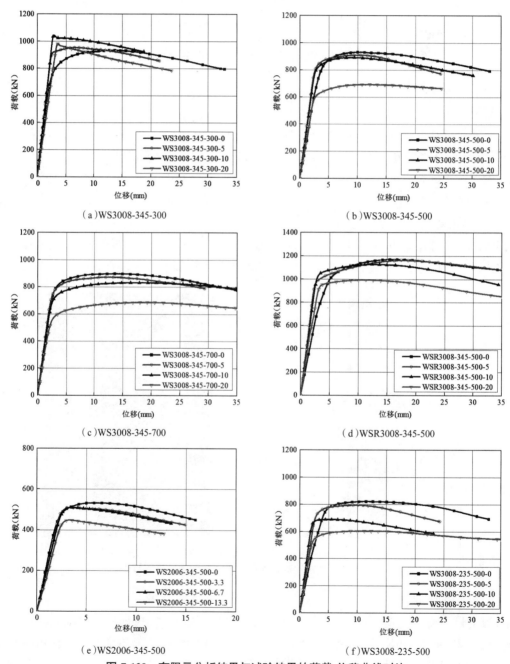

图 7-139　有限元分析结果与试验结果的荷载-位移曲线对比

7.7.2.3 参数化分析

本小节考虑过火温度 T、残余变形 a/D、钢材型号、是否加肋、球径 D、球径与壁厚的比值 D/t、H 型钢截面高度与球径的比值 h/D、H 型钢截面宽度与球径的比值 b/D 等参数,参数设置见表 7-43。

表 7-43 参数设置

参数	取值	对照值
温度 T(℃)	20、300、500、700	500
残余变形 a/D	0、1/60、1/30、1/20、1/15、1/10	—
钢材型号	Q235、Q345	Q345
是否加肋	加肋、不加肋	不加肋
球径 D(mm)	200、300、400、500、600、700、800、900	300
球径与壁厚的比值 D/t	20、25、30、35、40、45	35
H 型钢高度与球径的比值 h/D	0.2、0.3、0.4、0.5、0.6	0.4
H 型钢宽度与球径的比值 b/D	0.2、0.3、0.4、0.5、0.6	0.4

1. 温度的影响

定义 N_{uT}^A 为 T(℃)高温后的轴压承载力(kN),N_u^A 为常温无初始缺陷的轴压承载力(kN),K_{NT}^A 为 T(℃)高温后的初始刚度(kN/mm),K_N^A 为常温无初始缺陷的初始刚度(kN/mm),$\eta_{NT}^A = \dfrac{N_{uT}^A}{N_u^A}$ 为轴压承载力退化系数,$\eta_{KT}^A = \dfrac{K_{NT}^A}{K_N^A}$ 为初始刚度退化系数。

过火温度 T 取值为 20 ℃、300 ℃、500 ℃和 700 ℃。各温度下,焊接空心球节点在出现不同残余变形后的轴压承载力、初始刚度以及两者的退化系数分别如表 7-44、图 7-140 和图 7-141 所示。

表 7-44 过火温度对 H 型钢焊接空心球节点轴压承载力和刚度的影响

模型编号	N_{uT}^A(kN)	K_{NT}^A(kN/mm)	η_{NT}^A	η_{KT}^A
20-0	667.83	1 602.41	1.000	1.000
20-1/60	626.35	1 296.11	0.938	0.809
20-1/30	563.62	1 042.64	0.844	0.651
20-1/20	503.66	827.92	0.754	0.517
20-1/15	456.25	593.50	0.683	0.370
20-1/10	391.90	481.43	0.587	0.300
300-0	667.83	1 602.41	1.000	1.000
300-1/60	608.52	1 269.20	0.911	0.792
300-1/30	544.49	1 001.71	0.815	0.625
300-1/20	482.90	777.25	0.723	0.485

续表

模型编号	N_{uT}^{A}（kN）	K_{NT}^{A}（kN/mm）	η_{NT}^{A}	η_{KT}^{A}
300-1/15	433.26	620.18	0.649	0.387
300-1/10	374.10	446.96	0.560	0.279
500-0	667.83	1 602.41	1.000	1.000
500-1/60	613.83	1 278.95	0.919	0.798
500-1/30	552.49	1 035.75	0.827	0.646
500-1/20	495.50	822.39	0.742	0.513
500-1/15	447.52	666.12	0.670	0.416
500-1/10	386.31	478.00	0.578	0.298
700-0	601.50	1 552.77	0.901	0.969
700-1/60	525.12	1 285.10	0.786	0.802
700-1/30	474.00	1 066.64	0.710	0.666
700-1/20	435.72	865.88	0.652	0.540
700-1/15	388.06	697.64	0.581	0.435
700-1/10	332.10	481.88	0.497	0.301

由图 7-140 可知,随着过火温度升高,焊接空心球节点的轴压承载力退化系数呈下降趋势。过火温度不高于 500 ℃时,退化系数的下降幅度相对较小,过火温度为 700 ℃且残余变形为 1/20 时,轴压承载力退化系数降至 0.497,表明节点此时的力学性能已有相当大幅度的降低,不应继续承载。由图 7-141 可知,温度对节点初始刚度退化系数的影响较小,具有相同残余变形的节点在各温度下的退化系数相近,表明残余变形对初始刚度退化系数具有显著影响。

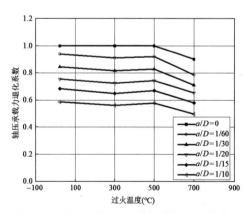

图 7-140 过火温度对 H 型钢焊接空心球节点轴压承载力的影响

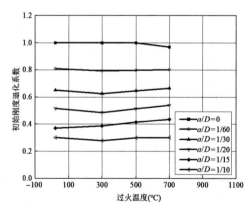

图 7-141 过火温度对 H 型钢焊接空心球节点轴压刚度的影响

2. 残余变形的影响

残余变形 a/D 取值为 0、1/60、1/30、1/20、1/15 和 1/10。Q345 材质的加肋与不加肋节点

以及 Q235 材质的不加肋节点在经历不同残余变形后的轴压承载力、初始刚度以及两者的退化系数如表 7-45、图 7-142 和图 7-143 所示。

表 7-45　残余变形对 H 型钢焊接空心球节点轴压承载力和刚度的影响

模型编号	N_{uT}^{A}（kN）	K_{NT}^{A}（kN/mm）	η_{NT}^{A}	η_{KT}^{A}
345-300-0	667.83	1 602.41	1.000	1.000
345-300-1/60	608.52	1 269.20	0.911	0.792
345-300-1/30	544.49	1 001.71	0.815	0.625
345-300-1/20	482.90	777.25	0.723	0.485
345-300-1/15	433.26	620.18	0.649	0.387
345-300-1/10	374.10	446.96	0.560	0.279
345-500-0	667.83	1 602.41	1.000	1.000
345-500-1/60	613.83	1 278.95	0.919	0.798
345-500-1/30	552.49	1 035.75	0.827	0.646
345-500-1/20	495.50	822.39	0.742	0.513
345-500-1/15	447.52	666.12	0.670	0.416
345-500-1/10	386.31	478.00	0.578	0.298
345-700-0	601.50	1 552.77	0.901	0.969
345-700-1/60	525.12	1 285.10	0.786	0.802
345-700-1/30	474.00	1 066.64	0.710	0.666
345-700-1/20	435.72	865.88	0.652	0.540
345-700-1/15	388.06	697.64	0.581	0.435
345-700-1/10	332.10	481.88	0.497	0.301
345-500-0L	926.75	2 228.30	1.000	1.000
345-500-1/60L	887.62	1 994.24	0.958	0.895
345-500-1/30L	835.33	1 773.73	0.901	0.796
345-500-1/20L	785.51	1 594.73	0.848	0.716
345-500-1/15L	743.21	1 453.47	0.802	0.652
345-500-1/10L	686.64	1 296.20	0.741	0.582
235-500-0	462.13	1 552.70	1.000	1.000
235-500-1/60	428.91	1 268.68	0.928	0.817
235-500-1/30	388.46	1 034.92	0.841	0.667
235-500-1/20	351.71	830.25	0.761	0.535
235-500-1/15	317.24	665.08	0.686	0.428
235-500-1/10	273.96	476.65	0.593	0.307

由图 7-142 可知，随着残余变形增大，节点的轴压承载力退化系数均呈下降趋势。其中，Q345 材质不加肋节点在经历 300 ℃、500 ℃后和 Q235 材质加肋节点在经历 500 ℃后的

轴压承载力退化系数相近;Q345 材质不加肋节点在经历 700 ℃后,由于材料性质发生明显变化,其轴压承载力退化系数下降更显著;Q345 材质加肋节点的轴压承载力退化系数下降幅度较小,表明加肋对经历高温与残余变形后节点的轴压承载力具有积极影响。

由图 7-143 可知,随着残余变形的增大,初始刚度的退化系数均呈下降趋势,且初始刚度退化系数与残余变形的关系曲线近似为二次曲线。温度对不同材质与是否具有加肋构造的节点初始刚度的退化系数影响较小,Q345 材质与 Q235 材质不加肋节点经历各温度和残余变形后的退化系数相近,而 Q345 材质加肋节点的初始刚度退化系数下降幅度较小,表明加肋对初始刚度退化系数具有积极影响。

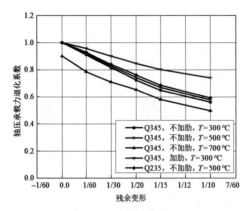

图 7-142　残余变形对 H 型钢焊接空心球
节点轴压承载力的影响

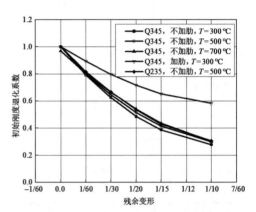

图 7-143　残余变形对 H 型钢焊接空心球
节点轴压刚度的影响

3. 钢材型号的影响

考虑钢材型号为 Q345 和 Q235,节点在经历不同残余变形后的轴压承载力、初始刚度以及两者的退化系数如表 7-46、图 7-144 和图 7-145 所示。

表 7-46　钢材型号对 H 型钢焊接空心球节点轴压承载力和刚度的影响

模型编号	N_{uT}^{A}(kN)	K_{NT}^{A}(kN/mm)	η_{NT}^{A}	η_{KT}^{A}
345-0	667.83	1 602.41	1.000	1.000
345-1/60	613.83	1 278.95	0.919	0.798
345-1/30	552.49	1 035.75	0.827	0.646
345-1/20	495.50	822.39	0.742	0.513
345-1/15	447.52	666.12	0.670	0.416
345-1/10	386.31	478.00	0.578	0.298
235-0	462.13	1 552.70	1.000	1.000
235-1/60	428.91	1 268.68	0.928	0.817
235-1/30	388.46	1 034.92	0.841	0.667
235-1/20	351.71	830.25	0.761	0.535
235-1/15	317.24	665.08	0.686	0.428

续表

模型编号	N_{uT}^{A}（kN）	K_{NT}^{A}（kN/mm）	η_{NT}^{A}	η_{KT}^{A}
235-1/10	273.96	476.65	0.593	0.307

　　由图 7-144 和图 7-145 可知，Q345 材质和 Q235 材质节点在各残余变形下的轴压承载力退化系数和初始刚度退化系数相近，表明钢材型号为 Q345 或 Q235 对经历高温与残余变形后节点的轴压承载力和刚度的影响较小。

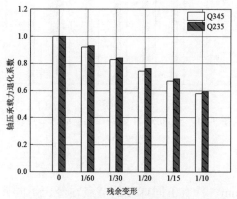

图 7-144　钢材型号对 H 型钢焊接空心球
节点轴压承载力的影响

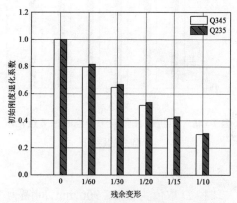

图 7-145　钢材型号对 H 型钢焊接空心球
节点轴压刚度的影响

4. 加肋的影响

　　考虑是否具有加肋构造，节点在经历不同残余变形后的轴压承载力、初始刚度以及两者的退化系数如表 7-47、图 7-146 和图 7-147 所示。

表 7-47　加肋对 H 型钢焊接空心球节点轴压承载力和刚度的影响

模型编号	N_{uT}^{A}（kN）	K_{NT}^{A}（kN/mm）	η_{NT}^{A}	η_{KT}^{A}
345-0	667.83	1 602.41	1.000	1.000
345-1/60	613.83	1 278.95	0.919	0.798
345-1/30	552.49	1 035.75	0.827	0.646
345-1/20	495.50	822.39	0.742	0.513
345-1/15	447.52	666.12	0.670	0.416
345-1/10	386.31	478.00	0.578	0.298
345-0L	926.75	2 228.30	1.000	1.000
345-1/60L	887.62	1 994.24	0.958	0.895
345-1/30L	835.33	1 773.73	0.901	0.796
345-1/20L	785.51	1 594.73	0.848	0.716
345-1/15L	743.21	1 453.47	0.802	0.652
345-1/10L	686.64	1 296.20	0.741	0.582

由图 7-146 和图 7-147 可知，相比于不加肋节点，加肋节点在各残余变形下的轴压承载力退化系数和初始刚度退化系数有显著提高，表明加肋能够在一定程度上提高节点在经历高温与残余变形后的轴压承载力和刚度。

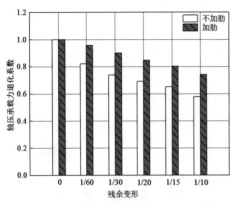

图 7-146 加肋对 H 型钢焊接空心球节点轴压承载力的影响

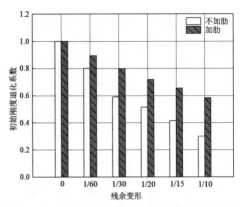

图 7-147 加肋对 H 型钢焊接空心球节点轴压刚度的影响

5. 球径的影响

球径 D 取值为 $200 \sim 900$ mm，间隔为 100 mm。具有不同球径的节点在经历不同残余变形后的轴压承载力、初始刚度以及两者的退化系数如表 7-48、图 7-148 和图 7-149 所示。

表 7-48 球径对 H 型钢焊接空心球节点轴压承载力和刚度的影响

模型编号	N_{uT}^{A} (kN)	K_{NT}^{A} (kN/mm)	η_{NT}^{A}	η_{KT}^{A}
200-0	302.85	1 023.75	1.000	1.000
200-1/60	278.32	787.26	0.919	0.769
200-1/30	249.55	633.70	0.824	0.619
200-1/20	224.41	485.26	0.741	0.474
200-1/15	202.46	389.02	0.669	0.380
200-1/10	169.60	277.44	0.560	0.271
300-0	667.83	1 602.41	1.000	1.000
300-1/60	613.83	1 278.95	0.919	0.798
300-1/30	552.49	1 035.75	0.827	0.646
300-1/20	495.50	822.39	0.742	0.513
300-1/15	447.52	666.12	0.670	0.416
300-1/10	386.31	478.00	0.578	0.298
400-0	1 151.33	2 051.90	1.000	1.000
400-1/60	1 061.53	1 686.66	0.922	0.822
400-1/30	953.51	1 385.03	0.828	0.675
400-1/20	852.64	1 125.75	0.741	0.549

模型编号	N_{uT}^{A}（kN）	K_{NT}^{A}（kN/mm）	η_{NT}^{A}	η_{KT}^{A}
400-1/15	770.16	882.21	0.669	0.430
400-1/10	667.77	647.50	0.580	0.316
500-0	1 795.58	2 584.09	1.000	1.000
500-1/60	1 046.77	1 709.23	0.583	0.661
500-1/30	929.94	1 382.98	0.518	0.535
500-1/20	841.67	1 108.05	0.469	0.429
500-1/15	753.11	874.17	0.419	0.338
500-1/10	647.05	649.59	0.360	0.251
600-0	2 650.42	3 082.76	1.000	1.000
600-1/60	2 435.47	2 538.55	0.919	0.823
600-1/30	2 192.96	2 041.00	0.827	0.662
600-1/20	1 960.92	1 625.53	0.740	0.527
600-1/15	1 765.40	1 310.70	0.666	0.425
600-1/10	1 534.20	952.01	0.579	0.309
700-0	3 571.64	3 609.20	1.000	1.000
700-1/60	3 281.37	2 985.35	0.919	0.827
700-1/30	2 938.14	2 415.23	0.823	0.669
700-1/20	2 626.33	1 930.71	0.735	0.535
700-1/15	2 368.95	1 568.08	0.663	0.434
700-1/10	2 067.62	1 147.06	0.579	0.318
800-0	4 637.77	4 125.72	1.000	1.000
800-1/60	4 242.21	3 415.72	0.915	0.828
800-1/30	3 783.40	2 751.79	0.816	0.667
800-1/20	3 349.96	2 191.75	0.722	0.531
800-1/15	3 013.89	1 788.31	0.650	0.433
800-1/10	2 645.91	1 308.07	0.571	0.317
900-0	5 767.85	4 607.43	1.000	1.000
900-1/60	5 236.30	3 784.42	0.908	0.821
900-1/30	4 659.82	3 036.51	0.808	0.659
900-1/20	4 156.49	2 419.90	0.721	0.525
900-1/15	3 743.03	1 974.02	0.649	0.428
900-1/10	3 291.11	1 441.13	0.571	0.313

由图 7-148 和图 7-149 可知，具有不同球径的节点在各残余变形下的轴压承载力退化系数和初始刚度退化系数相近，表明在球径与厚度比值一定的情况下，球径在 200～900 mm 范围变化对经历高温与残余变形后节点的轴压承载力和刚度的影响较小。保持 D/t、h/D、$b/$

D 等参数不变的情况下,相同 T 和 a/D 作用时,不同球径的节点损伤相似,因而具有近似的轴压承载力和初始刚度退化系数。

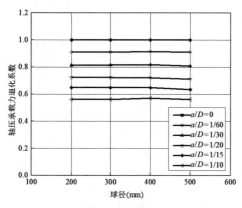

图 7-148　球径对 H 型钢焊接空心球节点轴压承载力的影响

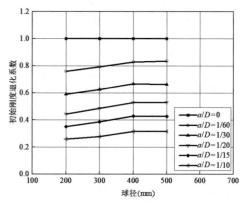

图 7-149　球径对 H 型钢焊接空心球节点轴压刚度的影响

6. 球径与壁厚比值的影响

球径与壁厚比值 D/t 取值为 20、25、30、35、40 和 45。节点在经历不同残余变形后的轴压承载力、初始刚度以及两者的退化系数如表 7-49、图 7-150 和图 7-151 所示。

表 7-49　球径与壁厚比值对 H 型钢焊接空心球节点轴压承载力和刚度的影响

模型编号	N_{uT}^{A}（kN）	K_{NT}^{A}（kN/mm）	η_{NT}^{A}	η_{KT}^{A}
20-0	1 384.49	3 128.53	1.000	1.000
20-1/60	1 347.16	2 841.11	0.973	0.908
20-1/30	1 289.39	2 538.24	0.931	0.811
20-1/20	1 209.86	2 210.87	0.874	0.707
20-1/15	1 135.49	1 915.85	0.820	0.612
20-1/10	990.09	1 426.77	0.715	0.456
25-0	1 030.18	2 358.44	1.000	1.000
25-1/60	987.16	2 059.46	0.958	0.873
25-1/30	927.60	1 785.53	0.900	0.757
25-1/20	857.28	1 532.80	0.832	0.650
25-1/15	787.93	1 288.72	0.765	0.546
25-1/10	672.08	933.57	0.652	0.396
30-0	815.72	1 879.28	1.000	1.000
30-1/60	764.10	1 566.70	0.937	0.834
30-1/30	699.56	1 320.04	0.858	0.702
30-1/20	635.07	1 092.44	0.779	0.581
30-1/15	577.39	899.35	0.708	0.479

续表

模型编号	N_{uT}^{A}（kN）	K_{NT}^{A}（kN/mm）	η_{NT}^{A}	η_{KT}^{A}
30-1/10	491.99	641.89	0.603	0.342
35-0	667.83	1 602.41	1.000	1.000
35-1/60	613.83	1 278.95	0.919	0.798
35-1/30	552.49	1 035.75	0.827	0.646
35-1/20	495.50	822.39	0.742	0.513
35-1/15	447.52	666.12	0.670	0.416
35-1/10	386.31	478.00	0.578	0.298
40-0	552.25	1 303.30	1.000	1.000
40-1/60	499.76	1 046.93	0.905	0.803
40-1/30	445.56	823.06	0.807	0.632
40-1/20	396.84	644.15	0.719	0.494
40-1/15	358.03	516.52	0.648	0.396
40-1/10	315.42	380.75	0.571	0.292
45-0	475.31	1 128.62	1.000	1.000
45-1/60	426.30	883.17	0.897	0.783
45-1/30	373.81	674.15	0.786	0.597
45-1/20	331.25	518.29	0.697	0.459
45-1/15	300.12	414.04	0.631	0.367
45-1/10	268.03	309.02	0.564	0.274

由图 7-150 和图 7-151 可知,随着 D/t 的增大,两者的退化系数逐渐降低,且与 D/t 近似呈线性关系。因为保持 D 不变,随着 D/t 的增大, t 逐渐减小,破坏时冲切面积减小,节点的承载能力削弱较多,导致轴压承载力和初始刚度的退化系数降低。

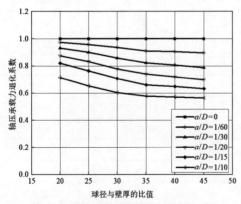

图 7-150　球径与壁厚比值对 H 型钢焊接空心球节点轴压承载力的影响

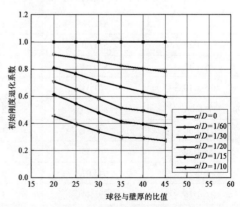

图 7-151　球径与壁厚比值对 H 型钢焊接空心球节点轴压刚度的影响

7. H 型钢高度与球径比值的影响

H 型钢高度与球径比值 h/D 取值为 0.2、0.3、0.4、0.5 和 0.6。节点在经历不同残余变形后的轴压承载力、初始刚度以及两者的退化系数如表 7-50、图 7-152 和图 7-153 所示。

表 7-50　H 型钢高度与球径比值对 H 型钢焊接空心球节点轴压承载力和刚度的影响

模型编号	N_{uT}^{A}（kN）	K_{NT}^{A}（kN/mm）	η_{NT}^{A}	η_{KT}^{A}
0.2-0	516.35	1 134.38	1.000	1.000
0.2-1/60	449.86	870.05	0.871	0.767
0.2-1/30	377.26	628.81	0.731	0.554
0.2-1/20	325.66	465.88	0.631	0.411
0.2-1/15	289.21	358.34	0.560	0.316
0.2-1/10	242.17	250.70	0.469	0.221
0.3-0	605.32	1 354.25	1.000	1.000
0.3-1/60	548.01	1 067.96	0.905	0.789
0.3-1/30	483.23	857.91	0.798	0.633
0.3-1/20	422.06	660.06	0.697	0.487
0.3-1/15	370.89	517.40	0.613	0.382
0.3-1/10	320.36	368.44	0.529	0.272
0.4-0	667.83	1 602.41	1.000	1.000
0.4-1/60	613.83	1 278.95	0.919	0.798
0.4-1/30	552.49	1 035.75	0.827	0.646
0.4-1/20	495.50	822.39	0.742	0.513
0.4-1/15	447.52	666.12	0.670	0.416
0.4-1/10	386.31	478.00	0.578	0.298
0.5-0	738.05	1 771.55	1.000	1.000
0.5-1/60	690.97	1 500.58	0.936	0.847
0.5-1/30	631.16	1 210.84	0.855	0.683
0.5-1/20	571.60	1 011.66	0.774	0.571
0.5-1/15	520.64	831.94	0.705	0.470
0.5-1/10	451.35	605.91	0.612	0.342
0.6-0	806.39	2 007.74	1.000	1.000
0.6-1/60	758.81	1 760.79	0.941	0.877
0.6-1/30	703.35	1 460.33	0.872	0.727
0.6-1/20	645.07	1 212.23	0.800	0.604
0.6-1/15	595.44	1 016.04	0.738	0.506
0.6-1/10	520.69	750.93	0.646	0.374

由图 7-152 和图 7-153 可知,轴压承载力退化系数和初始刚度退化系数与 h/D 近似呈

线性关系。因为随着 h/D 的增大，H 型钢与焊接空心球相接处的破坏面积增大，节点承载能力提高，进而轴压承载力退化系数和初始刚度退化系数增大。

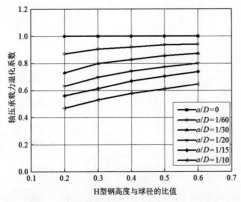

图 7-152　H 型钢高度与球径比值对 H 型钢焊接
空心球节点轴压承载力的影响

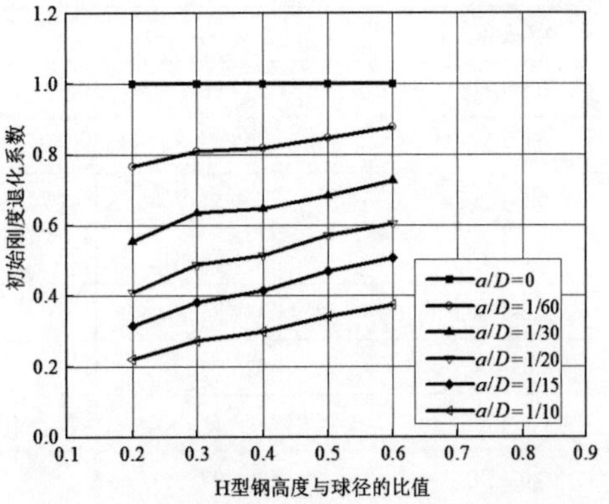

图 7-153　H 型钢高度与球径比值对 H 型钢焊接
空心球节点轴压刚度的影响

8. H 型钢宽度与球径比值的影响

H 型钢宽度与球径比值 b/D 取值为 0.2、0.3、0.4、0.5 和 0.6。节点在经历不同残余变形后的轴压承载力、初始刚度以及两者的退化系数如表 7-51、图 7-154 和图 7-155 所示。

表 7-51　H 型钢宽度与球径比值对 H 型钢焊接空心球节点轴压承载力和刚度的影响

模型编号	N_{uT}^{A}（kN）	K_{NT}^{A}（kN/mm）	η_{NT}^{A}	η_{KT}^{A}
0.2-0	410.21	1 055.68	1.000	1.000
0.2-1/60	372.06	827.65	0.907	0.784
0.2-1/30	336.99	656.63	0.822	0.622
0.2-1/20	295.76	498.28	0.721	0.472
0.2-1/15	263.77	390.60	0.643	0.370
0.2-1/10	224.38	269.20	0.547	0.255
0.3-0	549.73	1 298.62	1.000	1.000
0.3-1/60	502.12	1 032.50	0.913	0.795
0.3-1/30	451.80	823.23	0.822	0.634
0.3-1/20	402.39	639.71	0.732	0.493
0.3-1/15	361.63	512.12	0.658	0.394
0.3-1/10	307.59	357.48	0.560	0.275
0.4-0	667.83	1 602.41	1.000	1.000
0.4-1/60	613.83	1 294.97	0.919	0.808
0.4-1/30	552.49	1 035.75	0.827	0.646
0.4-1/20	495.50	822.39	0.742	0.513
0.4-1/15	447.52	666.12	0.670	0.416

续表

模型编号	N_{uT}^{A}（kN）	K_{NT}^{A}（kN/mm）	η_{NT}^{A}	η_{KT}^{A}
0.4-1/10	386.31	478.00	0.578	0.298
0.5-0	794.65	1 827.25	1.000	1.000
0.5-1/60	739.56	1 564.13	0.931	0.856
0.5-1/30	672.42	1 312.75	0.846	0.718
0.5-1/20	609.51	1 074.99	0.767	0.588
0.5-1/15	555.52	886.45	0.699	0.485
0.5-1/10	474.85	632.76	0.598	0.346
0.6-0	928.74	2 117.80	1.000	1.000
0.6-1/60	874.11	1 873.55	0.941	0.885
0.6-1/30	806.97	1 620.35	0.869	0.765
0.6-1/20	738.73	1 372.86	0.795	0.648
0.6-1/15	681.54	1 163.26	0.734	0.549
0.6-1/10	586.85	840.38	0.632	0.397

由图 7-154 和图 7-155 可知,轴压承载力退化系数和初始刚度退化系数与 b/D 近似呈线性关系。因为随着 b/D 的增大,H 型钢与焊接空心球相接处的破坏面积增大,节点承载能力提高,轴压承载力退化系数和初始刚度退化系数增大。

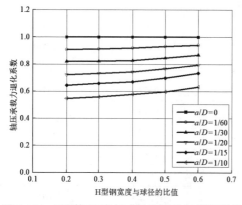

图 7-154　H 型钢宽度与球径比值对 H 型钢焊接空心球节点轴压承载力的影响

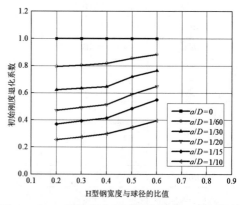

图 7-155　H 型钢宽度与球径比值对 H 型钢焊接空心球节点轴压刚度的影响

7.7.2.4　轴压承载力与刚度计算公式

本小节在上小节参数化分析的基础上,根据各参数对轴压承载力退化系数和初始刚度退化系数的影响规律,提出经历高温与残余变形之后的 H 型钢焊接空心球节点轴压承载力和初始刚度的计算公式,为火灾后 H 型钢焊接空心球节点的力学性能评估与修复提供理论支持。

1. 轴压承载力计算公式

由上小节对各因素的参数化分析结果可知节点轴压承载力退化系数与高温后残余变形 a/D、球径与壁厚比值 D/t、H 型钢高度与球径比值 h/D、H 型钢宽度与球径比值 b/D 近似呈线性关系，与过火温度 T 呈负相关关系，受钢材型号和球径 D 的影响较小。

已有研究表明，壁厚对加肋节点的承载力具有显著影响，且范围较大，因而保守地将加肋作为安全储备，不考虑加肋对退化系数的提高作用。当 $T = 500\ ℃$ 时，考虑 a/D、D/t、h/D、b/D 等 4 个参数的变化，采用最小二乘法对有限元分析结果进行多元线性回归分析，得到轴压承载力退化系数 η_{NT}^{A} 的计算公式如下：

$$\eta_{NT}^{A} = 0.988 - 4.226\frac{a}{D} - 0.005\frac{D}{t} + 0.302\frac{h}{D} + 0.137\frac{b}{D} \tag{7-34}$$

其中，a/D 为节点一端与 H 型钢连接处的凹陷距离与球径的比值，即残余变形；D/t 为球径与壁厚的比值；h/D 为 H 型钢截面高度与球径的比值；b/D 为 H 型钢截面宽度与球径的比值。

式（7-34）适用范围：$D = 200 \sim 900\ mm$，$a/D = 0 \sim 0.1$，$D/t = 20 \sim 45$，$h/D = 0.2 \sim 0.6$，$b/D = 0.2 \sim 0.6$，$T = 20 \sim 700\ ℃$。考虑 $500\ ℃$ 和 $700\ ℃$ 高温后试件承载力无明显差异，因此公式适用温度范围可扩大至 $700\ ℃$。当计算结果 $\eta_{NT}^{A} > 1.0$ 时，取 1.0。

公式计算结果与有限元分析结果的对比情况如图 7-156 所示。由图可见，计算公式能够较好地反映有限元分析的结果，误差在 $\pm 15\%$ 之内。

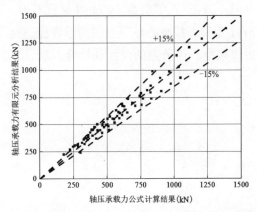

图 7-156　轴压承载力公式计算结果与有限元分析结果对比

2. 初始刚度计算公式

由参数化分析结果可知节点初始刚度退化系数与 a/D 近似呈二次关系，与 D/t、h/D、b/D 近似呈线性关系，受过火温度 T、钢材型号和球径 D 的影响较小。

与轴压承载力退化系数相同，保守地将加肋作为安全储备，不考虑加肋对初始刚度退化系数的提高作用。当 $T = 500\ ℃$ 时，考虑 a/D、D/t、h/D、b/D 等 4 个参数的变化，采用最小二乘法对有限元分析结果进行多元非线性回归分析，得到初始刚度退化系数 η_{KT}^{A} 的计算公式如下：

$$\eta_{KT}^{A} = 0.989 - 11.420\frac{a}{D} + 46.032\left(\frac{a}{D}\right)^{2} - 0.007\frac{D}{t} + 0.328\frac{h}{D} + 0.309\frac{b}{D} \tag{7-35}$$

式中各参数的含义及公式的适用范围同式(7-34)。当计算结果 $\eta_{KT}^{A}>1$ 时,取 1.0。

公式计算结果与有限元分析结果的对比情况如图 7-157 所示。由此可见,计算公式能够较好地反映有限元分析的结果,误差在 ±15%之内。

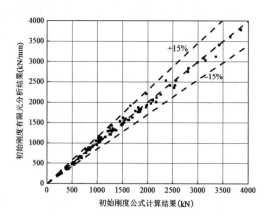

图 7-157　初始刚度公式计算结果与有限元分析结果对比

7.8　本章小结

本章对零负载均匀升温—降温后、零负载 ISO 834 标准升温—降温后以及负载高温后的普通焊接空心球节点和 H 型钢焊接空心球节点的力学性能进行了试验和数值分析,并提出了零负载和负载高温后焊接空心球节点的设计和计算方法,给出了火灾高温后节点承载力及刚度的计算公式。

第 8 章　火灾高温后钢管构件的力学性能与评估方法

8.1　引言

钢管构件是空间网格结构常用的构件形式之一,研究火灾高温后钢管构件的剩余稳定承载力是了解火灾后整体结构力学性能的基础。钢管构件在网架结构中主要呈轴心受力状态,而在单层网壳结构中呈偏心受力状态。本章主要介绍了轴心受压和偏心受压的钢管构件的高温后残余变形的产生机理和计算方法,以及高温后钢管构件承载力的评估和计算方法。

8.2　高温后钢管构件残余变形计算方法

从众多火灾后空间网格结构评估鉴定的案例中发现,在经历火灾全过程后,钢管构件会出现不同程度的残余变形,残余变形是影响钢管构件承载力的重要因素之一。本节基于弹性约束圆钢管受火屈曲全过程试验,揭示了火灾高温后钢管构件残余变形的产生机理及影响残余变形的主要因素,并给出了火灾高温后轴心受压和偏心受压钢管构件残余变形的计算方法。

8.2.1　弹性约束圆钢管受火屈曲全过程试验研究

8.2.1.1　试件设计

根据国际标准 ISO 834 升温曲线,选用国产的 Q345B 无缝圆钢管,参考《建筑构件耐火试验方法 第 1 部分:通用要求》(GB/T 9978.1—2008)的火灾试验方法,对 5 根带轴向约束的 Q345 圆钢管的火灾下抗火性能和高温后残余变形进行试验。根据《建筑构件耐火试验方法 第 1 部分:通用要求》(GB/T 9978.1—2008)的规定和试验炉实际尺寸要求设计试件,试件的详细尺寸和布置详见图 8-1。在试件上布置 20 个 10.9S 的 M12 高强螺栓的螺栓帽,以方便与热电偶相连。试验试件的两端焊有端板,端板通过螺栓与支座端板相连,试件两端的支座与约束钢梁和下部铰支座相连。试件实物如图 8-2 所示。

通过约束梁向试件提供轴向约束刚度,根据约束梁在火灾中保持刚度不变且在试验构件屈曲破坏时未进入塑性状态的要求设计了两种规格的约束梁,通过约束梁与不同规格圆钢管进行组合,设计不同约束刚度的试验试件。试件及约束梁参数见表 8-1。

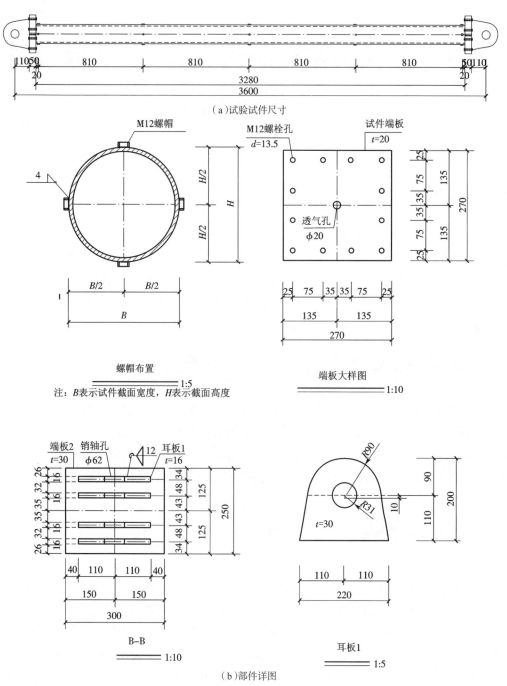

（a）试验试件尺寸

螺帽布置
———————— 1:5
注：B表示试件截面宽度，H表示截面高度

端板大样图
———————— 1:10

B—B
———————— 1:10

耳板1
———————— 1:5

（b）部件详图

图 8-1　试件详细尺寸

图 8-2　试验试件实物图

表 8-1　试验试件及约束梁参数表

编号	截面尺寸 （mm）	试件计算长度 l_c（m）	长细比	轴向约束 刚度比	约束梁截面尺寸 $H \times B \times t_w \times t_f$（mm）
G1	P121×8	3.60	89.78	0.107	H185×300×30×16
G2	P89×4	3.60	119.60	0.096	H140×300×16×20
G3	P89×4	3.60	119.60	0.283	H185×300×30×16
G4	P73×5	3.60	149.38	0.096	H140×300×16×20
G5	P73×5	3.60	149.38	0.283	H185×300×30×16

注：P—Pipe，钢管；t_w—腹板厚度；t_f—翼缘厚度。

8.2.1.2　试验装置

采用大型垂直火灾试验炉进行试验,试验炉的整体外观和炉腔如图 8-3 所示。试验中通过在炉腔内部设置的 5 个 K 型热电偶采集炉腔温度,通过粘贴在试验试件和约束梁上的热电偶采集构件温度,通过拉线接到杆式位移计上的方法采集构件在火灾过程中实时的位移变化,为防止拉线被烧断或者产生过大的线性膨胀影响试验结果,采用熔点很高且线膨胀系数很小、直径为 0.2 mm 的钼丝作为拉线。试验装置及测点布置如图 8-4 至图 8-7 所示。

（a）整体外观　　　　　　　　　　　　　　　（b）炉腔

图 8-3　大型垂直火灾试验炉整体外观和炉腔

8.2.1.3　试验方案

弹性约束圆钢管受火屈曲全过程试验包括以下 4 个步骤:①测量试件初始缺陷;②测定约束梁约束刚度;③安装约束梁 H2,进行 G2 和 G4 试件的受火屈曲全过程试验;④安装约束梁 H1,进行 G1、G3 和 G5 试件的过火屈曲全过程试验。试验设备调试后,开启喷火口正式开始试验,试验采集仪每隔 5 s 采集一次数据(包括炉腔内空气的温度、试验试件的温度、约束梁的温度以及跨中和端部的位移数据);当温度达到 800 ℃或者跨中侧向位移达到指定数值时,关闭喷火口,停止升温,并迅速打开侧门,加快降温,待炉温降至室温后,利用吊车打开试验炉,观察试件的破坏情况。

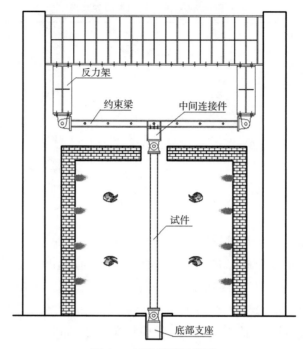

图 8-4 试验装置示意图

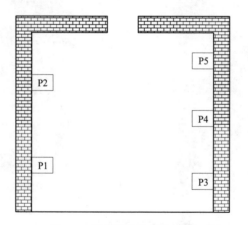

图 8-5 垂直炉热电偶布置图

P—炉内热电偶的位置

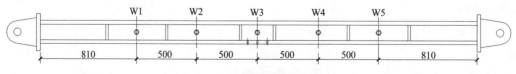

图 8-6 约束梁温度测点布置图

W—约束梁上的热电偶的位置

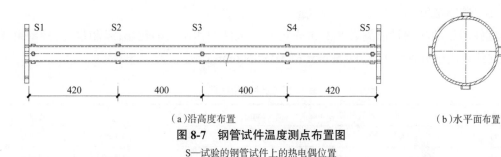

（a）沿高度布置　　　　　　　　　　　　　　　　　　（b）水平面布置

图 8-7　钢管试件温度测点布置图

S—试验的钢管试件上的热电偶位置

8.2.1.4　试验现象

5 根试件在升温阶段在铰接平面内发生整体屈曲,出现较大的跨中位移;降至室温后,出现明显的残余变形,且变形最大处位于跨中偏上部位,试件表面也由于高温氧化而变为黑色。冷却至室温后各试件残余变形如图 8-8 所示。

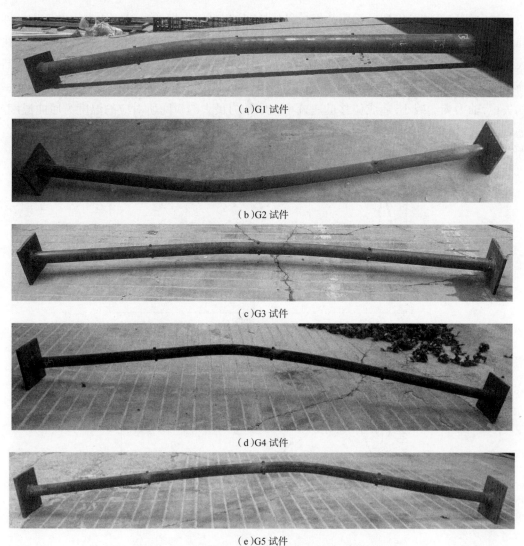

（a）G1 试件

（b）G2 试件

（c）G3 试件

（d）G4 试件

（e）G5 试件

图 8-8　冷却至室温后各试件出现明显的残余变形

8.2.1.5　试验结果

试件初始缺陷测量值见表 8-2,由表可知各试件的初始缺陷较小;经测量,两种约束梁的轴向约束刚度分别为 112 780 N/mm 和 5 352 N/mm。

表 8-2　试件初始缺陷

编号	截面尺寸(mm)	计算长度 L(mm)	e_{0x}(mm)	e_{0y}(mm)	e_{0x}/L	e_{0y}/L
G1	P121 × 8	3 600	2	0.5	1/1 800	1/7 200
G2	P89 × 4	3 600	1	0.5	1/3 600	1/7 200
G3	P89 × 4	3 600	1.5	1	1/2 400	1/3 600
G4	P73 × 5	3 600	2	1	1/1 800	1/3 600
G5	P73 × 5	3 600	2	1.5	1/1 800	1/2 400

注:e_{0x}—x 方向的初始缺陷;e_{0y}—y 方向的初始缺陷。

轴向位移是试验得到的重要数据,通过轴向位移可以根据约束梁的约束刚度反推试件屈曲时的极限荷载;各试件的轴向位移-时间曲线如图 8-9 所示。带约束的轴心受压构件在火灾下的轴向变形分为屈曲前和屈曲后两个阶段。在屈曲前,随着时间推移,试验试件不断膨胀使轴向位移逐渐增大,当试件在轴力和火灾共同作用下发生屈曲时,试验试件迅速向一侧失稳,轴力突然减小,造成位移迅速减小。取轴力最大的瞬间所对应的温度为屈曲温度。随着温度的继续升高,位移会逐渐减小到接近于零。而在关火之后,由于构件降温收缩,会在试验试件内部产生拉力,造成轴向位移在减小到零之后又反向增大。

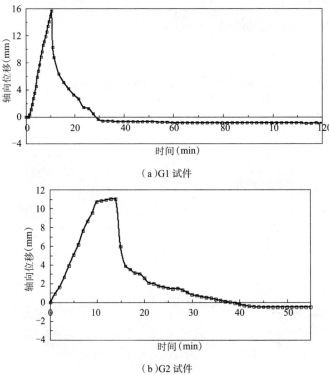

(a)G1 试件

(b)G2 试件

图 8-9　各试件的轴向位移-时间曲线

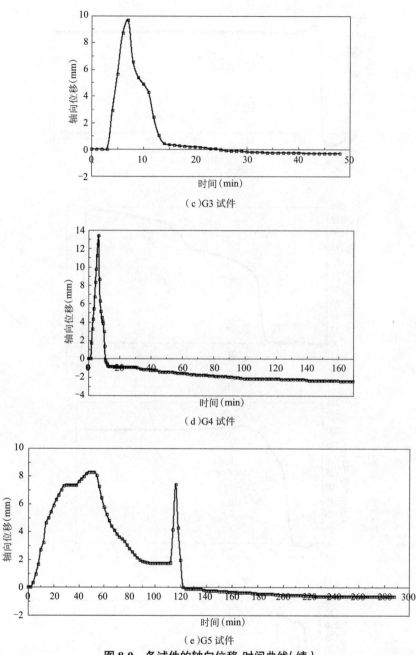

（c）G3 试件

（d）G4 试件

（e）G5 试件

图 8-9　各试件的轴向位移-时间曲线（续）

各试件跨中侧向位移-时间曲线如图 8-10 所示,由于在关闭喷火口的瞬间钼丝发生断裂,未能采集到 G2 和 G4 试件降温段挠度变化值。可以看出,在升温的初始阶段,跨中侧向位移增长十分缓慢;当温度达到临近屈曲温度时,侧向位移迅速增长,试件发生整体屈曲失稳;当进入降温阶段时,侧向位移出现较为明显的减小,之后变形逐渐趋于稳定。

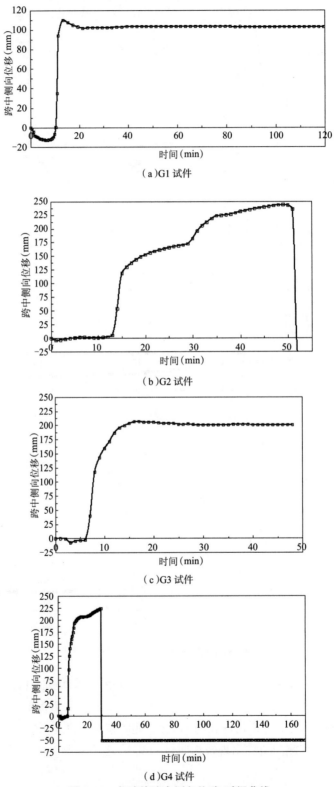

(a)G1 试件

(b)G2 试件

(c)G3 试件

(d)G4 试件

图 8-10　各试件跨中侧向位移-时间曲线

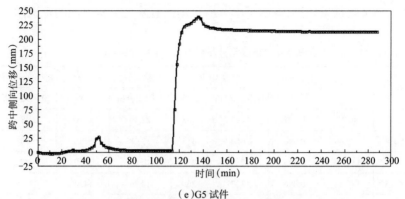

(e) G5 试件

图 8-10　各试件跨中侧向位移-时间曲线（续）

各试件的试验结果汇总于表 8-3 中。可以看出：①当约束刚度相同时，长细比越大，试件的屈曲温度越低；②当长细比相同时，轴向约束刚度越大，试件的屈曲温度越低，且当长细比较小时，轴向约束刚度的影响更加明显；③当约束刚度相同时，升温到 800 ℃后再降至室温，长细比越大的试件，跨中侧向位移恢复越多；④所有试件均发生整体屈曲破坏，且挠度最大处并不完全在跨中处，而是略偏上的位置。

表 8-3　试验结果汇总

构件编号	截面尺寸	长细比 λ	轴向约束刚度比 β	屈曲温度（℃）	屈曲时轴向位移（mm）	最大跨中侧向位移（mm）	残余跨中侧向位移（mm）
G1	P121×8	89.78	0.107	458	15.63	110.31	95
G2	P89×4	119.60	0.096	415	17.02	243.84	186
G3	P89×4	119.60	0.283	221	9.69	206.98	177
G4	P73×5	149.38	0.096	260	14.39	224.08	155
G5	P73×5	149.38	0.283	241	7.42	239.82	194

8.2.2　弹性约束圆钢管受火屈曲全过程数值模拟

采用大型通用有限元分析软件 ABAQUS，对 8.2.1 节中的 5 根轴心受压圆钢管进行弹性约束受火屈曲全过程试验的数值模拟，得到可用于参数化分析的数值分析模型。

8.2.2.1　模型的建立

采用壳单元进行分析可获得精确度满足要求的分析结果，故建立壳单元简易模型，并采用直接耦合法进行分析。高温下材料的力学性能参数参照《建筑钢结构防火技术规范》（CECS 200：2006）相关规定进行取值，在模型中引入初始缺陷和初始应力，并计入约束梁的约束刚度和底部支座抗拉刚度的影响。

8.2.2.2　有限元分析结果与试验结果对比

有限元分析结果与试验结果对比见表 8-4，有限元分析与试验得到的试件破坏形态、轴向位移-温度曲线以及跨中侧向位移-温度曲线对比如图 8-11 至图 8-13 所示。可以看出，有限元分析结果与试验结果相近,证明了本节所采用的有限元分析方法的正确性。

表 8-4　有限元分析结果和试验结果对比

编号	截面尺寸	长细比 λ	轴向约束刚度比 β	屈曲温度(℃)		屈曲时轴向位移(mm)		跨中侧向位移恢复值(mm)	
				有限元分析	试验	有限元分析	试验	有限元分析	试验
G1	P121×8	89.78	0.107	492	458	22.49	15.63	48	15
G2	P89×4	119.60	0.096	420	415	17.28	17.02	90	58
G3	P89×4	119.60	0.283	285	221	10.63	9.69	76	30
G4	P73×5	149.38	0.096	332	260	14.78	14.39	109	69
G5	P73×5	149.38	0.283	252	241	7.02	7.42	111	46

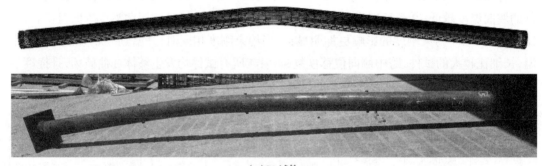

(a)G1 试件

(b)G2 试件

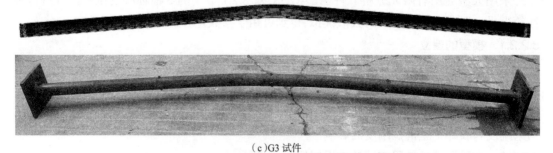

(c)G3 试件

图 8-11　有限元分析和试验的试件破坏形态对比图

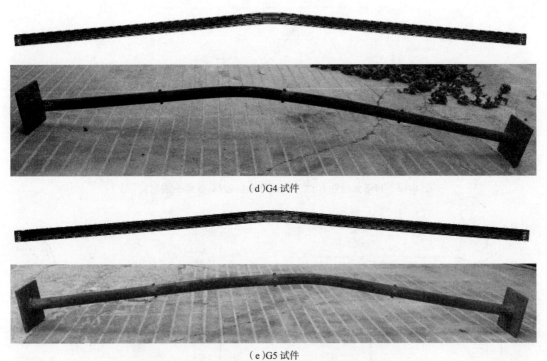

（d）G4 试件

（e）G5 试件

图 8-11　有限元分析和试验的试件破坏形态对比图（续）

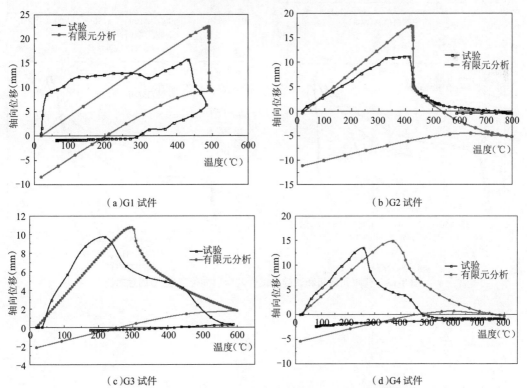

（a）G1 试件

（b）G2 试件

（c）G3 试件

（d）G4 试件

图 8-12　有限元分析和试验的试件轴向位移-温度曲线对比

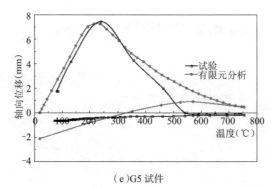

（e）G5 试件

图 8-12　有限元分析和试验的试件轴向位移-温度曲线对比（续）

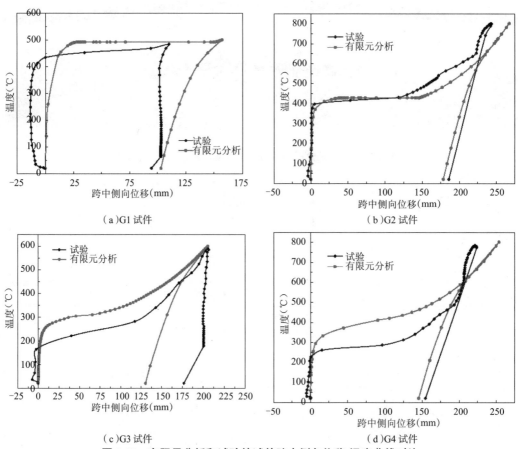

（a）G1 试件

（b）G2 试件

（c）G3 试件

（d）G4 试件

图 8-13　有限元分析和试验的试件跨中侧向位移-温度曲线对比

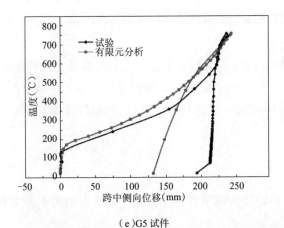

（e）G5 试件

图 8-13　有限元分析和试验的试件跨中侧向位移-温度曲线对比（续）

8.2.3　高温后轴心受压圆钢管残余变形计算方法

8.2.3.1　轴向约束圆钢管火灾全过程理论分析

1. 升温前

建立受约束轴心受压圆钢管的理论计算模型，如图 8-14 所示。

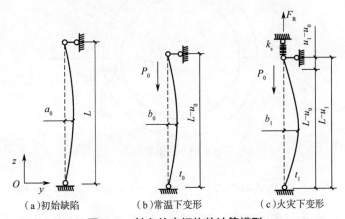

（a）初始缺陷　　　　（b）常温下变形　　　　（c）火灾下变形

图 8-14　轴向约束钢构件计算模型

u_0—常温下荷载引起的轴向变形；u_1—高温下温度引起的轴向变形

常温时，设 $T_0 = 20\,℃$，假定构件的初始弯曲为 a_0，在设计轴力 P_0 的作用下，产生初应力和一定的横向变形。假设横向变形曲线满足正弦曲线 $y = b_0\sin(\pi x / L)$，任意高度下截面在外力 P_0 作用下的曲率为

$$\varphi = \frac{y_0''}{\left[1 + (y_0')^2\right]^{3/2}} - \frac{y''}{\left[1 + (y')^2\right]^{3/2}} \tag{8-1}$$

则杆件 1/2 高度处截面的曲率为

$$\varphi_{1/2} = (b_0 - a_0)\left(\frac{\pi}{L}\right)^2 \tag{8-2}$$

假设杆件 1/2 高度处截面形心处的轴向应变为 ε_0，则截面上任一点 j 的力学应变为

$$\varepsilon_{m,j} = \varepsilon_0 + \varphi y_j \tag{8-3}$$

其中，ε_0 为形心处的轴向应变；y_j 为截面上任一点到截面形心处的距离。本小节主要研究圆钢管构件在发生火灾后才进入的屈曲阶段，常温下所加初始荷载不高于极限承载力，不考虑进入弹塑性阶段，即假设截面一直处在弹性阶段，此时杆件 1/2 高度处截面上任一点 j 的应力为

$$\sigma_j = E\varepsilon_{m,j} \tag{8-4}$$

其中，E 为弹性模量。

将式（8-2）至式（8-4）代入以下杆件 1/2 高度处截面的力平衡方程和弯矩平衡方程，即可解出 ε_0 和 b_0。

$$\begin{cases} P_0 - \int_A \sigma_j \mathrm{d}A_j = 0 \\ P_0 b_0 - \int_A \sigma_j y_j \mathrm{d}A_j = 0 \end{cases} \tag{8-5}$$

其中，A 为面积。

对于图 8-15 所示的圆钢管截面，展开式（8-5）得到下式：

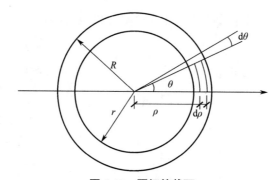

图 8-15　圆钢管截面

$$\begin{cases} 2\int_0^{\pi/2}\int_r^R E(\varepsilon_0 + \varphi\rho\sin\theta)\rho\mathrm{d}\rho\mathrm{d}\theta + 2\int_{-\pi/2}^0\int_r^R E(\varepsilon_0 + \varphi\rho\sin\theta)\rho\mathrm{d}\rho\mathrm{d}\theta = P_0 \\ 2\int_0^{\pi/2}\int_r^R E(\varepsilon_0 + \varphi\rho\sin\theta)\rho\sin\theta\rho\mathrm{d}\rho\mathrm{d}\theta + 2\int_{-\pi/2}^0\int_r^R E(\varepsilon_0 + \varphi\rho\sin\theta)\rho\sin\theta\rho\mathrm{d}\rho\mathrm{d}\theta = P_0 b_0 \end{cases} \tag{8-6}$$

力平衡方程化简结果为

$$2\left[\frac{\pi}{4}\varepsilon_0(R^2 - r^2)E + \frac{1}{3}\varphi(R^3 - r^3)E\right] + 2\left[\frac{\pi}{4}\varepsilon_0(R^2 - r^2)E - \frac{1}{3}\varphi(R^3 - r^3)E\right] = P_0$$

$$\pi\varepsilon_0(R^2 - r^2)E = P_0 \tag{8-7}$$

弯矩平衡方程化简结果为

$$2\left[\frac{\pi}{16}(R^4 - r^4)\varphi E + \frac{1}{3}\varepsilon_0(R^3 - r^3)E\right] + 2\left[\frac{\pi}{16}(R^4 - r^4)\varphi E - \frac{1}{3}\varepsilon_0(R^3 - r^3)E\right] = P_0 b_0$$

$$\frac{\pi}{4}(R^4 - r^4)\varphi E = P_0 b_0 \tag{8-8}$$

通过式（8-7）可以解出应变 ε_0。将曲率公式（8-2）代入式（8-8），得到如下常温下杆件

1/2 高度处横向变形的计算公式:

$$\frac{\pi}{4}(R^4 - r^4)(b_0 - a_0)\left(\frac{\pi}{L}\right)^2 E = P_0 b_0 \tag{8-9}$$

2. 升温中

在计算模型中,用轴向弹性约束限制圆钢管的轴向变形。随着温度升高,圆钢管轴力逐渐增大,直至发生弯曲失稳。弯曲失稳前后,截面上的应力分布从弹性分布变为弹塑性分布。假定材料本构模型为双折线模型,截面上任一点应力 σ 的计算公式为

$$\begin{cases} \sigma = E\varepsilon & \varepsilon \leq \varepsilon_s \\ \sigma = \sigma_s + E_1(\varepsilon - \varepsilon_s) & \varepsilon > \varepsilon_s \end{cases} \tag{8-10}$$

其中,ε 为任意位置的应变;ε_s 为屈服应变。

1）处于弹性阶段

假设圆钢管构件受火温度为 T_1,圆钢管由于温度升高而发生膨胀,产生温度应变。依据平截面假定,杆件 1/2 高度处截面的应力分布如图 8-16 所示,截面上任一点的力学应变和应力分别为

$$\varepsilon_{m,j}^{T_1} = \varepsilon_0^{T_1} + \varphi y_j - \varepsilon_{\Delta T} \tag{8-11}$$

$$\sigma_{m,j}^{T_1} = E_{T_1} \cdot \varepsilon_{m,j}^{T_1} = E_{T_1}(\varepsilon_0^{T_1} + \varphi y_j - \varepsilon_{\Delta T}) \tag{8-12}$$

其中,E_{T_1} 为温度 T_1 时的弹性模量;$\varepsilon_{\Delta T}$ 为温度应变,$\varepsilon_{\Delta T} = \alpha \Delta T$（ α 为线膨胀系数 ）。

（a）杆件 1/2 高度处截面　　　（b）轴向应力分布　　　（c）弯曲应力分布

图 8-16　弹性阶段杆件 1/2 高度处截面应力分布

在计算过程中考虑轴向变形的影响,将式（8-12）带入式（8-5）中,得

$$\begin{cases} 2\int_0^{\pi/2}\int_r^R E(\varepsilon_0^{T_1} + \varphi\rho\sin\theta - \alpha T)\rho\mathrm{d}\rho\mathrm{d}\theta + \\ 2\int_{-\pi/2}^0\int_r^R E(\varepsilon_0^{T_1} + \varphi\rho\sin\theta - \alpha T)\rho\mathrm{d}\rho\mathrm{d}\theta = P_1 \\ 2\int_0^{\pi/2}\int_r^R E(\varepsilon_0^{T_1} + \varphi\rho\sin\theta - \alpha T)\rho\sin\theta\rho\mathrm{d}\rho\mathrm{d}\theta + \\ 2\int_{-\pi/2}^0\int_r^R E(\varepsilon_0^{T_1} + \varphi\rho\sin\theta - \alpha T)\rho\sin\theta\rho\mathrm{d}\rho\mathrm{d}\theta = P_1 b_1 \end{cases} \tag{8-13}$$

其中,P_1 为高温下圆钢管构件所受轴力,$P_1 = P_0 + k_s(u_1 - u_0)$,$u_1 = \varepsilon_0^{T_1} L + (b_1\pi)^2/(4L)$ 为该温度下圆钢管构件的轴向变形,$u_0 = \varepsilon_0 L + (b_0\pi)^2/(4L)$ 为常温下圆钢管构件的轴向变形;b_1 为杆件 1/2 高度处横向变形;k_s 为轴向弹性约束刚度。在实际结构过火过程中,杆件受到轴向约束刚度会因杆件较大的变形以及不均匀受热等因素而呈现非线性变化,但影响较小。本书

假定轴向约束刚度为弹性,且 k_s 不随温度变化。

整理式(8-13)得

$$\pi(\varepsilon_0^{T_1}-\varepsilon_T)(R^2-r^2)E=P_0+k_s\left[(\varepsilon_0^{T_1}-\varepsilon_0)L-\frac{b_1^2-b_0^2}{4L}\pi^2\right]\qquad(8\text{-}14)$$

其中, ε_T 为热膨胀引起的应变。

$$\frac{1}{4}\pi(b_1-a_0)\frac{\pi^2}{L^2}(R^4-r^4)E=\left\{P_0+k_s\left[(\varepsilon_0^{T_1}-\varepsilon_0)L-\frac{b_1^2-b_0^2}{4L}\pi^2\right]\right\}b_1\qquad(8\text{-}15)$$

联立式(8-14)和式(8-15)即可得到 $\varepsilon_0^{T_1}$ 和 b_1。将计算结果代入式(8-11)得到下式,可反算出截面受压区最外边缘的力学应变。

$$\varepsilon_R^{T_1}=\varepsilon_0^{T_1}+(b_1-a_0)\frac{\pi^2}{L^2}R-\alpha T=\frac{1}{4}(1-\frac{a_0}{b_1})\frac{\pi^2}{L^2}(R^2+r^2)+(b_1-a_0)\frac{\pi^2}{L^2}R\leqslant\varepsilon_s\qquad(8\text{-}16)$$

可以式(8-16)作为圆钢管处于弹性阶段或弹塑性阶段的判据。假如 $\varepsilon_R^{T_1}>\varepsilon_s$,说明截面已进入弹塑性阶段,上述计算公式不再满足适用条件,需要按照弹塑性阶段的公式重新计算。

2)处于弹塑性阶段

轴心受压钢管构件在火灾下的失效过程即是杆件屈曲的过程。构件的屈曲是从受压侧最外边缘进入塑性阶段开始,并迅速扩展。屈曲后杆件会迅速产生很大的横向变形,截面弯曲受拉一侧产生较大的拉应变并进入塑性阶段。截面上应变和应力的分布如图8-17所示。假设在一定的截面高度,应变达到屈服压应变和屈服拉应变,截面的应力按照双折线本构模型计算。图8-17中所示的 y_m 和 y_n 为截面力学应变恰好达到屈服压应变和屈服拉应变时的高度。此时,应变方程如下:

$$\begin{cases}\varphi y_m+\varepsilon_0^{T_1}-\varepsilon_T=\varepsilon_s\\\varphi y_n+\varepsilon_0^{T_1}-\varepsilon_T=-\varepsilon_s\end{cases}\qquad(8\text{-}17)$$

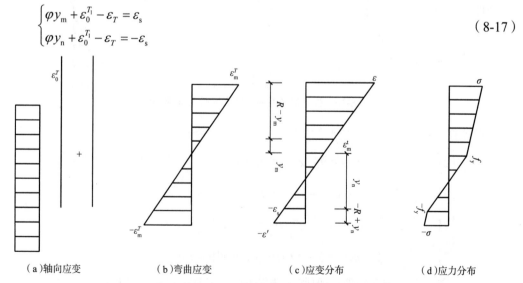

(a)轴向应变　　　　(b)弯曲应变　　　　(c)应变分布　　　　(d)应力分布

图 8-17　弹塑性阶段杆件1/2高度处截面应变和应力分布图

f_y—屈服强度

根据图8-17所示的应力分布,容易写出构件进入弹塑性阶段时受压区和受拉区的物理方程。

（1）受压区截面的应力表示为

$$\begin{cases} \sigma = E_T(\varepsilon_0^{T_1} + \varphi y_i - \varepsilon_T) & 0 \leq y_i \leq y_m \\ \sigma = E_T'(\varepsilon_0^{T_1} + \varphi y_i - \varepsilon_T - \varepsilon_s) + f_y^T & y_m \leq y_i \leq R \end{cases} \tag{8-18}$$

（2）受拉区截面的应力表示为

$$\begin{cases} \sigma = E_T(\varepsilon_0^{T_1} + \varphi y_i - \varepsilon_T) & y_i \leq y_n \\ \sigma = E_T'(\varepsilon_0^{T_1} + \varphi y_i - \varepsilon_T + \varepsilon_s) - f_y^T & y_n \leq -y_i \leq R \end{cases} \tag{8-19}$$

根据应力方程式（8-18）和式（8-19），可以得到如下杆件 1/2 高度处截面轴力平衡方程和弯矩平衡方程，结合式（8-17）的两个方程，即可解出 y_m、y_n、$\varepsilon_0^{T_1}$ 和 b_1 这 4 个变量。对于该类复杂的非线性方程组，可以借助 MATLAB 软件调用 fsolve 函数，赋予适当的初值，即可得到解集。

$$2\int_0^m \int_r^R E_T(\varepsilon_0^{T_1} + \varphi\rho\sin\theta - \alpha T)\rho d\rho d\theta +$$

$$2\int_m^{\pi/2} \int_r^R f_y^{T_1} + E_T'(\varepsilon_0^{T_1} + \varphi\rho\sin\theta - \alpha T - \varepsilon_s)\rho d\rho d\theta +$$

$$2\int_n^0 \int_r^R E_T(\varepsilon_0^{T_1} + \varphi\rho\sin\theta - \alpha T)\rho d\rho d\theta +$$

$$2\int_{-\pi/2}^n \int_r^R -f_y^{T_1} + E_T'(\varepsilon_0^{T_1} + \varphi\rho\sin\theta - \alpha T + \varepsilon_s)\rho d\rho d\theta = P_1 \tag{8-20}$$

$$2\int_0^m \int_r^R E_T(\varepsilon_0^{T_1} + \varphi\rho\sin\theta - \alpha T)\rho\sin\theta\rho d\rho d\theta +$$

$$2\int_m^{\pi/2} \int_r^R f_y^{T_1} + E_T'(\varepsilon_0^{T_1} + \varphi\rho\sin\theta - \alpha T - \varepsilon_s)\rho\sin\theta\rho d\rho d\theta +$$

$$2\int_n^0 \int_r^R E_T(\varepsilon_0^{T_1} + \varphi\rho\sin\theta - \alpha T)\rho\sin\theta\rho d\rho d\theta +$$

$$2\int_{-\pi/2}^m \int_r^R f_y^{T_1} + E_T'(\varepsilon_0^{T_1} + \varphi\rho\sin\theta - \alpha T + \varepsilon_s)\rho\sin\theta\rho d\rho d\theta = P_1 b_1 \tag{8-21}$$

将式（8-20）和式（8-21）展开为如下积分方程：

$$E_T\left[\frac{m}{2}(\varepsilon_0^{T_1} - \alpha\Delta T)(R^2 - r^2) + \frac{1}{3}\varphi(R^3 - r^3)(1 - \cos m)\right] + \frac{1}{2}f_y^{T_1}(R^2 - r^2)(\frac{\pi}{2} - m) +$$

$$E_T'\left[(\frac{\pi}{4} - \frac{m}{2})(\varepsilon_0^{T_1} - \alpha\Delta T - \varepsilon_s)(R^2 - r^2) + \frac{1}{3}\varphi(R^3 - r^3)\cos m\right] +$$

$$E_T\left[-\frac{n}{2}(\varepsilon_0^{T_1} - \alpha\Delta T)(R^2 - r^2) + \frac{1}{3}\varphi(R^3 - r^3)(\cos n - 1)\right] - \frac{1}{2}f_y^{T_1}(R^2 - r^2)(\frac{\pi}{2} + n) +$$

$$E_T'\left[(\frac{\pi}{4} + \frac{n}{2})(\varepsilon_0^{T_1} - \alpha\Delta T + \varepsilon_s)(R^2 - r^2) + \frac{1}{3}\varphi(R^3 - r^3)(-\cos n)\right] = \frac{1}{2}P_1 \tag{8-22}$$

$$E_T\left[\frac{1}{3}(\varepsilon_0^{T_1}-\alpha\Delta T)(R^3-r^3)(1-\cos m)+\frac{1}{4}\varphi(R^4-r^4)\left(\frac{m}{2}-\frac{1}{4}\sin 2m\right)\right]+$$

$$E_T'\left[(\varepsilon_0^{T_1}-\alpha\Delta T-\varepsilon_s)(R^3-r^3)\cos m+\varphi(R^4-r^4)\left(\frac{\pi}{4}-\frac{m}{2}+\frac{1}{4}\sin 2m\right)\right]+$$

$$E_T\left[\frac{1}{3}(\varepsilon_0^{T_1}-\alpha\Delta T)(R^3-r^3)(\cos n-1)+\frac{1}{4}\varphi(R^4-r^4)\left(-\frac{n}{2}+\frac{1}{4}\sin 2n\right)\right]+$$

$$\frac{1}{3}(-f_y^{T_1})(R^3-r^3)(-\cos n)+\frac{1}{3}f_y^{T_1}(R^3-r^3)\cos m+$$

$$E_T'\left[(\varepsilon_0^{T_1}-\alpha\Delta T+\varepsilon_s)(R^3-r^3)(-\cos n)+\varphi(R^4-r^4)\left(\frac{\pi}{4}+\frac{n}{2}-\frac{1}{4}\sin 2n\right)\right]=\frac{1}{2}P_1b_1 \qquad (8\text{-}23)$$

需要说明的是,式(8-20)和式(8-21)为简化计算的表达方程,认为 x-x' 之间为截面的屈服区域,实际情况应为 y-y' 之间为屈服区域,两者有一定的差别,如图 8-18 所示。但考虑到一般圆钢管的径厚比较大,上述简化的误差较小,式(8-20)和式(8-21)不仅可以满足计算精度要求,并且可以大大简化计算。

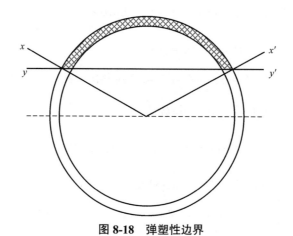

图 8-18 弹塑性边界

3. 降温中

降温过程相当于卸载的过程。随着温度的降低,一部分横向变形会有所恢复,横向变形变小。假定卸载过程按照弹性卸载进行,但由于不同温度下的弹性模量不同,刚度不同,因此在卸载时应考虑刚度随温度的变化:

$$K=K(T_1,T_2,T_3,T_4,\cdots) \qquad (8\text{-}24)$$

8.2.3.2　轴向约束圆钢管火灾全过程有限元分析

利用 8.2.2 节经试验验证的有限元分析模型对受约束轴心受压圆钢管火灾全过程进行分析。计算模型的选取见表 8-5。初始荷载 $F=\alpha_1 F_{\max}$,其中 $F_{\max}$ 为杆件的极限承载力,α_1 为轴压比,并选取参数 α_1 为 0.4;轴向约束刚度 $k=\alpha_2 EA/l$,其中 α_2 为轴向约束刚度比,并取参数 α_2 为 0.1 和 0.5;长细比分别取为 96.5 和 57.9;选取圆钢管材料为 Q345。

表 8-5　有限元计算模型

模型	截面(mm)	长度(mm)	长细比	轴向约束刚度比	轴压比
模型一	P125×8	4 000	96.5	0.1	0.4
模型二	P125×8	4 000	96.5	0.5	0.4
模型三	P125×8	2 400	57.9	0.1	0.4

　　利用有限元分析模型进行受压杆件在高温作用下的屈曲分析时,若采用静力分析常常会有不收敛的情况,这是因为结构在发生屈曲的过程中可能伴随着一定的动力效应。为了解决收敛问题,可以采用拟静力分析方法,引入取值为 2×10^{-7} 的能量耗散系数。为了进一步研究动力效应的影响,并验证拟静力方法的准确性,利用显式动态分析方法做比对分析。其中,显式动态分析方法中,初始竖向荷载的加载曲线及升温曲线如图 8-19 所示。

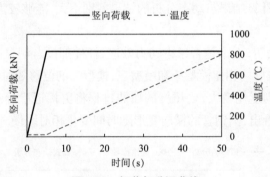

图 8-19　加荷与升温曲线

　　以模型一为例,受压杆在温度升至 800 ℃后,拟静力分析结果如图 8-20 所示。

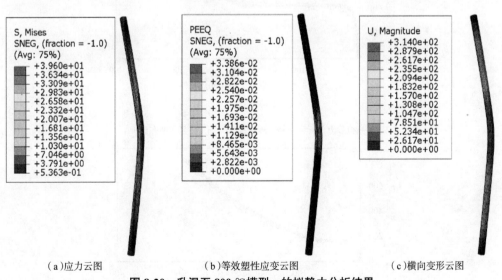

(a)应力云图　　　　　　(b)等效塑性应变云图　　　　　　(c)横向变形云图

图 8-20　升温至 800 ℃模型一的拟静力分析结果

　　分析结果表明,受压杆在高温作用下发生明显的屈曲行为,杆件 1/2 高度处单元的应力达到 800 ℃温度下的极限应力,并且产生较大的塑性应变;凹侧产生明显的压应变,凸侧产生明显的拉应变,这与理论分析的假设相一致;受压杆产生很大的横向变形,杆件 1/2 高度处最大横向变形达到 314 mm,约为 $L/13$。

图 8-21 和图 8-22 分别给出了理论推导方法、拟静力有限元分析方法与显式动态分析方法的计算结果。可以看出,理论推导所得结果与有限元分析结果吻合较好。图 8-21(a)、图 8-22(c)中的温度-横向变形曲线表明,显式动态分析在屈曲前的位移响应与拟静力分析结果基本一致,但显式动态分析方法得到的受压圆钢管屈曲过程中的最大位移大于拟静力分析方法得到的最大位移,这是因为拟静力分析和理论推导方法没有考虑受压杆屈曲过程中惯性力效应的影响。当受压圆钢管达到屈曲温度后,产生很大的横向变形,出现明显的屈曲平台。这个过程可以使用构件屈曲过程横向变形随时间的变化曲线表示,如图 8-23 所示。在非常短的时间里,横向变形急速增大,表现出较为明显的动力效应。理论推导方法虽然不涉及动力效应,但计算结果与动态分析的结果差别不大,能够较为准确地描述受压杆屈曲后的力学响应。

图 8-21(b)曲线表明,无论是否考虑动力效应,杆件都没有明显的屈曲平台,屈曲前与屈曲后分析结果吻合较好。相比模型一和模型三,模型二的位移随时间变化明显更缓慢,说明随着轴向弹性约束刚度比变大,受压杆的屈曲过程将更接近于静态屈曲,动力效应不明显。从图 8-23 也可以看出,圆钢管的横向变形随时间变化相对缓慢。

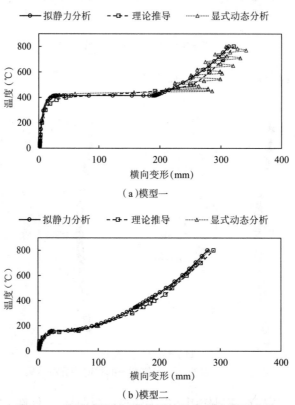

（a）模型一

（b）模型二

图 8-21　升温过程中不同模型的温度-横向变形曲线

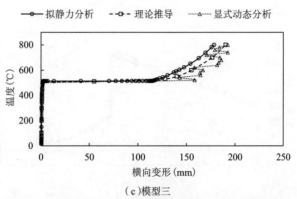

（c）模型三

图 8-21　升温过程中不同模型的温度-横向变形曲线（续）

图 8-22（a）和图 8-22（c）所示的受压杆达到屈曲温度后轴力迅速减小。这是因为杆件横向变形迅速增大，受压杆顶端产生较大的向下位移，弹簧产生向上的反作用力，杆端轴力迅速减小。受压圆钢管屈曲后轴力随温度的升高逐渐减小，至 800 ℃时，几乎完全丧失承载能力。图 8-22（b）所示的杆件达到屈曲温度后轴力下降比较缓慢，至 400 ℃时仍能承担 200 kN 的轴向荷载，屈曲后性能较好。

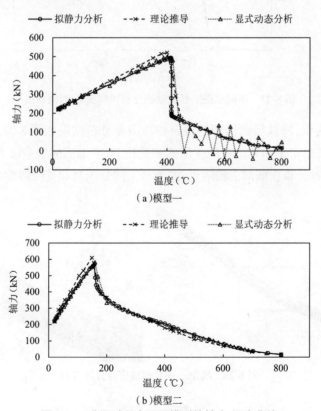

（a）模型一

（b）模型二

图 8-22　升温过程中不同模型的轴力-温度曲线

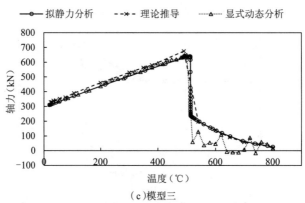

（c）模型三

图 8-22　升温过程中不同模型的轴力-温度曲线（续）

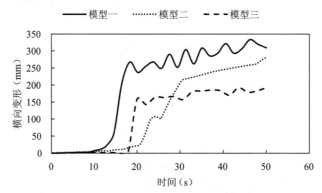

图 8-23　不同模型的显式动态分析横向变形-时间曲线

　　仍以模型一为例,降温后圆钢管的残余塑性应变分析结果如图 8-24 所示,残余塑性应变较大的区域主要集中于曲率最大的受压侧和受拉侧;降温后的残余应力分布如图 8-25 所示,应力较大的位置分布在截面主轴附近,曲率最大的受压侧和受拉侧残余应力较小。

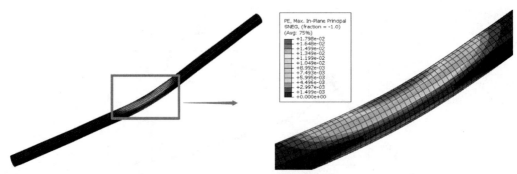

图 8-24　模型一残余塑性应变分布云图

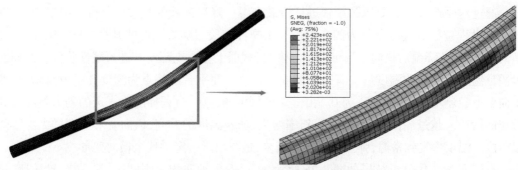

图 8-25　模型一残余应力分布云图

将经历 800 ℃过火温度的杆件降温冷却,杆件 1/2 高度处的残余横向变形见表 8-6。由表可知,按照弹性卸载假设计算的残余横向变形与有限元分析结果基本吻合。

表 8-6　降温后残余横向变形结果

模型	显式动态分析(mm)	拟静力分析(mm)	理论推导(mm)
模型一	269	268	292
模型二	228	225	241
模型三	161	159	177

本小节提出的火灾下及火灾后受压圆钢管的理论计算方法,考虑了轴向温度膨胀、轴向约束刚度以及弹塑性应变等因素的影响。综合以上分析结果可知,理论模型计算结果与有限元分析结果吻合较好,提出的理论计算模型在具有不同长细比、不同轴向约束刚度比的杆件上具有一定适用性。

8.2.3.3　影响高温后轴心受压圆钢管残余横向变形的主要因素

影响火灾后圆钢管残余横向变形的主要因素有长细比 λ、轴向约束刚度比 α_2、过火温度 T 和轴压比 α_1。为了方便计算,杆件长度统一取为 3 000 mm,不同长细比构件选为不同截面,材料为 Q345 钢材,初弯曲为 $L/1\ 000$。利用 ABAQUS 有限元软件计算杆件的极限承载力 F_{max},并与按柱子曲线计算的稳定承载力对比,对比结果见表 8-7。长细比较小时,有限元计算结果略大;长细比较大时,两者计算结果基本相同。为研究不同参数对圆钢管火灾后残余横向变形的影响,进行了大量的参数分析。

表 8-7　有限元分析构件参数

截面(mm)	长细比	EA/L(N/mm)	极限承载力(kN)	按柱子曲线计算的稳定承载力(kN)
P146×5	60	152 097	655	631
P114×8	80	182 935	630	608
P89×4	100	73 336	181	179
P76×5.5	120	83 636	150	152
P60×3.5	150	42 642	50	51

注:EA/L—轴向刚度。

通过对受约束轴心受压圆钢管进行恒载升温—降温卸载的全过程分析可以发现,圆钢管的全过程位移响应可以分为四个阶段。①弹性阶段。随着温度的升高,杆件 1/2 高度处横向变形增大,降温后横向变形可以全部恢复,截面上任一点都没有进入塑性阶段。②屈曲阶段。温度达到屈曲温度后会有一段屈曲平台。屈曲平台的特点为温度几乎没有增长,但横向变形急剧增大,斜率几乎为 0。由上文分析可知,这一过程伴随着一定的动力效应。③后屈曲阶段。越过屈曲平台后,曲线斜率增大,随着温度的升高,横向变形逐渐增大。④降温阶段。温度恢复到常温,弹性变形逐渐恢复,最终出现一定的残余横向变形。

有限元参数化分析结果如图 8-26 所示,可以看出轴向约束刚度比、长细比、轴压比、过火温度等对圆钢管火灾过程中的屈曲行为都有明显的影响。在其他参数相同的情况下,长细比越大,屈曲温度越低,相同温度下屈曲后横向变形越大;轴压比越大,屈曲温度越低,相同温度下屈曲后横向变形越大;轴向约束刚度比越大,屈曲温度越低,屈曲后的横向变形可能增大也可能减小。

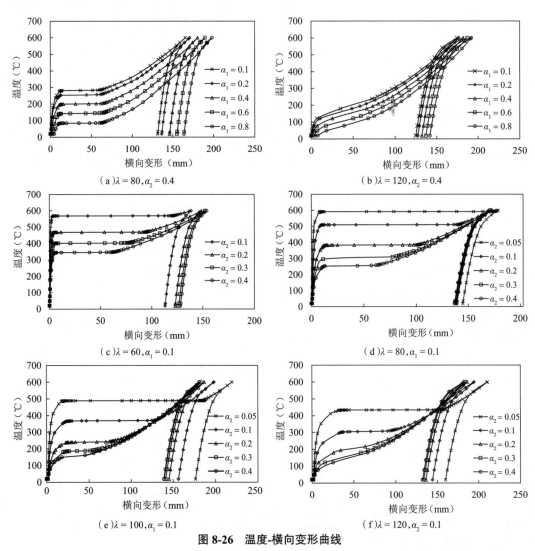

图 8-26　温度-横向变形曲线

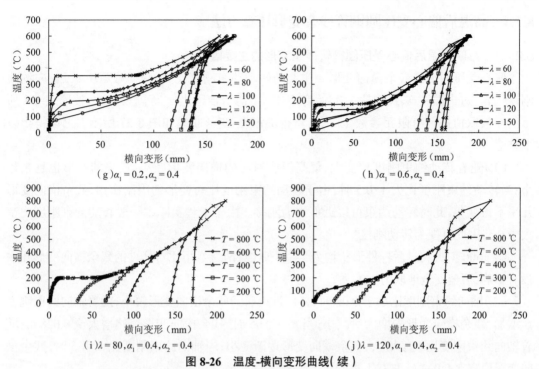

（g）$\alpha_1=0.2,\alpha_2=0.4$

（h）$\alpha_1=0.6,\alpha_2=0.4$

（i）$\lambda=80,\alpha_1=0.4,\alpha_2=0.4$

（j）$\lambda=120,\alpha_1=0.4,\alpha_2=0.4$

图 8-26　温度-横向变形曲线（续）

8.2.3.4　高温后圆钢管残余横向变形实用计算公式

火灾后轴心受压构件的残余横向变形 ω 关于 α_1、α_2、T、λ 四个变量的函数表达式可以表示如下：

$$\omega=f(\alpha_1,\alpha_2,\lambda,T) \tag{8-25}$$

经计算发现，一般双层柱面网壳结构构件的轴向约束刚度比与杆件类型有关，沿跨度方向的上弦杆的轴向约束刚度比一般在 0.1~0.2；下弦杆的轴向约束刚度比一般在 0.2~0.28；腹杆和沿纵向的弦杆的轴向约束刚度比一般在 0.3~0.4。轴向约束刚度比大致的分布区间为 0.1~0.4。经上文分析可知，轴向约束刚度比在 0.1~0.4，对残余横向变形影响不大，精确计算每根杆件的轴向约束刚度比的意义不大。因此，为简化计算轴向约束刚度比，可取 0.15、0.25 和 0.35 作为三个特征值。

以 Q345 钢材为例，圆钢管高温后残余横向变形实用计算公式如下

$$\omega=f_1(\alpha_1)f_2(\lambda)f_3(T) \tag{8-26}$$

当 $\alpha_2=0.15$ 时，有

$$\omega=\left(9.557-11.559e^{-T/467.075}\right)\left(-10.171+12.957e^{-\lambda/1669.17}\right)\left(5.049+14.414\alpha_1\right) \tag{8-27}$$

当 $\alpha_2=0.25$ 时，有

$$\omega=\left(2.496-3.193e^{-T/300.96}\right)\left(-38.112+40.570e^{-\lambda/5267.1}\right)\left(18.532+42.601\alpha_1\right) \tag{8-28}$$

当 $\alpha_2=0.35$ 时，有

$$\omega=\left(13.547-18.920e^{-T/231.424}\right)\left(-7.125+7.838e^{-\lambda/3622.76}\right)\left(13.384+15.488\alpha_1\right) \tag{8-29}$$

8.2.4 高温后偏心受压圆钢管残余变形计算方法

8.2.4.1 影响高温后偏心受压圆钢管残余变形的主要因素

偏心受压圆钢管残余横向变形 ω 主要与转动约束刚度比 β_r、两端弯矩比 α_M、轴向约束刚度比 β_l、过火温度 T、长细比 λ、初始弯矩比 ρ_M、初始轴压比 ρ_l 等因素有关,按照表 8-8 所示的参数取值进行有限元参数化分析,所得的温度-变形曲线如图 8-27 所示。可以得出以下结论。

(1)随着转动约束刚度比变大,最高温度对应的横向变形减小,最终的变形也越来越小;当转动约束刚度比大于 0.5 时,由于转动约束刚度比对变形的限制作用,残余横向变形几乎不再变化,此时转动约束可以近似视为刚接。由于工程实际中一般转动约束刚度比都大于 0.5,因此可视为转动刚接。

(2)600 ℃火灾过后杆件形状均为半个正弦波,两端弯矩比对杆件的残余横向变形几乎没有影响,可偏安全地取为 1.0。

(3)轴向约束刚度比小于 0.05 时,杆件过火后的残余横向变形较小;随着轴向约束刚度比增加,残余横向变形先增大后减小;当 $\beta_l = 0.05$ 时,残余横向变形突然增大至 0.028 m;随着轴向约束刚度比继续增大,残余横向变形逐渐变小;当轴向约束刚度比大于 5 时,残余横向变形稳定在 0.033 m 左右不再变化。

(4)长细比越大,残余横向变形越大,但随着长细比增加,残余横向变形增长幅度减小。

(5)初始弯矩比越大,残余横向变形越大。

(6)初始轴压比越大,残余横向变形越大。

表 8-8 参数化分析模型

变化的参数	参数取值	固定的参数
转动约束刚度比 β_r	0.01、0.05、0.1、0.5	$\beta_l = 0.2; \lambda = 60; T = 600$ ℃
	1.0、5.0、10、刚接	$\rho_l = 0.2; \alpha_M = 1.0; \rho_M = 0.2$
两端弯矩比 α_M	-1、-0.5、0、0.5、1	$\beta_l = 0.2; \beta_r = 刚接; T = 600$ ℃
		$\rho_l = 0.2; \rho_M = 0.2; \lambda = 60$
轴向约束刚度比 β_l	0.001、0.005、0.01、0.05	$\lambda = 60; \beta_r = 刚接; T = 600$ ℃
	0.1、0.2、0.5、1.0、5.0	$\rho_l = 0.2; \alpha_M = 1.0; \rho_M = 0.2$
过火温度 T(℃)	200、300、400、500	$\beta_l = 0.2; \beta_r = 刚接; \lambda = 60$
	600、700、800	$\rho_l = 0.2; \alpha_M = 1.0; \rho_M = 0.2$
长细比 λ	30、60、90、120	$\beta_l = 0.2; \beta_r = 刚接; T = 600$ ℃
		$\rho_l = 0.2; \alpha_M = 1.0; \rho_M = 0.2$
初始弯矩比 ρ_M	0.1、0.2、0.3、0.4	$\beta_l = 0.2; \beta_r = 刚接; T = 600$ ℃
	0.5、0.6、0.7、0.8	$\rho_l = 0.2; \rho_M = 0.2; \lambda = 60$
初始轴压比 ρ_l	-0.4、-0.3、-0.2、-0.1	$\beta_l = 0.2; \beta_r = 刚接; T = 600$ ℃
	0.1、0.2、0.3、0.4、0.5	$\lambda = 60; \alpha_M = 1.0; \rho_M = 0.2$

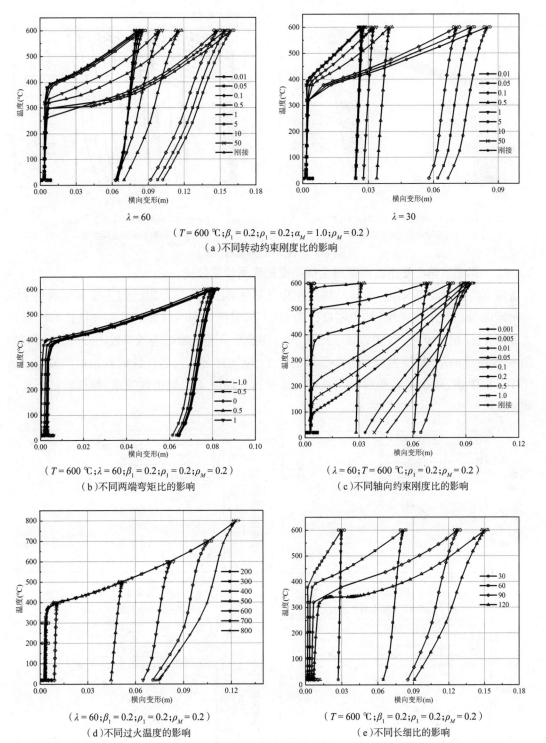

$\lambda = 60$

$\lambda = 30$

$(T = 600\ ℃ ; \beta_1 = 0.2 ; \rho_1 = 0.2 ; \alpha_M = 1.0 ; \rho_M = 0.2)$

（a）不同转动约束刚度比的影响

$(T = 600\ ℃ ; \lambda = 60 ; \beta_1 = 0.2 ; \rho_1 = 0.2 ; \rho_M = 0.2)$

（b）不同两端弯矩比的影响

$(\lambda = 60 ; T = 600\ ℃ ; \rho_1 = 0.2 ; \rho_M = 0.2)$

（c）不同轴向约束刚度比的影响

$(\lambda = 60 ; \beta_1 = 0.2 ; \rho_1 = 0.2 ; \rho_M = 0.2)$

（d）不同过火温度的影响

$(T = 600\ ℃ ; \beta_1 = 0.2 ; \rho_1 = 0.2 ; \rho_M = 0.2)$

（e）不同长细比的影响

图 8-27　温度-变形曲线

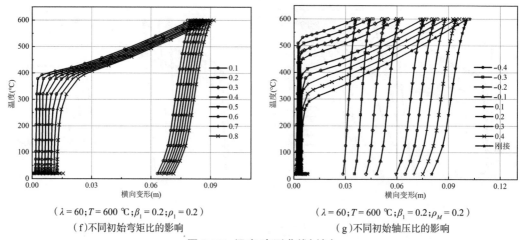

$(\lambda = 60; T = 600\ ^\circ\!C; \beta_1 = 0.2; \rho_1 = 0.2)$

（f）不同初始弯矩比的影响

$(\lambda = 60; T = 600\ ^\circ\!C; \beta_1 = 0.2; \rho_M = 0.2)$

（g）不同初始轴压比的影响

图 8-27　温度-变形曲线（续）

8.2.4.2　高温后偏心受压圆钢管残余横向变形实用计算公式

依据参数化分析结论，将转动约束刚度比视为刚接，两端弯矩比偏于安全地取为 1.0。在一定的轴向约束刚度比（约束刚度比为 0.2）下，对杆件影响较大的参数包括长细比 λ、过火温度 T、初始弯矩比 ρ_M、初始轴压比 ρ_1 等。按照单一变量原则进行参数回归分析，得到如图 8-28 所示的结果，横坐标是各个参数的水平，纵坐标是火灾后杆件的残余横向变形。从图中可以看出，残余横向变形 ω 与长细比 λ 和过火温度 T 均呈指数关系，与初始轴压比 ρ_1 和初始弯矩比 ρ_M 均呈线性关系。

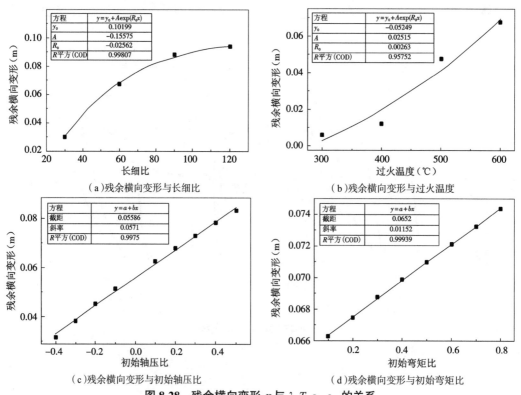

图 8-28　残余横向变形 ω 与 λ、T、ρ_1、ρ_M 的关系

得到火灾后偏心受压圆钢管残余横向变形的计算公式如下。

当轴向约束刚度比为 0.3 时,有

$$\omega = u_{\lambda} u_T u_{\rho_1} u_{\rho_M}$$

其中,

$$\begin{cases} u_{\lambda} = -1.220\,9e^{-0.015\,8\lambda} + 0.977\,8 \\ u_T = 0.404\,4e^{3.136\,5\times10^{-7}T} - 0.404\,4 \\ u_{\rho_1} = 46.897\,3\rho_1 + 61.475\,1 \\ u_{\rho_M} = 3.297\,5\rho_M + 17.130\,8 \end{cases} \quad (8\text{-}30)$$

当轴向约束刚度比为 1.5 时,有

$$\omega = u_{\lambda} u_T u_{\rho_1} u_{\rho_M}$$

其中,

$$\begin{cases} u_{\lambda} = -0.571\,3e^{-0.008\,2\lambda} + 0.544\,4 \\ u_T = 0.475\,5e^{1.868\,3\times10^{-7}T} - 0.475\,5 \\ u_{\rho_1} = 10.872\,3\rho_1 + 49.564\,0 \\ u_{\rho_M} = 9.246\,5\rho_M + 45.041\,0 \end{cases} \quad (8\text{-}31)$$

8.3　高温后钢管构件承载力试验及有限元分析

8.3.1　高温后轴心受压钢管构件承载力试验

8.3.1.1　试件设计

选用 Q235B 和 Q345B 两种常用钢材,60、80 和 100 等三种长细比,$\phi60\times3.5$ 和 $\phi89\times4$ 两种钢管规格,共设计加工 8 组试件,试件参数见表 8-9。每组 4 根试件,分别进行 600 ℃、800 ℃和 1 000 ℃高温后以及未经热处理钢管的轴压试验研究。以"材质-截面-长细比-过火温度"对各组试件进行命名,如 Q235-89-60-1000 中 Q235 表示材料为 Q235 钢,89 表示截面尺寸为 $\phi89\times4$,60 表示长细比为 60,1000 表示试件经过 1 000 ℃高温处理,未经高温处理的试件用 20 表示。

表 8-9　试件设计参数

构件编号	材料	截面(mm)	长度(mm)	长细比
Q235-60-60	Q235B	$\phi60\times3.5$	1 200	60
Q235-60-80	Q235B	$\phi60\times3.5$	1 600	80
Q235-60-100	Q235B	$\phi60\times3.5$	2 000	100
Q235-89-60	Q235B	$\phi89\times4$	1 800	60
Q345-60-60	Q345B	$\phi60\times3.5$	1 200	60
Q345-60-80	Q345B	$\phi60\times3.5$	1 600	80
Q345-60-100	Q345B	$\phi60\times3.5$	2 000	100
Q345-89-60	Q345B	$\phi89\times4$	1 800	60

8.3.1.2 试验装置

采用 ISO 834 标准升温曲线对试件进行高温处理,模拟实际火灾高温,高温炉如图 8-29 (a)所示;设置 600 ℃、800 ℃和 1 000 ℃三种目标温度,将各试件升温至目标温度且持温 30 min,之后自然冷却至室温。在试件上布置热电偶,采集高温处理过程中的温度变化,如图 8-29(b)所示。

（a）高温炉 　　　　　　　　　　　　　（b）钢管试件上的热电偶位置

图 8-29　高温处理装置及试件

从经过高温处理的钢管试件上截取材料,根据规范《金属材料 拉伸试验 第 1 部分:室温试验方法》(GB/T 228.1—2010)加工成标准试件,进行单向静力拉伸试验。通过材性试验得到试件材料未高温处理和高温处理后的弹性模量 E_s、屈服强度 f_y 和抗拉强度 f_u。

采用 NYL-500 型 5 000 kN 长柱油压压力试验机进行轴压加载,构件两端设置销轴,模拟铰接约束;在销轴支座上端布置量程为 500 kN 的压力传感器,试验装置如图 8-30 所示。

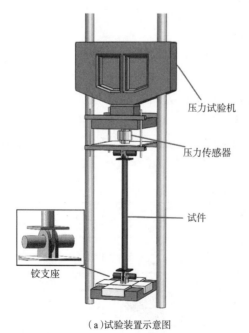

压力试验机

压力传感器

试件

铰支座

（a）试验装置示意图 　　　　　　　　　　　　（b）试验装置图

图 8-30　试验装置

应变和位移测点布置如图 8-31 所示。在构件四分点沿截面各布置 4 个单向应变片,共计 12 个(S1~S12),用以测量截面各点轴向应变;在构件顶端和底端布置位移计(VL1~VL2),用以测量构件的轴向位移;在构件跨中沿自由向(HL1)和约束向(HL2)分别布置拉线式位移计,用以测量构件跨中的侧向位移。

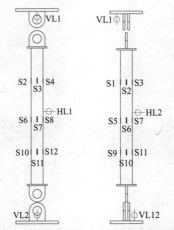

注:—表示单向应变片,○—表示位移传感器

图 8-31　轴压试验测点布置示意图

8.3.1.3　试验结果

高温处理过程中,试件的温度-时间曲线如图 8-32 所示。高温处理后,试件均发生不同程度的残余变形,高温后的试件如图 8-33 所示。测量试件跨中残余变形,计算残余变形系数 $\delta = \Delta/L_0$,其中 Δ 为试件残余变形值,L_0 为试件计算长度。残余变形系数 δ 随热处理温度的变化如图 8-34 所示。随过火温度的升高,δ 呈增大趋势,当温度超过 800 ℃时,δ 显著增大;长细比相同、截面不同的试件,经历相同高温处理后的 δ 值基本相同;截面相同、长细比不同的试件,经历相同高温处理后的 δ 值随长细比增大而增大。

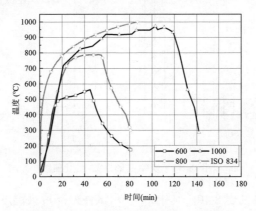

图 8-32　试件高温处理温度-时间曲线

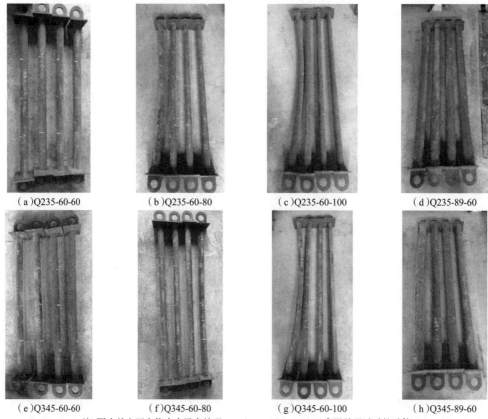

（a）Q235-60-60　　（b）Q235-60-80　　（c）Q235-60-100　　（d）Q235-89-60

（e）Q345-60-60　　（f）Q345-60-80　　（g）Q345-60-100　　（h）Q345-89-60

注：图中从左至右依次表示未处理、600 ℃、800 ℃、1 000 ℃高温处理过后的试件

图 8-33　高温处理后的试件

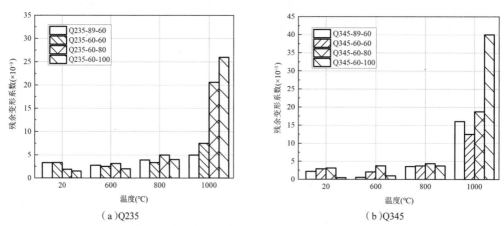

（a）Q235　　　　　　　　　　　　（b）Q345

图 8-34　残余变形系数-温度曲线

　　试件材性试验结果见表 8-10。其中，T 表示试件最高过火温度，E_s 表示弹性模量，f_y 表示屈服强度，f_u 表示抗拉强度，η_{E_s}、η_{f_y} 及 η_{f_u} 分别表示弹性模量、屈服强度及抗拉强度的高温后退化系数。所得试验结果与第 2 章表 2-9、表 2-10、表 2-12 给出的预测公式对比如图 8-35 所示，可以看出预测公式与试验结果拟合较好。

表 8-10　材性试验结果

材料编号	$T(℃)$	$E_s(GPa)$	η_{E_s}	$f_y(MPa)$	η_{f_y}	$f_u(MPa)$	η_{f_u}
Q235-60	20	200	1.000	438	1.000	579	1.000
	600	192	0.960	436	0.995	572	0.988
	800	208	1.040	387	0.884	524	0.905
	1 000	185	0.925	364	0.831	508	0.877
Q235-89	20	205	1.000	383	1.000	526	1.000
	600	204	0.995	382	0.997	515	0.979
	800	190	0.927	326	0.851	483	0.918
	1 000	180	0.878	325	0.848	476	0.905
Q345-60	20	195	1.000	444	1.000	582	1.000
	600	190	0.974	457	1.029	589	1.012
	800	162	0.831	391	0.881	528	0.907
	1 000	174	0.892	333	0.750	489	0.840
Q345-89	20	194	1.000	408	1.000	505	1.000
	600	189	0.974	402	0.985	504	0.998
	800	184	0.948	318	0.779	499	0.988
	1 000	176	0.907	276	0.676	466	0.923

8 组 32 根试件均发生整体侧向失稳,失稳方向与试件残余变形方向呈现明显相关性,典型试件 Q345-60-80 的失稳模式如图 8-36 所示。表 8-11 给出了各试件稳定承载力试验值 N_{crE},N_{crE} 随各参数的变化如图 8-37 所示。试验结果表明,经 600 ℃高温处理后同组试件的 N_{crE} 较未经热处理的变化不大;经 800 ℃高温处理后试件的 N_{crE} 较未经热处理的有所下降;经 1 000 ℃高温处理后试件的 N_{crE} 较未经热处理的有显著下降;材料和截面尺寸相同的试件,经相同的高温处理后,N_{crE} 随长细比的增大而减小;材料和长细比相同,截面尺寸不同的试件,经相同的高温处理后,截面尺寸较大的 N_{crE} 较高。

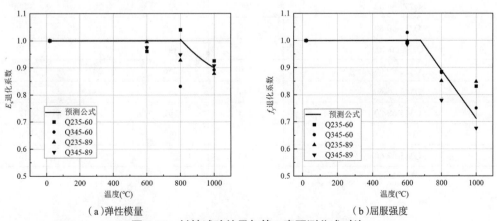

（a）弹性模量　　　　　　　　　　　（b）屈服强度

图 8-35　材性试验结果与第 2 章预测公式对比

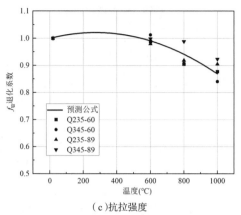

（c）抗拉强度

图 8-35　材性试验结果与第 2 章预测公式对比（续）

（a）20 ℃　　　　（b）600 ℃　　　　（c）800 ℃　　　　（d）1 000 ℃

图 8-36　Q345-60-80 破坏前后对比图

表 8-11　稳定承载力试验结果 N_{crE}

组别	处理温度（℃）			
	20	600	800	1 000
Q235-60-60	192	227	205	128
Q235-60-80	159	162	167	69
Q235-60-100	134	141	95	38
Q235-89-60	270	256	247	175
Q345-60-60	244	253	234	92
Q345-60-80	209	197	203	111
Q345-60-100	153	154	113	36
Q345-89-60	280	278	269	187

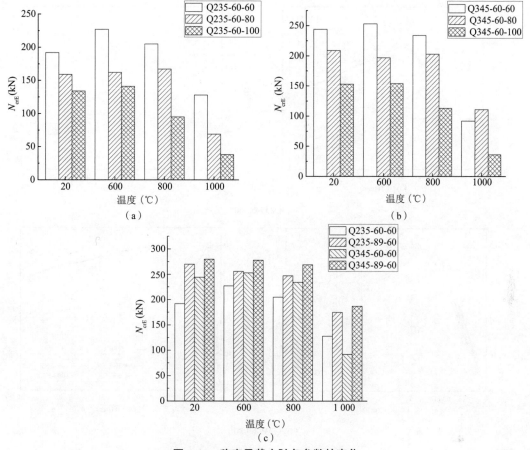

图 8-37　稳定承载力随各参数的变化

各组试件的荷载-位移曲线如图 8-38 所示。由于传感器故障,部分试件在试验中未能采集到位移变化,故未给出荷载-位移曲线。所有试件的荷载-轴向位移曲线呈相同的变化趋势,在达到稳定承载力之前,曲线斜率基本不变,当达到稳定承载力后,曲线斜率变为负值,试件发生整体侧向失稳。经 600 ℃高温处理试件的荷载-轴向位移曲线与未经热处理试件的荷载-轴向位移曲线基本重合,表明 600 ℃以下高温后钢管构件的稳定承载力基本无弱化;当过火温度高于 600 ℃时,随着过火温度升高,高温后试件的初始刚度减小。荷载-横向位移曲线受试件的初始缺陷及残余变形影响较大,残余变形越大,跨中位移随荷载增加的速率越大。

图 8-39 所示为 Q235-60-60 组试件的荷载-应变曲线。由于试件存在初始缺陷和残余变形,各测点应变随荷载增加发生不同步的变化,残余变形越大,各测点应变变化差异越大。在达到稳定承载力之前,压应变不断增加,达到稳定承载力时,跨中截面发生屈服,各测点应变值突然增大,部分测点出现拉应变,其余截面大部分仍在弹性范围之内。

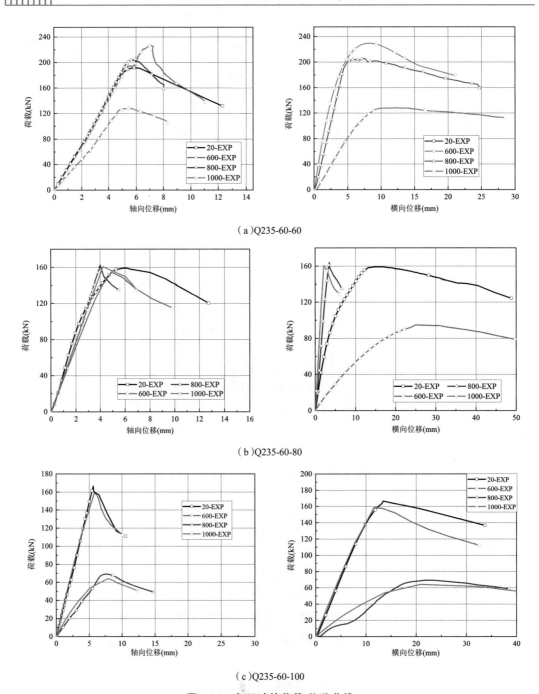

（a）Q235-60-60

（b）Q235-60-80

（c）Q235-60-100

图 8-38　各组试件荷载-位移曲线

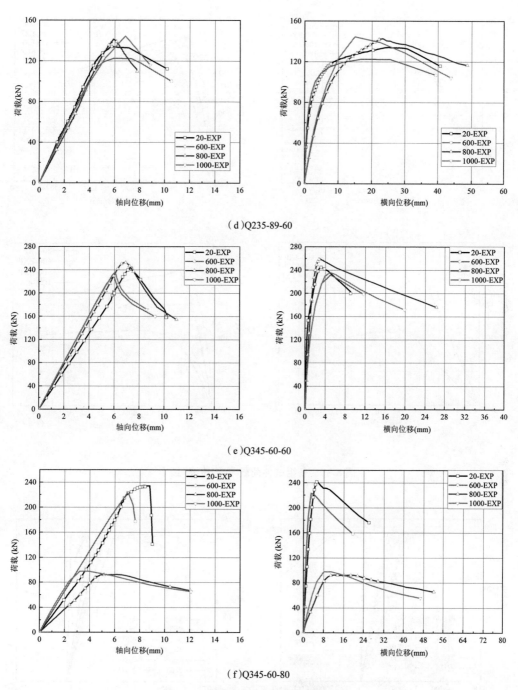

（d）Q235-89-60

（e）Q345-60-60

（f）Q345-60-80

图 8-38　各组试件荷载-位移曲线（续）

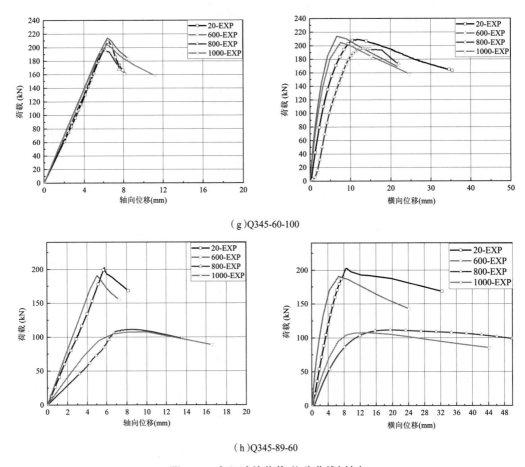

（g）Q345-60-100

（h）Q345-89-60

图 8-38 各组试件荷载-位移曲线（续）

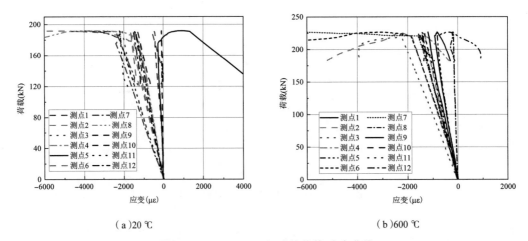

（a）20 ℃ (b)600 ℃

图 8-39 Q235-60-60 组试件荷载-应变曲线

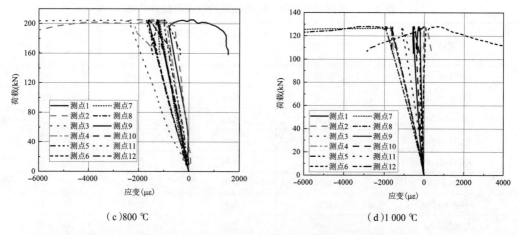

（c）800 ℃　　　　　　　　　　（d）1 000 ℃

图 8-39　Q235-60-60 组试件荷载-应变曲线（续）

8.3.2　高温后轴心受压钢管构件承载力数值分析

8.3.2.1　模型验证

利用 ABAQUS 有限元软件建立高温后钢管构件轴压性能数值分析模型，并进行非线性稳定分析。钢材密度取 7 800 kg/m³，本构关系选取理想弹塑性模型，不同过火温度后的弹性模量及屈服强度按照表 8-10 进行取值，泊松比取 0.3。选用广泛应用于大应变分析的 S4R 单元建立钢管模型，网格尺寸设置为 0.02 m × 0.02 m。Q235-60-60-20 试件的有限元模型如图 8-40 所示。将钢管两端分别耦合到参考点，如图 8-41 所示。钢管模型一端为固定铰支座约束，另一端为滑动铰支座约束，通过向参考点施加轴向荷载进行轴压模拟。

参考点

图 8-40　钢管有限元模型　　　　**图 8-41　参考点**

数值分析包括特征值屈曲分析和非线性屈曲分析。以特征值屈曲分析获得的一阶屈曲模态作为初始缺陷模态，以实测残余变形最大值作为最大缺陷值，引入初始缺陷；通过非线性屈曲分析考虑材料非线性和几何非线性，得到试件的破坏形态、稳定承载力和荷载-位移曲线。

与试验破坏形态相似，有限元分析所得的 32 根试件均发生整体侧向失稳。有限元分析得到的试件的稳定承载力见表 8-12。结果表明，有限元分析的结果与试验结果吻合较好，误差在 ±10% 以内，且方差在 0.005 以内。Q235-60-60 试件的荷载-位移曲线的有限元分析结果与试验结果均吻合较好，如图 8-42 所示。

表 8-12　有限元分析得到的各试件的稳定承载力结果

组别	处理温度（℃）			
	20	600	800	1 000
Q235-60-60	0.95	0.91	0.94	0.91
Q235-60-80	0.96	0.98	0.96	0.91
Q235-60-100	0.94	0.92	0.98	1.00
Q235-89-60	0.91	0.99	0.94	0.99
Q345-60-60	0.93	0.92	0.91	0.99
Q345-60-80	0.99	0.99	0.90	0.90
Q345-60-100	0.93	0.91	0.91	1.00
Q345-89-60	0.99	1.00	0.92	0.91
均值	0.95	0.95	0.93	0.95
方差	0.000 8	0.001 7	0.000 8	0.002 2

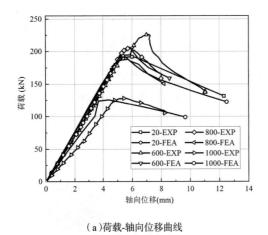

（a）荷载-轴向位移曲线

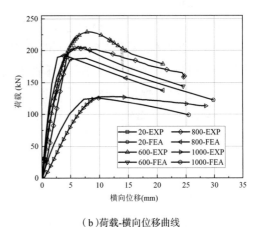

（b）荷载-横向位移曲线

图 8-42　Q235-60-60 试件的荷载-位移曲线有限元分析结果与试验结果对比

8.3.2.2　参数化分析

　　为探究材料、截面形式、长细比、过火温度和高温后残余变形对钢管构件剩余稳定承载力的影响，选择 Q235 和 Q345 等 2 种材料，$\phi60\times3.5$、$\phi89\times4$、$\phi114\times4$、$\phi159\times8$、$\phi159\times10$ 等 5 种工程常用截面形式，30～180 等 16 种长细比建立钢管构件模型，并考虑 600～1 000 ℃ 等 5 种受火温度，$L_0/1\,000$、$L_0/500$、$L_0/200$、$L_0/100$、$L_0/50$ 等 5 级残余变形（L_0 表示构件的计算长度），采取控制单一变量的方法建立有限元模型进行分析计算。其中，不同的材料通过钢材的屈服强度 f_y 进行区别，截面形式通过径厚比 D/t 进行衡量，残余变形则通过残余变形系数 $\delta = \Delta/L_0$ 加以区分。参数化分析模型相关参数见表 8-13。

表 8-13　参数化分析模型相关参数取值

参数	取值	控制变量
$f_y\left(\mathrm{N}/\mathrm{mm}^2\right)$	235、345	235
D/t	15.9、17.1、19.9、22.2、28.5	17.1
λ	30、40、50、60、70、80、90、100、110、120、130、140、150、160、170、180	60
$T(℃)$	600、700、800、900、1 000	1 000
δ	0.001、0.002、0.005、0.01、0.02	0.001

1. 材料的影响

Q235 与 Q345 是空间网格结构工程中常用的两种材料,为探究材料对火灾高温后钢管构件剩余稳定承载力的影响,选取规格相同的构件,分别采用两种材料,经过相同的高温处理,并产生相同的残余变形,建立计算模型进行计算,计算结果见表 8-14。

表 8-14　材料对退化系数 α 的影响

$f_y(\mathrm{N}/\mathrm{mm}^2)$	D/t	λ	$T(℃)$	δ	$N_{cr}(\mathrm{kN})$	$N_{cr,T}(\mathrm{kN})$	α
235	17.1	60	1 000	0.001	134.652	97.980	1.022
345	17.1	60	1 000	0.001	187.972	138.958	1.038

注:表中 α 为高温后钢管构件稳定承载力退化系数,$\alpha=N_{cr,T}/(N_{cr}\times\eta_{f_y,T})$($N_{cr}$ 为常温下的稳定承载力,$N_{cr,T}$ 为高温后的稳定承载力,$\eta_{f_y,T}$ 为高温后屈服强度折减系数)。

可以看出,两种材料构件高温后承载力折减值略有不同,但相差不大,相差在 2% 以内。

2. 截面形式的影响

径厚比可以用来反映构件的截面形式,为探究截面形式对火灾高温后钢管构件剩余稳定承载力的影响,选取 5 种工程常用的截面形式,控制长细比、过火温度和残余变形系数相同,建立模型进行计算,计算结果见表 8-15。

表 8-15　截面形式对退化系数 α 的影响

$f_y(\mathrm{N}/\mathrm{mm}^2)$	截面	D/t	λ	$T(℃)$	δ	$N_{cr}(\mathrm{kN})$	$N_{cr,T}(\mathrm{kN})$	α
235	$\phi60\times3.5$	17.1	60	1 000	0.001	134.652	97.980	1.022
	$\phi89\times4$	22.2				231.956	168.023	1.017
	$\phi114\times4$	28.5				302.783	218.302	1.013
	$\phi159\times8$	19.9				825.363	597.122	1.016
	$\phi159\times10$	15.9				1 060.710	765.191	1.013

可以看出,高温后退化系数随构件径厚比的变化较小,因此可忽略截面形式对火灾高温后钢管构件剩余稳定承载力的影响。

3. 长细比的影响

长细比是影响轴心受压构件稳定承载力最重要的因素之一。为探究长细比对火灾高温后钢管构件剩余稳定承载力的影响,选取同一截面形式的钢管构件,分别计算 30 ~ 180 等 16 种长细比下各构件经 1 000 ℃高温处理后的剩余稳定承载力,计算结果见表8-16。

表 8-16　长细比对退化系数 α 的影响

f_y(N/mm²)	D/t	λ	T(℃)	δ	N_{cr}(kN)	$N_{cr,T}$(kN)	α
		30			147.047	104.891	1.002
		40			144.348	103.182	1.004
		50			140.456	100.903	1.009
		60			134.652	97.980	1.022
		70			126.319	93.569	1.040
		80			116.976	88.571	1.063
		90			103.719	81.388	1.102
235	17.1	100	1 000	0.001	89.138	73.749	1.162
		110			78.867	65.669	1.169
		120			67.544	56.616	1.177
		130			58.801	50.849	1.215
		140			52.158	45.158	1.216
		150			45.276	39.484	1.225
		160			40.778	35.199	1.212
		170			36.322	31.848	1.231
		180			32.514	28.144	1.216

退化系数 α 随长细比的变化如图 8-43 所示。由图可知,随着长细比增大,退化系数 α 值呈增大趋势,当长细比不大于 80 时,退化系数 α 在 1.0 附近波动;当长细比大于 80 且小

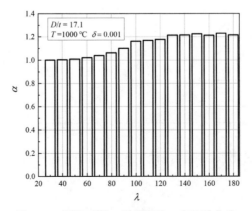

图 8-43　退化系数 α 随长细比 λ 变化的曲线

于或等于 120 时,退化系数 α 在 1.1 附近波动;当长细比大于 120 且小于或等于 180 时,退化系数 α 在 1.2 附近波动。

4. 过火温度的影响

结构发生火灾后,不同位置的钢管构件经历的最高过火温度存在差异。不同的过火温度造成的钢材材料性能退化程度不同,因此需要探究过火温度对火灾高温后钢管构件剩余稳定承载力的影响,计算结果见表 8-17。

表 8-17　过火温度对退化系数 α 的影响

f_y(N/mm²)	D/t	λ	T(℃)	δ	N_{cr}(kN)	$N_{cr,T}$(kN)	α
235	17.1	60	600	0.001	134.652	134.652	1.000
			700		134.652	134.652	1.000
			800		134.652	121.471	1.014
			900		134.652	109.665	1.017
			1 000		134.652	97.980	1.022

由表 8-17 可知,在初始缺陷相同的情况下,经历 700 ℃以下高温处理的构件的稳定承载力不会发生降低。过火温度超过 700 ℃后,钢管构件的稳定承载力明显下降,但退化系数 α 并无明显变化,说明在分析时高温后材料的屈服强度退化系数 $\eta_{f_y,T}$ 已充分考虑到高温对轴心受压构件稳定承载力的影响。

5. 残余变形的影响

经火灾高温后的钢管构件会产生不同程度的残余变形,呈现较为明显的弯曲状态,残余变形对火灾后钢管构件剩余稳定承载力的影响不容忽视。残余变形可通过残余变形系数与构件计算长度的乘积确定,考虑不同残余变形后的钢管构件剩余稳定承载力计算结果见表 8-18。

退化系数 α 随残余变形的变化如图 8-44 所示。可以看出,残余变形对退化系数 α 的影响较大,残余变形越大,退化系数 α 越小,说明火灾高温后较大的残余变形将显著降低构件的稳定承载力。

表 8-18　残余变形对退化系数 α 的影响

f_y(N/mm²)	D/t	λ	T(℃)	δ	N_{cr}(kN)	$N_{cr,T}$(kN)	α
235	17.1	60	1 000	0.001	134.652	97.980	1.022
				0.002	134.652	90.237	0.941
				0.005	134.652	74.692	0.779
				0.01	134.652	59.715	0.623
				0.02	134.652	44.069	0.460

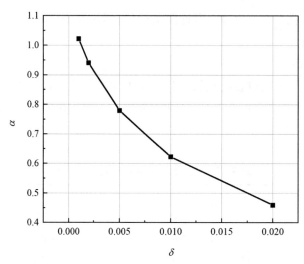

图 8-44　退化系数 α 随残余变形系数 δ 变化的曲线

8.3.3　高温后偏心受压钢管构件承载力数值分析

分析带有不同初始弯曲的偏心受压圆钢管承载能力,得到高温后残余横向变形对圆钢管受力性能的影响。

8.3.3.1　残余横向变形对极限弯矩的影响

对杆件进行线性屈曲分析,按照第一阶屈曲模态为杆件引入不同大小的初始变形,施加 $\rho_1 = 0.1$ 的轴力,然后针对杆件弯矩进行弧长法(riks)分析,得到杆件在不同火灾残余横向变形情况下的极限弯矩(kN·m),见表 8-19。表中"比值"表示不同残余横向变形与 $L/1\,000$ 残余横向变形时极限弯矩的比值,而后者可以通过《钢结构设计标准》(GB 50017—2017)计算得到。

表 8-19　残余横向变形对极限弯矩的影响

残余横向变形	30 长细比		60 长细比		90 长细比		120 长细比	
	极限弯矩	比值	极限弯矩	比值	极限弯矩	比值	极限弯矩	比值
$L/1\,000$	284.64	1.00	41.50	1.00	13.66	1.00	5.52	1.00
$2L/1\,000$	283.90	1.00	41.27	0.99	13.56	0.99	5.47	0.99
$3L/1\,000$	283.11	0.99	41.05	0.99	13.45	0.98	5.43	0.98
$4L/1\,000$	282.22	0.99	40.82	0.98	13.35	0.98	5.39	0.98
$5L/1\,000$	281.14	0.99	40.60	0.98	13.25	0.97	5.35	0.97
$6L/1\,000$	280.91	0.99	40.37	0.97	13.15	0.96	5.31	0.96
$7L/1\,000$	280.15	0.98	40.15	0.97	13.05	0.96	5.27	0.95
$8L/1\,000$	279.40	0.98	39.92	0.96	12.94	0.95	5.23	0.95
$9L/1\,000$	278.64	0.98	39.69	0.94	12.84	0.94	5.19	0.94
$10L/1\,000$	276.45	0.97	39.46	0.95	12.74	0.93	5.15	0.93

可以看出,长细比越大,残余横向变形对弯矩承载能力的影响越大,偏心受压构件多数为短粗杆,影响较小;残余横向变形小于 5L/1000 的杆件,极限弯矩几乎没有削弱,差距最大不超过 3%。因此认为残余横向变形在不超过 5L/1000 时,对杆件的弯矩承载能力没有影响。

8.3.3.2　残余横向变形对极限轴力的影响

由于残余横向变形对弯矩承载能力的影响极小,根据式(8-2)可以将杆件所受弯矩设置为 0,研究残余横向变形对轴心受力杆件承载能力的影响。同样,对杆件轴力进行分析得到杆件在不同火灾残余横向变形下的极限轴力(kN),结果见表 8-20。表中"比值"表示不同残余横向变形与 L/1 000 残余横向变形时极限轴力的比值,而后者可以通过《钢结构设计标准》(GB 50017—2017)计算得到。

表 8-20　残余横向变形对极限轴力的影响

残余横向变形	30 长细比		60 长细比		90 长细比		120 长细比	
	极限轴力	比值	极限轴力	比值	极限轴力	比值	极限轴力	比值
L/1 000	3 227.25	1.00	937.724	1.00	392.704	1.00	146.937	1.00
2L/1 000	3 136.59	0.97	861.261	0.92	345.810	0.88	130.447	0.89
3L/1 000	3 049.71	0.94	801.651	0.85	312.554	0.80	120.890	0.82
4L/1 000	2 969.90	0.92	753.346	0.80	288.718	0.74	109.900	0.75
5L/1 000	2 893.87	0.90	711.866	0.76	269.506	0.69	105.074	0.72
6L/1 000	2 823.26	0.87	676.850	0.72	251.594	0.64	99.233	0.68
7L/1 000	2 755.96	0.85	645.665	0.69	238.839	0.61	94.050	0.64
8L/1 000	2 692.88	0.83	618.629	0.66	227.847	0.58	89.021	0.61
9L/1 000	2 632.75	0.82	593.093	0.63	217.773	0.55	85.718	0.58
10L/1 000	2 575.69	0.80	571.419	0.61	208.489	0.53	82.142	0.56

从表 8-20 可以看出,残余横向变形显著降低了圆钢管的轴心受压承载能力,且对中等长细比杆件的影响较大。

8.4　高温后钢管构件承载力计算方法

8.4.1　轴心受压构件

8.4.1.1　稳定系数折减法

由 8.3.2 节的分析可知,材料类别、长细比、700 ℃以上的过火温度及残余变形是影响火灾高温后钢管构件剩余稳定承载力的主要因素。不同材料类别和不同火灾高温的影响可通过高温后材料屈服强度退化系数 $\eta_{f_y,T}$ 计入高温后钢管构件剩余稳定承载力的计算,因此在计算稳定承载力退化系数 α 时不再计入材料和火灾高温的影响。高温后轴心受压钢管构件的剩余稳定承载力可按下式计算:

$$N_{cr,T} = \alpha \eta_{f_y,T} \varphi A f_y \qquad (8\text{-}32)$$

$$\alpha = \alpha(\lambda) \cdot \alpha(\delta) \qquad (8\text{-}33)$$

$$\alpha(\lambda) = \begin{cases} 1.0 & 30 \leqslant \lambda < 80 \\ 1.1 & 80 \leqslant \lambda < 120 \\ 1.2 & 120 \leqslant \lambda \leqslant 180 \end{cases} \qquad (8\text{-}34)$$

$$\alpha(\delta) = 1.07 - 81.46\delta + 4\,330.64\delta^2 - 91\,658.56\delta^3 \quad 0.001 \leqslant \delta \leqslant 0.02 \qquad (8\text{-}35)$$

$$\begin{cases} \eta_{f_y,T} = 1 & 20\,℃ \leqslant T \leqslant 700\,℃ \\ \eta_{f_y,T} = 1.6 - 8.88 \times 10^{-4} T & 700\,℃ < T \leqslant 1\,000\,℃ \end{cases} \qquad (8\text{-}36)$$

其中，$N_{cr,T}$ 为火灾高温后钢管构件的剩余稳定承载力（N）；φ 为常温下钢管构件的稳定系数，可由《钢结构设计标准》（GB 50017—2017）附录 D 查得；A 为钢管构件的截面面积（mm^2）；f_y 为钢材常温下的屈服强度（N/mm^2）；α 为高温后稳定承载力退化系数；T 为构件过火温度（℃），可通过构件表面颜色的变化进行判断；λ 为构件长细比；δ 为高温后钢管构件残余变形系数，是构件残余变形与计算长度的比值。

8.4.1.2　换算长细比法

《钢结构设计标准》（GB 50017—2017）中受压构件的稳定承载力是以 $L/1\,000$ 的初弯曲进行计算的，即

$$\lambda_{1/1\,000} = \mu_1 \frac{l}{i} \qquad (8\text{-}37)$$

$$\varphi = \varphi_{1/1\,000}(\lambda_{1/1\,000}) \qquad (8\text{-}38)$$

其中，μ_1 为考虑边界约束条件的计算长度系数；l 为计算长度；i 为回转半径；$\lambda_{1/1\,000}$ 为《钢结构设计标准》（GB 50017—2017）中初弯曲按 $L/1\,000$ 计算的长细比；$\varphi_{1/1\,000}$ 为《钢结构设计标准》（GB 50017—2017）中初弯曲按 $L/1\,000$ 计算的柱子曲线。

引入"换算长细比"的概念，以增大长细比的方法考虑初弯曲增大的不利影响。定义 μ_2 为考虑初弯曲的附加计算长度系数，对式（8-37）进行扩展，得到不同初弯曲构件的换算长细比见式（8-39），换算长细比应满足式（8-40）。这种方法可通过调整杆件的附加计算长度系数 μ_2 考虑火灾后残余横向变形增大的影响，完成构件承载力的计算。

$$\lambda_\omega = \mu_2 \lambda_{1/1\,000} = \mu_1 \mu_2 \frac{l}{i} \qquad (8\text{-}39)$$

$$\varphi = \varphi_\omega(\lambda_\omega) = \varphi_{1/1\,000}(\mu_2 \lambda_{1/1\,000}) = \varphi_{1/1\,000}\left(\mu_1 \mu_2 \frac{l}{i}\right) \qquad (8\text{-}40)$$

其中，λ_ω 为换算长细比。附加计算长度系数 μ_2 与圆钢管的残余横向变形、长细比有关。以 Q235 钢材为例，计算不同残余横向变形、不同长细比下的附加计算长度系数，并对计算结果进行拟合，附加计算长度系数 μ_2 可按下式进行计算，其中参数 a、b、c 可按表 8-21 取值。

$$\mu_2 = a + b e^{-\lambda/c} \qquad (8\text{-}41)$$

表 8-21　式(8-41)中参数取值

w	a	b	c
$L/200$	1.147	2.329	35.573
$L/300$	1.095	1.736	35.730
$L/500$	1.051	1.090	32.073
$L/800$	1.030	0	—

注:w 为残余横向变形。

8.4.2　偏心受压构件

研究表明,高温后残余应力对偏心受压构件承载能力的影响可以忽略,同时残余变形对构件受弯承载能力没有影响,因此高温后偏心受压构件的承载力具体表现为受压承载能力的变化。根据下式,引入针对轴心受压的稳定系数折减因子 η 表示受压承载能力的折减,轴心受压承载力的表达式变为 $N_{cr,0} = \eta\varphi fA$。

$$\frac{N}{\varphi A} + \frac{\beta_m M}{\gamma W(1-0.8\dfrac{N}{N'_{Ex}})} \leq f \tag{8-42}$$

其中,N 为杆件所受轴力;φ 为稳定系数;β_m 为杆件等效弯矩系数;N'_{Ex} 为参数,$N'_{Ex} = \dfrac{\pi^2 EA}{1.1\lambda^2}$;$W$ 为杆件抗弯截面模量;M 为杆件所受弯矩。

稳定系数折减因子 η 与残余横向变形 w、长细比 λ 的关系式如下:

$$\eta = e^{a_1 + b_1\lambda + c_1\lambda^2 + (a_2 + b_2\lambda + c_2\lambda^2)w/L} \tag{8-43}$$

其中,a_1、b_1、c_1 为系数,$a_1 = -0.030\,20$,$b_1 = 0.002\,24$,$c_1 = -1.155\,75\times10^{-5}$;$a_2$、$b_2$、$c_2$ 为系数,$a_2 = 44.122\,05$,$b_2 = -2.782\,36$,$c_2 = 0.014\,05$;γ 为截面塑性发展系数。

在轴力一定的情况下,圆钢管的极限弯矩不会随残余横向变形的变化而变化,可认为过火后 N'_{Ex} 不随温度改变。将稳定系数折减因子代入式(8-43),可得到偏心受压圆钢管高温后的稳定计算公式:

$$\frac{N}{\eta\varphi A} + \frac{\beta_m M}{\gamma W(1-0.8\dfrac{N}{N'_{Ex}})} \leq f \tag{8-44}$$

对于采用 Q235 钢的网壳结构,偏心受压圆钢管的长细比一般大于 20,其正则化长细比 $\lambda_n = \dfrac{\lambda}{\pi}\sqrt{\dfrac{f_y}{E}} \geq 0.215$,按照柏利公式计算杆件的稳定系数:

$$\varphi = \frac{1}{2\lambda_n^2}[(\alpha_2 + \alpha_3\lambda_n + \lambda_n^2) - \sqrt{(\alpha_2 + \alpha_3\lambda_n + \lambda_n^2)^2 - 4\lambda_n^2}] \tag{8-45}$$

其中,α_2、α_3 为系数,$\alpha_2 = 0.986$,$\alpha_3 = 0.152$。

将各参数的具体数据代入到柏利公式,求其反函数,得到长细比 λ 关于稳定系数 φ 的表

达式 $\lambda(\varphi)$ 如下：

$$\lambda(\varphi)=\frac{2.357\times10^4\times\sqrt{E\times f_y\times\varphi\times\left(3.424\times10^{19}\times\varphi^2-6.876\times10^{19}\times\varphi+3.473\times10^{19}\right)}}{-1.407\times10^{16}\times\pi\times f_y\times\varphi^2+1.407\times10^{16}\times\pi\times f_y\times\varphi}+$$

$$\frac{1.056\times10^{16}\times\varphi\times E\times\sqrt{\dfrac{f_y}{E}}}{1.407\times10^{16}\times\pi\times f_y\times\varphi^2+1.407\times10^{16}\times\pi\times f_y\times\varphi} \qquad (8\text{-}46)$$

高温后的轴心受压承载力 $N_{cr,0}=\eta\varphi fA$ ，此时折减因子对承载力的削弱完全可以看作是对稳定系数的折减，则火灾过后圆钢管的换算长细比如下：

$$\lambda'=\lambda(\eta\varphi)$$

$$=\frac{2.357\times10^4\times\sqrt{E\times f_y\times\eta\varphi\times\left(3.424\times10^{19}\times\eta^2\varphi^2-6.876\times10^{19}\times\eta\varphi+3.473\times10^{19}\right)}}{-1.407\times10^{16}\times\pi\times f_y\times\eta^2\varphi^2+1.407\times10^{16}\times\pi\times f_y\times\eta\varphi}+$$

$$\frac{1.056\times10^{16}\times\eta\varphi\times E\times\sqrt{\dfrac{f_y}{E}}}{1.407\times10^{16}\times\pi\times f_y\times\eta^2\varphi^2+1.407\times10^{16}\times\pi\times f_y\times\eta\varphi} \qquad (8\text{-}47)$$

通过式（8-43）可得出高温后稳定系数折减因子 η。根据式（8-47），进一步得到火灾后计算长度系数的修正值：

$$\mu'=\mu\frac{\lambda'}{\lambda}=\mu\frac{\lambda(\eta\varphi)}{\lambda} \qquad (8\text{-}48)$$

计算高温后偏心受压圆钢管的承载力时，可直接代入构件的计算长度系数修正值，利用偏心受压圆钢管火灾后的稳定计算公式进行计算。

8.5 本章小结

本章详细介绍了空间网格结构中常见钢管构件在轴心受压和偏心受压状态下经历火灾高温后产生残余变形的机理，通过对关键影响因素的分析，给出火灾后轴心受压及偏心受压钢管构件残余变形的计算方法。对经火灾高温后的钢管构件进行力学性能试验和有限元数值分析，明确指出过火温度和残余变形是影响钢管构件剩余稳定承载力的关键因素。根据试验及有限元分析结果，提出高温后钢管构件承载力计算方法，并给出具体的实用计算公式。

第9章 火灾后空间网格结构力学性能与评估方法

9.1 引言

若空间网格结构在火灾过程中未发生整体坍塌破坏,则有必要对其火灾后力学性能进行分析,以准确评估结构的火灾损伤和安全性能,从而为灾后结构的修复和加固提供依据。若要全面考虑火灾过程中材料力学性能退化、结构构件内力重分布以及结构残余变形对于火灾后空间网格结构整体力学性能的影响,则必须进行包含常温—升温—降温和火灾后阶段在内的火灾全过程结构力学性能分析。由于火灾过程中空间结构整体受力性能分析涉及温度、荷载和时间的相互耦合,机理较为复杂,采用试验研究的方法难度大、成本高,且可以考虑的变量极为有限,因此采用有限单元法(简称有限元)进行数值模拟分析无疑是一种较为理想的研究方法。

本章在前述章节关于火灾后空间结构材料以及焊接空心球节点力学性能研究的基础上,拟对结构整体开展火灾全过程力学性能分析。在提出空间网格结构火灾全过程结构力学性能数值分析流程的基础上,对典型的焊接空心球节点单层网壳结构进行火灾全过程数值模拟,以期得到火灾全过程结构时变温度场、火灾后结构的残余变形和应力分布以及火灾不同阶段的结构力学响应。进而开展参数化分析,考虑最高火灾温度、火灾不均匀温度场、支座刚度、焊接空心球节点刚度、荷载比、结构矢跨比、结构跨度等因素的影响,提出火灾后单层网壳结构弹塑性稳定承载力的简化计算公式。最后针对当前火灾后钢结构安全性鉴定的不足,提出一种适用于空间网格结构的火灾后结构安全性评估方法。

9.2 空间网格结构火灾全过程力学性能数值分析方法

基于有限元的火灾全过程空间网格结构力学性能分析方法的主要流程如图 9-1 所示。

9.2.1 火灾全过程高大空间建筑室内空气时变温度场

采用合理准确的火灾空气温度场模型是进行结构火灾全过程分析的前提,火灾过程中建筑室内的空气温度是随空间和时间不断变化的,分析时应根据建筑特征(如建筑面积、建筑高度、通风条件等)和火源模型(如火源功率、火源位置等),采用准确的建筑材料热工参数和合理的传热模型进行传热分析,得到建筑室内空气温度的空间分布以及随时间的变化规律。

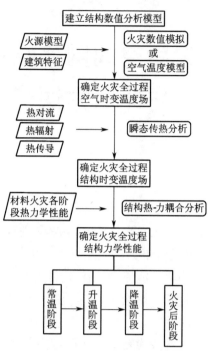

图 9-1 火灾全过程空间网格结构力学性能数值分析流程

空间网格结构作为一种典型大跨度结构体系,其火灾情况与一般的室内火灾不同。由于空间网格结构的建筑空间巨大,一般不会像室内火灾那样产生室内所有可燃物同时燃烧的轰燃现象,而是在一定的集中区域发生火灾,火灾温度场在空间分布上具有很强的不均匀性;同时,高大空间建筑火灾的空气升温较一般室内火灾而言相对较慢,升温历程较长,不会像一般室内火灾那样在短时间内达到很高的温度。因此,不能直接采用一般室内火灾的温度模型(如 ISO 834 标准火灾模型)来模拟高大空间建筑的火灾温度场。目前,对高大空间建筑的火灾温度历程主要采用基于区域模型或基于场模型的计算机数值模拟方法进行研究。本章采用《建筑钢结构防火技术规范》(CECS 200:2006)中的空气升温计算公式计算火灾全过程中升温阶段的空气温度场。该公式如下:

$$T(x,z,t) - T_g(0) = T_z[1 - 0.8\exp(-\beta t) - 0.2\exp(-0.1\beta t)][\eta + (1-\eta)\exp(-(-x-b)/\mu)]$$

$$(9-1)$$

其中,$T(x,z,t)$ 为对应 t 时刻,距火源中心水平距离 x(m),距地面垂直距离 z(m)处的空气温度(℃);$T_g(0)$ 为火灾发生前的环境温度,一般取为 20 ℃;T_z 为距火源中心地面垂直距离 z(m)处的最高空气升温(℃);β 为由火源功率和按 αt^2 增长型火源确定的升温曲线形状系数;η 为距火源中心水平距离 x(m)处的温度衰减系数(无量纲);t 为时间(s);b 为火源中心点至火源最外边缘距离(m),当 $x < b$ 时,$\eta = 1$;μ 为系数。

式(9-1)中各参数的取值可参阅《建筑钢结构防火技术规范》(CECS 200:2006)的相关规定。

对于高大空间建筑火灾降温阶段的空气温度场,目前的研究还十分有限。已有的关于火灾全过程分析的研究所采用的降温段大多参考一般室内火灾的匀速降温模型,如美国土木工程师学会(ASCE)编制的防火手册、欧洲规范 Eurocode 1: Actions on structures—Part 1-2: General actions—Actions on Structures exposed to fire(2002 年版)(以下简称 EC1)建议的火灾升温—降温经验公式以及 ISO 834 标准升温—降温曲线的降温段均采用了匀速降温模型;也有一些学者在研究中采用了理想降温模型,即在火源熄灭后,空气温度瞬时降为火灾发生前空气平均温度(一般取 20 ℃)。理想降温模型显然是一种极端降温情况,仅能作为科学研究探讨,而与火灾实际情况相去甚远。因此,本章选用欧洲规范 EC1 建议的火灾升温—降温经验公式和 ISO 834 标准升温—降温曲线的降温段(二者计算公式相同)计算火灾降温阶段的空气温度场,该公式见式(7-4)。

9.2.2　火灾全过程空间网格结构时变温度场

　　火灾过程中,空气中的热能通过热辐射、热对流的方式传递给结构构件,在结构构件内部又以热传导的方式传递,从而导致结构构件升温。结构构件升温对结构性能的影响表现在两方面:一是结构构件升温导致材料力学性能(如强度、弹性模量和延性水平)的退化,从而导致结构承载力和刚度的降低;二是结构构件升温产生热膨胀受到周围构件限制而产生的温度应力可能导致构件失效。故必须采用合理的结构材料热工参数,并进行准确的传热分析求解火灾全过程结构的时变温度场,常采用的传热分析方法有直接求解导热微分方程和建立有限元模型进行传热数值模拟。本章以火灾过程空气时变温度场为边界条件,采用增量法迭代求解构件截面导热微分方程来计算火灾全过程结构构件的时变温度场。

　　根据钢构件本身的截面特性,一般可将其分为轻型钢构件和重型钢构件。因为钢的导热性能极好,对于轻型钢构件,可认为其截面温度呈均匀分布,而重型钢构件则因为截面较大,故其截面温度呈不均匀分布。通常根据构件的截面形状系数 F/V(即单位长度构件表面积与体积之比)来划分轻型钢构件和重型钢构件。《建筑钢结构防火技术规范》(CECS 200: 2006)规定当 $F/V < 10$ 时,构件温度应按照截面温度非均匀分布计算;当 $F/V \geqslant 10$ 时,可认为钢构件截面各点温度相同,按照截面温度均匀分布计算;而当 $F/V > 300$ 时,由于截面极为轻薄,可认为构件温度等于空气温度。空间网格结构多采用薄壁杆件,属于典型轻型构件,截面形状系数 F/V 一般远大于 10,但相当比例构件的 F/V 不会超过 300,因此可以认为构件截面温度是均匀分布,但不可近似认为等于空气温度,需要通过传热分析求解。对于无保护层构件,根据热平衡原理,用集总热容法建立热平衡方程:

$$q = \rho_s c_s V \frac{dT_s}{dt} \tag{9-2}$$

$$q = q_r + q_c \tag{9-3}$$

其中, q 为单位时间内外界传入单位长度构件内的热量(W/m); ρ_s 为钢的密度(kg/m³); c_s 为钢的比热容[J/(kg · ℃)]; V 为单位长度构件的体积(m³/m); T_s 为钢构件温度(℃); t 为时间(s); q_r 为单位时间内通过热辐射向单位长度构件上传递的热量(W/m); q_c 为单位时间内通过热对流向单位长度构件上传递的热量(W/m)。

　　由传热学知识可知,通过热辐射方式传递的热量为

$$q_{\mathrm{r}} = \alpha_{\mathrm{r}} F(T_{\mathrm{g}} - T_{\mathrm{s}}) \qquad (9\text{-}4)$$

$$\alpha_{\mathrm{r}} = \frac{\varepsilon_{\mathrm{r}} 5.67 \times 10^{-8}}{T_{\mathrm{g}} - T_{\mathrm{s}}}[(T_{\mathrm{g}} + 273)^4 - (T_{\mathrm{s}} + 273)^4] \qquad (9\text{-}5)$$

其中，α_{r} 为以辐射方式由空气向构件表面传热的传热系数[W/(m²·℃)]；F 为单位长度构件的受火表面积(m²/m)；T_{g} 为空气温度(℃)；ε_{r} 为综合辐射系数，$\varepsilon_{\mathrm{r}} = \varepsilon_{\mathrm{f}} + \varepsilon_{\mathrm{m}}$；$\varepsilon_{\mathrm{f}}$ 为与着火房间有关的辐射系数，一般取 0.8；ε_{m} 为与构件表面特性有关的辐射系数，一般取 0.625。

通过热对流方式传递的热量为

$$q_{\mathrm{c}} = \alpha_{\mathrm{c}} F(T_{\mathrm{g}} - T_{\mathrm{s}}) \qquad (9\text{-}6)$$

其中，α_{c} 为对流传热系数，对于纤维类燃烧火灾，可取 25 W/(m²·℃)，对于烃类燃烧火灾，可取 50 W/(m²·℃)。

将式(9-4)和式(9-6)带入式(9-3)，再带入式(9-2)，则有

$$K(T_{\mathrm{g}} - T_{\mathrm{s}}) = \frac{\rho_{\mathrm{s}} c_{\mathrm{s}} V}{F} \frac{\mathrm{d}T_{\mathrm{s}}}{\mathrm{d}t} \qquad (9\text{-}7)$$

其中，K 为综合传热系数[W/(m²·℃)]，$K = \alpha_{\mathrm{r}} + \alpha_{\mathrm{c}}$。

将上一节确定的火灾全过程空气时变温度场 $T(x, z, t)$ 作为 T_{g} 代入式(9-7)，则可求得钢构件的时变温度场 T_{s}。然而由于 T_{g} 的表达式非常复杂，且 K 也与 T_{g} 和 T_{s} 有关，求式(9-7)的解十分困难，因此《建筑钢结构防火技术规范》(CECS 200：2006)推荐采用增量法求解。式(9-7)的增量形式如下：

$$\Delta T_{\mathrm{s}} = K \frac{1}{\rho_{\mathrm{s}} c_{\mathrm{s}}} \frac{F}{V}(T_{\mathrm{g}} - T_{\mathrm{s}})\Delta t \qquad (9\text{-}8)$$

本章按照式(9-8)编制程序计算结构构件的时变温度场。为提高求解精度，选取的时间步长 Δt 为 5 s，远小于《建筑钢结构防火技术规范》(CECS 200：2006)中不超过 30 s 的要求；钢材的比热容按照 7.6.1 节中式(7-20)选取，考虑其随温度的变化。

9.2.3　火灾各阶段材料的热力学性能

与常温下结构材料单纯因受力发生变形不同，火灾情况下由于高温的作用，钢材的应变 ε_{s} 由应力产生的应变 $\varepsilon_{\mathrm{s}\sigma}$、热膨胀产生的应变 $\varepsilon_{\mathrm{sth}}$ 和高温蠕变产生的应变 $\varepsilon_{\mathrm{scr}}$ 三部分组成，即

$$\varepsilon_{\mathrm{s}} = \varepsilon_{\mathrm{s}\sigma} + \varepsilon_{\mathrm{sth}} + \varepsilon_{\mathrm{scr}} \qquad (9\text{-}9)$$

火灾全过程中，钢材经历了常温、升温、降温和高温后四个阶段，由于各阶段材料经历温度历史路径各不相同，因此式(9-9)中各项所涉及的热力学性能也不尽相同，因而必须根据材料所处的火灾阶段采用合理准确的材料热力学模型。

9.2.3.1　应力-应变关系模型

1. 常温和升温阶段

由于高温下钢材应力-应变关系模型包含了常温的情况，因此可以在火灾的常温和升温阶段选用统一表达形式的材料模型，这样不仅便于计算分析，而且可以使不同阶段材料性能的过渡更为平稳。目前用于描述高温下钢材的应力-应变关系的模型主要有分段直线模型

和连续光滑型模型。英国规范 Structural use of steel work in building—Part 8：Code of practice for fire resistant design（BS 5950-8：1998）和欧洲钢结构协会（ECCS）的钢结构防火设计建议均采用分段直线模型，而欧洲规范 EC3 则采用连续光滑型模型。相比于分段直线模型，连续光滑型模型表达式更复杂，但与钢材实际的应力-应变关系曲线更接近，而且由于曲线光滑，计算时也更容易收敛。目前，EC3 模型在大跨度空间结构以及钢-混凝土组合结构的火灾模拟中均取得了较为理想的效果，因此本章采用此模型进行计算。

欧洲规范 EC3 建议的高温下钢材应力-应变关系的表达式如下。

（1）当不考虑钢材屈服后的应力强化时，有

$$\sigma = \begin{cases} E_T\varepsilon & 0 \leqslant \varepsilon < \varepsilon_{pT} \\ f_{pT} - c + \dfrac{b}{a}\sqrt{a^2 - (\varepsilon_{yT} - \varepsilon)^2} & \varepsilon_{pT} \leqslant \varepsilon < \varepsilon_{yT} \\ f_{yT} & \varepsilon_{yT} \leqslant \varepsilon < \varepsilon_{tT} \\ f_{yT} - \dfrac{\varepsilon - \varepsilon_{tT}}{\varepsilon_{uT} - \varepsilon_{tT}} f_{yT} & \varepsilon_{tT} \leqslant \varepsilon < \varepsilon_{uT} \\ 0 & \varepsilon > \varepsilon_{uT} \end{cases} \qquad (9\text{-}10)$$

其中，E_T 为温度 T 时的初始弹性模量（N/mm^2）；ε_{pT} 为温度 T 时的比例极限应变，$\varepsilon_{pT} = f_{pT}/E_T$；$f_{pT}$ 为温度 T 时的比例极限（N/mm^2）；ε_{yT} 为温度 T 时的屈服应变，$\varepsilon_{yT} = 0.02$；f_{yT} 为温度 T 时的屈服强度（N/mm^2）；ε_{tT} 为温度 T 时对应屈服强度的最大应变，$\varepsilon_{tT} = 0.15$；ε_{uT} 为温度 T 时的极限应变，$\varepsilon_{uT} = 0.2$；且有

$$a = \sqrt{(\varepsilon_{yT} - \varepsilon_{pT})(\varepsilon_{yT} - \varepsilon_{pT} + c/E_T)}$$
$$b = \sqrt{c(\varepsilon_{yT} - \varepsilon_{pT})E_T + c^2}$$
$$c = \frac{(f_{yT} - f_{pT})^2}{(\varepsilon_{yT} - \varepsilon_{pT})E_T - 2(f_{yT} - f_{pT})}$$

（2）当钢材温度低于 400 ℃时，欧洲规范 EC3 允许考虑钢材屈服后的应力强化，则在 $T < 400$ ℃ 区间内，有

$$\sigma = \begin{cases} E_T\varepsilon & 0 \leqslant \varepsilon < \varepsilon_{pT} \\ f_{pT} - c + \dfrac{b}{a}\sqrt{a^2 - (\varepsilon_{yT} - \varepsilon)^2} & \varepsilon_{pT} \leqslant \varepsilon < 0.02 \\ 50(f_{uT} - f_{yT})\varepsilon + 2f_{yT} - f_{uT} & 0.02 < \varepsilon < 0.04 \\ f_{uT} & 0.04 \leqslant \varepsilon \leqslant 0.15 \\ f_{yT} - \dfrac{\varepsilon - \varepsilon_{tT}}{\varepsilon_{uT} - \varepsilon_{tT}} f_{yT} & 0.15 < \varepsilon < 0.20 \\ 0 & \varepsilon \geqslant 0.20 \end{cases} \qquad (9\text{-}11)$$

其中，f_{uT} 为温度 T 时的极限强度，应按下式取值。

$$f_{uT} = \begin{cases} 1.25 f_{yT} & T < 300\ ℃ \\ f_{yT}(2 - 0.002\,5T) & 300\ ℃ \leqslant T < 400\ ℃ \\ f_{yT} & T \geqslant 400\ ℃ \end{cases} \qquad (9\text{-}12)$$

两种情况下的应力-应变关系曲线如图 9-2 所示。

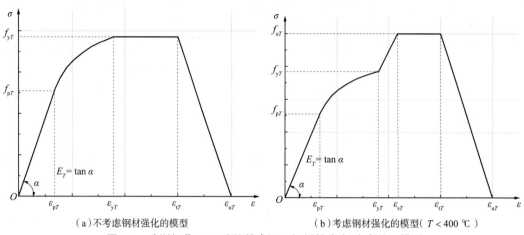

(a)不考虑钢材强化的模型   (b)考虑钢材强化的模型($T < 400\ ℃$)

图 9-2   欧洲规范 EC3 建议的高温下钢材的应力-应变关系模型

为提高计算精度,本章采用图 9-2(b)所示的考虑钢材强化的应力-应变关系模型,即当钢材温度低于 400 ℃时采用式(9-11),当钢材温度高于 400 ℃时采用式(9-10)。高温下钢材的各力学性能指标的折减系数按照欧洲规范 EC3 的建议取值,具体见表 9-1,其中 f_y 和 E 分别为常温下钢材的屈服强度和弹性模量。

表 9-1   高温下结构钢力学性能指标退化系数

温度(℃)	屈服强度退化系数 f_{yT}/f_y	比例极限退化系数 f_{pT}/f_y	弹性模量退化系数 E_T/E
20	1.000	1.000	1.000
100	1.000	1.000	1.000
200	1.000	0.807	0.900
300	1.000	0.613	0.800
400	1.000	0.420	0.700
500	0.780	0.360	0.600
600	0.470	0.180	0.310
700	0.230	0.075	0.130
800	0.110	0.050	0.090
900	0.060	0.038	0.068
1 000	0.040	0.025	0.045
1 100	0.020	0.012	0.022
1 200	0.000	0.000	0.000

2. 降温阶段和高温后阶段

高温后阶段可以看作降温阶段的一个特例,因此可以选用相同形式的应力-应变关系表达式,但是这两阶段钢材的力学性能有本质的差异。由本书第 2 章的研究结论可知,高温后钢材的力学性能主要由其所经历的历史最高温度(即过火温度)决定,而降温阶段钢材的力学性能不仅与其过火温度有关,还与其当前的温度有关。目前,对于降温阶段钢材的应力-应变关系模型方面的研究还很少见。El-Rimawi J. A. 等和 Lien K. H. 等在对钢构件在火灾降温段的力学性能分析中采用了降温段卸载假设来考虑钢材降温阶段应变反向的影响;Yang H. 等在分析钢管混凝土柱的火灾全过程力学性能时在火灾的降温段和高温后阶段统一采用了双折线钢材应力-应变关系模型,而降温阶段的屈服强度和屈服应变以当前温度为自变量在升温阶段和高温后阶段值之间插值获得;Song T. Y. 等在此基础上,进一步考虑了降温阶段钢材应力-应变关系强化段材性的恢复,降温阶段的屈服强度、屈服应变和强化阶段的应力值以当前温度为自变量在升温阶段和高温后阶段的值之间采用下式插值获得:

$$\sigma = \begin{cases} E_c(T,T_{max})\varepsilon & 0 \le \varepsilon < \varepsilon_{yc}(T,T_{max}) \\ \sigma_h(T_{max}) - \dfrac{T_{max}-T}{T_{max}-T_0}\Big[\sigma_h(T_{max}) - \sigma_p(T_{max})\Big] & \varepsilon \ge \varepsilon_{yc}(T,T_{max}) \end{cases} \quad (9\text{-}13)$$

其中,T 为当前温度($^\circ$C);T_{max} 为钢材经历的历史最高温度($^\circ$C);T_0 为常温,取 20 $^\circ$C;$E_c(T,T_{max})$ 为降温过程中钢材的弹性模量,$E_c(T,T_{max}) = \dfrac{f_{yc}(T,T_{max})}{\varepsilon_{yc}(T,T_{max})}$;$f_{yc}(T,T_{max})$ 为降温过程中钢材的屈服强度,$f_{yc}(T,T_{max}) = f_{yh}(T_{max}) - \dfrac{T_{max}-T}{T_{max}-T_0}\Big[f_{yh}(T_{max}) - f_{yp}(T_{max})\Big]$;$\varepsilon_{yc}(T,T_{max})$ 为降温过程中钢材的屈服应变,$\varepsilon_{yc}(T,T_{max}) = \varepsilon_{yh}(T_{max}) - \dfrac{T_{max}-T}{T_{max}-T_0}\Big[\varepsilon_{yh}(T_{max}) - \varepsilon_{yp}(T_{max})\Big]$;$f_{yh}(T_{max})$ 为升温到最高温度 T_{max} 时钢材的屈服强度(N/mm²);$\varepsilon_{yh}(T_{max})$ 为升温到最高温度 T_{max} 时钢材的屈服应变;$f_{yp}(T_{max})$ 为经历最高温度 T_{max} 后钢材的屈服强度(N/mm²);$\varepsilon_{yp}(T_{max})$ 为经历最高温度 T_{max} 后钢材的屈服应变;$\sigma_h(T_{max})$ 为升温到最高温度 T_{max} 时钢材的强化段应力(N/mm²);$\sigma_p(T_{max})$ 为经历最高温度 T_{max} 后钢材的强化段应力(N/mm²)。

　　本章在降温阶段和高温后阶段统一采用"改进 Mander 模型"描述钢材的应力-应变关系,其中降温阶段的各项力学性能按照式(9-13)以当前温度为自变量在升温阶段和高温后阶段的值之间插值得到,升温阶段钢材的各项力学性能按照常温下钢材实测值乘以表 9-1 中的退化系数得到,高温后阶段钢材的各项力学性能按照本书第 2 章提出的退化系数计算式(表 2-10)计算相应的退化系数,并乘以常温下钢材实测值得到。火灾各阶段钢材的泊松比统一取 $\mu = 0.3$。

9.2.3.2　热膨胀模型

　　火灾过程中钢材的热膨胀对结构的效应主要包含两方面,即膨胀变形和膨胀受约束而产生的附加应力,当附加应力过大时还会导致构件屈服而产生不可恢复的残余变形和残余应力,从而造成火灾后结构力学性能的退化。因此,需采取合理的材料热膨胀模型准确模拟结构在火灾过程中的热膨胀效应。

　　多个国家的钢结构抗火设计规范都规定了对钢材热膨胀系数的取值。欧洲规范 EC3 给出的结构钢热膨胀系数 α_s 关于钢材温度 T_s 的精确计算公式如下:

$$\alpha_s = \begin{cases} 1.2\times10^{-5} + 0.8\times10^{-8}(T_s - 20) & 20\ ℃\leqslant T_s \leqslant 750\ ℃ \\ 0 & 750\ ℃ < T_s \leqslant 860\ ℃ \\ 2.0\times10^{-5} & 860\ ℃ < T_s \leqslant 1\,200\ ℃ \end{cases} \quad (9\text{-}14)$$

上式考虑了钢材在 700~900 ℃ 由于其微观结构从铁素体-珠光体转变为奥氏体时的"相位变换"所导致的材料收缩,规定这一阶段的热膨胀系数为 0。在简化计算时,可认为钢材的热膨胀系数与温度无关,取

$$\alpha_s = 1.4\times10^{-5} \quad (9\text{-}15)$$

式(9-15)也被英国规范 BS 5950:1998、欧洲钢结构协会 ECCS:1983、美国规范 AISC 360-10:2010 以及我国《建筑钢结构防火技术规范》(CECS 200:2006)所采纳。

澳大利亚规范 AS 4100—1990 规定:

$$\alpha_s = (11.4 + 0.01T_s)\times10^{-6} \quad 20\ ℃\leqslant T_s \leqslant 600\ ℃ \quad (9\text{-}16)$$

日本《建筑物综合防火设计规范》建议:

$$\alpha_s = (11.0 + 5.75\times10^{-3}T_s)\times10^{-6} \quad (9\text{-}17)$$

图 9-3 对比了各国规范中钢材热膨胀系数的取值,可以看到各规范差异不大。鉴于欧洲规范 EC3 给出的精确计算式考虑因素最多,最接近钢材热膨胀系数的实际值,故本章采用式(9-14)计算钢材的热膨胀系数。

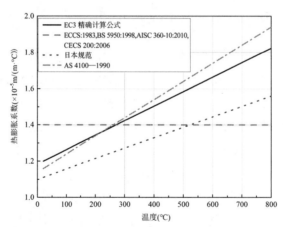

图 9-3　各国规范中钢材热膨胀系数取值的对比

9.2.3.3　高温蠕变模型

在高温和应力共同作用下,钢材会发生高温蠕变,即在温度和应力不变的情况下材料应变随时间增长而增大的现象。钢材的蠕变发展一般分为瞬时蠕变、稳态蠕变和加速蠕变三个阶段。火灾的持续时间一般只有几个小时,钢材的高温蠕变主要以瞬时蠕变和稳态蠕变为主,因此选用的高温蠕变模型应该包含这两个阶段。目前描述钢材高温蠕变的模型有很多,比较著名的有 Dorn 蠕变模型和在其基础上发展而来的 Harmathy 蠕变模型、Fields & Fields 蠕变模型、Williams-Leir 蠕变模型以及 Burger's 蠕变模型等。其中,Fields & Fields 蠕变模型不仅形式简单,而且能较好地描述蠕变的瞬时阶段和稳态阶段,因此得到了广泛的应

用。其表达式为

$$\varepsilon_{cr} = at^b (\frac{\sigma}{6.895})^c \tag{9-18}$$

其中，σ 为应力（MPa）；t 为时间（min）；a、b、c 是与温度有关的参数，取值与钢材的材性有关，已有文献针对 A36 钢（屈服强度约 248 MPa）给出的建议参数如下：

$$a = \begin{cases} 0 & T_s < 350 \ ℃ \\ 10^{-(6.10+0.005\,73T)} & 350 \ ℃ \leqslant T_s < 500 \ ℃ \\ 10^{-(13.25-0.008\,51T)} & 500 \ ℃ \leqslant T_s \leqslant 650 \ ℃ \end{cases} \tag{9-19}$$

$$b = -1.1 + 0.003\,5T \tag{9-20}$$

$$c = 2.1 + 0.006\,4T \tag{9-21}$$

T_s 为钢材温度（℃）。值得注意的是，式（9-19）至式（9-21）中给出的系数 a、b、c 的取值是针对 A36 钢提出的，且只适用于钢材温度 $T_s \leqslant 650 \ ℃$ 的情况，对于其他牌号的钢材和钢材温度 $T_s > 650 \ ℃$ 的情况还需要通过试验重新拟合参数值。王卫永和闫守海对国产 Q345 钢材进行了高温蠕变试验并拟合得到了 Q345 钢的 Fields & Fields 蠕变模型参数，且适用温度区间提高到了 900 ℃。经验证，该模型的计算值与试验结果吻合良好，各参数表达式如下：

$$\lg a = \begin{cases} 0 & T_s \leqslant 300 \ ℃ \\ -456.955 + 3.867T - 1.075 \times 10^{-2} T^2 + 9.557 \times 10^{-6} T^3 & 300 \ ℃ < T_s \leqslant 500 \ ℃ \\ -542.755 + 2.567T - 4.212\,9 \times 10^{-3} T^2 + 2.323\,2 \times 10^{-6} T^3 & 500 \ ℃ < T_s \leqslant 700 \ ℃ \\ -61.82 + 0.130T - 7.135 \times 10^{-5} T^2 & 700 \ ℃ < T_s \leqslant 900 \ ℃ \end{cases} \tag{9-22}$$

$$b = \begin{cases} 11.52 - 9.67 \times 10^{-2} T + 2.610 \times 10^{-4} T^2 - 2.220 \times 10^{-7} T^3 & 300 \ ℃ < T_s \leqslant 500 \ ℃ \\ -83.71 + 0.444T - 7.710 \times 10^{-4} T^2 + 4.430 \times 10^{-7} T^3 & 500 \ ℃ < T_s \leqslant 700 \ ℃ \\ 5.53 - 9.20 \times 10^{-3} T + 4.41 \times 10^{-6} T^2 & 700 \ ℃ < T_s \leqslant 900 \ ℃ \end{cases} \tag{9-23}$$

$$c = \begin{cases} 289.132 - 2.431T + 6.676 \times 10^{-3} T^2 - 5.863 \times 10^{-6} T^3 & 300 \ ℃ < T_s \leqslant 500 \ ℃ \\ 477.711 - 2.375T + 4.005 \times 10^{-3} T^2 - 2.255 \times 10^{-6} T^3 & 500 \ ℃ < T_s \leqslant 700 \ ℃ \\ 26.485 - 5.220 \times 10^{-2} T + 2.908 \times 10^{-5} T^2 & 700 \ ℃ < T_s \leqslant 900 \ ℃ \end{cases} \tag{9-24}$$

本章采用 Fields & Fields 蠕变模型和利用式（9-22）至式（9-24）求得的 Q345 钢拟合参数，通过编制子程序考虑钢材的高温蠕变行为。

9.2.4　空间网格结构的热-力耦合有限元分析

9.2.4.1　热-力耦合分析方法

火灾环境对于结构的效应是荷载、温度和时间三者共同作用的结果，要得到结构在火灾全过程中的力学响应，就必须进行温度场、力场耦合作用下的结构分析。目前主要有两种热-力耦合分析的方法，即直接耦合与间接耦合（又称顺序耦合）。直接耦合是在耦合分析时选择合适的热-力耦合单元建立有限元模型，计算时每一次迭代都同时进行温度场和应力场相互作用的计算，适用于结构的温度场和应力场之间的互相影响均不能忽略的情况。间接耦合(顺序耦合)则是以特定的顺序先后求解温度场和应力场的分析方法,分析时首先求解温度场,然后选择力学计算单元建立模型,将温度场作为力学分析的预定义场施加到模型上计算应力场。这种方法主要适用于计算分析温度场和应力场之间单向的耦合关系,即温度场的变化会显著影响应力场,而应力场的变化对温度场的影响可以忽略不计。

火灾过程中,空气升温引起结构构件升温,进而引起结构应力、位移和反力等力学行为的显著变化。反之,结构力学行为的改变对于火灾温度场却几乎没有影响,属于典型的顺序热-力耦合的情况。因此,本章采用顺序耦合的方法进行火灾全过程下结构力学性能的模拟分析。

9.2.4.2　空间网格结构非线性有限元分析基本理论

空间网格结构的火灾全过程力学性能的模拟分析问题归根到底是非线性有限元分析问题,应同时考虑材料非线性和几何非线性的影响。其中,材料非线性是由外荷载作用下材料的屈服和火灾高温造成的材料力学性能的退化造成的,而几何非线性则是由结构在火灾高温和外荷载共同作用下所引起的大变形所致。基于非线性有限元的基本理论,可获得火灾温度和外荷载共同作用下空间网格结构的有限元增量平衡方程。该方程可表示为

$$(K_{\mathrm{L}}^{t_j} + K_{\mathrm{NL}}^{t_j})\Delta u^{t_j} = F^{t_j} - R^{t_j} \tag{9-25}$$

其中,Δu^{t_j} 为火灾 t_j 时刻的节点位移增量向量;R^{t_j} 为火灾 t_j 时刻的结构内力向量;F^{t_j} 为火灾 t_j 时刻结构的外荷载向量;$K_{\mathrm{L}}^{t_j}$、$K_{\mathrm{NL}}^{t_j}$ 分别为火灾 t_j 时刻结构的线性和非线性刚度矩阵。其中非线性刚度矩阵 $K_{\mathrm{NL}}^{t_j}$ 由于火灾高温和外荷载共同作用导致的大变形以及材料性能变化而随火灾时间的前进不断更新,线性刚度矩阵 $K_{\mathrm{L}}^{t_j}$ 也由于材料弹性模量随不同时刻火灾温度的变化而不断变化。二者均由空间网格结构中各单元刚度矩阵组装得到,计算式如下:

$$K_{\mathrm{L}}^{t_j} = \sum_{m=1}^{n} [T^{(m)}]^{\mathrm{T}} K_{\mathrm{L},m}^{t_j} T^{(m)} \tag{9-26}$$

$$K_{\mathrm{NL}}^{t_j} = \sum_{m=1}^{n} [T^{(m)}]^{\mathrm{T}} K_{\mathrm{NL},m}^{t_j} T^{(m)} \tag{9-27}$$

$$T^{(m)} = T_{\mathrm{a}}^{(m)} T_{\mathrm{c}}^{(m)} \tag{9-28}$$

其中,$K_{\mathrm{L},m}^{t_j}$、$K_{\mathrm{NL},m}^{t_j}$ 分别为单元局部坐标系下火灾 t_j 时刻第 m 个单元的线性和非线性刚度矩阵;$T^{(m)}$ 为第 m 个单元的自由度定位矩阵;$T_{\mathrm{a}}^{(m)}$ 为第 m 个单元的坐标转换矩阵;$T_{\mathrm{c}}^{(m)}$ 为第 m 个单元的位置矩阵;n 为空间网格结构模型的单元数目。火灾的全过程分析,即分析随着火灾的发展而不断改变的相应的 $K_{\mathrm{L},m}^{t_j}$ 和 $K_{\mathrm{NL},m}^{t_j}$,并不断求解相应的平衡方程(9-25)的过程。

9.2.4.3　钢材应力-应变关系模型转换程序和高温蠕变程序

1. 钢材应力-应变关系模型转换程序

空间网格结构在火灾全过程中先后经历了常温、升温、降温和火灾后四个阶段,而各阶段对应的钢材应力-应变关系模型都不相同。有限元分析时需要根据各个节点和单元所处的温度阶段采用相应的应力-应变关系模型。若采用将前一阶段的分析结果导入下一阶段,然后修改材料应力-应变关系后再进行下一阶段分析的方法,虽然可以实现应力-应变关系模型的转变,但却粗略地将结构各个节点进入火灾各阶段的时刻视为相同。然而,实际上由

于结构不同、位置不同、构件的传热过程不同,导致模型各个节点进入升温、降温阶段的时间也不尽相同,因此其应力-应变关系模型转变的时间也各不相同。故采用这种统一修改模型本构的方法会造成结构温度场和材料应力-应变关系模型不匹配的问题,从而大大降低分析的准确性。本章通过编制适用于空间网格结构的火灾各阶段钢材应力-应变关系模型转换子程序的方法实现火灾各阶段本构模型的自动转换。

该程序的主体思路是在有限元模型中定义材料性能时给不同火灾阶段的钢材应力-应变关系模型赋予不同的场变量值,通过编制温度变形子程序 UEXPAN,从 ABAQUS 主程序中获得当前增量步模型各个积分点的温度增量 ΔT,再通过编制场变量子程序 USDFLD 获得当前荷载步,根据 ΔT 和当前荷载步共同判断该积分点所处的火灾阶段,并在 USDFLD 中赋予该积分点相应的场变量。判断规则如下:若温度增量 $\Delta T > 0$,则处于升温阶段;若 $\Delta T < 0$,则处于降温阶段;若 $\Delta T = 0$,则根据当前荷载步判断是常温阶段还是火灾后阶段。这样,主程序就能根据各积分点的场变量值选用对应的本构关系模型进行计算。

2. 钢材高温蠕变程序

钢材高温蠕变 ε_{cr} 是温度 T、应力 σ 和时间 t 的函数,即 $\varepsilon_{cr} = f(T, \sigma, t)$。本章基于 Fields & Fields 模型,采用编制 UEXPAN 子程序将蠕变变形计入总温度变形的方法考虑钢材的高温蠕变,采用王卫永和闫守海提出的 Q345 钢 Fields & Fields 蠕变模型参数,编制适用于国产 Q345 钢材的高温蠕变的子程序。

该程序的主体思路是在有限元分析过程中,通过场变量子程序 USDFLD 和实用函数 GETVRM 获得 ABAQUS 主程序各积分点上当前增量步的应力 σ,通过温度变形子程序 UEXPAN 获得当前增量步的初始温度 T 和温度增量 ΔT 以及当前增量步的初始时间 t 和时间增量 Δt,然后采用 Fields & Fields 蠕变模型计算得到当前增量步的初始蠕变应变 $\varepsilon_{cr} = f(T, \sigma, t)$ 和增量步结束时的蠕变应变 $\varepsilon_{cr} = f(T + \Delta T, \sigma, t + \Delta t)$,获得当前增量步的蠕变增量即为二者差值,即 $\Delta \varepsilon_{cr} = f(T + \Delta T, \sigma, t + \Delta t) - f(T, \sigma, t)$,在 UEXPAN 子程序中将蠕变增量 $\Delta \varepsilon_{cr}$ 计入总温度应变并返回主程序,就实现了在材料总应变中考虑高温蠕变行为的目的。

9.2.4.4 焊接空心球节点体积和刚度的引入

焊接空心球节点是空间网格结构最常用的节点形式之一。在常规的空间网格结构的设计分析中通常采用空间梁单元或者空间杆单元建模计算,一般不考虑节点体积和刚度对计算精度的影响,而是假设各杆件在节点的球心处是完全刚接或者完全铰接的。《空间网格结构技术规程》(JGJ 7—2010)建议,网架和双层网壳的结构分析可忽略焊接空心球节点刚度的影响,假定节点为铰接,杆件只承受轴向力;在单层网壳结构的分析中一般把节点假定为完全刚接,同时承受轴力、剪力和弯矩。事实上,理想的完全刚接节点是不存在的,焊接空心球节点亦是有一定刚度的半刚性节点。为了提高空间网格结构有限元分析的精度,有必要在整体结构分析中考虑焊接空心球节点刚度的影响。

目前,很多学者已经对焊接空心球节点自身的抗弯刚度和轴向刚度进行了较为全面的理论分析和试验研究,并提出了相应的计算公式。不少学者也针对如何在空间网格结构整体模型中考虑节点刚度的影响进行了深入的探究,目前主要采用的模拟方法有以下四类。

（1）刚度折减法。通过编制程序引入刚度折减系数对钢管端部的连接刚度进行折减来考虑节点半刚性。这种方法相对于传统的计算模型没有增加单元,可以较为简便地考虑节点半刚性对结构的影响,但缺点是没有考虑节点区焊接空心球体积对于结构整体刚度的影响。

（2）弹簧刚度法。通过在杆件两端建立弹簧单元或者 ANSYS 的 Matrix27 连接单元的方法来模拟节点半刚性。这种方法能够较为准确地模拟节点刚度对整体结构的影响,缺点是需要逐一建立弹簧单元或者连接单元并定义其刚度特征,建模难度较高且计算量较大。

（3）等效短杆法。在杆件两端划分短杆,通过节点刚度和杆件刚度等效原则设定短杆的截面面积与惯性矩的方法来考虑节点半刚性。这种方法可以同时考虑节点刚度和体积的影响,且建模相对于弹簧刚度法较为简单,但是模拟精度不如弹簧刚度法高。

（4）精细化模型法。通过建立空间网格结构多尺度模型或者实体模型的方法考虑节点刚度的影响。这种方法的模拟精度高,但缺点是建模难度高、计算量大。

比较以上各种方法,综合考虑计算精度和计算代价两方面因素,本章采用等效短杆法模拟焊接空心球节点体积和刚度的影响,其简化计算模型如图 9-4 所示。

图 9-4　等效短杆法简化计算模型

在杆件两端划分与焊接空心球半径等长的短杆来代替焊接空心球节点,短杆截面形式采用圆管截面。图 9-4 中,K_{N1} 和 K_{M1} 分别是节点 1 的轴向刚度和抗弯刚度,K_{N2} 和 K_{M2} 分别是节点 2 的轴向刚度和抗弯刚度;A_{j1} 和 I_{j1} 分别是短杆 1 的截面面积和截面惯性矩,A_{j2} 和 I_{j2} 分别是短杆 2 的截面面积和截面惯性矩。通过设定短杆的截面面积和截面惯性矩,可以使其轴向刚度和抗弯刚度等于相应的焊接空心球节点的轴向刚度和抗弯刚度。采用韩庆华（Han Q. H.）等基于薄壳理论推导得到的简化计算公式计算焊接空心球节点的轴向刚度和抗弯刚度,其表达式如下:

$$K_N = 2\pi E \left(0.34 \frac{td}{D} + 66.8 \frac{t^3 d}{D^3} \right) \tag{9-29}$$

$$K_M = 2\pi E \left(0.043 \frac{td^3}{D} + 18.6 \frac{t^3 d^3}{D^3} \right) \tag{9-30}$$

其中,K_N、K_M 分别为焊接空心球节点的轴向刚度（N/m）和抗弯刚度（N·m/rad）;E 为钢材的弹性模量;t、d、D 分别为焊接空心球的壁厚、钢管外径和焊接空心球的外径。

下面以节点 1（图 9-4 左侧节点）为例说明短杆等效面积、等效截面惯性矩和截面内外径的计算方法。易知短杆 1 的轴向线刚度和抗弯线刚度分别为 $\dfrac{EA_{j1}}{D_1/2}$ 和 $\dfrac{EI_{j1}}{D_1/2}$,由轴向刚度

等效和抗弯刚度等效,有

$$K_{N1} = \frac{EA_{j1}}{D_1/2} \tag{9-31}$$

$$K_{M1} = \frac{EI_{j1}}{D_1/2} \tag{9-32}$$

则短杆等效面积和等效惯性矩为

$$A_{j1} = \frac{K_{N1}D_1}{2E} \tag{9-33}$$

$$I_{j1} = \frac{K_{M1}D_1}{2E} \tag{9-34}$$

设短杆 1 的外径和内径分别为 D_{j1} 和 d_{j1} ,则有

$$A_{j1} = \frac{\pi(D_{j1}^2 - d_{j1}^2)}{4} = \frac{K_{N1}D_1}{2E} \tag{9-35}$$

$$I_{j1} = \frac{\pi(D_{j1}^4 - d_{j1}^4)}{64} = \frac{K_{M1}D_1}{2E} \tag{9-36}$$

将式(9-29)和式(9-30)分别代入式(9-35)和式(9-36),联立方程,则可求得短杆 1 的外径 D_{j1} 和内径 d_{j1} 。同理,可以求得短杆 2 的外径和内径。在使用 ABAQUS 建立结构有限元模型时,通过修改 inp 文件对每一根杆件的两端定义相应的等效刚度短杆,以实现整体结构模型中焊接空心球节点体积和刚度的引入。

需要注意的是,当按照《空间网格结构技术规程》(JGJ 7—2010)的构造要求合理设计焊接空心球节点几何尺寸后,采用上述"等效短杆法"计算得到短杆截面尺寸通常要大于相连的钢管构件截面,这表明焊接空心球节点域刚度大于相连杆件的刚度,这也正体现了规范中"强节点、弱构件"的设计思想。因此,考虑节点体积和刚度使得结构的整体刚度有所提升,然而由于节点域相较杆件长度很短,故提升效果并不显著。冯白露等和刘海峰等通过不同的研究方法均得出了相似的结论。

考虑到火灾高温后焊接空心球节点刚度会发生退化,按照本书第 7 章提出的焊接空心球节点刚度退化系数 κ_{PT} 的计算式(7-18)来定义等效短杆的高温后弹性模量 E,对相应过火温度下等效短杆的轴向刚度和抗弯刚度进行折减,以实现在整体结构中考虑火灾后焊接空心球节点刚度退化的目的(这里假设火灾后焊接空心球节点的抗弯刚度退化趋势与初始轴向刚度相同)。

9.2.4.5　火灾全过程环境温度-荷载-时间路径

火灾全过程对结构影响是环境温度、荷载和时间三者的共同作用,结构在不同的环境温度-荷载-时间路径下的响应也不尽相同。本章所采用的环境温度-荷载-时间路径如图 9-5 所示,共包含四个阶段。

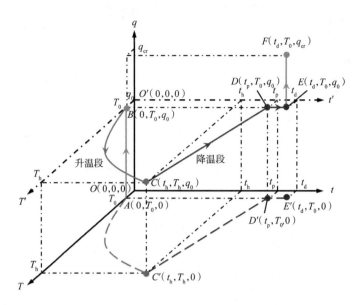

图 9-5　火灾全过程环境温度-荷载-时间路径示意图

（1）常温阶段（A—B）。在时间 t 为 0 的时刻（ $t=0$ ），温度为常温（ $T=T_0$ ）下，给结构施加初始荷载 q_0（ $q=0 \rightarrow q_0$ ）。

（2）升温阶段（B—C）。空气开始升温，并在 t_h 时刻达到 T_h，过程中荷载保持为 q_0 不变，即时间 $t=0 \rightarrow t_h$，温度 $T=T_0 \rightarrow T_h$，荷载 $q=q_0$（实际火灾下的空气温度场是不均匀温度场，即结构不同位置处空气能达到的最高温度均不相同，此处仅为示意）。

（3）降温阶段（C—D—E）。空气从 t_h 时刻开始降温，并于 t_p 时刻降至常温 T_0，过程中荷载保持为 q_0 不变，即时间 $t=t_h \rightarrow t_p$，环境温度 $T=T_h \rightarrow T_0$，荷载 $q=q_0$；待空气温度降至 T_0 后保持不变，结构构件继续降温并于 t_d 时刻降至 T_0，此过程依然保持荷载为 q_0 不变，即时间 $t=t_p \rightarrow t_d$，环境温度 $T=T_0$，荷载 $q=q_0$。

（4）火灾后阶段（E—F）。如果结构在升温—降温过程中没有破坏，则进入火灾后阶段。为考察结构火灾后极限承载力和破坏模式等力学性能，在降温段结束后对结构继续加载直至结构整体破坏，即时间 $t=t_d$，环境温度 $T=T_0$，荷载 $q=q_0 \rightarrow q_{cr}$。

9.3　单层网壳结构的火灾全过程力学性能分析

本节采用 9.2 节所述的火灾全过程空间网格结构力学性能分析方法，基于 ABAQUS 有限元分析软件对典型的焊接空心球节点空间网格结构——单层球面网壳结构的火灾全过程力学性能进行分析，以期对单层球面网壳结构火灾全过程的时变温度场、火灾后结构的损伤模型以及火灾全过程的结构位移、构件应力和支座反力等力学响应有更深入的了解，为火灾后单层球面网壳结构的安全性能评估提供科学依据。

9.3.1 有限元模型的建立

本节研究对象为图 9-6 所示的 K6 型凯威特单层球面网壳,跨度为 40 m,矢高为 8 m,布置 5 圈环杆。钢构件采用圆钢管,主肋杆和环杆截面为 $\phi114×4$,斜杆截面为 $\phi89×4$。节点形式为焊接空心球节点,统一取空心球直径为 400 mm,壁厚为 10 mm。钢材选用 Q345 钢,其常温下力学性能采用第 2 章实测值,即取屈服强度为 389 N/mm²,极限强度为 500 N/mm²,弹性模量为 207.8 GPa。边界条件采用周边满布支承方式。由于支座刚度对于网壳结构常温下和高温下的力学性能影响显著,因此分别考虑刚性支承和弹性支承两种支承形式。对于刚性支承情况,各支座均设置为三向铰接刚性支座;对于弹性支承情况,设置支座的径向和环向刚度为 2 kN/mm,而支座的竖向仍为刚性支承条件。在网壳表面施加 1 kN/m² 的竖向均布恒荷载和 1 kN/m² 的竖向均布活荷载。采用《空间网格结构技术规程》(JGJ 7—2010)中建议的"一致缺陷模态法"来考虑初始缺陷的影响,将结构最低阶屈曲模态作为几何初始缺陷的形状,取初始缺陷的最大值为网壳跨度的 1/300。

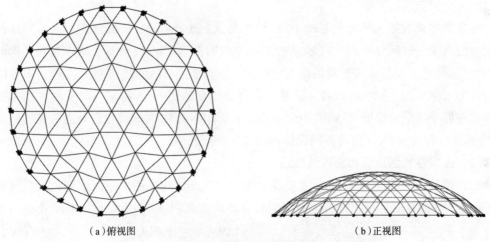

（a）俯视图   （b）正视图

图 9-6 K6 型凯威特单层球面网壳结构平面布置图

采用等效短杆法引入焊接空心球节点的体积和刚度。根据焊接空心球节点的直径、壁厚以及相连接杆件的直径,可由式(9-31)至式(9-36)计算得到等效短杆的外径和内径,并通过修改 ABAQUS 的 inp 文件在每个节点处建立相应的等效短杆。图 9-7 所示为引入等效短杆后有限元模型的杆端节点域。

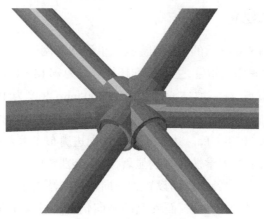

图 9-7 引入等效短杆后的杆端节点域

9.3.2 火灾全过程分析

9.3.2.1 分析流程和方法

在建立结构有限元模型的基础上,按照本章 9.2 节所述的分析流程进行该单层球面网壳结构的火灾全过程分析:①计算火灾全过程空气时变温度场;②计算火灾全过程结构时变温度场;③确定火灾各阶段材料的热力学性能,通过编制 ABAQUS 子程序实现火灾各阶段钢材应力-应变关系模型的自动转换,并考虑高温蠕变的影响;④将结构时变温度场和结构外荷载施加于有限元模型,按照图 9-5 所示的环境温度-荷载-时间路径进行网壳结构的顺序热-力耦合分析,得到火灾全过程网壳结构的力学响应。

9.3.2.2 火灾空气温度场和结构温度场

取常温阶段的温度为 20 ℃。火灾升温阶段空气温度场采用大空间建筑火灾空气升温公式(式(9-1))计算。根据网壳直径 40 m,可知地面面积 $A_{sq} = 1\ 256\ m^2$,取网壳空间平均高度为 9 m,火源功率按大功率火灾取 $Q_s = 25\ MW$,单位面积火灾功率取 $q_s = 250\ kW/m^2$,则火源面积 $A_q = \dfrac{Q_s}{q_s} = 100\ m^2$,火源半径 $b = \sqrt{\dfrac{A_q}{\pi}} = 5.64\ m$。根据建筑地面面积、空间高度以及火源功率,查《建筑钢结构防火技术规范》(CECS 200:2006)附录 D 可得最高空气升温 $T_z = 650\ ℃$,参数 $\eta = 0.6$,$\mu = 8$,升温曲线形状系数 β 按快速增长型取为 0.001 8。经过计算发现,当按照式(9-1)计算火灾空气升温时,取升温时间 $t_h = 2\ h$,空气温度场最高温度可以基本达到 $T_z = 650\ ℃$,而且 $t_h = 2\ h$ 也满足耐火等级为一级的屋顶承重结构耐火极限要求,因此取火灾升温时间 $t_h = 2\ h$。

火灾降温阶段的空气温度模型采用欧洲规范 EC1 和 ISO 834 标准共同建议的降温段计算公式(式(9-2))计算。根据火灾升温时间 $t_h = 2\ h$,可知空气降温速率为 $\dfrac{dT_g}{dt} = -4.167$ ℃/min。

火源位置对空间网格结构火灾过程中的力学响应影响显著。此处假设火源位于网壳中心点正下方,不同火源位置的影响将在后续的参数化分析中讨论。

已知火灾空气时变温度场,按照式(9-8)所示的增量法编程计算结构构件的时变温度场。选取的时间步长为 5 s,满足《建筑钢结构防火技术规范》(CECS 200:2006)中不超过30 s 的要求;钢材的比热容按照 7.6.1 节中式(7-20)选取,考虑其随温度的变化。

9.3.2.3　火灾各阶段材料的热力学性能

火灾各阶段钢材的应力-应变关系模型、热膨胀模型以及高温蠕变模型均根据 9.2.3 节确定,通过编制钢材应力-应变关系模型转变子程序和钢材高温蠕变子程序,在 ABAQUS 中实现了火灾全过程钢材应力-应变关系的自动转换和高温蠕变行为的模拟。

9.3.3　分析结果

9.3.3.1　网壳结构时变温度场

计算得到火灾全过程不同时刻网壳结构构件的温度场分布,如图 9-8 所示。由大空间建筑火灾的空气升温计算公式(式(9-1))的形式可知,火灾升温阶段空气温度以火源为中心呈极轴对称分布,又因为降温阶段空气温度为匀速下降模式,故火灾全过程空气温度场均呈极轴对称分布。由图 9-8 可知,当火源位于网壳中心下方时,火灾全过程网壳结构的温度场与空气温度场一致,也呈极轴对称分布,在网壳中心火源半径($b = 5.64$ m)范围内的构件温度相同且为最大值,随着距离网壳中心距离的增加,构件温度逐渐降低。

沿网壳半径分别绘制网壳中心节点(N_1)和第 1~5 圈环杆上节点($N_2 \sim N_6$)的温度-时间曲线,如图 9-9 所示。可以看到距离网壳中心不同水平距离的节点呈现相似的温度-时间历程,但是温度值相差较大,网壳中心节点(N_1)在火灾过程中能够达到的最大温度为 631 ℃,而网壳边缘节点(N_6)温度最大值为 425 ℃,呈明显的非均匀分布;此外由于空气和钢管构件之间传热的滞后性,网壳各节点达到最高温度的时间均较火灾空气升温时间 $t_h = 7\ 200$ s 有不同程度的滞后,但因为钢材导热性能优良且钢管尺寸较小,故滞后时间并不多,经计算节点 $N_1 \sim N_6$ 达到最高温度的时间比空气温度最高点分别滞后 35 s、35 s、40 s、40 s、35 s 和 45 s。

为进一步研究热空气向钢管构件的传热过程,对比网壳中心节点(N_1)和边缘节点(N_6)处的空气温度和网壳构件温度随时间的变化历程,结果如图 9-10 所示。由图可知,在升温的初始阶段空气温度增长很快,空气与构件之间传热不充分导致构件温度比同位置处空气温度滞后很多;随着升温时间持续增长,空气与构件之间的传热充分进行,二者温度逐渐趋于一致,在空气升温结束时($t = 7\ 200$ s)空气和构件几乎达到相同温度。而在降温阶段则是空气温度下降较快,构件温度随之逐渐降低但始终高于空气温度,随着降温时间增长,二者最终趋于一致,恢复至常温。如图 9-10 所示的对比可知,当传热过程充分进行时,火灾过程中构件可以达到的最高温度与周边空气的最高温度几乎相同,因此在做简化分析时可近似认为网壳构件温度等于周围空气温度,从而省略二者之间的传热分析。然而,不可否认的是整个火灾过程中二者的升温和降温速率存在明显差异,因此当构件截面很大、升温时间较短导致传热不能充分进行时,简单地将空气温度作为构件温度来进行结构的火灾全过程分析将导致计算结果不准确,这时有必要通过二者之间的传热分析来确定构件温度。

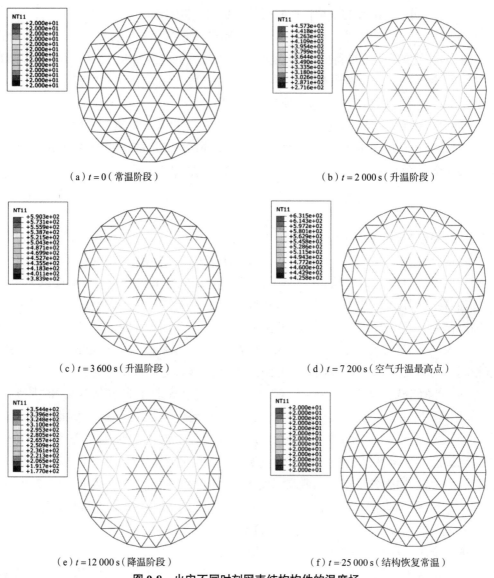

（a）$t=0$（常温阶段）　　　　　　　　　（b）$t=2\,000\,s$（升温阶段）

（c）$t=3\,600\,s$（升温阶段）　　　　　　　（d）$t=7\,200\,s$（空气升温最高点）

（e）$t=12\,000\,s$（降温阶段）　　　　　　（f）$t=25\,000\,s$（结构恢复常温）

图 9-8　火灾不同时刻网壳结构构件的温度场

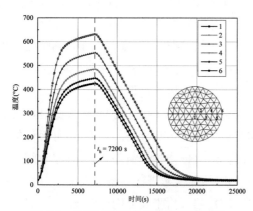

图 9-9　结构不同节点的温度-时间历程

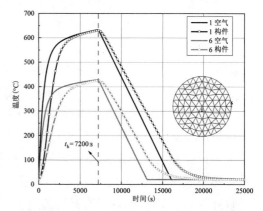

图 9-10　不同位置空气与构件温度-时间历程

9.3.3.2　位移响应

火灾过程不同时刻下网壳的竖向位移分布如图 9-11 所示（当采用弹性支座时结构竖向位移的分布规律与刚性支承时相似，只是位移值不同，故仅绘出刚性支承的情况）。网壳中心节点（N_1）和各圈环杆上典型节点（$N_2 \sim N_5$）的竖向位移随时间的变化历程如图 9-12 所示，其中最外圈节点（N_6）为支座节点，其竖向位移始终为 0，因而没有绘出。图中位移值均以竖直向上为正。

在火灾前的常温阶段，网壳结构在自重以及 1.0 倍的恒荷载与 1.0 倍的活荷载标准组合作用下发生向下的位移，最大竖向位移出现在第二圈环杆节点处。当采用刚性支承时位移大小为 14.73 mm，当采用弹性支承时位移大小为 44.3 mm，均满足《空间网格结构技术规程》（JGJ 7—2010）中不超过跨度的 1/400（即 100 mm）的规定。随着火灾温度的升高，由于钢材受热膨胀并受到周边支座节点的约束，网壳各节点产生了竖直向上的位移，结构很快由下挠转变为起拱状态。之后随着升温时间的增长，竖向位移的增长速率趋于平缓。结构位移分布呈现由网壳中心到边缘逐渐减小的规律，升温到最高点时，刚性支承网壳中心的竖向位移为 234 mm，弹性支承时为 145 mm；在火灾降温阶段，随着温度的降低，网壳的起拱变形逐渐减小，当网壳温度降至常温时又恢复到下挠的变形状态，位移值较火灾之前的状态略有增大，说明结构在火灾过程中产生了一定的残余位移，但仍满足《空间网格结构技术规程》（JGJ 7—2010）中不超过 100 mm 的要求。在火灾升温—降温全过程中，刚性支承和弹性支承网壳各节点的竖向位移随时间的变化规律一致，且与图 9-10 所示节点的温度-时间历程相似。

支座刚度对网壳火灾全过程的位移响应影响显著。常温下，采用弹性支座的网壳由于水平方向约束较弱，其在荷载作用下的挠度约为刚性支承网壳的 3 倍。但是在火灾过程中，由于弹性支座释放掉相当一部分的结构水平膨胀变形，弹性支承网壳的最大起拱值明显减小，仅为刚性支承网壳的 60%。这表明采用设置弹性支座的方法减小结构水平约束可以显著减小火灾过程中网壳结构的起拱变形。

尽管总体而言火灾升温—降温过程中刚性支承和弹性支承网壳均发生了较大的竖向位移，但是结构并没有发生以位移突变为特征的整体屈曲破坏，且在降至常温后能够基本恢复到火灾前的变形水平。这表明单层网壳结构是一种抗火性能良好的结构形式，不易在火灾过程中发生整体破坏，有较大可能通过灾后的合理评估，加固修复后可以继续服役。

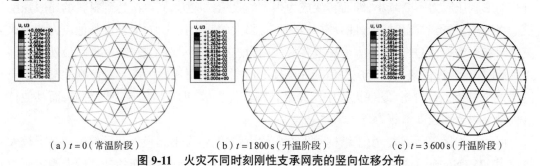

（a）$t=0$（常温阶段）　　　　（b）$t=1800\,\text{s}$（升温阶段）　　　　（c）$t=3\,600\,\text{s}$（升温阶段）

图 9-11　火灾不同时刻刚性支承网壳的竖向位移分布

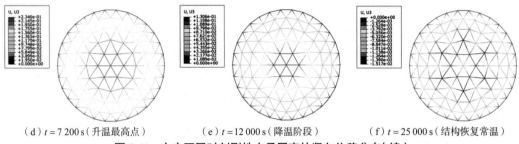

（d）$t = 7\,200\,s$（升温最高点）　　（e）$t = 12\,000\,s$（降温阶段）　　（f）$t = 25\,000\,s$（结构恢复常温）

图 9-11　火灾不同时刻刚性支承网壳的竖向位移分布（续）

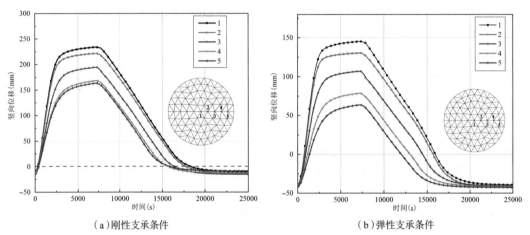

（a）刚性支承条件　　　　　　　　　　（b）弹性支承条件

图 9-12　网壳各节点的竖向位移-时间历程

9.3.3.3　应力响应

刚性支承和弹性支承条件下，火灾过程不同时刻的网壳杆件 Mises 应力分布分别如图 9-13 和图 9-14 所示（图中应力单位为 N/mm²）。对于刚性支承网壳，常温阶段在自重以及 1.2 倍的恒荷载与 1.4 倍的活荷载的基本组合下，其杆件应力最大值出现在主肋杆（大小为 95 N/mm²）。提取各杆件内力，根据《钢结构设计标准》（GB 50017—2017）第 9 章的相关规定进行构件稳定承载力复核，获得网壳各杆件最大稳定应力值为 254 N/mm²，低于火灾后钢材屈服强度（389 N/mm²）。火灾开始后，在升温阶段网壳最外圈环杆的热膨胀作用受到刚性支座节点的约束，产生了很大的压应力，很快达到材料的屈服点。而在降温阶段其最外圈环杆的膨胀压应力不断减小，继而转变成为很大的收缩拉应力，并再次达到材料的屈服强度值。当结构恢复到常温时，最外圈环杆内仍具有很大的残余拉应力，而杆件其他应力相较火灾之前略有增加，但是变化不大。提取各杆件内力进行稳定承载力校核，发现除最外圈杆件外，网壳其余各杆件最大稳定应力值为 304 N/mm²，小于钢材屈服强度。对该刚性支承网壳的火灾全过程进行分析，发现火灾中网壳最外圈杆件失效，火灾后需要及时更换，而其他杆件仍满足稳定和强度承载力要求。

而对于弹性支承网壳，由于结构水平方向约束较弱，常温下其最外圈环杆中产生了较大拉应力（259 N/mm²），提取各杆件内力进行稳定承载力复核，获得网壳各杆件最大稳定应力值为 302 N/mm²，小于钢材屈服强度。随着火灾温度的升高和降低，其最外圈环杆先膨胀后收缩,其中的应力也随之发生由受拉到受压再到受拉的变化历程。与刚性支承情况不同的是,当结构恢复到常温时,网壳各杆件均能够恢复到火灾前的受力状态和应力水平,几乎没有产生残余应力。经计算,此时各杆件最大稳定应力值为 305 N/mm²,小于钢材屈服强度,表明火灾后网壳杆件均满足稳定和强度承载力的要求。

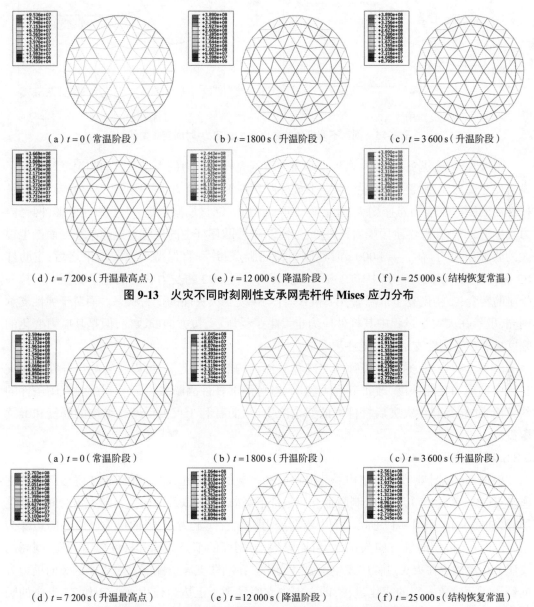

(a) $t=0$(常温阶段)　　(b) $t=1800$ s(升温阶段)　　(c) $t=3600$ s(升温阶段)

(d) $t=7200$ s(升温最高点)　　(e) $t=12000$ s(降温阶段)　　(f) $t=25000$ s(结构恢复常温)

图 9-13　火灾不同时刻刚性支承网壳杆件 Mises 应力分布

(a) $t=0$(常温阶段)　　(b) $t=1800$ s(升温阶段)　　(c) $t=3600$ s(升温阶段)

(d) $t=7200$ s(升温最高点)　　(e) $t=12000$ s(降温阶段)　　(f) $t=25000$ s(结构恢复常温)

图 9-14　火灾不同时刻弹性支承网壳杆件 Mises 应力分布

为进一步分析火灾过程中结构杆件应力大小及方向的变化历程以及支座刚度的影响,分别选取两种支承条件下网壳的最外圈环杆(B1)、与之相邻的主肋杆(B2)和斜杆(B3),绘制其截面最大正应力-时间的变化曲线,如图 9-15 所示。

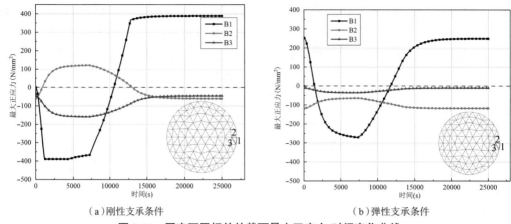

（a）刚性支承条件　　　　　　　　　（b）弹性支承条件

图 9-15　网壳不同杆件的截面最大正应力-时间变化曲线

可以看到,在火灾过程中,两种支承条件下网壳杆件应力的大小及方向随温度均发生了显著变化。对于刚性支承网壳,常温下最外圈环杆 B1 的应力水平很小,火灾升温开始后,杆件内的膨胀压应力迅速增大,在 $t = 1\,250$ s 时达到钢材屈服强度,产生塑性变形,网壳内力发生重分布;在降温阶段随着杆件降温收缩,最外圈环杆中的压应力迅速减小继而产生很大的收缩拉应力,在 $t = 13\,000$ s 时达到受拉屈服点,并一直保持到火灾结束之后;主肋杆 B2 和斜杆 B3 在火灾过程中应力水平均显著增大,且 B2 的受力状态发生了受压—受拉—受压的转变;结构恢复至常温后,B2 和 B3 杆均恢复到火灾前的受力状态。而对于弹性支承网壳,虽然在火灾全过程中其杆件应力也发生了受压、受拉方向的改变,但是其应力变化的幅度显著小于刚性支承网壳的各项参数。

以上分析表明,通过设置弹性支座释放掉结构部分热变形,可以显著减小杆件在火灾过程中的应力变化幅度,改善其受力状态,避免局部杆件因膨胀变形受到过强支座条件的约束而失效,并减小火灾后杆件内的残余应力,从而有利于火灾后网壳结构的修复和继续服役。

9.3.3.4　支座反力响应

根据 K6 型凯威特网壳结构的几何特征和荷载的对称性,取球面的 1/12 扇形区域的支座节点（Z1、Z2、Z3）,分别绘制两种支承条件下竖向、径向以及环向反力随火灾时间的变化历程,如图 9-16 和图 9-17 所示（图中竖向反力以竖直向上为正,径向反力以中心向边缘为正,环向反力以逆时针方向为正）。可以看到,与网壳的节点位移和杆件应力一样,网壳的支座节点反力也在火灾过程中发生了显著变化。在刚性支承条件下,Z1 支座的竖向反力方向经历了正—负—正的变化过程,即火灾中支座受到了上拔力作用,而 Z2 和 Z3 支座的竖向反力则始终为正且波动不大。火灾后网壳支座的竖向反力均恢复到火灾前的状态。径向反力方面,常温阶段在荷载作用下网壳支座的径向反力均为负值,火灾过程中,支座 Z1 的径向反力方向由负向转变为正向;支座 Z2、Z3 在火灾中的最大径向反力值增大到常温时的 2 倍,结构恢复至常温后,支座 Z1 的径向反力与火灾前相较发生异号,而支座 Z2 和 Z3 的径向反力虽然方向没有改变,但是数值比火灾前显著减小。对于环向支座反力,支座 Z1 的环向反力在火灾全过程始终为0,而支座 Z2 和 Z3 的环向反力在火灾过程中分别达到常温阶段下的 7.0 倍和 5.1 倍,火灾后又均恢复至火灾前状态。这表明刚性支承网壳支座节点的反力不仅会在火灾过程中发生大小和方向的显著变化,还有可能在结构恢复至常温后发生反向等无法复原的情况,应在灾后评估和处置中予以充分重视。

而对于弹性支承网壳,由图 9-17 可知除 Z2 支座的环向反力外,火灾过程中各支座的各向反力均未发生异号,且支座反力的大小和变化幅值与刚性支承情况相比均显著减小。火灾后,各支座的各向反力均可以恢复至火灾前状态。这表明采用弹性支座可以在很大程度上减小火灾升温—降温过程对网壳支座反力的影响,降低支座反力发生异号的可能,减小支座反力变化幅度,并且可以有效防止火灾后支座反力状态发生不可恢复的改变。因此,采用弹性支承方式可以有效避免火灾过程中和火灾后支座节点的破坏,提高结构的抗火性能。

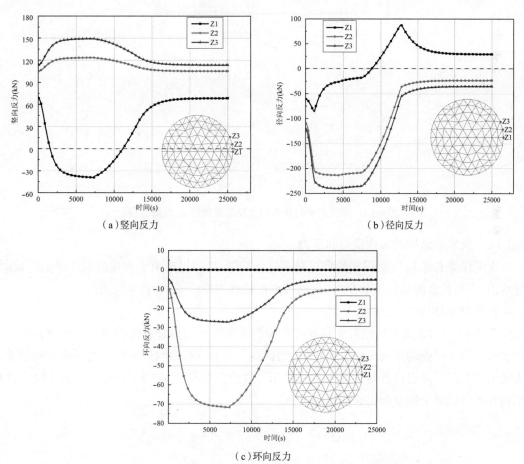

（a）竖向反力　　　　　　　　　　（b）径向反力

（c）环向反力

图 9-16　刚性支承网壳典型支座节点的反力-时间历程

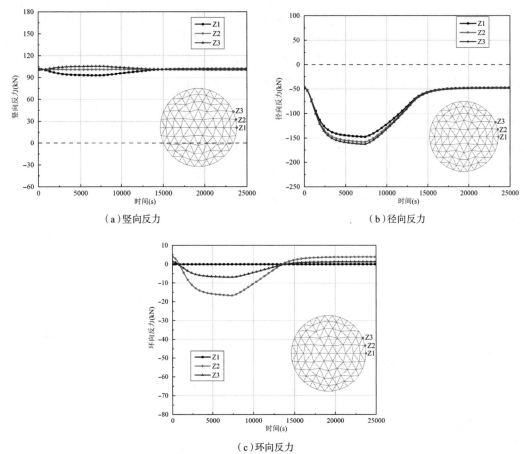

（a）竖向反力

（b）径向反力

（c）环向反力

图 9-17　弹性支承网壳典型支座节点的反力-时间历程

9.3.3.5　火灾后结构的残余变形和应力

　　火灾结束且结构恢复到常温后对网壳进行卸载,可以得到由于火灾升温—降温过程所导致的、不可恢复的结构残余变形(包括节点位移和构件应变)和残余应力。

　　1. 火灾后结构的残余位移

　　图 9-18 所示为火灾后刚性支承网壳和弹性支承网壳的残余总位移分布。可以看到,两种支承条件下网壳的残余位移分布相似,结构最大残余位移值均仅为千分之一毫米数量级,表明火灾升温—降温过程对于网壳结构的几何形状影响不大,在经历设定的火灾工况后,该结构几乎可以完全恢复到初始的几何形态。

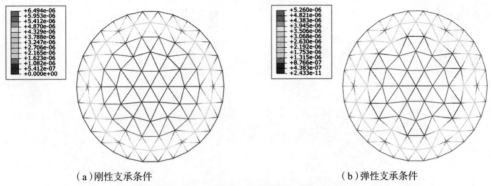

（a）刚性支承条件　　　　　　　　　　　　（b）弹性支承条件

图 9-18　火灾后网壳结构的残余位移分布

2. 火灾后结构的残余应变

图 9-19 所示为火灾后刚性支承网壳和弹性支承网壳的累计塑性应变分布。可以看到，火灾后刚性支承网壳的最外圈环杆全部存在不可恢复的残余塑性变形，其他杆件均处于弹性状态。由前文分析可知，这是由于火灾中最外圈环杆的膨胀变形受到支座节点的强约束而产生很大的膨胀应力所导致的。相比之下，弹性支承网壳中由于弹性支座释放掉部分的结构膨胀变形和膨胀应力，火灾过程中杆件材料均未进入塑性阶段，因此火灾后结构构件中没有残余塑性应变存在，均处于弹性状态。

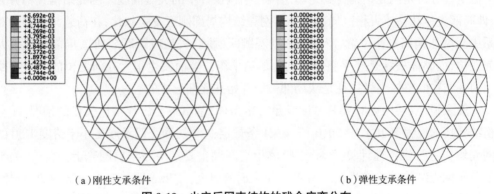

（a）刚性支承条件　　　　　　　　　　　　（b）弹性支承条件

图 9-19　火灾后网壳结构的残余应变分布

3. 火灾后结构的残余应力

图 9-20 所示为火灾后刚性支承网壳和弹性支承网壳的残余应力分布。可以看到，对于刚性支承网壳，火灾后结构最外圈环杆中不仅存在残余塑性变形，同时存在很大的残余拉应力（达到材料屈服强度）。由前文分析可知，这是由于火灾降温段最外圈环杆的收缩变形受到支座节点约束所致。而对于弹性支承网壳，由于弹性支座的作用，结构中杆件的最大残余应力仅为 0.02 N/mm²，可以忽略不计，表明火灾结束并卸载后网壳基本恢复到零应力状态。

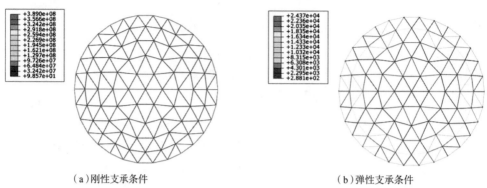

（a）刚性支承条件　　　　　　　　　　　　　　（b）弹性支承条件

图 9-20　火灾后网壳结构的残余应力分布

综上,在大功率火源条件下,采用刚性支承的单层球面网壳结构在经历火灾升温—降温过程后会在最外圈环杆中产生很大的残余塑性变形和残余拉应力,而采用弹性支座释放部分热膨胀变形和热膨胀应力后可以有效避免残余塑性变形和残余应力的出现。此外,对于两种支承条件,火灾过程对网壳结构几何外形的影响很小,可以忽略不计。

9.4　火灾后网壳结构弹塑性稳定承载力计算方法

稳定性分析是网壳结构尤其是单层网壳结构设计中的关键问题。网壳结构失稳分为两类,即局部失稳和整体失稳。局部失稳是网壳结构局部刚度发生软化,在荷载与位移的对应关系中会突然偏离平衡位置,产生一个动态跳跃(跳跃失稳或跳跃屈曲),局部出现很大的几何变位;而整体失稳是几乎整个结构都偏离平衡位置而发生很大几何变位的一种失稳现象。网壳结构的整体失稳往往是从局部失稳开始并逐渐形成的。

一般来说,双层网壳只要其厚度满足一定条件,基本不会出现整体失稳的情况。《空间网格结构技术规程》(JGJ 7—2010)第 4.3.1 条规定:"单层网壳以及厚度小于跨度 1/50 的双层网壳均应进行稳定性计算。"因此,整体稳定问题主要集中在单层网壳上。目前,关于常温下单层网壳结构的稳定性已经有系统而全面的研究,结果表明单层网壳结构的稳定性主要与结构初始缺陷、几何非线性、材料非线性、荷载分布、支承形式以及结构自身几何特征(跨度、矢跨比和截面尺寸)等因素有关。归纳整合相关研究成果,我国《空间网格结构技术规程》(JGJ 7—2010)建议网壳稳定性分析应采用基于非线性有限元计算方法的考虑双重非线性的荷载-位移全过程分析方法。此外,为便于设计人员掌握,规程中也给出了单层球面网壳与单层柱面网壳的承载力近似计算公式。

网壳的稳定承载力是结构整体抗力的体现,故可将其作为火灾后衡量结构整体安全性能的重要指标。通过考察网壳结构弹塑性稳定承载力退化程度,可以综合把握结构的火灾损伤,并对结构安全性能做出初步判断。因此,开展火灾后网壳结构弹塑性稳定承载力研究是十分必要的。然而,目前尚未见火灾后网壳稳定承载力研究的相关文献报道。本节拟在前节研究的基础上,采用火灾全过程分析方法进一步研究火灾后单层网壳结构的弹塑性稳定承载力,并提出相应的计算方法,为工程技术人员进行火灾后结构安全的鉴定提供参考。

9.4.1　分析方法

采用 9.2 节所述的火灾全过程数值分析方法,按照图 9-5 所示的温度-荷载-时间路径 (A—B—C—D—E—F)进行火灾后单层球面网壳弹塑性稳定承载力分析。在网壳结构经历火灾升温—降温过程并恢复至常温后,继续加载直至结构发生整体稳定破坏(即 E—F 段),过程中考虑材料非线性和几何非线性的影响,通过追踪结构的平衡路径,获得包含下降段的荷载-位移全过程曲线,从而求得火灾后网壳的弹塑性稳定承载力。

稳定性研究中,要求通过对网壳结构的平衡路径跟踪获取荷载-位移曲线下降段,因此常用的牛顿·拉夫逊(Newton-Raphson)法、增量法及其修正方法都难以奏效。本节采用目前使用最为广泛的弧长法进行求解。

由于单层网壳属于缺陷敏感型结构,计算、分析时必须考虑结构初始曲面形状安装偏差的影响。本书采用"一致缺陷模态法"来考虑初始缺陷的影响,即认为初始缺陷按结构最低阶屈曲模态分布时具有最不利的影响。初始缺陷的最大计算值取网壳跨度的 1/300,这是由于有研究结果表明此时单层网壳的稳定承载力受初始缺陷的削弱最多。

9.4.2　参数化分析方案

单层网壳从几何形状和网格划分等方面可分为多种形式,限于篇幅的原因,本节仅对目前应用最为广泛的 K6 型凯威特球面网壳进行研究,其他类型的单层网壳也可以按照与本节同样的思路进行研究。

火灾后单层球面网壳弹塑性稳定性的影响因素可以分为火灾温度场和结构自身特性两部分。在火灾温度场方面,由高大空间建筑火灾空气温度场的计算公式(式(9-1))可知,影响火灾温度场的因素有火源功率、火源距建筑顶面高度、火源位置以及建筑面积等。其中,建筑面积(结构跨度)属于结构自身特性,而改变火源功率和火源距建筑顶面高度归根结底是改变建筑室内的最高火灾温度,因此本节不单独讨论火源功率、火源高度的作用,而是直接将高大空间建筑室内不均匀温度场的最高火灾温度作为变量进行研究,此外还考虑不同火源位置和火灾不均匀温度场的影响。在结构自身特性方面,除考虑结构跨度和矢跨比等几何参数外,还考虑网壳支座刚度、焊接空心球节点刚度以及初始荷载大小的影响。为了便于在不同几何尺寸网壳模型之间进行对比,采用初始荷载比来衡量初始荷载的大小,定义结构的初始荷载比为在常温阶段外荷载作用下网壳的最大受力杆件的应力值与钢材屈服应力的比值,以此来描述外荷载的相对大小。具体的参数及其取值见表 9-2。

根据沈士钊和曹正罡等对常温下单层网壳的研究结果,荷载不对称分布对单层网壳的弹塑性稳定承载力的影响很小(通常小于 5%),因此本节网壳分析模型统一采用满跨均布荷载的形式,构件钢材统一采用 Q345 钢,钢材各阶段力学性能的选取同 5.3 节。此外,取火灾升温时间为 2 h,由 5.3 节分析可知,此时空气和钢管构件之间能够充分传热,构件能够达到和空气相同的最高温度。

表 9-2 网壳模型的参数及其取值

参数	取值	默认值
最高火灾温度(℃)	20、550、600、650、700、750、800	—
火源位置	网壳中心/中部/边缘	网壳中心
火灾不均匀温度场	均匀/不均匀温度场	不均匀温度场
支座水平刚度(kN/mm)	1、2、3、+∞(刚性支座)	+∞
是否考虑节点刚度	考虑/不考虑节点刚度	考虑节点刚度
初始荷载比	0.25、0.4、0.65、0.8	0.65
结构跨度(m)	30、40、60、90	40
矢跨比	1/8、1/6、1/5、1/4	1/5

注:表中最高火灾温度20℃表示结构常温下未经历火灾的工况;最高火灾温度的默认值"—"表示对列出的所有温度均进行计算。

9.4.3 各参数的影响

9.4.3.1 建筑室内最高火灾温度

为研究建筑室内最高火灾温度(后文简称最高火灾温度)对火灾后单层网壳弹塑性稳定承载力的影响,本节采用的火灾空气温度分布与 9.3 节中根据高大空间建筑火灾空气升温计算公式(式(9-1))计算得到的 25 MW 大功率火源下空气温度的分布相同,只是将最高温度设置为表 9-2 中的相应值(常温和 6 个不同最高温度)。这样一方面能够考虑高大空间建筑火灾空气温度场的不均匀性,同时也能够研究不同最高火灾温度的影响。为了使计算结果具有普遍适用性,考虑 30 m、40 m、60 m 和 90 m 四种不同跨度的单层网壳,每种跨度网壳又分别考虑 1/8、1/6、1/5 和 1/4 四种矢跨比,共计 112 个计算模型,具体参数的取值见表 9-3。网壳模型的杆件均采用圆钢管,不同跨度网壳模型采用杆件的截面尺寸见表 9-4。网壳其余参数的设置取表 9-2 中的默认值。

图 9-21 以跨度 40 m、矢跨比 1/5 的网壳模型为例对比了常温下未经历火灾的网壳结构的弹塑性稳定破坏模式和不同最高火灾温度后网壳结构的稳定破坏模式(当火灾最高温度为 800 ℃时,网壳在火灾升温阶段即发生了以节点位移骤增为特征的整体破坏,故未获得其火灾后稳定破坏模式和稳定承载力)。当最高火灾温度不超过 550 ℃时,火灾后网壳结构的失稳模式与常温下未经历火灾的网壳结构相同,均表现为以网壳中心为圆心的第三圈环杆节点的内陷坍塌,与该结构的第一阶特征值屈曲模态(即引入结构的初始缺陷)相一致,表明此时对网壳稳定破坏模式起决定作用的仍然是初始缺陷的影响;随着最高火灾温度进一步升高,火灾后单层网壳的整体稳定破坏模式转变为以火源位置为中心、火源半径范围内的节点凹陷。这表明在经历较高的火灾温度后,网壳结构的火源半径范围内形成了薄弱区,且该薄弱区对结构的削弱作用超过了初始缺陷的影响,对网壳的稳定破坏模式起到了决定性作用。

表 9-3　K6 型单层网壳计算模型的几何参数

跨度(m)	径向分割频数	总节点数	总杆件数
30	4	61	156
40	5	91	240
60	7	169	462
90	10	331	930

表 9-4　不同跨度网壳模型采用的杆件截面尺寸

跨度(m)	相应杆件的截面尺寸(mm)		焊接空心球节点尺寸(mm)
	环杆和主肋杆	斜杆	
30	$\phi108\times4$	$\phi89\times4$	WS300×8
40	$\phi114\times4$	$\phi89\times4$	WS400×10
60	$\phi152\times5$	$\phi133\times4$	WS400×12
90	$\phi168\times6$	$\phi159\times4$	WS500×14

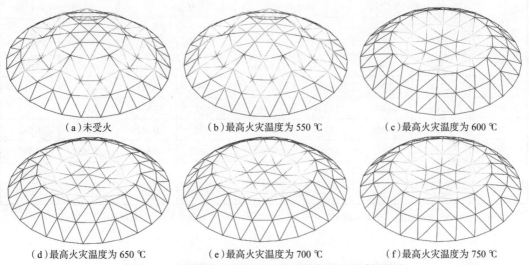

（a）未受火　　（b）最高火灾温度为 550 ℃　　（c）最高火灾温度为 600 ℃

（d）最高火灾温度为 650 ℃　　（e）最高火灾温度为 700 ℃　　（f）最高火灾温度为 750 ℃

图 9-21　不同最高火灾温度后单层网壳的稳定破坏模式

　　为表征火灾后网壳结构弹塑性稳定承载力的退化程度,定义火灾后稳定承载力退化系数为火灾后网壳结构弹塑性稳定承载力 $q_{cr,PT}$ 与未受火网壳结构稳定承载力 q_{cr} 的比值,即 $q_{cr,PT}/q_{cr}$。经历不同最高火灾温度后网壳结构弹塑性稳定承载力 $q_{cr,PT}$ 及相应的承载力退化系数 $q_{cr,PT}/q_{cr}$ 见表 9-5 至表 9-8。图 9-22 对比了不同几何参数单层网壳的承载力退化系数 $q_{cr,PT}/q_{cr}$ 随最高火灾温度的变化规律。可以看到,若单层网壳结构在火灾过程中未发生破坏,则火灾后其弹塑性稳定承载力随经历的最高火灾温度的升高而呈显著降低趋势。以跨度 40 m、矢跨比 1/5 的单层网壳模型为例,常温下（20 ℃）未受火网壳的弹塑性稳定承载力为 4.180 kN/m²,按照默认值设置网壳的初始荷载比为 0.65 时,外荷载为均布恒荷载 1 kN/m² 和均布活荷载 1 kN/m² 的标准组合,即 2 kN/m²。故此时网壳的稳定安全系数

$K = 2.09 > 2$，满足《空间网格结构技术规程》（JGJ 7—2010）中安全系数不小于 2.0 的规定。当网壳经历的最高火灾温度不超过 600 ℃时，火灾过程中结构积累的损伤（残余应力、残余应变和残余支座反力等）以及火灾后钢材力学性能的降低都很小，其火灾后的弹塑性稳定承载力与未受火时相比仅下降 2%；之后，随着最高火灾温度的进一步增大，火灾过程中结构积累的损伤增加、火灾后钢材力学性能的退化加剧，火灾后网壳的弹塑性稳定承载力开始显著降低，当经历最高温度分别为 700 ℃和 750 ℃的火灾后，网壳的弹塑性稳定承载力比未受火时分别下降了 10%和 14.2%，此时的稳定安全系数 K=1.79 < 2.0，已不能满足《空间网格结构技术规程》（JGJ 7—2010）的要求，若要求其灾后继续服役，则须对其进行加固修复以保证结构具有足够的安全储备。

此外，通过对比各个模型的计算结果，可以发现当经历相同最高温度的火灾后，不同跨度和矢跨比的网壳的弹塑性稳定承载力退化系数 $q_{cr,PT}/q_{cr}$ 基本相同，表明相比于最高火灾温度，单层网壳的几何参数对于火灾后弹塑性稳定承载力的退化影响很小。

表 9-5 不同火灾温度后 30 m 网壳的稳定承载力 $q_{cr,PT}$（kN/m²）和退化系数 $q_{cr,PT}/q_{cr}$

最高火灾温度（℃）	$H/L = 1/8$		$H/L = 1/6$		$H/L = 1/5$		$H/L = 1/4$	
	$q_{cr,PT}$	$\dfrac{q_{cr,PT}}{q_{cr}}$	$q_{cr,PT}$	$\dfrac{q_{cr,PT}}{q_{cr}}$	$q_{cr,PT}$	$\dfrac{q_{cr,PT}}{q_{cr}}$	$q_{cr,PT}$	$\dfrac{q_{cr,PT}}{q_{cr}}$
20	2.346	1.000	3.323	1.000	5.821	1.000	8.634	1.000
550	2.334	0.995	3.303	0.994	5.790	0.995	8.571	0.993
600	2.306	0.983	3.258	0.980	5.695	0.978	8.421	0.975
650	2.242	0.956	3.134	0.943	5.485	0.942	8.137	0.942
700	2.136	0.910	2.997	0.902	5.233	0.899	7.742	0.897
750	2.032	0.866	2.867	0.863	4.951	0.850	7.307	0.846
800	—	—	—	—	—	—	—	—

注：H/L 表示结构的矢跨比；"—"表示网壳在火灾过程中发生了以节点位移骤增为特征的整体破坏。下同。

表 9-6 不同火灾温度后 40 m 网壳的稳定承载力 $q_{cr,PT}$（kN/m²）和退化系数 $q_{cr,PT}/q_{cr}$

最高火灾温度（℃）	$H/L = 1/8$		$H/L = 1/6$		$H/L = 1/5$		$H/L = 1/4$	
	$q_{cr,PT}$	$\dfrac{q_{cr,PT}}{q_{cr}}$	$q_{cr,PT}$	$\dfrac{q_{cr,PT}}{q_{cr}}$	$q_{cr,PT}$	$\dfrac{q_{cr,PT}}{q_{cr}}$	$q_{cr,PT}$	$\dfrac{q_{cr,PT}}{q_{cr}}$
20	2.068	1.000	3.193	1.000	4.180	1.000	5.295	1.000
550	2.058	0.995	3.179	0.996	4.161	0.995	5.261	0.994
600	2.032	0.983	3.144	0.985	4.097	0.980	5.178	0.978
650	1.976	0.956	3.038	0.951	4.022	0.962	5.011	0.946
700	1.880	0.909	2.898	0.908	3.762	0.900	4.760	0.899
750	1.772	0.857	2.729	0.855	3.585	0.858	4.496	0.849
800	—	—	—	—	—	—	—	—

表 9-7　不同火灾温度后 60 m 网壳的稳定承载力 $q_{cr,PT}$（kN/m²）和退化系数 $q_{cr,PT}/q_{cr}$

最高火灾温度(℃)	H/L=1/8		H/L=1/6		H/L=1/5		H/L=1/4	
	$q_{cr,PT}$	$\frac{q_{cr,PT}}{q_{cr}}$	$q_{cr,PT}$	$\frac{q_{cr,PT}}{q_{cr}}$	$q_{cr,PT}$	$\frac{q_{cr,PT}}{q_{cr}}$	$q_{cr,PT}$	$\frac{q_{cr,PT}}{q_{cr}}$
20	2.169	1.000	3.438	1.000	4.486	1.000	5.198	1.000
550	2.158	0.995	3.417	0.994	4.450	0.992	5.148	0.990
600	2.124	0.979	3.378	0.983	4.382	0.977	5.119	0.985
650	2.065	0.952	3.280	0.954	4.273	0.953	4.932	0.949
700	1.958	0.903	3.093	0.900	4.068	0.907	4.674	0.899
750	1.843	0.850	2.922	0.850	3.824	0.852	4.432	0.853
800	—	—	—	—	—	—	—	—

表 9-8　不同火灾温度后 90 m 网壳的稳定承载力 $q_{cr,PT}$（kN/m²）和退化系数 $q_{cr,PT}/q_{cr}$

最高火灾温度(℃)	H/L=1/8		H/L=1/6		H/L=1/5		H/L=1/4	
	$q_{cr,PT}$	$\frac{q_{cr,PT}}{q_{cr}}$	$q_{cr,PT}$	$\frac{q_{cr,PT}}{q_{cr}}$	$q_{cr,PT}$	$\frac{q_{cr,PT}}{q_{cr}}$	$q_{cr,PT}$	$\frac{q_{cr,PT}}{q_{cr}}$
20	3.047	1.000	3.877	1.000	5.805	1.000	7.977	1.000
550	3.027	0.993	3.846	0.992	5.767	0.993	7.925	0.993
600	2.960	0.971	3.804	0.981	5.719	0.985	7.812	0.979
650	2.893	0.949	3.700	0.954	5.502	0.948	7.563	0.948
700	2.757	0.905	3.524	0.909	5.244	0.903	7.254	0.909
750	2.647	0.869	3.347	0.863	4.978	0.858	6.824	0.855
800	—	—	—	—	—	—	—	—

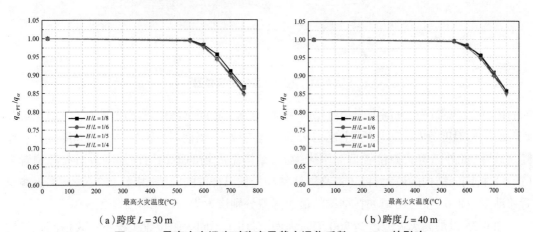

（a）跨度 L = 30 m　　　（b）跨度 L = 40 m

图 9-22　最高火灾温度对稳定承载力退化系数 $q_{cr,PT}/q_{cr}$ 的影响

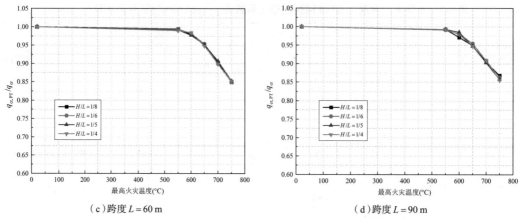

（c）跨度 $L = 60\ \mathrm{m}$

（d）跨度 $L = 90\ \mathrm{m}$

图 9-22 最高火灾温度对稳定承载力退化系数 $q_{\mathrm{cr,PT}}/q_{\mathrm{cr}}$ 的影响（续）

9.4.3.2 火源位置

为了研究火源位置对火灾后单层网壳弹塑性稳定承载力的影响,以跨度 40 m、矢跨比 1/5 的单层网壳为研究对象,考虑如图 9-23 所示的三个不同火源位置的工况,其余火灾参数和网壳结构参数取表 9-2 中的默认值。

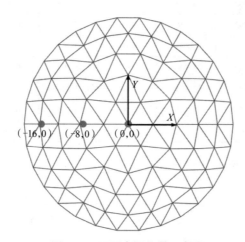

图 9-23 不同火源位置示意图

图 9-24 以最高火灾温度为 700 ℃时为例,对比了不同火源位置工况下空气升温至最高点时的结构温度分布。可以看到,随着火源位置的改变,当前时刻网壳结构的温度最高点亦随之改变;此外随着火源位置偏离网壳中心,结构温度场的不均匀性加剧。当火源位置为（0,0）时,网壳结构的最大温差（最高温杆件和最低温杆件的温差）相差 227 ℃,而当火源位置移动至（-8,0）和（-16,0）时,结构的最大温差分别增大为 265 ℃和 274 ℃。

图 9-25 以最高火灾温度为 700 ℃时为例,对比了不同火源位置工况下火灾后网壳结构的整体稳定破坏模式。可以看到,随着火源位置从网壳中心向网壳边缘移动,火灾后网壳的稳定破坏模式仍然表现为火源半径范围内网壳节点的凹陷,但是凹陷位置随火源位置移动而不断向网壳边缘靠近。这表明随火源位置的移动,火灾升温—降温作用在网壳结构上形

成的薄弱区也发生相应的移动。

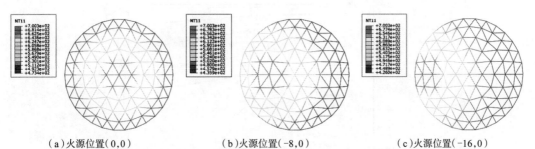

（a）火源位置（0,0）　　　（b）火源位置（-8,0）　　　（c）火源位置（-16,0）

图 9-24　不同火源位置下空气升温最高点时刻的结构温度分布（最高火灾温度为 700 ℃）

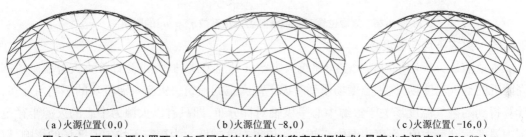

（a）火源位置（0,0）　　　（b）火源位置（-8,0）　　　（c）火源位置（-16,0）

图 9-25　不同火源位置下火灾后网壳结构的整体稳定破坏模式（最高火灾温度为 700 ℃）

不同火源位置工况下,经历不同最高火灾温度后单层网壳结构的弹塑性稳定承载力 $q_{cr,PT}$ 及相应的承载力退化系数 $q_{cr,PT}/q_{cr}$ 见表 9-9,火源位置对 $q_{cr,PT}/q_{cr}$ 的影响作用如图 9-26 所示。可以看到,在相同火灾温度下,随火源位置从网壳中心向网壳边缘移动,火灾后单层网壳的稳定承载力退化系数 $q_{cr,PT}/q_{cr}$ 逐渐减小。以最高火灾温度为 750 ℃ 的火灾为例,当火源位置位于网壳中心时,火灾后网壳的稳定承载力下降了 14.2%,而当火源位置移动至 （-8,0）和（-16,0）时,火灾后网壳稳定承载力的降幅分别增至 16.9% 和 20.5%。因此,除最高火灾温度外,火源位置对于火灾后单层网壳弹塑性稳定承载力的削弱作用亦不可忽略。

表 9-9　不同火源位置下的网壳稳定承载力 $q_{cr,PT}$（ kN/m² ）和退化系数 $q_{cr,PT}/q_{cr}$

最高火灾温度（℃）	火源位置（0,0）		火源位置（-8,0）		火源位置（-16,0）	
	$q_{cr,PT}$	$\dfrac{q_{cr,PT}}{q_{cr}}$	$q_{cr,PT}$	$\dfrac{q_{cr,PT}}{q_{cr}}$	$q_{cr,PT}$	$\dfrac{q_{cr,PT}}{q_{cr}}$
20	4.180	1.000	4.180	1.000	4.180	1.000
550	4.161	0.995	4.151	0.993	4.144	0.991
600	4.097	0.980	4.065	0.972	3.992	0.955
650	4.022	0.962	3.922	0.938	3.764	0.900
700	3.762	0.900	3.679	0.880	3.519	0.842
750	3.585	0.858	3.472	0.831	3.324	0.795
800	—	—	—	—	—	—

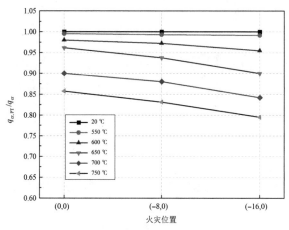

图 9-26　火源位置对稳定承载力退化系数 $q_{\text{cr,PT}}/q_{\text{cr}}$ 的影响

9.4.3.3　火灾不均匀温度场

本章前述分析均采用高大空间建筑火灾空气升温公式(式(9-1))计算火灾升温阶段网壳附近的空气温度场,这一温度场模型考虑了高大空间建筑火灾空气温度场的不均匀分布,计算得到的空气温度场关于火源中心呈极轴对称分布,即只有以火源为中心的火源半径范围内温度达到最大值,而离火源中心越远的位置温度越低。为探究不均匀温度场的影响,以跨度 40 m、矢跨比 1/5 的单层网壳为研究对象,分别对其在不均匀空气温度场和均匀空气温度场工况下的力学性能进行分析。对于均匀温度场工况,假设网壳周边空气均按照不均匀温度场工况下火源半径范围内的升温路径均匀升温,即整个空气温度场同步升温且均能达到表 9-2 所示的最高火灾温度。显然,按这种均匀升温工况进行网壳的火灾性能分析必然过于保守,但可作为一种极端火灾升温情况进行分析研究。其余火灾温度场参数和网壳结构参数取表 9-2 中的默认值。

图 9-27 以最高火灾温度为 700 ℃时为例,对比了不均匀空气温度场(火源位置在网壳中心)和均匀空气温度场两种工况下网壳结构的火灾后整体失稳模式。如前文所述,可以看到对于不均匀升温模型,当火灾温度较高时(超过 550 ℃),火灾温度的作用使得网壳结构在火源半径范围内形成薄弱区,导致火灾后失稳模式为薄弱区内网壳节点的凹陷;而当采用均匀空气升温模型时,由于火灾过程中网壳各点经历的空气温度-时间历程相同,火灾温度作用对于结构各点削弱程度亦相同,因此不存在薄弱区的概念,其稳定破坏模式与结构第一阶特征值屈曲模态(即初始缺陷形态)相同。

(a)不均匀空气温度场模型　　　　　　　　　(b)均匀空气温度场模型

图 9-27　均匀与不均匀温度场下单层网壳的火灾后稳定破坏模式(最高火灾温度为 700 ℃)

均匀/不均匀空气温度场下的火灾后单层网壳结构的弹塑性稳定承载力 $q_{cr,PT}$ 及相应的承载力退化系数 $q_{cr,PT}/q_{cr}$ 见表 9-10,空气温度场的不均匀性对 $q_{cr,PT}/q_{cr}$ 的影响作用如图 9-28 所示。当最高火灾温度为 750 ℃时,采用均匀空气温度场的网壳模型在火灾升温过程中就发生了以节点位移骤增为特征的整体破坏,因而没有得到其火灾后的弹塑性稳定承载力。这也更进一步说明火灾空气均匀升温相比于不均匀升温是一种极端的、更为不利的火灾工况。火灾后网壳结构的弹塑性稳定承载力的变化规律也再次印证了这一论述,由表 9-10 和图 9-28 可知,当经历的最高火灾温度相同时,采用均匀温度场模型的 $q_{cr,PT}/q_{cr}$ 相比采用不均匀温度场模型时显著降低。以最高火灾温度为 700 ℃时为例,采用不均匀空气温度场模型的网壳的火灾后弹塑性稳定承载力降低了 10%,而采用均匀空气温度模型的降幅则高达 18.7%。

表 9-10　均匀/不均匀空气温度场下的网壳稳定承载力 $q_{cr,PT}$（kN/m²）和退化系数 $q_{cr,PT}/q_{cr}$

最高火灾温度 （℃）	不均匀空气温度场		均匀空气温度场	
	$q_{cr,PT}$	$\dfrac{q_{cr,PT}}{q_{cr}}$	$q_{cr,PT}$	$\dfrac{q_{cr,PT}}{q_{cr}}$
20	4.180	1.000	4.180	1.000
550	4.161	0.995	3.970	0.950
600	4.097	0.980	3.767	0.901
650	4.022	0.962	3.582	0.857
700	3.762	0.900	3.399	0.813
750	3.585	0.858	—	—
800	—	—	—	—

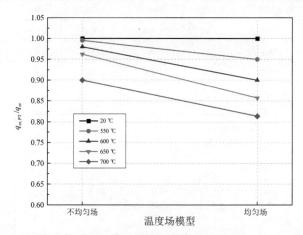

图 9-28　不同空气温度场模型对稳定承载力退化系数 $q_{cr,PT}/q_{cr}$ 的影响

9.4.3.4　支座水平刚度

由 9.3 节的分析结果可知,支座水平刚度对火灾全过程网壳结构的力学响应具有显著影响。为了进一步研究支座刚度对火灾后单层网壳弹塑性稳定承载力的影响,以跨度 40 m、矢跨比 1/5 的单层网壳为研究对象,对表 9-2 中所示的四种不同支座水平刚度（支座径向和环向刚度）工况进行分析,其余火灾参数和网壳结构参数取表 9-2 中的默认值。

不同支座水平刚度下的火灾后单层网壳结构的弹塑性稳定承载力 $q_{cr,PT}$ 及相应的承载力退化系数 $q_{cr,PT}/q_{cr}$ 见表 9-11,支座水平刚度对 $q_{cr,PT}/q_{cr}$ 的影响作用如图 9-29 所示。与支座水平方向采用刚性支承的情况不同,采用水平弹性支承方式的网壳模型均可以经受最高温度达 800 ℃的火灾而不发生整体破坏,表明采用弹性支座可以减弱水平约束、释放部分膨胀变形,从而显著提高单层网壳的抗火性能,这与 9.3 节所得结论一致。此外,在相同的最高火灾温度下,网壳的弹塑性稳定承载力退化系数 $q_{cr,PT}/q_{cr}$ 随支座水平刚度的增大而呈明显减小的趋势,且火灾温度越高,减小幅度越大。以最高温度分别为 600 ℃和 750 ℃的火灾为例,当支座水平刚度为 1 kN/mm 时,两种火灾温度后的稳定承载力分别降低了 0.2%和 2.1%;而当支座水平方向采用刚性支承时,对应的稳定承载力降低幅度分别为 2.0%和 14.2%。这是因为支座水平刚度越大,对网壳的约束越强,火灾温度效应对网壳造成的包括残余应力、残余变形以及支座反力变向在内的结构损伤越大,导致经历相同火灾温度后网壳的稳定承载力下降越多;而当支座刚度相同时,经历的火灾温度越高,结构热膨胀效应越显著,相应的边界约束造成的结构损伤也越大,从而导致网壳稳定承载力的降低幅度越大。

表 9-11　不同支座水平刚度下的网壳稳定承载力 $q_{cr,PT}$（ kN/m²）和退化系数 $q_{cr,PT}/q_{cr}$

最高火灾温度（℃）	$k = 1$ kN/mm		$k = 2$ kN/mm		$k = 3$ kN/mm		$k = +\infty$	
	$q_{cr,PT}$	$\dfrac{q_{cr,PT}}{q_{cr}}$	$q_{cr,PT}$	$\dfrac{q_{cr,PT}}{q_{cr}}$	$q_{cr,PT}$	$\dfrac{q_{cr,PT}}{q_{cr}}$	$q_{cr,PT}$	$\dfrac{q_{cr,PT}}{q_{cr}}$
20	3.045	1.000	3.855	1.000	4.108	1.000	4.180	1.000
550	3.045	1.000	3.854	1.000	4.094	0.997	4.161	0.995
600	3.039	0.998	3.850	0.999	4.083	0.994	4.097	0.980
650	3.034	0.996	3.826	0.992	4.038	0.983	4.022	0.962
700	3.030	0.995	3.794	0.984	3.929	0.956	3.762	0.900
750	3.011	0.989	3.727	0.967	3.843	0.935	3.585	0.858
800	2.961	0.972	3.453	0.896	3.307	0.805	—	—

注:k 表示网壳的支座水平刚度（kN/mm）。

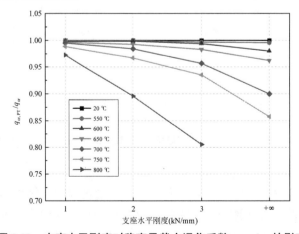

图 9-29　支座水平刚度对稳定承载力退化系数 $q_{cr,PT}/q_{cr}$ 的影响

9.4.3.5 节点刚度

为了研究节点刚度对火灾后单层网壳弹塑性稳定承载力的影响,以跨度 40 m、矢跨比 1/5 的单层网壳为研究对象,分别对考虑节点刚度的模型和不考虑节点刚度的模型进行分析。对于考虑节点刚度的模型,焊接空心球节点外径统一取 400 mm,壁厚取 10 mm。其余火灾参数和网壳结构参数取表 9-2 中的默认值。

考虑和不考虑节点刚度工况下的火灾后网壳弹塑性稳定承载力 $q_{cr,PT}$ 及相应的承载力退化系数 $q_{cr,PT}/q_{cr}$ 见表 9-12,节点刚度对 $q_{cr,PT}/q_{cr}$ 的影响规律如图 9-30 所示。可以看到,无论是否经历火灾升温—冷却过程,当考虑节点刚度时,计算得到的网壳弹塑性稳定承载力均比不考虑节点效应时提高约 2%,表明考虑节点刚度后会略微提高网壳结构的整体稳定承载力。此外,由图 9-30 可知,在相同的最高火灾温度下,是否考虑节点刚度对于火灾后单层网壳结构的弹塑性稳定承载力的退化系数 $q_{cr,PT}/q_{cr}$ 几乎没有影响,因此当对分析精度要求不是特别高时,可以不考虑焊接空心球节点的刚度而采用梁系单元直接建模计算,且这样得到的网壳弹塑性稳定承载力 $q_{cr,PT}$ 相对于考虑节点刚度的模型偏保守,在设计中是可行的。

表 9-12 考虑和不考虑节点刚度下网壳的稳定承载力 $q_{cr,PT}$ (kN/m²)和退化系数 $q_{cr,PT}/q_{cr}$

最高火灾温度 （℃）	考虑节点刚度		不考虑节点刚度	
	$q_{cr,PT}$	$\dfrac{q_{cr,PT}}{q_{cr}}$	$q_{cr,PT}$	$\dfrac{q_{cr,PT}}{q_{cr}}$
20	4.180	1.000	4.102	1.000
550	4.161	0.995	4.077	0.994
600	4.097	0.980	4.017	0.979
650	4.022	0.962	3.927	0.957
700	3.762	0.900	3.667	0.894
750	3.585	0.858	3.506	0.855
800	—			

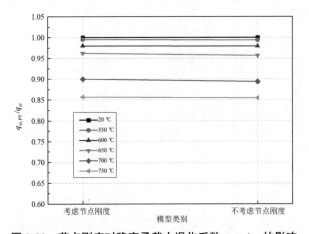

图 9-30 节点刚度对稳定承载力退化系数 $q_{cr,PT}/q_{cr}$ 的影响

9.4.3.6 初始荷载比

初始荷载比对于网壳结构火灾下的力学性能影响显著,在大荷载比工况下结构的极限耐火时间和极限耐火温度会较小荷载比工况显著降低。为了研究初始荷载比对火灾后单层网壳弹塑性稳定承载力的影响,以跨度 40 m、矢跨比 1/5 的单层网壳为研究对象,对表 9-2 中不同的初始荷载比取值工况进行分析。其余火灾参数和网壳结构参数取表 9-2 中的默认值。

不同初始荷载比工况下的网壳火灾后弹塑性稳定承载力 $q_{cr,PT}$ 及相应的承载力退化系数 $q_{cr,PT}/q_{cr}$ 见表 9-13,初始荷载比对 $q_{cr,PT}/q_{cr}$ 的影响规律如图 9-31 所示。可以看到,随着初始荷载比的增大,单层网壳的极限耐火温度逐渐降低。当初始荷载比为 0.25 和 0.4 时,所研究的单层网壳可以耐受最高温度为 800 ℃的火灾而不发生破坏,而当初始荷载比达到 0.8 时,该单层网壳只能承受最高温度为 700 ℃的火灾。而对于其火灾后力学性能,可以看到在经历相同的最高火灾温度后,网壳的稳定承载力 $q_{cr,PT}$ 随着初始荷载比的增大而降低,但其稳定承载力退化系数 $q_{cr,PT}/q_{cr}$ 随初始荷载比的增大基本保持不变。这表明若火灾后网壳结构未发生整体倒塌,则在评估其火灾后弹塑性稳定承载力的退化程度时可以不考虑初始荷载比大小的影响。

表 9-13　不同初始荷载比下网壳的稳定承载力 $q_{cr,PT}$ (kN/m²)和退化系数 $q_{cr,PT}/q_{cr}$

最高火灾温度（℃）	$R = 0.25$		$R = 0.4$		$R = 0.65$		$R = 0.8$	
	$q_{cr,PT}$	$\dfrac{q_{cr,PT}}{q_{cr}}$	$q_{cr,PT}$	$\dfrac{q_{cr,PT}}{q_{cr}}$	$q_{cr,PT}$	$\dfrac{q_{cr,PT}}{q_{cr}}$	$q_{cr,PT}$	$\dfrac{q_{cr,PT}}{q_{cr}}$
20	4.180	1.000	4.180	1.000	4.180	1.000	4.180	1.000
550	4.156	0.994	4.151	0.993	4.161	0.995	4.130	0.988
600	4.102	0.981	4.099	0.981	4.097	0.980	4.091	0.979
650	4.039	0.966	4.017	0.960	4.022	0.961	4.002	0.957
700	3.770	0.902	3.784	0.905	3.762	0.900	3.750	0.897
750	3.580	0.856	3.582	0.857	3.585	0.858	—	—
800	3.324	0.795	3.311	0.792	—	—	—	—

注:R 表示网壳的初始荷载比。

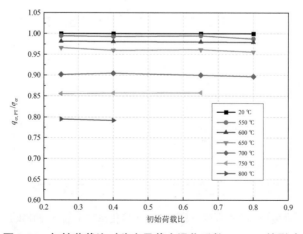

图 9-31　初始荷载比对稳定承载力退化系数 $q_{cr,pT}/q_{cr}$ 的影响

9.4.3.7　结构跨度和矢跨比

前文在研究最高火灾温度对于网壳火灾后弹塑性稳定承载力的影响时,已经针对不同跨度和矢跨比的网壳模型进行了计算分析,具体计算结果见表9-5至表9-8。为了更直观地表明网壳几何参数的影响,图 9-32 和图 9-33 分别绘出了矢跨比 H/L 和跨度 L 对火灾后网壳弹塑性稳定承载力退化系数 $q_{cr,PT}/q_{cr}$ 的影响作用。可以看到,当最高火灾温度一定时, $q_{cr,PT}/q_{cr}$ 随网壳矢跨比和跨度的改变仅发生了微小且无明显规律的波动,基本保持为定值,表明网壳几何参数对火灾后网壳弹塑性稳定承载力的退化影响很小,可以忽略不计。

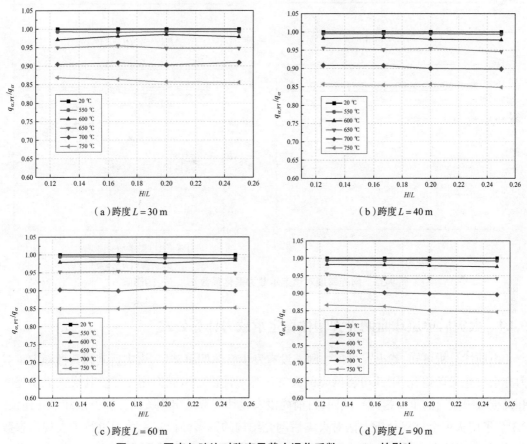

（a）跨度 $L=30$ m　　　　　　　　　（b）跨度 $L=40$ m

（c）跨度 $L=60$ m　　　　　　　　　（d）跨度 $L=90$ m

图 9-32　网壳矢跨比对稳定承载力退化系数 $q_{cr,PT}/q_{cr}$ 的影响

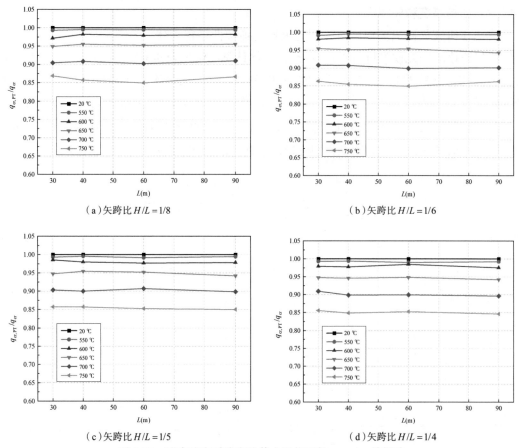

图 9-33　网壳跨度对稳定承载力退化系数 $q_{cr,\,PT}/q_{cr}$ 的影响

9.4.4　火灾后单层球面网壳弹塑性稳定承载力计算公式

由前述分析可知,若火灾过程中网壳没有发生整体倒塌破坏,火灾后其弹塑性稳定承载力亦会发生显著退化,因此可将网壳的火灾后弹塑性稳定承载力作为评价其火灾损伤程度和继续服役能力的重要指标。然而,目前尚没有设计规范给出相关的计算方法和设计建议。9.3 节采用火灾全过程分析方法对火灾后网壳结构的弹塑性稳定承载力进行了大规模参数化分析,考虑该方法的运用对一般工程技术人员而言具有一定困难,因此有必要提出一套易于掌握和操作的火灾后单层网壳结构弹塑性稳定承载力的简化计算公式供工程技术人员参考。本节拟在 9.3 节参数化分析结果的基础上,通过在现有常温下未过火网壳弹塑性稳定承载力计算公式中引入火灾后弹塑性稳定承载力退化系数,得到火灾后单层网壳弹塑性稳定承载力的简化计算公式。

《网壳结构技术规程》(JGJ 61—2003)中网壳结构弹性稳定承载力计算公式如下:

$$q_{cr} = K\frac{\sqrt{BD}}{R^2} \tag{9-37}$$

其中, q_{cr} 为网壳的弹性稳定承载力(kN/m²); B 为网壳的等效薄膜刚度(kN/m); D 为网壳的等效抗弯刚度(kN·m)(B 和 D 的计算按照《空间网格结构技术规程》(JGJ 7—2010)附录 C 进行);R 为球面的曲率半径(m);K 为经大量弹性数值计算后回归分析得到的系数,对于各类单层球面网壳结构,可统一取 $K = 1.05$。

《空间网格结构技术规程》(JGJ 7—2010)进一步考虑了材料弹塑性的影响,在式(9-37)的基础上引入了塑性折减系数 c_p,计算公式如下:

$$q_{cr} = c_p K \frac{\sqrt{BD}}{R^2} \qquad (9\text{-}38)$$

《空间网格结构技术规程》(JGJ 7—2010)建议对于单层球面网壳、柱面网壳以及双曲扁网壳,当考虑95%保证率时,可统一取塑性折减系数 $c_p = 0.47$。

为保持与现行规范的一致性和连续性,在式(9-38)中引入火灾后弹塑性稳定承载力退化系数 c_{PT},则火灾后单层网壳结构的弹塑性稳定承载力 $q_{cr,PT}$ 可采用下式计算:

$$q_{cr,PT} = c_{PT} c_p K \frac{\sqrt{BD}}{R^2} \qquad (9\text{-}39)$$

式(9-37)和式(9-38)均是采用刚性支座网壳模型归纳得出的,故式(9-39)的适用范围也是刚性支承的单层球面网壳。由 9.3.3 节参数化分析的结果可知,当单层球面网壳采用刚性支座且火源位置位于网壳中心下方时,网壳的火灾后弹塑性稳定承载力的降低主要与其经历的最高火灾温度有关,因此将 9.3.3 节中参数化分析的计算结果以建筑室内最高火灾温度 T_{max} 为自变量,火灾后弹塑性稳定承载力退化系数 $c_{PT} = q_{cr,PT}/q_{cr}$ 为因变量,采用最小二乘法进行回归分析,结果如图 9-34 所示,得到 c_{PT} 的表达式如下:

$$c_{PT} = \begin{cases} 1.000 - 1.23 \times 10^{-5} T_{max} & 20\ ℃ < T \leq 550\ ℃ \\ 0.379 + 2.46 \times 10^{-3} T_{max} - 2.43 \times 10^{-6} T_{max}{}^2 & 550\ ℃ < T \leq 800\ ℃ \end{cases} \qquad (9\text{-}40)$$

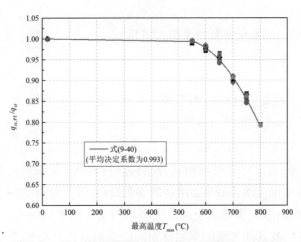

图 9-34 火灾后弹塑性稳定承载力退化系数 c_{PT} 的确定

既知 c_{PT},则式(9-39)可用于计算采用刚性支座的、火源中心位于网壳中心下方的单层球面网壳结构的火灾后弹塑性稳定承载力。又由 9.3.3 节参数化分析结果可知,当最高火灾温度一定时,火源位置偏离网壳中心的网壳火灾后的稳定承载力会较火源位置位于网壳中心时降低,故引入火源位置影响系数c_{FL}考虑这一效应的影响。c_{FL}定义为各最高火灾温度下,火源位置偏离网壳中心工况与火源位置位于网壳中心工况的网壳火灾后弹塑性稳定承载力的比值的最小值。由表 9-6 可知,对于跨度为 40 m、矢跨比为 1/5 的单层网壳,当火灾最高温度为 750 ℃时火源位置的影响作用最明显,此时 c_{FL} 为 0.927。为避免尺寸效应导致的误差,补充计算了跨度为 40 m、90 m,矢跨比为 1/8、1/5、1/4 的单层网壳模型的 c_{FL} 值,结果见表 9-14。

表 9-14　不同几何参数网壳模型的 c_{FL} 值

跨度 L(m)	矢跨比 H/L		
	1/8	1/5	1/4
40	0.929	0.927	0.933
90	0.922	0.938	0.942

可以看到,不同几何参数对网壳的 c_{FL} 值的影响无明显规律,但均不低于 0.9,为安全考虑,统一取 $c_{FL}=0.9$ 来考虑火源位置偏离网壳中心对于火灾后网壳稳定承载力的降低作用,代入式(9-39),得

$$q_{cr,PT} = 0.9 c_{PT} c_p K \frac{\sqrt{BD}}{R^2} \qquad (9-41)$$

如此,刚性支承的单层球面网壳的火灾后弹塑性稳定承载力便可由式(9-41)计算得到。对于采用水平弹性支座的网壳,由 5.4.3.4 节分析可知其火灾后稳定承载力与支座的水平刚度有关,因此仍需要按照具体的支座刚度值采用火灾全过程分析方法计算。

式(9-41)可用于火灾后刚性支承单层球面网壳整体安全性能的快速、初步评估,具体评判标准如下。

若火灾后网壳结构的安全承载力系数 K 满足

$$K = \frac{q_{cr,PT}}{q_0} \geqslant 2.0 \qquad (9-42)$$

则结构整体安全性满足要求;反之,则不满足要求。其中,q_0 为网壳的容许承载力,一般取荷载的标准组合,即 1.0 恒荷载与 1.0 活荷载的组合。

需要注意的是,以上所给出的 c_{PT} 和 c_{FL} 值是基于高大空间建筑火灾不均匀升温和匀速降温火灾空气温度场,通过对单层球面网壳结构进行表 9-2 范围内的有限元参数化分析得出的,因此其适用范围也仅限于表 9-2 给定的参数以内,即跨度在 30～90 m、矢跨比在 1/8～1/4、初始荷载比在 0.2～0.8、考虑大空间火灾不均匀空气温度场的 K6 型刚性支承单层球面网壳,对于参数以外以及其他类型的单层球面网壳结构只具有参考意义。

9.5　火灾后空间网格结构安全性评估方法

火灾后钢结构安全性的检测方法主要有传统经验法、实用鉴定法和概率鉴定法。其中,

传统经验法是工程师在缺少检测仪器辅助的情况下,依据原始设计资料和火灾报告,通过对火灾现场进行调查分析,凭借专业知识和工程实践经验对结构的安全性做出评价。该方法简便快捷且人力和物力成本低廉,但是由于缺乏实测数据和计算分析,鉴定结果完全由鉴定人员的专业素质和经验水平决定,主观性极大,因此只能用于构造简单、传力明确的结构,而对于复杂的结构形式并不适用。实用鉴定法则是在传统经验法的基础上,采用先进仪器设备对火灾现场和结构进行实测和检验,并将实测数据用于结构分析计算,再按现行设计规范对结构构件进行验算复核,综合分析后提出鉴定结论并给出处置建议。与传统经验法相比,实用鉴定法更为科学合理,能够更为全面准确地评判结构的安全性,从而为灾后结构的修复加固方案提供可靠的技术依据。概率鉴定法是一种基于可靠度理论的鉴定方法,它将结构的作用力 S 和抗力 R 视为具有一定概率的随机变量,通过计算结构的失效概率来衡量结构的可靠度和安全性。然而,由于实际情况下结构安全性的影响因素极多,失效概率的计算十分复杂,因此该方法仍处于理论研究阶段,实际运用尚存在较大困难。

目前,我国现行的《火灾后工程结构鉴定标准》(T/CECS 252—2019)基于实用鉴定法的思想,主张在对火灾现场和结构进行初步调查的基础上,制定调查方案,对火灾作用以及火灾后结构构件和整体进行详细检测分析,并进行必要的结构计算分析和构件校核。

然而,目前的火灾后钢结构安全性鉴定还存在以下不足之处。

（1）结构安全性评估主要基于对构件的计算和校核,再由构件安全性推断整体结构安全性,缺乏对火灾后结构整体性能的计算和校核的规定。由于空间网格结构属于高次超静定结构,结构冗余度较高,局部构件的失效往往不会导致结构整体的破坏,因此仅由构件安全推断整体结构安全性是不够准确的。

（2）现行规范虽然指出必要时应进行火灾中和火灾后构件和整体结构的力学性能分析,但对具体如何考虑火灾后结构残余变形、残余应力以及材料力学性能退化对结构力学性能的影响缺乏具有可操作性的建议。

（3）未对结构和构件进行区分,粗略地采用对火灾后构件鉴定评级的方法评估结构火灾后安全性,并据此给出处置建议,缺少对结构整体力学性能的评价标准,更无细化的定量评价指标。

根据前述章节研究结果,并结合现有规范采用的实用鉴定法,建议采用调查检测和火灾全过程分析相结合的方法对火灾后空间网格结构安全性能进行评估。其具体评估流程如图9-35 所示。该评估方法的主要环节如下。

（1）组织人员查阅火灾报告和结构设计资料,明确火灾实地调查检测目的,制定调查检测方案,同时依据设计资料建立结构数值分析模型。

（2）进行火灾作用调查,根据火源位置、火灾荷载密度、可燃物特性、燃烧环境、燃烧条件、燃烧规律以及材料微观特征等分析区域火灾温度-时间曲线及区域火灾温度分布情况。根据火灾作用调查结果,通过火灾数值模拟或者根据既有火灾空气温度模型确定火灾全过程空气时变温度场。

（3）既知火灾全过程空气时变温度场,通过瞬态传热分析确定火灾全过程结构时变温度场。确定火灾各阶段材料热力学性能,进行火灾全过程结构力学性能分析,得到火灾后结构的位移分布、杆件内力分布以及支座反力情况。与此同时,在实地调查检测方面,进行结构和构件现状的实测,得到结构表面烧灼损伤情况、结构材料力学性能退化情况、火灾后代表性节点的位移情况、杆件屈曲失稳情况以及支座受力情况等。

(4)将全过程数值分析结果与实地调查检测结果进行对比:①由结构时变温度场分析得到的结构各点最高过火温度,可与实测时由结构表面烧灼损伤情况、结构材料力学性能退化情况反推得到的结构最高过火温度进行对比,验证结构温度场分析结果的准确性;②将火灾全过程结构力学性能分析和实地调查检测得到的结构位移、杆件内力和支座反力等典型力学特征结果进行对比,验证火灾全过程结构力学性能分析结果的准确性。若全过程分析结果与实地调查检测的结果相符,则表明所建立的结构数值分析模型准确,可用于结构安全性能的后续评估;若二者不相符,则需要调整火灾作用,重新计算分析,直至二者相符。

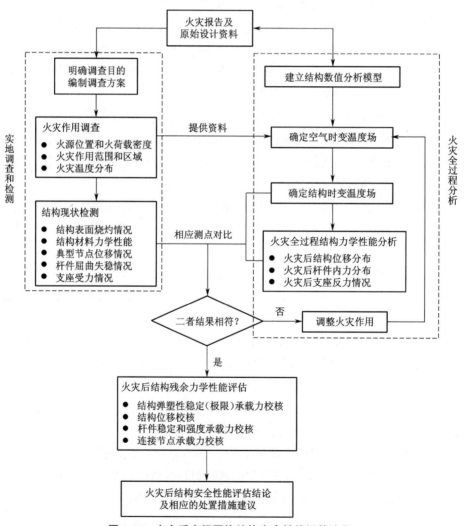

图 9-35 火灾后空间网格结构安全性能评估流程

（5）采用验证后的结构数值分析模型,计算分析火灾后结构的力学性能,并对结构弹塑性稳定(极限)承载力、结构位移、杆件稳定和强度承载力以及连接节点承载力等关键力学性能指标进行校核。其中,结构弹塑性稳定承载力(对于网架结构,由于其一般不会发生整体稳定破坏,因此为结构的弹塑性极限承载力)反映了结构的整体安全性能,可采用式(9-42)评判其是否满足整体安全性要求。特别地,对于 9.4.4 节涵盖范围内刚性支承单层球面网壳结构,可采用式(9-41)计算其火灾后弹塑性稳定承载力;火灾后的结构位移应满足《空间网格结构技术规程》(JGJ 7—2010)中的相应规定;火灾后结构杆件的承载力可参照本书第 8 章相关内容进行计算,并按照《钢结构设计标准》(GB 50017—2017)中的相关规定进行校核;连接节点承载力校核应保证节点承载力大于与之相连的杆件的最大内力,特别地,对于焊接空心球节点,其火灾后承载力可根据本书第 7 章给出的相关建议进行计算。

（6）根据结构力学性能的校核结果,结合实地调查和检测结果,得出火灾后结构安全性能评估结论,并给出相应的处置措施建议。

9.6 本章小结

本章在提出空间网格结构火灾全过程力学性能数值分析方法的基础上,对典型的焊接空心球节点空间网格结构——单层网壳结构进行了火灾全过程数值分析,得到了结构火灾全过程温度场、火灾后结构的损伤分布特征以及火灾不同阶段结构的力学响应。进而开展参数化分析,考虑最高火灾温度、火灾不均匀温度场、支座刚度、焊接空心球节点刚度、初始荷载比、结构矢跨比、结构跨度等因素的影响,提出了火灾后刚性支承单层网壳结构弹塑性稳定承载力的简化计算公式。最后针对空间网格结构提出了一种调查检测和全过程分析相结合的火灾后安全性能评估方法。

参 考 文 献

[1] 中华人民共和国公安部. 建筑设计防火规范(2018 年版): GB 50016—2014 [S]. 北京: 中国计划出版社, 2018.

[2] 中华人民共和国住房和城乡建设部. 钢结构设计标准: GB 50017—2017 [S]. 北京: 中国建筑工业出版社, 2017.

[3] 中华人民共和国公安部. 建筑钢结构防火技术规范: GB 51249—2017 [S]. 北京: 中国计划出版社, 2017.

[4] 国家市场监督管理总局, 中国国家标准化管理委员会. 低合金高强度结构钢: GB/T 1591—2018[S]. 北京: 中国标准出版社, 2018.

[5] 国家市场监督管理总局, 中国国家标准化管理委员会. 桥梁缆索用热镀锌或锌铝合金钢丝: GB/T 17101—2019[S]. 北京: 中国标准出版社, 2019.

[6] 中华人民共和国国家质量监督检验检疫总局, 中国国家标准化管理委员会. 钢拉杆: GB/T 20934—2016[S]. 北京: 中国标准出版社, 2016.

[7] 中华人民共和国国家质量监督检验检疫总局, 中国国家标准化管理委员会. 金属材料拉伸试验 第 1 部分: 室温试验方法: GB/T 228.1—2010[S]. 北京: 中国标准出版社, 2011.

[8] 中华人民共和国国家质量监督检验检疫总局, 中国国家标准化管理委员会. 预应力钢丝及钢绞线用热轧盘条: GB/T 24238—2017 [S]. 北京: 中国标准出版社, 2017.

[9] 国家市场监督管理总局, 中国国家标准化管理委员会. 变形铝及铝合金化学成分: GB/T 3190—2020[S]. 北京: 中国标准出版社, 2020.

[10] 中华人民共和国国家质量监督检验检疫总局, 中国国家标准化管理委员会. 冷弯型钢通用技术要求: GB/T 6725—2017[S]. 北京: 中国标准出版社, 2017.

[11] 中华人民共和国国家质量监督检验检疫总局, 中国国家标准化管理委员会. 碳素结构钢: GB/T 700—2006[S]. 北京: 中国标准出版社, 2007.

[12] 中华人民共和国国家质量监督检验检疫总局, 中国国家标准化管理委员会. 建筑构件耐火试验方法 第 1 部分: 通用要求: GB/T 9978.1—2008[S]. 北京: 中国标准出版社, 2009.

[13] 国家市场监督管理总局, 中国国家标准化管理委员会. 钢及钢产品 力学性能试验取样位置及试样制备: GB/T 2975—2018[S]. 北京: 中国标准出版社, 2018.

[14] 中华人民共和国住房和城乡建设部. 建筑结构可靠性设计统一标准: GB 50068—2018[S]. 北京: 中国建筑工业出版社, 2018.

[15] 中华人民共和国住房和城乡建设部. 空间网格结构技术规程: JGJ 7—2010[S]. 北京: 中国建筑工业出版社, 2010.

[16] 中华人民共和国住房和城乡建设部. 钢网架焊接空心球节点：JGJ 11—2009[S]. 北京：中国建筑工业出版社，2009.

[17] 中冶建筑研究总院有限公司，上海市建筑科学研究院（集团）有限公司. 火灾后工程结构鉴定标准：T/CECS 252—2019[S]. 北京：中国建筑工业出版社，2020.

[18] 同济大学，中国钢结构协会防火与防腐分会. 建筑钢结构防火技术规范：CECS 200：2006[S]. 北京：中国计划出版社，2006.

[19] Specification for structural steel buildings：ANSI/AISC 360-10：2010[S]. Chicago：American Institute of Steel Construction，2010

[20] Steel structures：AS 4100：2020[S]. Sydney：Australian Steel Institute，2020.

[21] Structural use of steelwork in buildings—Part 8：Code of practice for fire resistance design：BS 5950-8：1990[S]. London：British Standards Institution，1990.

[22] Eurocode 1：Actions on structures—Part 1-2：General actions—Actions on structures exposed to fire：BS EN 1991-1-2：2002[S]. Brussels：British Standards Institution，2002.

[23] Eurocode 2：Design of concrete structures—Part 1-1：General rules and rules for buildings：BS EN 1992-1-1：2004+A1：2014[S]. Brussels：British Standards Institution，2014.

[24] Eurocode 3：Design of steel structures—Part 1-2：General rules—Structural fire design：BS EN 1993-1-2：2005[S]. Brussels：British Standards Institution，2005.

[25] Eurocode 9：Design of aluminum structures—Part 1-2：Structural fire design：BS EN 1999-1-2：2007/AC：2009[S]. Brussels：British Standards Institution，2009.

[26] ECCS. European recommendations for the fire safety of steel structure[S]. Brussels：Elsevier，1983.

[27] Fire-resistance tests—elements of building construction—Part 2：Requirements and recommendations for measuring furnace exposure on test samples：ISO 834-2：2019[S]. Switzerland：International Organization for Standardization，2019.

[28] LIN T T. Structural fire protection（Manuals and reports on engineering practice No. 78）[M]. Reston：American Society of Civil Engineers，1992.

[29] BAI Y，SHI Y J，WANG Y Q. Theoretical analysis and numerical simulation on behavior properties of large span cable-supported structures under fire conditions[J]. Science in China series E：technological sciences，2009，52（8）：2340-2349.

[30] 王烨华，沈祖炎，李元齐. 大跨度空间结构抗火研究进展[J]. 空间结构，2010，16（2）：3-12.

[31] 庄磊，黎昌海，陆守香. 我国建筑防火性能化设计的研究和应用现状[J]. 中国安全科学学报，2007，17（3）：119-125.

[32] ABREU J C B，VIEIRA L M C，ABU-HAMD M H，et al. Review：development of performance-based fire design for cold-formed steel[J]. Fire science reviews，2014，3（1）：1.

[33] HARMATHY T Z. A comprehensive creep model [J]. Journal of fluids engineering，1967，

89（3）:496-502.

[34] 陶文铨. 数值传热学[M].2 版. 西安:西安交通大学出版社,2001.

[35] 程远平,陈亮,张孟君. 火灾过程中羽流模型及其评价[J]. 火灾科学,2002,11（3）: 132-136.

[36] CHEN C K，ZHANG W. Comparative experimental investigation on steel staggered-truss constructed with different joints in fire[J]. Journal of constructional steel research，2012, 77: 43-53.

[37] MÄKELÄINEN P，OUTINEN J，KESTI J. Fire design model for structural steel S420M based upon transient state tensile test results [J]. Journal of constructional steel research, 1998,48（1）:47-57.

[38] DU Y. Fire behaviors of double-layer grid structures under a new temperature-time curve[J]. Procedia engineering,2017,210:605-612.

[39] HURLEY M J，GOTTUK D T，HALL J R，et al. SFPE handbook of fire protection engineering[M].5th ed. New York：Springer-Verlag，2016.

[40] 张毅刚,薛素铎,杨庆山,等. 大跨空间结构[M]. 北京:机械工业出版社,2005.

[41] 沈世钊,陈昕. 网壳结构稳定性[M]. 北京:科学出版社,1999.

[42] RAMBERG W，OSGOOD W R. Description of stress-strain curves by three parameters [R].Washington DC：National Advisory Committee for Aeronautics，Technical Note-902, 1943.

[43] 曹文衔, 沈祖炎. 火灾全过程中钢结构的材性模型[C]//中国力学学会. 第六届全国结构工程学术会议论文集（第二卷）. 北京:中国力学学会工程力学编辑部，1997: 417-421.

[44] 霍然,胡源,李元洲. 建筑火灾安全工程导论[M]. 合肥:中国科学技术大学出版社, 2009.

[45] 王新梅,董继斌. 钢网壳结构火灾后鉴定与修复[J]. 山西建筑,2008（31）:73-74.

[46] 陈惠发, A F 萨里普. Elasticity and plasticity（弹性与塑性力学）[M]. 北京：中国建筑工业出版社，2005.

[47] 李国强,蒋首超,林桂祥. 钢结构抗火计算与设计[M]. 北京:中国建筑工业出版社, 1999.

[48] 冯鹏,强翰霖,叶列平. 材料、构件、结构的"屈服点"定义与讨论[J]. 工程力学,2017,34 （3）:36-46.

[49] 王卫永,闫守海,张琳博,等. Q345 钢高温蠕变试验及考虑蠕变后钢柱抗火性能研究 [J]. 建筑结构学报,2016,37（11）:47-54.

[50] KLOTE J H. Method of predicting smoke movement in atria with application to smoke management [M]. Gaithersburg：National Institute of Standards and Technology，1994.

[51] 屈立军,李焕群,王跃琴,等. 国产钢结构用 Q345（16Mn）钢在恒载升温条件下的应

变-温度-应力材料模型[J]. 土木工程学报,2008,41（7）:41-47.

[52] 李国强,吴波,韩林海. 结构抗火研究进展与趋势[J]. 建筑钢结构进展, 2006, 8（1）: 1-13.

[53] 陈骥. 钢结构稳定:理论与设计[M].5 版. 北京:科学出版社,2011.

[54] CHIEW S P, ZHAO M S, LEE C K. Mechanical properties of heat-treated high strength steel under fire/post-fire conditions[J]. Journal of constructional steel research, 2014, 98: 12-19.

[55] DORN J E. Some fundamental experiments on high temperature creep[J]. Journal of the mechanics & physics of solids,1955,3（2）:85-116.

[56] 范维澄,廖光煊,钟茂华. 中国火灾科学的今天和明天[J]. 中国安全科学学报,2000, 10（1）: 11-16.

[57] 李国强,韩林海,楼国彪,等. 钢结构及钢—混凝土组合结构抗火设计[M]. 北京:中国建筑工业出版社,2006.

[58] HAN Q H, LIU X L. Ultimate bearing capacity of the welded hollow spherical joints in spatial reticulated structures[J]. Engineering structures,2004,26（1）:73-82.

[59] 陈志华,吴锋,闫翔宇. 国内空间结构节点综述[J]. 建筑科学,2007,23（9）:93-97.

[60] 罗永峰,韩庆华,李海旺. 建筑钢结构稳定理论与应用[M]. 北京:人民交通出版社, 2010.

[61] RIKS E. Some computational aspects of the stability analysis of nonlinear structures[J]. Computer methods in applied mechanics and engineering,1984,47（3）:219-259.

[62] 公安部消防局. 中国消防年鉴[M]. 昆明:云南人民出版社,2016.

[63] WANG P J, LI G Q, GUO S X. Effects of the cooling phase of a fire on steel structures[J]. Fire safety journal,2008,43（6）:451-458.

[64] GIONCU V. Buckling of reticulated shells:state-of-the-art[J]. International journal of space structures,1995,10（1）:1-46.

[65] 李忠献. 工程结构试验理论与技术[M]. 天津:天津大学出版社,2004.

[66] 闫翔宇,齐国材,马青. 空间网格结构焊接空心球节点刚度研究综述[J]. 天津大学学报（自然科学与工程技术版）,2017,50（z1）:84-94.

[67] 董石麟,姚谏. 钢网壳结构在我国的发展与应用[J]. 钢结构,1994,1:21-31.

[68] 李国强,陈琛. 火灾下轴向约束钢柱性能的 Shanley 理论模拟[J]. 同济大学学报（自然科学版）,2013,41（4）:490-495.

[69] 杜咏. 大空间建筑网架结构实用抗火设计方法[D]. 上海:同济大学,2007.

[70] 崔璟. 火灾后大跨空间结构受力性能评估方法研究及应用[D]. 南京:东南大学,2016.

[71] MALJAARS J,TWILT L,FELLINGER J H H,et al. Aluminium structures exposed to fire conditions:an overview[J]. Heron,2010,55（2）:85-122.

[72] 李国强,杜咏. 实用大空间建筑火灾空气升温经验公式[J]. 消防科学与技术, 2005, 24

（3）：283-287.

[73] 韩继云. 既有钢结构安全性检测评定技术及工程应用[M]. 北京：中国建筑工业出版社，2014.

[74] 杜二峰. 基于实际火灾全过程的大空间钢结构抗火性能试验研究及理论分析[D]. 南京：东南大学，2016.

[75] HAN Q H, LIU Y M, XU Y. Stiffness characteristics of joints and influence on the stability of single-layer latticed domes[J]. Thin-walled structures, 2016, 107：514-525.

[76] 刘锡良. 中国空间网格结构三十年的发展[J]. 工业建筑，2013，43（5）：103-107.

[77] 屈立军，杨洪瑞，史可贞，等. 轴心受压约束钢管柱温度应力试验研究[J]. 土木工程学报，2012，45（12）：63-73.

[78] WILLIAMS-LEIR G. Creep of structural steel in fire：analytical expressions[J]. Fire & Materials, 1983, 7（2）：73-78.

[79] LIEN K H, CHIOU Y J, WANG R Z, et al. Nonlinear behavior of steel structures considering the cooling phase of a fire[J]. Journal of constructional steel research, 2009, 65（8-9）：1776-1796.

[80] EL-RIMAWI J A, BURGESS I W, PLANK R J. The treatment of strain reversal in structural members during the cooling phase of a fire[J]. Journal of constructional steel research, 1996, 37（2）：115-135.

[81] 杨帆，钱稼茹，张微敬. 高温下受压钢构件考虑屈曲的有限元本构模型[J]. 力学与实践，2010，32（6）：27-32.

[82] 傅智敏. 我国火灾统计数据分析[J]. 安全与环境学报，2014，14（6）：341-345.

[83] 李海江. 2000—2008年全国重特大火灾统计分析[J]. 中国公共安全（学术版），2010（1）：64-69.

[84] 丁林，蒋红云. 钢结构抗火研究的现状及发展趋势[J]. 西安文理学院（自然科学版），2012，15（4）：109-112.

[85] CRISFIELD M A. An arc-length method including line searches and accelerations[J]. International journal for numerical methods in engineering, 1983, 19（9）：1269-1289.

[86] 朱伯芳. 有限单元法原理与应用[M]. 4版. 北京：中国水利水电出版社，2004.

[87] 陈志华，刘锡良. 焊接空心球节点承载力计算公式研究[C]//中国土木工程学会. 第十一届空间结构学术会议论文集. 南京：中国土木工程学会，2005：712-717.

[88] 沈祖炎，陈扬骥，陈以一. 钢结构基本原理[M]. 2版. 北京：中国建筑工业出版社，2005.

[89] 杜咏，李国强. 考虑火焰辐射的大空间建筑火灾中钢构件升温实用计算方法[J]. 建筑科学与工程学报，2008，25（3）：54-60.

[90] 曹正罡，范峰，沈世钊. 单层球面网壳的弹塑性稳定性[J]. 土木工程学报，2006，39（10）：6-10.

[91] 王芳，王卫永. 高温蠕变对钢柱抗火性能的影响[J]. 防灾减灾工程学报，2016，36（3）：

425-431.

[92] 丁阳. 钢结构设计原理[M]. 天津:天津大学出版社,2004.

[93] 李国强,王卫永. 钢结构抗火安全研究现状与发展趋势[J]. 土木工程学报,2017,50（12）:1-8.

[94] ROBEN C,GILLIE M,TORERO J. Structural behavior during a vertically traveling fire[J]. Journal of constructional steel research,2010,66（2）:191-197.

[95] 闫守海. 钢材高温蠕变性能试验研究[D]. 重庆:重庆大学,2015.

[96] LENNON T,MOORE D. The natural fire safety concept—full-scale tests at Cardington[J]. Fire safety journal,2003,38（7）:623-643.

[97] LI G Q,DU Y. A new temperature-time curve for fire-resistance analysis of structures[J]. Fire safety journal,2012,54:113-120.

[98] 白音,石永久,王元清. 火灾下大空间结构温度场的数值模拟分析[J]. 中国安全科学学报,2006,16（1）:34-38.